高等学校计算机类教材

多媒体技术及应用

主　编　廉侃超　　赵满旭

副主编　王彩霞　　张青凤　　万小红　　徐岩柏

主　审　王春红　　王宝丽

西安电子科技大学出版社

内 容 简 介

本书主要介绍多媒体技术的相关知识，包括四个部分，分别是多媒体技术基础、平面图像处理、平面动画制作和数字视频制作，共 26 章。每章章首均给出了本章简介、学习目标、思维导图，章末 (第 1、25 章除外) 配有优秀传统文化应用和创新实践等内容。

本书内容翔实，实用性强，特色鲜明。本书以优秀传统文化为载体，特别是在平面图像处理和平面动画制作这两大核心部分，分别以一套具有中华文化特色的手机屏保作品的制作和一套动态剪纸表情专辑的制作为例，将理论与实践相结合，既有助于读者掌握多媒体相关知识，又传承了中华优秀传统文化，更培养了读者的创新能力。

本书可作为高等院校多媒体技术课程的教材，也可作为广大多媒体技术爱好者的参考书。

图书在版编目（CIP）数据

多媒体技术及应用 / 廉侃超，赵满旭主编. -- 西安 ： 西安电子科技大学出版社，2024.8. -- ISBN 978-7-5606-7337-0

Ⅰ. TP37

中国国家版本馆 CIP 数据核字第 20243G3H92 号

策　　划	曹　攀
责任编辑	曹　攀

出版发行　西安电子科技大学出版社（西安市太白南路 2 号）

电　　话	（029）88202421　88201467	邮　　编	710071
网　　址	www.xduph.com	电子邮箱	xdupfxb001@163.com

经　　销　新华书店

印刷单位　咸阳华盛印务有限责任公司

版　　次	2024 年 8 月第 1 版		2024 年 8 月第 1 次印刷
开　　本	787 毫米×1092 毫米　1/16	印　张	25.5
字　　数	605 千字		
定　　价	69.00 元		

ISBN 978-7-5606-7337-0

XDUP 7638001-1

*** 如有印装问题可调换 ***

前　言

近年来，多媒体技术发展迅速，应用广泛。技术层面，多媒体技术正在向更高效率、更高质量的方向发展。例如，数据压缩技术、图像处理技术、音视频处理技术等都取得了显著进步，提高了多媒体内容的呈现质量。应用层面，多媒体技术已经渗透到了各个领域。例如，在教育领域，多媒体教学已成为主流，通过视频、音频、动画等形式，帮助学生深入理解知识；在医疗领域，远程医疗、在线医疗咨询等也广泛应用了多媒体技术，使得医疗服务更加便捷；在娱乐领域，多媒体技术则让游戏、电影等娱乐形式更加生动、逼真。多媒体技术越来越和人们的生活、学习、工作息息相关。

本书主要介绍多媒体技术的相关知识，包括四大部分，共 26 章。

第一部分为多媒体技术基础 (第 1 章)。本部分主要介绍多媒体技术的基本概念、多媒体系统、多媒体的关键技术、多媒体技术的应用领域和发展趋势等。

第二部分为平面图像处理 (第 2～12 章)。本部分主要以 Photoshop 软件为平台，从图像处理的基础知识讲起，深入探讨选区的创建与编辑、路径的操作与应用，以及各种绘图和文字工具的使用，并介绍图层管理、滤镜使用、通道操作、色彩和色调调整等高级技巧，同时，以一套具有中华文化特色的手机屏保作品的制作为例，强化巩固相关知识，提升读者的平面设计能力。

第三部分为平面动画制作 (第 13～24 章)。本部分主要讲述 Animate 动画制作的相关内容，包括基础知识和具体动画制作技巧，内容涵盖 Animate 简介、工作环境、文件操作，图形绘制、编辑与上色，以及逐帧、传统补间、形状补间、补间、引导、遮罩和骨骼动画等多种动画制作方法，同时，以一套动态剪纸表情专辑的制作为例，强化巩固相关知识，提升读者的平面动画制作能力。

第四部分为数字视频制作 (第 25～26 章)。本部分首先从数字视频的基础知识入手，深入探讨视听语言的构成和蒙太奇语法；然后介绍数字视频作品的设计与编辑，详细阐述数字视频的后期剪辑技术，特别是非线性编辑的流程、概念和特点，以及常用的剪映视频编辑操作，有助于提升读者的视频制作能力。

本书具有以下特色：

(1) 编写理念新颖。每章章首均包含本章简介、学习目标、思维导图等内容，可帮助读者了解相关知识点。

(2) 融合传统文化。本书巧妙地将中华优秀传统文化融入案例制作中，让读者在学习现代知识的同时，也能深刻感受到中华文化的独特魅力。

(3) 实践模式创新。本书采用了从临摹到原创的渐进式实践模式，旨在培养读者的实践能力和创新能力。

(4) 资源获取便捷。本书提供了丰富的学习资源，读者可扫描书中的二维码获取相关学习资源，提升学习效率。

(5) 融入思政元素。本书中的思政元素，一方面通过学习目标中的思政目标来体现，另一方面通过优秀传统文化应用和创新实践来体现，实现知识传授与价值引领的有机结合。这种思政教育与专业教学的深度融合，旨在培养既有专业素养又具备良好思想道德品质的复合型人才。

本书由多名长期从事多媒体技术课程教学的骨干教师共同编写，并由廉侃超老师统编全稿，其中第 1 章及第 25～26 章由赵满旭老师编写，第 2～4 章由张青凤老师编写，第 5～8 章由王彩霞老师编写，第 9～10 章由徐岩柏老师编写，第 11～12 章由万小红老师编写，第 13～24 章由廉侃超老师编写。

在本书的编写过程中，编者查阅了不少文献和网站，在此谨向相关作者表示感谢。

由于编者水平有限，书中难免有疏漏和不足之处，敬请广大读者批评指正。本书配有相关素材，使用本书的读者如有需求，可与西安电子科技大学出版社或编者联系获取，编者 E-mail：lkc333@126.com。

编　者
2024 年 1 月

目　录

第三部分　平面动画制作

第四部分 数字视频制作

第一部分　多媒体技术基础

计算机技术、通信技术、大众传播技术的不断发展与融合，推动了多媒体技术的迅速发展和应用。多媒体技术使计算机具有综合处理文字、声音、图像、视频等信息的能力，通过直观、简便的人机交互界面大大改善了计算机的操作方式，丰富了计算机的应用领域。

本部分共 1 章，即第 1 章，主要介绍了多媒体技术的基本概念、多媒体系统、多媒体的关键技术、多媒体技术的应用领域和多媒体技术的发展趋势。

通过学习，读者可有以下收获。

(1) 理解多媒体技术基本概念及应用领域。

(2) 掌握多媒体硬件系统和软件系统的基本构成与工作原理，同时熟悉多媒体技术涉及的基础原理和方法，以及多媒体数据的压缩、存储与播放等关键技术。

(3) 了解多媒体技术与网络、通信技术的融合方式，以及这些技术在互联网、移动通信等行业的实际应用。

(4) 把握多媒体技术的发展脉络和未来趋势，探索虚拟现实等新兴领域中的多媒体应用前景。

第1章 多媒体技术概述

 本章简介

随着信息技术的飞速发展，多媒体技术已成为当今时代的重要组成部分。本章介绍多媒体技术的基础知识，主要包括多媒体技术的基本概念、多媒体系统、多媒体的关键技术，以及多媒体技术的应用领域及发展趋势。

 学习目标

知识目标：
(1) 掌握多媒体技术的基本概念、多媒体硬件系统和软件系统。
(2) 掌握多媒体关键技术的基本原理和应用场景。
(3) 了解多媒体技术的应用领域和发展趋势。

能力目标：
(1) 能够根据实际需求选择合适的多媒体硬件和软件工具。
(2) 具备判断图像、音频、视频、动画等多媒体关键技术及其应用的能力。

思政目标：
(1) 培养学生对多媒体技术的学习兴趣和热情，激发创新精神。
(2) 引导学生关注多媒体技术对社会发展的影响，增强社会责任感和使命感。

 思维导图

```
                                              ┌ 媒体
                         多媒体技术的基本概念 ┤ 多媒体
                                              └ 多媒体技术

                         多媒体系统 ┤ 多媒体硬件系统
                                    └ 多媒体软件系统

多媒体技术概述 ┤        多媒体的关键技术 ┤ 数据压缩技术、数据存储技术、网络/通信技术、
                                         │ 超文本和超媒体技术、数据库技术、
                                         └ 输入/输出技术、虚拟现实技术、应用开发技术

                         多媒体技术的应用领域 ┤ 教育领域、娱乐领域、商业广告领域、
                                              └ 军事领域、医疗领域、办公自动化领域

                         多媒体技术的发展趋势 ┤ 网络化
                                              └ 终端的部件化、智能化和嵌入化
```

1.1　多媒体技术的基本概念

在计算机发展的早期阶段，人们利用计算机主要进行科学计算，计算机处理的主要内容是文本信息。20 世纪 80 年代，随着计算机技术(尤其是硬件技术)的发展，人们除利用计算机处理文本信息外，还用计算机处理一些简单的图像信息。20 世纪 90 年代，计算机软硬件技术得到了更进一步的发展，计算机所能处理的内容由最初的单一的文本信息逐渐发展到文本、音频、图形、图像、动画、视频及其相结合的多种信息媒体。本节主要介绍媒体、多媒体、多媒体技术等相关的基本概念。

1.1.1　媒体

媒体(Medium)是指信息的载体或存储实体，通常包含两层含义：一是作为信息物理载体的实体，如书报、挂图、磁盘、光盘、磁带及相关播放设备等；二是信息的表现形式和传播方式，如文本、图形、图像、动画、视频、音频等。在多媒体计算机中，媒体特指后者，即计算机能够处理和呈现的各种信息形式，包括文本、图形、图像、动画、视频、音频等。

国际电话电报咨询委员会(Consultative Committee on International Telegraph and Telephone，CCITT)将媒体分为感觉媒体、表示媒体、表现媒体、存储媒体和传输媒体五大类。

(1) 感觉媒体。感觉媒体(Perception Medium)是指能直接作用于人的感觉器官使人产生直接感觉的一类媒体。常见的感觉媒体一般包括文本、图形、图像、动画、音频和视频。

(2) 表示媒体。表示媒体(Representation Medium)是信息的表示方法，是指传输感觉媒体的中介媒体，也就是用于数据交换的编码。例如，图像编码(JPEG、MPEG 等)、文本编码(ASCII 码、GB2312 等)、声音编码等都属于表示媒体。

(3) 表现媒体。表现媒体(Presentation Medium)也被称为显示媒体，是指数据传输、通信中信息输入和输出的媒体，一般分为输入表现媒体(如键盘、鼠标、扫描仪、传声器、摄像机等)和输出表现媒体(如显示器、打印机、投影仪、扬声器等)两类。

(4) 存储媒体。存储媒体(Storage Medium)是指存储表示媒体的媒体，也是存储二进制信息的物理载体，存储介质主要有半导体器件、磁性材料和光学材料。例如，磁盘、光盘、硬盘、U 盘等都属于存储媒体。

(5) 传输媒体。传输媒体(Transmission Medium)是数据传输系统中在发送器和接收器之间的物理通路，是指传输表示媒体的物理介质。例如，同轴电缆、双绞线、光纤等都属于传输媒体。

1.1.2　多媒体

多媒体(Multimedia)是多种媒体信息的集成，是包括文本、图形、图像、音频、动画、视频等各种信息的有机集成，不是各种媒体信息元素的叠加。

多媒体融合两种以上(包含两种)媒体，是一种人机交互式信息交流和传播媒体，使用的媒体主要包括文本、图形、图像、动画、音频、视频等类型。

(1) 文本。文本是指输入的字符和汉字，具有字体、字号、颜色等属性。在计算机中，表示文本信息的方式主要有两种：点阵文本和矢量文本。

(2) 图形。图形是指由计算机绘制的各种几何图。

(3) 图像。图像是指由数码照相机、数码摄像机或图形扫描仪等输入设备获取的照片、图片等。图像可以看成是由许许多多的点组成的，单个的点称为像素(pixel)，它是表示图像的最小单位。

(4) 动画。动画是指借助计算机生成的一系列可供动态实时演播的连续图像。动画的工作原理是利用人的"视觉暂留"现象，即当一系列变化微小的画面，按照一定的时间间隔连续显示在屏幕上时，人眼会感知到物体连续运动的效果。

(5) 音频。音频是指数字化的声音。它可以是自然界的各种声音，也可以是人工合成的声音等。

(6) 视频。视频是指由摄像机等输入设备获取的活动画面。由摄像机得到的视频图像是一种模拟视频图像，模拟视频图像输入计算机后需经过模/数(A/D)转换才能进行编辑和存储。

1.1.3　多媒体技术

多媒体技术(Multimedia Technology)是指利用计算机及相关多媒体设备，采用数字化处理技术，对文本、声音、图形、图像、动画、视频等多种媒体信息进行综合处理和管理，使用户通过多种感官与计算机进行实时信息交互的技术，也被称为计算机多媒体技术。

多媒体技术综合了计算机文本处理技术、计算机声音处理技术、计算机图形处理技术、计算机图像处理技术、计算机动画处理技术、计算机视频影像处理技术、计算机存储技术、通信技术等相关技术。

多媒体技术主要有如下特点：

(1) 集成性。多媒体技术使用数字信号，利用计算机相关技术对文本、声音、图形、图像、动画、视频等多种媒体信息元素进行综合处理，将这些不同类型的媒体信息有机地结合起来。

(2) 交互性。交互性是指人的行为与计算机的行为交流沟通的关系。信息以超媒体结构进行组织，用户以人的思维习惯，按照自己的意愿主动地选择和接受信息，拟定观看内容的路径。

(3) 控制性。控制性以计算机为中心，综合处理和控制多媒体信息，并按人的要求以多种媒体形式表现出来，同时作用于人的多种感官。

(4) 实时性。当用户给出操作命令时，相应的多媒体信息都能够得到实时控制。

1.2　多媒体系统

多媒体系统是指利用计算机技术和数字通信技术来处理和控制多媒体信息的系统。它可以从广义和狭义两个角度来理解。从广义上讲，多媒体系统是集电话、电视、各种媒体以及计算机网络等于一体的信息综合化系统。从狭义上讲，多媒体系统特指那些拥有多媒体功能的计算机系统。目前市场上主流的计算机大多是多媒体计算机(MPC)。这类计算机不仅配备了声卡、显卡等设备，还能将声音、图像、视频等多种信息集成在一起，实现人机交互。

通常多媒体系统是指多媒体计算机系统，是一个将文本、图形、图像、音频、动画、视频等多种媒体与计算机系统集成在一起的综合系统。这类系统由多媒体硬件系统和多媒体软件系统两大部分组成。硬件系统提供了处理多媒体信息所需的物理设备，而软件系统则负责管理和控制这些硬件，使其能够协同工作，处理各种多媒体信息。

1.2.1　多媒体硬件系统

多媒体硬件系统是指能够处理、传输、存储和显示多媒体数据的硬件设备及其相关技术。它具有集成性、交互性、实时性、数字化等特点，能够提供丰富的视听体验和交互功能，是实现多媒体技术的物质基础。

多媒体硬件系统由多个部分组成，其核心是计算机硬件，包括中央处理器(CPU)、存储器等。此外，该系统还包括声音/视频处理器(负责处理音频和视频信号)、媒体输入/输出设备(如显示器、音响、麦克风、摄像头等，用于实现多媒体数据的输入和输出)、信号转换装置和通信传输设备、接口装置(负责信号的转换和数据的传输)及其他硬件设备。

1. 计算机硬件

中央处理器是计算机的大脑，负责执行程序指令和处理数据。在多媒体应用中，CPU执行音视频编解码、图像处理、动画渲染等计算密集型任务。CPU的性能直接决定了多媒体计算机处理数据的速度和效率，高性能的CPU可以更快地处理多媒体数据，提供更流畅的用户体验。

存储器包括主存储器(RAM)和辅助存储器(硬盘驱动器HDD、固态硬盘SSD等)。RAM临时存储正在运行的程序和数据，包括多媒体文件和处理中的音视频数据。较大的RAM容量可以支持更复杂的多媒体应用和更快的数据处理速度。辅助存储器则用于长期存储大量的媒体文件，如音频库、视频库、图像集合等。

2. 声音/视频处理器

声音/视频处理器是多媒体硬件系统中的关键组件，专门负责处理音频和视频信号。这些处理器具有强大的计算能力和专门的算法，以高效地处理复杂的音频和视频数据。

声音处理器(或音频处理器)主要负责处理音频信号，其功能包括音频编解码、音效处理、噪声抑制、音频合成与MIDI(Musical Instrument Digital Interface)支持等。音频编解码将模拟音频信号转换为数字格式(模/数转换)，或将数字音频信号转换为模拟格式(数/模转换)，以适应不同的设备和传输需求。音效处理提供各种音效，如混响、回声、均衡器等，以增强音频的层次感和听感。噪声抑制通过算法减少或消除音频信号中的背景噪声，提高语音的清晰度和可辨识度。音频合成与 MIDI 支持能够生成合成声音，并支持 MIDI 音乐的播放和录制。

视频处理器则专注于处理视频信号，其功能包括视频编解码、图像处理、视频格式转换与帧率调整、3D 图像处理与渲染等。视频编解码将模拟视频信号转换为数字格式，或进行数字视频格式的转换，以适应不同的显示设备和传输标准。图像处理提供色彩校正、图像增强(如锐化、去噪等)、缩放等功能，以提高视频质量和观感。视频格式转换与帧率调整支持不同视频格式之间的转换，以及帧率的调整，以满足特定的播放或编辑需求。在某些高端的视频处理器中还集成了 3D 图形处理单元(GPU)，用于加速 3D 图形的渲染和处理。

总的来说，声音/视频处理器在多媒体系统中扮演着至关重要的角色，它们通过高效的算法和专门的硬件加速技术，实现了音频和视频数据的高效处理与优化，从而为用户提供了高质量、流畅且丰富的多媒体体验。

3. 媒体输入/输出设备

常用的媒体输入/输出设备有显示器、音响、麦克风、摄像头等。

显示器用于显示文本、图像、视频等视觉信息。高分辨率和高刷新率的显示器可以提供更清晰、更逼真的视觉体验。

音响将数字音频信号转换为声波，提供高质量的声音输出，让用户能够享受到清晰、动感的音效。

麦克风捕捉声音并将其转换为数字音频信号，用于语音识别、通话、录音等应用场景。

摄像头捕捉图像和视频，用于视频会议、实时通信或数字内容创建等场景。

4. 信号转换装置和通信传输设备

信号转换装置和通信传输设备在多媒体硬件系统中扮演着关键角色，它们负责信号的转换和数据的传输，确保多媒体信息能够在不同设备之间高效、准确地传递。

信号转换装置是一种用于将一种信号转换成另一种信号的设备。其主要作用包括以下几个方面：

(1) 模拟信号与数字信号的转换。信号转换装置可以将模拟信号(如音频、视频信号)转换为数字信号，以便进行数字化处理、存储和传输。同样，它也可以将数字信号转换为模拟信号，以供模拟设备使用。

(2) 信号格式的转换。不同的设备可能使用不同的信号格式或标准。信号转换装置可以将一种格式的信号转换为另一种格式，以确保设备之间的兼容性。

(3) 信号调理。信号转换装置还可以对信号进行调理，如放大、滤波、隔离等，以提高信号的质量和可靠性。

通信传输设备是用于传输数据的各类通信线路和设备，在多媒体系统中承担着数据传输的重要任务。其主要作用包括以下几个方面：

(1) 数据传输。通信传输设备通过有线(如光纤、电缆)或无线(如微波、卫星)方式，将数据从一个地点传输到另一个地点。它支持高速数据传输，确保多媒体内容(如音频、视频、图像等)能够实时、流畅地传输。

(2) 网络连接。通信传输设备还用于连接不同的网络，实现网络之间的数据交换和信息共享。例如，路由器和交换机等网络设备可以连接局域网和广域网，构建复杂的网络拓扑结构。

(3) 远程通信。通过电话线、光纤、卫星等通信传输设备，可以实现远距离的通信。这使得人们能够跨越地理障碍，进行实时音视频通话、远程会议等多媒体应用。

5. 接口装置

接口装置是两个设备或系统之间按规范进行互联的共享界面。这些装置在多媒体硬件系统中起着至关重要的作用，因为它们允许不同的设备或组件之间进行数据交换和通信。

接口装置的种类繁多，每种接口都有其特定的用途和连接的设备类型。

USB 接口是一种通用串行总线接口，广泛用于连接各种外部设备，如打印机、扫描仪、摄像头等。它具有高速传输、热插拔和支持多种设备等优点。

HDMI 接口是一种高清多媒体接口，主要用于连接高清显示设备，如电视机、显示器等。它能够同时传输音频和视频信号，提供高质量的多媒体体验。

除 USB 和 HDMI 接口外，还有许多其他类型的接口装置，如 VGA 接口用于连接传统的模拟显示器，SATA 接口用于连接硬盘等存储设备，PS/2 接口用于连接键盘和鼠标等输入设备。

这些接口装置通常具有标准化的设计和规格，以确保不同厂商生产的设备能够相互兼容并正常工作。它们不仅实现了设备之间的物理连接，还通过特定的协议和数据格式支持设备之间的数据交换和通信。

总的来说，接口装置在多媒体硬件系统中扮演着桥梁的角色，它使得不同的设备和组件能够协同工作，共同为用户提供丰富、高效的多媒体体验。

6. 其他硬件设备

多媒体硬件系统还包括一些专门的硬件设备，如音频卡、视频采集卡、光盘驱动器等。

音频卡(或声卡)是计算机处理音频信号的核心硬件。音频卡提供音乐合成功能，可以生成 MIDI 音乐和其他合成声音。它还支持各种音效处理，如混响、回声、均衡器等，以丰富音频的层次感和听感。

视频采集卡用于从模拟视频源(如摄像机、录像机)捕捉视频信号，并将其转换为数字格式，以便在计算机上进行处理、编辑和存储。它支持视频信号的输入、输出、数字化和压缩等功能，是实现视频捕获和流媒体传输的关键硬件。

光盘驱动器(如 CD-ROM、DVD-ROM、蓝光光驱等)用于读取存储在光盘上的多媒体数据。光盘是一种广泛使用的存储介质，可以存储大量的视频、音频、图像和文档等多媒体信息。通过光盘驱动器，用户可以方便地访问和共享存储在光盘上的多媒体内容。

综上所述，多媒体硬件系统是一个由多个组件和设备构成的复杂体系，它们相互协作以实现多媒体数据的处理、存储、传输和展示。这个系统的性能和功能取决于各个组件的规格和配置，以及它们之间的兼容性和协同工作能力。随着技术的不断进步和创新，多媒体硬件系统将继续发展和完善，为用户提供更加丰富、高效和便捷的多媒体体验。

1.2.2 多媒体软件系统

多媒体软件系统是指运行在多媒体硬件设备上的各种程序和文档。多媒体软件系统是多媒体计算机系统的灵魂，指挥、控制、协调整个多媒体计算机系统运行，也被称为"软设备"。多媒体软件系统是综合利用计算机处理各种媒体信息的技术，包括数据压缩、数据采样、二维及三维动画等，能够灵活调度使用多媒体数据使各种媒体硬件和谐工作。多媒体软件系统按照功能分为多媒体系统软件和多媒体应用软件。

1. 多媒体系统软件

多媒体系统软件主要包括多媒体驱动软件与接口程序、多媒体操作系统和多媒体开发工具等。

1) 多媒体驱动软件与接口程序

多媒体驱动软件构成了最底层的硬件支持环境，它直接与计算机硬件进行交互，可完成设备的初始化、打开和关闭、操作、基于硬件的压缩/解压缩、图像快速变换及功能实现等任务。驱动软件通常包含视频子系统、音频子系统和音视频采集子系统。接口程序位于高层软件与驱动程序之间，为高层软件提供虚拟设备接口。驱动软件一般常驻内存，每种多媒体硬件都需要一个相应的驱动程序。

底层硬件通常指的是计算机系统中的基础物理设备，如中央处理器、内存、硬盘、显卡、声卡、网卡等。它们是计算机运行的基础，负责执行基本的运算、存储和数据处理。这些硬件通过总线和接口相互连接，并与操作系统和应用程序进行交互。

高层软件则是指运行在底层硬件之上的软件程序，它们通常是由编程语言编写的，用于实现各种功能和应用。高层软件包括操作系统、应用程序、数据库管理系统等。它们通过调用底层硬件提供的接口和功能，实现对硬件的控制和操作，从而为用户提供各种服务和功能。

2) 多媒体操作系统

多媒体操作系统是多媒体软件系统的核心，各种多媒体软件要运行于多媒体操作系统平台上，多媒体操作系统平台是多媒体软件的基础。

多媒体操作系统的功能包括：支持对多媒体声、像及其他多媒体信息的控制和实时处理；支持多媒体的输入/输出及相应的软件接口；支持对多媒体数据和多媒体设备的管理和控制以及用户界面的管理等。也就是说，它能够像一般操作系统处理文字、图形、文件那样去处理音频、图像、视频等多媒体信息，并能够对各种多媒体设备进行控制和管理。当前主流的操作系统都具备多媒体操作系统功能。

多媒体操作系统大致可分为三类：第一类是为特定的交互式多媒体系统使用的多媒体操作系统，如 Commodore 公司为多媒体计算机 Amiga 开发的多媒体操作系统 Amiga DOS；第二类是通用的多媒体操作系统，如 Microsoft Windows 和 Apple MacOS，它们广泛应用于个人电脑和工作站上，支持各种多媒体应用和设备；第三类是智能手机多媒体操作系统，如 Android 和 iOS，它们是为移动设备设计的，具有强大的多媒体处理能力和丰富的用户界面，支持各种移动应用和多媒体内容。

3) 多媒体开发工具

多媒体开发工具是多媒体开发人员获取、编辑和处理多媒体信息，编制多媒体应用程序的一系列工具软件的统称。多媒体开发工具分为多媒体素材制作工具、多媒体著作工具、多媒体编程语言三类。

多媒体素材制作工具是为多媒体应用软件进行数据准备的软件，常用的有文字特效制作软件(如 Word 艺术字、COOL 3D 等)、图形图像编辑与制作软件(如 CorelDRAW、Photoshop 等)、二维和三维动画制作软件(如 Animator Studio、3D Studio MAX 等)、音频编辑与制作软件(如 Wave Studio、Cakewalk 等)、视频编辑软件(如 Adobe Premiere 等)。

多媒体著作工具又称为多媒体创作工具，是利用编程语言调用多媒体硬件开发工具或函数库实现的，能够被用户方便编制程序，组合各种媒体，最终生成多媒体应用程序的工具软件。常用的多媒体著作工具有 PowerPoint、ToolBook 等。

多媒体编程语言可以直接开发多媒体应用软件，对开发人员的编程能力要求较高，有很大灵活性，适用于开发各类型的多媒体应用软件。常用的多媒体编程语言有 Python、Visual C++、Delphi 等。

2. 多媒体应用软件

多媒体应用软件又称多媒体应用系统或多媒体产品，是由各应用领域的专家或开发人员利用多媒体开发工具或计算机语言组织编制大量的多媒体数据而成为的最终多媒体产品，是直接面向用户的，是在多媒体创作平台上开发设计面向应用领域的软件系统。多媒体系统通过多媒体应用软件向用户展示了强大的、丰富多彩的视听功能。常见的多媒体应用软件有 Windows Media Player、QuickTime Player、Real Player、RealONE Player、暴风影音、豪杰超级解霸、金山影霸等。

1.3　多媒体的关键技术

多媒体的关键技术有多种，本节主要介绍多媒体的数据压缩技术、数据存储技术、网络/通信技术、超文本和超媒体技术、数据库技术、输入/输出技术、虚拟现实技术和应用开发技术。

1.3.1　数据压缩技术

信息时代的重要特征是信息数字化，而数字化的数据量相当庞大，给存储器的存储容量、通信主干信道的数据传输速率(带宽)以及计算机的运行速度带来极大的压力。研制多媒体计算机需要解决的关键问题之一就是要使计算机能适时地综合处理声音、文本、图像等各种信息，因此数据压缩技术应运而生。

数据压缩技术是指在不丢失数据有用信息的前提下，缩减数据量以减少存储空间，提高数据传输、存储和处理效率，或按照一定的算法对数据进行重新组织，减少数据的冗余和存储的空间的一种技术。

数据压缩可分成两种类型，一种叫作无损压缩，另一种叫作有损压缩。无损压缩是指使压缩后的数据进行重构(或者叫作还原，解压缩)，重构后的数据与原来的数据完全相同。无损压缩适用于重构信号与原始信号要完全一致的场合。一个很常见的例子是磁盘文件的压缩。无损压缩算法一般可以把普通文件的数据压缩到原来的 1/2～1/4。一些常用的无损压缩算法有霍夫曼(Huffman)算法和 LZW(Lempel-Ziv & Welch)算法。有损压缩是指使压缩后的数据进行重构，重构后的数据与原来的数据有所不同，但不影响对原始资料信息的表达。有损压缩适用于重构信号不一定非要和原始信号完全相同的场合。例如，图像和声音的压缩就可以采用有损压缩，因为其中包含的数据往往多于人的视觉系统和听觉系统所能接收的信息，丢掉一些数据后人们不会对声音或者图像所表达的意思产生误解，但可大大提高压缩比。

目前的研究表明，选用合适的数据压缩技术，能够实现将字符数据量压缩到原来的1/2左右，语言数据量压缩到原来的 1/2~1/10，图像数据量压缩到原来的 1/2~1/60。

1.3.2 数据存储技术

数据存储技术是指如何有效地存储和管理数据的一种技术。它涉及多个方面，包括物理存储介质的选择、数据存储格式的设计、数据存储和访问的控制，以及数据备份和恢复策略的制定等。数据存储技术的目标是在保证数据的安全性、完整性、可用性和可扩展性的前提下，提高数据的存储效率和访问速度。

数据存储技术包括多种类型，如硬盘存储技术、光盘存储技术、U 盘存储技术等，这些技术使用不同的物理介质来存储数据。此外，还有云存储技术等软件层面的存储技术，它们通过特定的数据结构和算法来组织和管理数据，提供高效的数据存储和访问服务。

硬盘存储技术是一种广泛应用的数据存储技术，它利用磁记录技术在涂有磁记录介质的旋转圆盘上进行数据存储。磁盘通常由多个盘片组成，每个盘片都有两个表面，这些盘片通过一个主轴相互叠放在一起，形成一个磁盘堆。每个盘片上都有一个磁道，磁道被分成多个扇区，每个扇区可存储一定数量的数据。磁盘存储器的优点在于存储容量大、数据传输率高、存储数据可长期保存等。在计算机系统中，磁盘存储器常用于存放操作系统、程序和数据，是主存储器的扩充。

光盘存储技术是一种利用激光在光盘介质上写入和读出信息的数据存储技术。这种技术最初使用的是非磁性介质，而后发展为磁性介质。在光盘上写入的信息通常是不可逆的，一旦信息被写入，就不能被轻易地擦除或修改。然而，使用磁性介质的光盘存储技术则可以抹去原来写入的信息，并写入新的信息，因此具有可擦可写的特性。光盘存储器相较于其他存储设备有着独特的优点，例如记录密度高、存储容量大、采用非接触方式读写、数据保存时间长(可达 60~100 年)、成本低廉以及易于大量复制等。这些特性使得光盘存储技术在各个领域都得到了广泛的应用，如娱乐、教育、科学研究、资料保存和档案存储等。此外，光盘存储技术的种类也比较多样，主要包括 CD、DVD 和蓝光技术等。这些技术的存储容量和传输速率随着技术的发展而不断提高，以满足不同应用场景的需要。

U 盘存储技术是一种基于 USB 接口和闪存芯片的数据存储技术。U 盘全称 USB 闪存盘，是一种便携式的数据存储设备，具有小巧轻便、即插即用、存储容量大、数据传输速度快、可靠性高等特点。U 盘主要由 USB 接口、主控芯片、闪存芯片和电路板等部件组成。USB 接口负责与计算机进行通信，主控芯片负责数据的读写和管理，闪存芯片则是数据的实际存储介质。当把 U 盘插入计算机的 USB 接口时，计算机会自动识别并安装相应的驱动程序，驱动程序安装完成后，用户即可通过计算机对 U 盘进行读写操作。U 盘存储技术的优点在于其便携性和易用性。

云存储技术是一种通过网络提供高可扩展性和高可用性数据存储服务的技术。它将数据存储在由多个服务器和存储设备组成的云端，用户可以通过互联网连接并访问这些数据。云存储技术不仅提供了海量的存储空间，还能够保证数据的安全性和可靠性。云存储技术的核心在于其分布式架构和虚拟化技术。通过分布式架构，云存储可以将数据分散存储在多个节点上，实现负载均衡和容错性，从而提高数据的访问速度和可用性。虚拟化技术则使得用户无须关心底层存储设备的具体实现细节，只需要通过统一的接口即可访问和管理数据。云存储技术的应用场景非常广泛，包括在线旅游、娱乐行业、安防监控、在线教育、O2O 场景、智能硬件场景以及广电行业等。在这些场景中，云存储技术可以提供高效、可靠、安全的数据存储服务，满足用户对于数据存储和访问的需求。

随着信息技术的不断发展，数据存储技术也在不断进步和创新。例如，分布式存储技术、去中心化存储技术等新兴技术正在逐渐应用于实际场景中，以满足日益增长的数据存储需求。这些技术通过将数据分散存储在多个节点上，提高了数据的可靠性和可扩展性，同时也降低了单点故障的风险。

总之，数据存储技术是信息技术领域中的重要组成部分，它对于保证数据的安全、完整和高效访问具有重要意义。随着技术的不断发展，数据存储技术将继续创新和完善，为各行各业提供更加可靠、高效的数据存储和管理服务。

1.3.3 网络/通信技术

传统的电信业务方式，比如短信、传真等，已经不能适应社会需求，急切需要通信技术与多媒体技术相结合，为人们提供如视频会议、视频电话等更加高效和快捷的沟通方式。

多媒体通信技术是多媒体技术与通信技术的有机结合，突破了计算机、通信、电视等传统产业间相对独立发展的界限，是计算机、通信和电视领域的一次革命，是在计算机的控制下，对多媒体信息进行采集、处理、表示、存储和传输。多媒体通信系统的出现极大地缩短了计算机、通信、电视之间的距离，将计算机的交互性、通信的分布性和电视的真实性完美地结合在一起，向人们提供全新的信息服务。多媒体通信技术可解决多媒体内容以何种格式发送后存储空间小、传输容错能力强、传输速度快、耗费资源少等问题，主要涉及多媒体的编码存储、网络通信等技术。多媒体通信中传输的数据种类繁多、数据量庞大，对传输速度和质量的要求高，要求有足够的可靠带宽、高效调度的组网方式、传输的差错时延处理机制等。多媒体通信的交互性，提供给人们发展更多增值业务的空间，因此对多媒体通信运营系统提出了更高要求。

1.3.4 超文本和超媒体技术

超文本是指将分散的各种信息用超链接的方法组织在一起而形成的非线性网状信息文本，它同时也是一种管理、组织和使用信息的计算机技术。超文本具有多媒体化、网络结构和交互性等特点。超文本是一种非线性的网状信息文本，没有固定的顺序，也不要求读者按某个顺序来阅读。

超文本是由节点和链构成的信息网络。节点是表达信息的基本单位，是根据主题组织起来的信息集合。链用于固定节点间的信息联系，它以某种形式将一个节点与其他节点连接起来。由于超文本没有规定链的规范与形式，因此超文本与超媒体系统的链是复杂多样的，但效果却是一样的，即建立起节点之间的联系。链的一般结构可分为三个部分：链源、链宿和链的属性。一个链的起始端称为链源。链源是导致节点信息迁移的原因。链宿是节点和节点之间信息联系的目的。链的属性是链的主要特性，它决定了链的类型。链还有一般的特性，如链的版本、版权等。

用超文本理念来管理多媒体信息的技术叫作超媒体技术。简单地说，超媒体技术等于超文本理念加多媒体技术。超媒体技术可以容易地把分散的各种多媒体信息进行有效的组织，使得用户使用更加方便。超文本和超媒体技术广泛应用于各种信息库工程设计中。目前已经研制出来的字典系统、联机帮助手册、信息检索系统、电子地图、信息比对等系统都应用了超文本和超媒体技术。超文本和超媒体技术为人们提供了先进的数据表示方式、组织手段和管理手段，它所提供的思想方法可以建立各种媒体信息之间的网状链接结构。

1.3.5 数据库技术

多媒体数据库是数据库技术与多媒体技术结合的产物，是为了实现对多媒体数据的存储、检索和管理而出现的一种新型的数据库技术。在多媒体数据库中，媒体可以进行追加和变更，并能实现媒体的相互转换，用户在对数据库的操作中，可最大限度地忽略媒体间的差别，实现多媒体数据库的媒体独立性。

多媒体数据量大且媒体之间的差异也极大，从而影响数据库的组织和存储方法，只有组织好多媒体数据库中的数据，选择设计合适的物理结构和逻辑结构，才能保证磁盘的充分利用和应用的快速存取。多媒体数据基本上都是二进制形式，数据本身没有严格的数据结构，即为非格式化数据或非结构化数据，必须另外加入一些描述和解释，否则难以利用。这种描述和解释不是数据本身，而是关于数据的数据，即元数据。元数据的生成是多媒体数据库管理中的一个重要而突出的问题。

媒体种类的增多增加了数据处理的困难。每一种多媒体数据类型都要有自己的一组最基本的概念(操作和功能)、适当的数据结构和存取方法以及高性能的实现。但除此之外也要有一些标准的操作，包括各种多媒体数据通用的操作及多种新类型数据的集成。不同媒体类型对应不同数据处理方法，这便要求多媒体数据库管理系统能不断扩充新的媒体类型及其相应的操作方法。

在多媒体数据库中，非精确匹配和相似性查询占相当大的比重。媒体的复合、分散、时序性质及其形象化的特点，使得数据库不再是只通过字符进行查询，而必须要采用特征匹配和模糊匹配的查询机制和方法。

多媒体数据库具有传统数据库所不具有的特性和结构以及要实现的功能要求，因此，多媒体数据库包含了许多不同于传统数据库的新技术，其中主要有多媒体数据建模技术、多媒体数据存储管理技术、多媒体数据压缩/还原技术和多媒体数据查询技术。多媒体数据建模技术是一种用于定义、表示和组织多媒体数据的技术，主要涉及多媒体数据的抽象、表示、存储和管理等方面。这种技术的目标是提供一种有效的方法来描述多媒体数据及其之间的关系，以便能够更好地存储、检索、传输和处理这些数据。多媒体数据存储管理技术是指根据多媒体数据的使用频率和速度等要求，将数据进行分级存储的技术。多媒体数据压缩/还原技术是指按照一定的算法对数据进行重新组织的技术，衡量其优劣的重要指标有数据压缩比、压缩/解压缩速度以及算法的复杂程度。多媒体数据查询技术是指多媒体数据库采用结构化查询语言的技术，其有助于用户高效操纵多媒体数据库，实现数据库与应用程序间的相互独立。多媒体数据查询技术不仅支持关键字精确查询，还支持基于内容的非精确查询或模糊查询。

1.3.6　输入/输出技术

多媒体输入/输出技术是处理多媒体信息传输接口的技术。由于人类的视觉和听觉只能感知模拟信号，而计算机处理的是数字信号，因此多媒体技术必须解决各种媒体的信号转换问题。

多媒体输入/输出技术包括媒体编码技术、媒体显示技术、媒体变换技术、媒体识别技术、媒体理解技术和媒体综合技术。媒体编码技术是一种将信息编码成数字形式，以便传输和存储的技术，是用二进制表示如声音、图像和视频等媒体信息的过程。媒体显示技术是将编码过的声音、图像、视频等媒体信息恢复成原来格式的技术。媒体变换技术是用媒体转换设备(如视频卡、音频卡)改变媒体的表现形式的技术。媒体识别技术是对信息进行一对一的映像的技术，例如语音识别是将语音映像为一串字、词或句子，触摸屏则是根据触摸屏上的位置来识别操作要求。媒体理解技术是对信息进行更进一步的分析处理和理解信息内容的技术，例如自然语言理解技术、图像语音模式识别技术。媒体综合技术是把低维信息表示映像成高维的模式空间的技术，例如语音合成器就可以把语音的内部表示综合为声音输出。

1.3.7　虚拟现实技术

虚拟现实技术是借用计算机模拟现实世界的技术，其本质是人与计算机之间进行交流的方法，它以其更加高级的集成性和交互性，给用户以十分逼真的体验。

虚拟现实技术基于可计算信息的沉浸式交互环境，采用以计算机技术为核心的现代高科技，生成逼真的视、听、触觉一体化的特定范围的虚拟环境，让用户可以从自己的视点出发，利用自然的技能和某些设备对这一生成的虚拟世界中的对象进行交互作用、相互影响，从而产生亲临等同真实环境的感受和体验。

虚拟现实技术是一项融合了计算机图形学、人机接口技术、传感技术、心理学、人类工程学及人工智能的综合技术。由于其独有的多感知性、沉浸感、交互性及自主性，虚拟现实技术已经广泛应用于航天、军事、医疗、教育、游戏等领域。

1.3.8　应用开发技术

多媒体应用开发技术是指综合运用计算机硬件和软件开发技术，结合音频、视频、图像等多种媒体元素开发出具有交互性、多样性和实时性等特点的应用程序的技术。这种技术旨在提供更加生动、直观和丰富的用户体验，使用户能够更加方便地获取、处理和共享多媒体信息。

多媒体应用开发技术包括多个方面，如多媒体数据处理技术、多媒体通信技术、多媒体人机交互技术等。其中，多媒体数据处理技术主要涉及音频、视频和图像等数据的采集、编码、压缩、存储和传输等方面；多媒体通信技术关注于如何实现多媒体信息的实时传输和交互；多媒体人机交互技术着重于如何设计更加自然、便捷和智能的用户界面和交互方式。

在实际应用中，多媒体应用开发技术被广泛应用于各个领域，如教育、娱乐、医疗等。例如，在图像处理软件、音乐播放器、视频编辑器等应用中，多媒体应用开发技术都发挥着重要作用。此外，随着人工智能、增强现实和虚拟现实等技术的不断发展，多媒体应用开发技术将迎来更加广阔的发展空间和应用前景。

1.4　多媒体技术的应用领域

随着科技的飞速发展，多媒体技术作为一种集文字、图像、音频、视频等多种信息形式于一体的综合性技术，应用领域非常广泛，几乎涵盖了所有与信息处理相关的行业。无论是教育、娱乐、商业广告，还是军事、医疗、办公自动化等领域，多媒体技术都发挥着不可或缺的作用。它不仅能够提供生动、直观的信息展示方式，还能够实现远程交互、虚拟仿真等高级功能，为各行各业的发展提供了强有力的支持。

1.4.1　教育领域

多媒体技术在教育领域的应用极大地推动了教育的现代化进程，它不仅丰富了教学内容和教学方式，还提高了教学效果和学生的学习兴趣。

通过多媒体技术，教师可以制作出生动、形象的教学课件，这些课件集成了文字、图像、音频、视频等多种信息形式，使得课堂内容更加丰富和有趣。这种教学方式不仅能够激发学生的学习兴趣，提高他们的学习主动性，还能够帮助学生更好地理解和掌握知识。

多媒体技术也为在线教育的发展提供了有力支持。在线教育平台可以利用多媒体技术制作出各种形式的在线课程，如视频讲座、互动教程等，使得学生可以随时随地进行学习。这种学习方式打破了时间和空间的限制，使教育资源能够得到充分共享和利用。

多媒体技术还可以用于构建虚拟实验室，模拟真实的实验环境，让学生在计算机上就可以完成各种实验操作。这种虚拟实验方式不仅可以节省实验成本和时间，还可以避免一些实验可能带来的安全风险，为学生提供更多的实践机会。

此外，多媒体技术还可以实现互动式的教学模式，如实时问答、小组讨论、角色扮演等，促进师生之间的互动和交流，提高教学效果。同时，多媒体技术还可以根据学生的不同需求和能力，提供个性化的学习内容和方式，以满足学生的个性化需求。

1.4.2　娱乐领域

多媒体技术在娱乐领域的应用同样引人瞩目。电影、电视、音乐和游戏等娱乐形式都离不开多媒体技术的支持。通过先进的音视频处理技术和虚拟现实技术，可以制作出更加逼真、生动的画面和音效，为观众带来沉浸式的娱乐体验。此外，多媒体技术还支持互动娱乐和个性化娱乐等新型娱乐形式，让观众能够更加深入地参与到娱乐活动中，获得更加丰富的感官刺激和精神享受。

1.4.3　商业广告领域

商业广告是多媒体技术的另一个重要应用领域。通过利用多媒体技术，广告商可以制作出各种形式的广告，如视频广告、动画广告、互动广告等，以吸引消费者的注意力。这些广告不仅具有生动的视觉效果和震撼的听觉效果，还能够通过互动和个性化的方式与消费者进行沟通和交流。这种新型的广告形式不仅提高了广告的传播效果和销售效果，还为商业模式的创新和市场营销策略的制定提供了新的思路和方法。

1.4.4　军事领域

多媒体技术在军事领域的应用非常广泛，涵盖了军事训练、作战指挥、军事信息管理等多个方面。这些应用不仅提高了军事训练和作战的效率和质量，还为军事信息管理和决策提供了强大的支持。

军事训练方面，多媒体技术可以模拟真实的战场环境，提升军事训练的真实性。例如，通过虚拟现实技术，可以模拟城市战斗、丛林作战等复杂的战场环境，使军人在虚拟中体验真实战场的各种情况，从而提高应对危机的能力和作战胜算。此外，多媒体技术还可以根据个体的需求和特点，为每位军人提供个性化的训练方案，使训练效果更加明显，提高训练效率。

作战指挥方面，多媒体技术也发挥了重要作用。例如，通过卫星传送多媒体的电子邮件，可以实现全球范围的实时传播，这对于指挥长途奔袭、舰队和空军的跨洋作战等都有重大意义。同时，利用多媒体网络还可以实现异地的协同工作环境，使处于不同地点的指挥所能够"面对面"地商讨协同作战问题，共同制定完善的作战方案，并实施作战指挥。此外，多媒体技术还可以用于战场管理，真实记录作战全过程的指挥控制情况，以备查询、检索，用来总结作战经验和教训。

军事信息管理方面，多媒体技术也得到了广泛应用。例如，在装备、后勤、维修和科研信息管理系统中，多媒体技术可以生动、直观地管理各种信息，从而提高信息管理工作的质量。在 C3I(指挥、控制、通信和情报)系统中，多媒体技术也扮演着重要角色。它可以有效、迅速地向各级指挥人员提供丰富的信息，以保证指挥人员做出正确决策，有效实施指挥控制。

1.4.5　医疗领域

多媒体技术在医疗领域的应用也越来越广泛。医生可以利用多媒体技术进行远程诊断和治疗，提高医疗效率和质量。通过远程医疗系统，医生可以实时查看患者的病历资料、影像检查结果等信息，并与患者进行在线交流和咨询。这种新型的医疗模式不仅打破了时间和空间的限制，还为患者提供了更加便捷、高效的医疗服务。此外，多媒体技术还可以用于制作多媒体教学资料和医学模拟实验等，帮助医学院校的学生更好地学习和理解医学知识。这些技术的应用不仅提高了医学教育的水平和质量，还为医疗事业的发展和创新提供了有力的支持。

1.4.6　办公自动化领域

在办公自动化系统中，多媒体技术也发挥着重要作用。通过使用交互式多媒体演示软件，可以使会议或演讲更加生动、直观。参会者可以通过多媒体演示软件查看各种图表、图片和视频等资料，更加深入地了解会议或演讲的内容。同时，多媒体技术还支持视频会议和远程协作等功能，让办公更加高效、便捷。通过视频会议系统，不同地点的参会者可以实时进行音视频交流和共享屏幕等操作；通过远程协作工具，团队成员可以在线进行文档编辑、任务分配和项目管理等工作。这些技术的应用不仅提高了办公效率和质量，还为企业的协同办公和跨地域合作提供了有力的支持。

除了以上几个领域，多媒体技术在新闻、出版、艺术、科学计算等领域也有广泛的应用。例如，在新闻领域，多媒体技术可以用于制作电子报纸、网络新闻等新型媒体形式；在出版领域，多媒体技术可以用于制作电子书、数字期刊等数字化出版物；在艺术领域，多媒体技术可以用于创作数字艺术、虚拟现实艺术等新型艺术形式；在科学计算领域，多媒体技术可以用于数据可视化、模拟仿真等科学计算任务。这些应用不仅丰富了人们的信息获取方式和感官体验方式，还为各行各业的发展和创新提供了有力的支持。

1.5　多媒体技术的发展趋势

多媒体技术随着科技的不断发展而发展，其发展趋势有二，一是网络化，二是终端的部件化、智能化和嵌入化。

1.5.1　多媒体技术的网络化发展趋势

随着科技的不断进步，多媒体技术与网络化发展的紧密结合已经成为当今社会不可逆转的趋势，给多媒体技术带来了巨大的变革和新的生命力，使多媒体内容的分发、传输、展示和交互等方面都有显著的提升和优化。

在网络化发展的推动下，多媒体内容的分发效率得到了极大的提高。传统的多媒体内容分发方式，如光盘、U 盘等，不仅容量有限，而且传输速度慢，容易受到损坏。借助网络技术的力量，多媒体内容可以迅速地传输到世界各地，无论是音乐、电影、图片还是游戏，都能够在极短的时间内完成分发。这种高效的分发方式，不仅极大地减少了传输延迟，优化了用户体验，而且也使得多媒体内容能够更加及时地满足用户的需求。

网络化发展为多媒体技术带来了多样化的媒体形式。短视频、直播、虚拟现实等新兴展示方式的出现，打破了传统多媒体内容单调乏味的局限性，使得用户可以以更加生动、真实、沉浸的方式感受多媒体的魅力。

网络化发展强化多媒体内容的交互性。在过去，多媒体内容往往是单向传播的，用户只能被动地接受信息。而现在，借助网络技术和各种社交平台，用户可以更加积极地参与到多媒体内容的创作中来，与其他用户进行互动交流，分享自己的观点和感受。这种交互性的强化，不仅使得多媒体内容更加丰富多彩，而且也激发了用户的创造力和参与度，形成了良性循环的发展态势。

在网络化发展和多媒体技术深度融合的背景下，大数据和人工智能技术的应用也起到了关键的推动作用。通过收集和分析用户在使用多媒体内容时产生的数据，可以精准地掌握用户的需求和喜好，进而为用户提供更加个性化、精准的内容推荐。这种个性化的内容推荐方式，不仅提高了用户的满意度和忠诚度，也为多媒体内容的创作和分发提供了新的思路和模式。

1.5.2　多媒体终端的部件化、智能化和嵌入化发展趋势

在日新月异的数字化时代，受益于科技的长足进步以及消费者日趋多元化的需求，多媒体终端正逐步渗透到生活的方方面面，扮演着愈发重要的角色。如今，智能手机和平板电脑已成为人们的必备品，它们是人们与外部世界沟通的桥梁、娱乐的源泉，甚至是工作的得力助手，极大地丰富了人们的日常生活。多媒体终端的未来发展趋向部件化、智能化和嵌入化。

部件化的理念预示着未来的多媒体终端设备将更加模块化，意味着硬件和软件组件将以更为灵活的方式组合在一起。用户可以根据个人喜好和需求轻松地对设备进行定制和升级，无须更换整个终端，从而极大地提高了设备的个性化程度和可持续性。

智能化正以前所未有的速度改变着我们的世界。在多媒体终端领域，智能化的表现尤为突出。未来的终端设备将装备更为强大的处理器，拥有更出色的学习能力，与用户之间的交互方式更为自然，不仅能够理解用户的意图，还能预测用户的需求，并提供恰到好处的服务。

嵌入化揭示多媒体终端与生活融为一体的美好愿景。随着技术的进步，终端设备将愈发隐身于人们的环境和日常用品之中，变得更加无所不在，却又丝毫不显突兀。想象一下，当人们走进房间时，灯光、音乐、温度都随着人们的喜好自动调节；当人们在厨房准备食物时，智能厨具能精确地告诉人们每一步该怎么做，这样的生活是多么美妙而富有效率。

　　除了这三大发展趋势，新兴科技对多媒体终端有着深远影响。5G、物联网、人工智能等技术的快速发展，正在为多媒体终端带来革命性的变革。5G 的高速度和低延迟将使得终端之间的连接更为迅速和可靠。物联网让多媒体终端成为连接万物的节点，设备之间的互动和信息共享将变得更加智能和便捷。人工智能的发展则为多媒体终端注入了智慧的灵魂，使其能够更好地理解和服务人类。

　　未来多媒体终端能够准确把握消费者需求，持续推出具有创新性和个性化的产品和服务。

第二部分　平面图像处理

Photoshop 是一款功能强大的图像处理软件，本部分主要介绍 Photoshop 的图像处理基础、选区操作、填充图像、图像的绘制及修饰、图层与蒙版，以及路径、文本、滤镜、通道、调色等图像处理技术。

本部分内容主要围绕一套具有中华传统文化特色的手机屏保作品的制作展开，主要包含 10 个手机屏保作品，如下所示。

春暖花开　　　　花开如意　　　　花好月圆　　　　连年如意　　　　梅香竹舞

壁画日历　　　　弘扬书法　　　　喜上眉梢　　　关公义·盐池情　　女娲造人

本部分将一套中华特色手机屏保作品的制作分解到各个章节，读者在学习的过程中，可以边临摹课堂案例，边同步创新自己的原创屏保作品，跟着节奏学完本部分内容。通过学习，读者可有以下收获。

(1) 掌握 Photoshop 的基本图像处理技能；

(2) 收获一套自己的原创屏保作品专辑；

(3) 熟悉年画、壁画等优秀传统艺术的现代数媒处理。

第2章 图像处理基础

本章简介

在多媒体技术中，图形图像信息的获得和处理占据极其重要的地位。本章在介绍平面设计的相关知识的基础上，以 Photoshop 为例，通过菜单和工具相结合的方式，主要介绍图像的基本概念、图像处理的基础知识、图像文件的基本操作、图像和画布大小的调整、绘图辅助工具的使用等，为读者学习图像处理打下坚实基础。

学习目标

知识目标：

(1) 理解平面设计的基本原则和构图技巧，了解其在图像处理中的应用。

(2) 熟悉 Photoshop 的基本界面布局、菜单功能以及常用工具的使用。

能力目标：

(1) 能够独立使用 Photoshop 进行基本的图像处理操作。

(2) 掌握图像文件的新建、打开、保存和导出等基本操作。

思政目标：

(1) 培养学生自主学习的能力，养成良好的学习习惯。

(2) 通过实例教学，培养学生分析和解决问题的能力。

思维导图

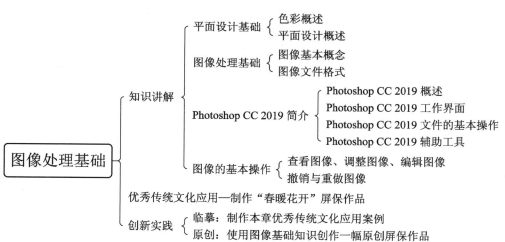

知 识 讲 解

2.1 平面设计基础

2.1.1 色彩概述

色彩是一种能够让平面设计产生艺术效果的重要元素，能够让设计出来的作品具有强烈的视觉冲击效果和人文艺术魅力。

1. 色彩的概念

色彩是事物呈现出来的颜色，色彩的相互作用称为色彩构成，色彩构成是两个(或多个)色彩要素按照一定的规则进行组合和搭配，形成新的具有美感的新的色彩关系的过程。

2. 色彩的分类

色彩分为非彩色和彩色两大类，其中黑、白、灰为非彩色，其他色彩为彩色。彩色是由红、绿、蓝 3 种基本颜色互相组合而成的，因此称这 3 种颜色为三原色，三原色能够通过调配得到其他任意一种颜色。

3. 色彩三要素

色彩三要素指色彩的三种基本属性，即色调、饱和度和亮度。人眼看到的彩色光均是这三个特性形成的综合效果。

色调是色彩的首要特征，是指色彩的总体倾向，用于区分不同的色彩种类，有红、橙、黄、绿、青、蓝、紫 7 种色；饱和度是指色彩的鲜艳程度，是色调的明确程度，同一色调饱和度越高颜色越鲜明，在颜色中掺入白色，颜色的饱和度会降低；亮度是人眼能感受到光的明暗程度，是表现色彩层次感的基础。白色越多图像的亮度就越高，黑色越多图像的亮度就越低。

4. 色彩构图原则

在平面设计中，利用色彩搭配能创造出适于体现设计主题特点的艺术效果。色彩的语言是丰富的，遵循色彩构图原则，以产生色彩美感为目标，将色彩进行合理的组织搭配能产生和谐优美的视觉效果。色彩的构图原则主要考虑三方面：色彩的对比、色彩的平衡、色彩的节奏。

1) 色彩的对比

色彩的对比是指色彩就其某一特征在程度上的比较，如明暗色调对比，一幅优秀的作品必须具备明暗关系，以突出作品的层次性。运用色彩对比的优点是画面生动、活泼，平面设计中常用于儿童用品有关的设计。

2) 色彩的平衡

色彩的平衡是以重量来比喻物象、黑白、色块等在一个作品的画面分布上的审美合理性。

3) 色彩的节奏

色彩的节奏是指色彩在作品中的合理分布。一幅好作品的精华位于视觉中心,是画面中节奏变化最强且视觉上最有情趣的部分,而色彩的变化最能体现画面节奏。节奏美是条理性、重复性、连续性的艺术形式再现。

5. 色彩的搭配技巧

在色彩设计应用中,熟练地运用色彩搭配技巧可以使设计达到事半功倍的效果。优质的色彩设计能够充分传达产品自身的质量、从视觉上提高产品的档次,达到较好的视觉传达的广告效应。

1) 相似色搭配

相似色搭配中,色彩呈现出的明度差异较小,缺乏变化,画面的视觉效果比较平面化。相似色搭配常用于图形创意与造型结构新颖的平面设计中,如黄与绿、红与紫、红与橙、橙与黄。

2) 同类色搭配

同类色搭配既能体现出画面协调、柔美、祥和的视觉效果,又能突显色彩的差异性和画面的层次感。

3) 对比色搭配

对比色搭配效果是最强烈的,能让主题在表现上更加跳跃强烈,也能使视觉效果更加鲜明、强烈、饱满,常被用于商标的设计。常见的对比色有蓝绿色与红色、红与绿、黄与紫、蓝与橙、黑与白等。

4) 深浅色搭配

深浅色搭配所表现出来的视觉效果是明快、简洁、温和、素雅,如黑与白、深绿与浅灰都可以搭配使用。

5) 无极色与其他颜色搭配

无极色是指黑色、白色、金色、银色、灰色,能和任何颜色实现完美搭配。

6) 冷暖色的搭配

冷暖色的关系是依靠对比的,搭配起来会很有特色。采用冷暖色搭配有时是为了更好地突出重点内容,有时是为了让画面更非富饱满,不过于油腻。

2.1.2 平面设计概述

1. 平面构成的基本元素

平面由点、线、面构成。

(1) 点。数学上的点没有大小只有位置,但造型上作为形象出现的点不仅有位置,还有形态、大小和面积,越小的形体越能给人以点的感觉。

(2) 线。几何学中的线没有粗细,只有长度与方向,但在造型中线被赋予了粗细与宽度。线在现代抽象作品与东方绘画中被广泛运用。

(3) 面。单纯的面具有长度和宽度，没有厚度，是体的表面。它受线的界定，具有一定的形状。面分为实面和虚面两类，实面具有明确、突出的形状，虚面则由点和线密集而成。

2．平面构图的原则

平面构图有和谐、对比、平衡、比例等原则。

(1) 和谐。单独的一种颜色或单独的一根线条无所谓和谐，几种要素具有基本的共同性和融合性才称为和谐。

(2) 对比。对比又称对照，它能使主题更加鲜明，作品更加活跃。

(3) 对称。对称又分为左右对称、上下对称、点对称。

(4) 平衡。平衡是动态的特征，如人体运动、鸟的飞翔、兽的奔驰、风吹草动、流水激浪等都是平衡的形式，因而平衡的构成具有动态。

(5) 比例。比例是部分与部分或部分与整体之间的数量关系，是构成设计中一切单位大小以及各单位间编排组合的重要因素。

2.2　图像处理基础

2.2.1　图像基本概念

1．位图和矢量图

图像文件类型大致可分为位图和矢量图两大类。位图和矢量图各有特色，认识其特色和差异能更好地进行图形图像处理工作。

位图又称点阵图或像素图，由多个像素点构成，能够将灯光、透明度、深度等逼真地表现出来。将位图放大到一定程度，可看到它是由多个小方块像素组成的。位图图像的质量由分辨率决定，单位面积内的像素越多，分辨率越高，图像效果就越好。

矢量图又称向量图，基本组成单元是锚点和路径。将矢量图无限放大，图像都具有同样平滑的边缘和清晰的视觉效果，矢量图中的每一个元素都是独立的个体，具有编辑后不失真的特点。矢量图文件所占内存较小。

矢量图与位图最大的区别是矢量图不受分辨率的影响，放大后图像不会失真。将矢量图切换任意大小，不会影响图像清晰度并且图像不会出现锯齿状的边缘。

2．像素和分辨率

像素是构成位图图像的最小单位，是位图中的一个小方格。若将一幅位图看成是由无数个点组成的，则每个点就是一个像素。同样大小的一幅图像，像素越多的图像越清晰，效果越逼真。

分辨率是指单位长度上的像素数目。图像分辨率指图像中存储的信息量，通常用每英寸图像内有多少个像素点来描述。图像分辨率用于确定图像的像素数目，其单位有 PPI(像素每英寸)和"像素/厘米"。比如一幅尺寸为 1 厘米×1 厘米的图像其分辨率为 72 像素/厘米，则这幅图像的像素点数量为：$1 \times 72 \times 1 \times 72 = 5184$ 个。一幅尺寸为 1 厘米×1 厘米的图像，其分辨率为 300 像素/厘米，则这幅图像的像素点数量为：1×300×1×300＝90 000 个。通常情况下，单位长度上像素越多，分辨率越高，图像就越清晰，所需的存储空间也就越大。尺寸相同的相片，分辨率越高，图片包含的像素越多，越能清晰细腻地表现图像内容，印刷的质量也就越好，但是它也会增加文件占用的存储空间。

在 Photoshop 中，常用的图像分辨率一般为 72 像素/英寸、300 像素/英寸。图像分辨率它的大小通常情况下依据它的用途来设定，如制作仅用于屏幕显示或网络传输的图片，其分辨率设定为 72 PPI 即可。若制作需打印或印刷的图像，其分辨率设定应不低于 300 PPI。

3. 图像的色彩模式

色彩模式是数字世界中表示颜色的一种算法。由于成色原理的不同，决定了显示器、投影仪、扫描仪这类靠色光直接合成颜色的颜色设备和打印机、印刷机这类使用颜料的印刷设备在生成颜色方式上的区别。

图像中默认的颜色通道数取决于色彩模式。常用的色彩模式有 RGB 模式、CMYK 模式、HSB 模式、Lab 模式、灰度模式、索引模式、位图模式、双色调模式、多通道模式等。平面设计中最常用的是 RGB 模式和 CMYK 模式，其中 RGB 模式是 Photoshop 的默认模式，在 Photoshop CC 2019 中选择"图像"→"模式"菜单命令，如图 2-1 所示。在打开的子菜单中可以查看所有的色彩模式，选择相应的命令可在不同的色彩模式之间切换。以下主要介绍 RGB 颜色模式、CMYK 颜色模式、Lab 颜色模式、灰度模式、双色调整模式。

图 2-1　图像的色彩模式菜单

(1) RGB 颜色模式。RGB 颜色模式是由红色(Red)、绿色(Green)、蓝色(Blue)三个颜色混合得到其他的颜色，这个色彩模式几乎包含了人类视力所能感知的所有颜色，是目前运用最广的颜色系统之一。彩色计算机显示器、扫描仪、数码相机、电视、幻灯片、网络、多媒体等都采用这种模式。

(2) CMYK 颜色模式。CMYK 颜色模式是商业彩色印刷上采用的一种套色模式，CMYK 分别为 C：(Cyan)青色，M：(Magenta)洋红色，Y：(Yellow)黄色，K：(Black)黑色。

(3) Lab 颜色模式。Lab 颜色模式是 Photoshop 中的一种国际色彩标准模式，它由 3 个通道组成：一个通道是透明度，即 L；其他两个是色彩通道，即色相和饱和度，分别用 a 和 b 表示。Lab 颜色模式在理论上包含了人眼可见的所有色彩，同时弥补了 CMYK 颜色模式和 RGB 颜色模式的不足。在 Lab 颜色模式下,图像的处理速度比在 CMYK 模式下快数倍,与在 RGB 模式下的速度相仿。一般情况下,当 RGB 颜色模式转换为 CMYK 颜色模式时,通常在计算机内部先将其转换为 Lab 颜色模式后再转换为 CMYK 模式,转换后所有的色彩不会丢失或被替换。Lab 颜色模式的最大优点是该模式中的颜色与设备无关,不管使用哪种设备,产生的颜色都能保持一致。

(4) 灰度模式。灰度模式是指用黑、白、灰色调表现图像,即用不同明暗的黑—灰—白颜色过渡,形成的黑白图像。该模式只有一个灰色通道,当把一幅彩色图像的颜色模式改为灰度色彩模式时,图像的色彩信息将会丢失,变成黑白图像。灰度值可以用黑色油墨覆盖的百分比来表示,而颜色调色板中的 K 值可衡量黑色油墨的量。

该模式多作为彩色模式和位图模式之间转换的中介,Photoshop 允许将一个灰度模式文件转换为彩色模式文件,但不可能将原来的颜色完全还原。当要转换灰度模式时,应先做好图像的备份。

(5) 双色调模式。双色调模式用灰色油墨或彩色油墨来渲染灰度图像。

RGB 颜色模式和 CMYK 颜色模式的选用技巧:可以先用 RGB 颜色模式来编辑图像,在打印之前再转换为 CMYK 颜色模式。

灰度模式的图像可以转换为位图模式。在"位图"对话框中的"方法"中选择使用"50%阈值"后,位图模式只有纯黑和纯白两种颜色。

灰度模式的图像还可以转换为双色调模式。转换中可对色调进行编辑,产生特殊的效果。使用双色调的重要用途之一是用尽量少的颜色表现尽量多的颜色层次,减少印刷成本。

2.2.2 图像文件格式

在 Photoshop 中,需要选择合适的文件格式保存文件,现介绍一些常见的图像文件格式。

1. PSD(*.PSD)格式

PSD 是 Photoshop 默认的保存文件格式,它可以保留图形图像的设计信息,包括所有图层、色版、 通道、蒙版、路径、颜色、未栅格化文字、图层样式、各种工具和操作历史等所有信息, 但无法保存文件的操作历史记录。

2. PNG(*.PNG)格式

PNG 是一种新兴的网络图像格式,图像质量较高,兼有 GIF 和 JPG 的色彩模式,汲取了二者的优点,可以无损压缩图像,支持透明图像的制作,只要将图像背景设为透明,就可以让 PNG 图像和网页背景的色彩有效地融合在一起。PNG 能把图像文件压缩到极限以利于网络传输, 又能保留所有与图像品质有关的信息,而且在网页中显示 PNG 图像的速度快。

3. TIFF(*.TIF)格式

TIFF 属于通用文件格式。绝大多数绘画软件、图像编辑软件、排版软件都支持该格式,扫描仪也支持导出该格式的文件。

4. JPEG(*.JPG)格式

JPEG 是一种有数据损失的压缩图片格式文档,是目前压缩率最高的格式,具有调节图像质量的功能,它用有损压缩方式去除冗余的图像和彩色数据,在获取到极高的压缩率的同时展现丰富生动的图像，能用最少的磁盘空间得到较好的图像质量。JPEG 因其支持最高级别的压缩、存储容量较小，而受到青睐。

5. BMP(*.BMP)格式

BMP 是 Windows 操作系统专有的图像格式，用于保存位图文件，最高可处理 24 位图像。支持位图、灰度、索引和 RGB 模式，但不支持 Alpha 通道。

6. PDF(*.PDF)格式

PDF 是便携式文件格式，可包含矢量和位图图形，还可包含电子文档查找和导航功能。

7. GIF(*.GIF)格式

GIF 是一种 LZW 压缩格式，用来最小化文件大小和电子传递时间。在压缩中，图像的像素资料不会丢失，丢失的是图像的色彩。该格式的特点是压缩比高，磁盘空间占用较少，但是不能存储超过 256 色的图像。可同时存储若干幅静止图像进而形成连续的动画，图像中可指定透明区域。GIF 格式通常用来显示简单图形及字体。GIF 格式文件体积小，成像相对清晰。目前 Internet 上大量采用的彩色动画文件多为这种格式的文件，在网络传输中 GIF 格式图像还有渐显功能，即先看到图像的大致轮廓，然后逐步看清图像中的细节部分。

8. PSB(*. PSB)格式

PSB 格式最高可保存长度和宽度不超过 300 000 像素的图像文件，用于文件大小超过 2 GigaBytes 的文件，但只能在新版的 Photoshop 中打开，其他软件以及旧版的 Photoshop 不支持。

2.3　Photoshop CC 2019 简介

2.3.1　Photoshop CC 2019 概述

1. Photoshop CC 2019 功能简介

Photoshop CC 2019 是一款专业且功能强大的图形编辑与处理软件，它集合了图像编辑修改、图像制作、广告创意、图像输入与输出等功能于一体，深受设计师和摄影师的喜爱，并不断推动着图像编辑与设计领域的发展。

相比之前的版本 Photoshop CC 2019 新增了以下实用功能。

对称模式：增加了"径向"和"曼陀罗"两种全新对称模式，使用户能够轻松制作出专业的对称图形，无须在"技术预览"中手动开启。

默认撤销键：【Ctrl+Z】组合键终于成为 Photoshop CC 2019 的默认撤销键，极大地提升了操作便捷性。

内容识别填充优化：借助 Adobe Sensei 技术，用户可通过全新的专用工作区选择填充时所用的像素，并可以对源像素进行旋转、缩放和镜像等操作，使填充效果更加自然。

图层混合模式即时预览：在不同混合模式间切换，图像上能即时显示出具体的合成效果。

新增工具与界面改进：如"色轮"工具可以帮助用户快速查找对比色及邻近色，"分布间距"功能解决了对象因大小不一所导致的间距不均的问题，输入框添加支持简单数学运算等。

对高分辨率显示器的支持：Photoshop CC 2019 会为高分辨率显示器进行缩放，包含更多用于正确设置 UI 缩放的选项。

2. Photoshop CC 2019 的应用领域

Photoshop 是目前最流行的图像处理软件，可以绘制和处理像素点阵位图和路径矢量图形，主要应用领域如图 2-2 所示。

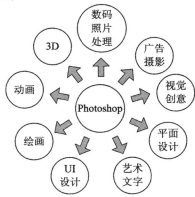

图 2-2　Photoshop 的主要应用领域

(1) 艺术处理：通过 Photoshop 的艺术处理用最简洁的图像和文字给人以最强烈的视觉冲击。

(2) 视觉创意：利用色彩效果在视觉上表现全新的创意。

(3) 平面设计：主要应用于广告设计、企业形象设计、包装设计、书籍设计、字体设计、标志设计；还包括界面设计、网页制作、绘制插画、建筑效果图的后期修饰、绘制或处理三维贴图。

(4) 艺术文字：让文字灵动起来，有造型、有美感，与设计界面的其他元素在色彩搭配和造型创意方面彼此呼应、相得益彰。

(5) UI 设计：UI 是用户界面，UI 设计主要侧重对软件的人机交互、操作逻辑、界面美观的整体设计，如图标、软件界面、移动端界面、网站界面设计等。

(6) 绘画：Photoshop 强大的绘制工具可以实现个性化的定制设计，如插画设计、CG 绘画等。

(7) 动画：Photoshop 可以实现一些基本的动画功能，给网络应用和生活娱乐增加了很多新的内容。

(8) 3D 模型：在 Photoshop 里可以直接使用 3D 模型把平面文字、图像变成立体模型，如制作立体化导向地图、立体化签到日历、立体化文字等。

(9) 数码照片处理：包括数码照片的合成、修复和上色、更换背景、人物更换发型、去除斑点、偏色校正。

2.3.2　Photoshop CC 2019 工作界面

Photoshop CC 2019 的工作界面包括菜单栏、属性栏、图像窗口、工具箱、状态栏和控制面板。了解 Photoshop CC 2019 工作界面是学习 Photoshop CC 2019 的基础，其界面如图 2-3 所示。

图 2-3　Photoshop CC 2019 软件界面

1．菜单栏

Photoshop CC 2019 的菜单栏位于软件的最顶部位置，它涵盖了使用 Photoshop CC 2019 时所需的 11 种命令。包含文件菜单、编辑菜单、图像菜单、图层菜单、文字菜单、选择菜单、滤镜菜单、3D 菜单、视图菜单、窗口菜单、帮助菜单等菜单选项。

2．属性栏

属性栏用于设置工具的各项属性，当选择某个工具后，菜单栏下方会自动弹出与其相应的工具属性栏，在属性栏中可以对工具进行进一步设置。

3．图像窗口

图像窗口位于属性栏下方，用于编辑和浏览图像。其顶端是标题栏，显示当前打开的文件的名称、显示比例、色彩模式。当打开多个文件时，可以通过"窗口"→"排列"命令来排列多个文件窗口。

4．工具箱

图像窗口的左边是工具箱，如图 2-4 所示。Photoshop CC 2019 的工具箱包括选择工具、绘图工具、填充工具、编辑工具、颜色选择工具、屏幕视图工具、快速蒙版工具、3D 工具等。当鼠标指向某个工具时，会显示这个工具的名字及快捷键，用鼠标左键单击其中的工具即可使用。

5．状态栏

状态栏位于窗口底部，显示当前图像的显示比例和文档的大小、当前工具、暂存盘大小等信息。左侧区域用于图像窗口的显示比例，右侧区域用于显示图像文件信息。

图 2-4　工具箱

6．控制面板

控制面板是 Photoshop CC 2019 中进行颜色选择、编辑图层、编辑路径、编辑通道和撤销编辑等操作的主要功能面板，在控制面板中还可以完成图像的填充颜色、设置图层、添加样式等操作,控制面板提供了图像处理过程中更多的辅助功能。控制面板关闭后，可以通过"窗口"菜单重新显示。

2.3.3　Photoshop CC 2019 文件的基本操作

1．新建文件

在 Photoshop CC 2019 中，选择"文件"→"新建"菜单命令或按【Ctrl+N】组合键，打开"新建"对话框。对话框中包含以下内容：

(1) 预设：设置新建文件的规格，选择 Photoshop 自带的几种图像为规格，如选国际标准纸张。

(2) 大小：用于辅助预设后的图像规格，设置出更规范的图像尺寸。

(3) 宽度/高度：设置新建文件的宽度和高度，在下拉列表框中可以设置和选择度量单位。

(4) 分辨率：设置新建图像的分辨率。分辨率越高，图像品质越好。

(5) 颜色模式：选择新建图像文件的色彩模式，在下拉列表框中可以选择 8/16/32 位图像。

(6) 背景内容：用于设置新建图像的背景颜色，系统默认为白色，可设置为背景色和透明色。

2．打开文件

打开图像文件可以通过以下 4 种方法实现：

(1) 使用"打开"命令打开。点击"文件"→"打开"菜单命令，在"打开"对话框选择一个图像文件。

(2) 使用"打开为"命令打开。

(3) 拖动图像启动程序。

(4) 打开最近使用过的文件。

3.保存和关闭文件

(1) 保存文件。选择"文件"→"存储"菜单命令，打开"存储为"对话框，在"保存在"下拉列表框中选择存储文件的位置，在"文件名"文本框中输入存储文件的名称，在"格式"下拉列表框中选择存储文件的格式，然后单击"保存"按钮，即可保存图像。

(2) 关闭文件。关闭文件的方法有以下几种：

① 单击图像窗口标题栏最右端的"关闭"按钮。

② 选择"文件"→"关闭"菜单命令。

③ 按【Ctrl+W】组合键。

④ 按【Ctrl+F4】组合键。

2.3.4　Photoshop CC 2019 辅助工具

在图像处理过程中，通过设置标尺、网格和参考线可以更精确地编辑和处理图像，用注释工具来标注作者名等。

1．标尺

标尺工具可帮助用户在处理图像时达到最精确的状态，选择"编辑"→"首选项"→"单位与标尺"菜单命令，会弹出相应的设置框。按【Ctrl+R】组合键可显示或隐藏标尺，通过在标尺上点击鼠标右键，可以改变标尺单位。

2. 网格

利用网格线可以让图像处理得更精准。选择"编辑"→"首选项"→"参考线、网格和切片"菜单命令，弹出相应的设置框，在设置框内可以设置网格线。

选择"视图"→"显示"→"网格"命令或按【Ctrl+'】组合键，可以显示或隐藏网格。

3. 参考线

将鼠标光标放在水平或垂直标尺上，按住不放，向下或向右可拖曳出水平或垂直参考线。

选择"视图"→"显示"→"参考线"菜单命令，可显示或隐藏参考线。将鼠标放在参考线上，按鼠标拖曳可移动参考线，拖曳至标尺处则清除参考线。按【Alt+Ctrl+;】组合键可以将参考线锁定，锁定后参考线将不可移动。

4. 注释工具

注释工具可以用来标注作者名字，添加的注释颜色最好与图像有明显的色彩区别。可以通过点击"注释工具"按钮，或反复按【Shift+I】组合键切换至注释工具来打开注释工具。注释工具及其属性栏如图 2-5、图 2-6 所示。

图 2-5　注释工具　　　　　　　　　图 2-6　注释工具属性栏

将注释附加到 Photoshop 中的图像上，可以将与图像有关的信息与图像关联。注释在图像上显示为不可打印的小图标，它们与所在图像上的位置有关，与所在的图层无关。注释可以隐藏或显示，也可以通过打开注释来查看或编辑其内容。

2.4　图像的基本操作

2.4.1　查看图像

1. 缩放工具

使用缩放工具查看图像主要有以下两种方法。

(1) 将鼠标指针移至图像上需要放大的位置单击即可放大图像，单击的同时按住【Alt】键可缩小图像。

(2) 在需要放大的图像位置按住鼠标左键，向下拖动可放大图像，向上拖动可缩小图像。选择缩放工具，可以进一步在属性栏选择其他功能。

2. 抓手工具

使用抓手工具可以在图像窗口中移动图像，随意查看图像。选择工具栏上的"抓手工具"，如图 2-7 所示，此时鼠标光标变为抓手形状，用鼠标拖曳图像或直接用鼠标拖曳图像周围的垂直和水平滚动条可以观察被放大图像的每个部分。

　　点击选择工具箱中"旋转视图工具"按钮，其属性栏如图 2-8 所示。在图像中按住鼠标旋转即可旋转图像。

<table>
<tr><td>图 2-7　抓手工具</td><td>图 2-8　"旋转视图工具"属性栏</td></tr>
</table>

3. 导航器

　　选择"窗口"→"导航器"菜单命令，打开"导航器"面板，可显示当前图像的预览效果。按住鼠标左键左右拖动"导航器"面板底部滑动条上的滑块，可实现图像显示的缩小与放大。在滑动条左侧的数值框中输入数值，可直接以显示的比例来完成缩放。

2.4.2　调整图像

1. 调整图像的大小

　　图像的大小由宽度、长度、分辨率来决定。在新建文件时，"新建"对话框右侧会显示当前新建文件的大小。当图像文件创建完成后，如果需要改变其大小，可以选择"图像"→"图像大小"菜单命令，弹出"图像大小"对话框，如图2-9 所示。然后在"图像大小"对话框中进行图像大小的设置。

图 2-9　设置"图像大小"界面

　　(1)"调整为"：在"调整为"的下拉菜单中选择相应的选项可以改变图像在屏幕显示的大小，同时图像尺寸也相应改变。

　　(2)"约束比例"：当选择了约束比例后，在改变宽度或高度其中任一项时，另一项会成比例同时改变。

　　(3)"重新采样"：① 在没勾选此复选框时，文档大小选项组中的宽度、高度和分辨率选项左侧将出现约束比例标志，改变任一数值时，其他两项同时改变。② 勾选此复选框，可对图像像素大小数值单独进行设置。在重新采样的下拉菜单中，用户可根据需求进行设置，系统会自动调整图像的品质效果以及分辨率。

2. 调整画布的大小

　　"画布大小"菜单命令可以精确地设置图像画布的尺寸大小，用于在屏幕上增大自己的工作区，并且可以自行设置画布的颜色。

　　选择"图像"→"画布大小"菜单命令，弹出"画布大小"设置框，如图 2-10 所示。在其中可以通过修改画布的

图 2-10　设置"画布大小"界面

"宽度"和"高度"参数来设置画布的大小，其中定位选项指的是调整后图像在新的画面中的位置。当定位点位于中心位置时，画布的扩散方式为中心向四周扩散，当定位点位于左右两侧时，画布的扩散方向为反方向。"画布扩展颜色"用来设置画布的颜色。

3. 图像的旋转

旋转图像是指调整图像的显示方向，图像旋转功能可以通过选择"图像"→"图像旋转"菜单命令实现，图像旋转下拉菜单如图 2-11 所示。图像旋转命令用于旋转画布，常见的旋转方式有：180 度、顺时针 90 度、逆时针 90 度、任意角度、水平翻转画布、垂直翻转画布。

图 2-11　图像旋转菜单

4. 图像的裁剪

1) 裁剪工具

选择裁剪工具，按住鼠标左键拖动，框选出需保留的图像区域。在保留区域四周有一个定界框，拖动定界框上的控制点可调整裁剪区域的大小，将不需要部分裁切掉。

裁剪前的图片和裁剪中的图片对比如图 2-12、图 2-13 所示。

2) 图像裁切

选择"图像"→"裁切"菜单命令，弹出"裁切"设置框，如图 2-14 所示。在设置框中进行相关设置后点击"确定"按钮，即可完成裁切操作。

图 2-12　裁剪前的图片

图 2-13　裁剪中的图片

图 2-14　"裁切"设置框

切片工具常用于网页效果图设计中，是网页设计时必不可少的工具。选择切片工具，在图像中需要切片的位置拖动鼠标绘制即可创建切片。使用切片工具创建区域后，区域内和区域外都将被保留，区域内为用户切片，区域外为其他切片。

2.4.3　编辑图像

1. 图像的移动

(1) 移动同一文档中的图像。在"图层"面板中选择需要移动的图像所在的图层，在图像编辑区选择移动工具单击鼠标左键并拖动，即可移动该图层中的图像。

(2) 移动选区内的图像。将鼠标指针移至创建的选区内，按住鼠标左键不放并拖动，即可移动选区内的图像，按住【Alt】键并拖动鼠标可移动并复制图像。

(3) 移动到不同文档中。打开两个或多个文档，选择移动工具，将鼠标指针移至一个图像中，按住鼠标左键不放并将其拖动到另一个文档的标题栏可切换到该文档，继续拖动到该文档的画面中再释放鼠标右键，即可将图像拖入该文档。

2．图像的拷贝与粘贴

拷贝与粘贴图像指为整个图像或所选择的区域创建副本，然后将图像粘贴到另一处或另一个图像文件中。使用选区工具选择要复制的图形，然后选择"编辑"→"拷贝"菜单命令，切换到要粘贴图像的文档或图层中，选择"编辑"→"粘贴"菜单命令即可完成图像的拷贝和粘贴。

3．填充

(1) 图案的填充。选择"编辑"→"填充"菜单命令，打开"填充"对话框，在"使用"拉列表框中选择"图案"选项，在"自定图案"下拉列表框中选择任一图案，单击"确定"按钮，完成图案填充。

(2) 内容识别填充。利用内容识别填充功能进行图像缩放可获得特殊效果，操作更方便和简单。选择"编辑"→"内容识别填充"命令，在打开的对话框中设置不透明度、颜色、填充设置、输出设置等选项，如图 2-15 所示。点击"预览"面板可预览效果，拖动下方滑块可以调整预览中图片的比例，如图 2-16 所示。

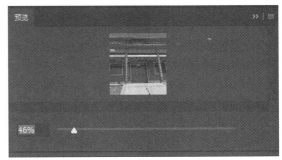

图 2-15　"内容识别填充"对话框　　　　图 2-16　内容识别填充后效果

4．描边

描边命令用于在选区的边界线上用前景色为选区的图像进行笔画式的描边。选择"编辑"→"描边"菜单命令，弹出如图 2-17 所示的"描边"对话框，在对话框中设置描边宽度、颜色、位置后单击"确定"按钮，可以得到相应的图像描边效果。如图 2-18 和图 2-19所示为描边前后图片选区的效果对比。

图 2-17　"描边"对话框　　　图 2-18　描边前图片选区图　　　图 2-19　描边后图片选区图

(1) 描边：设置描边边线的宽度和颜色。

(2) 位置：设置描边边线位置，有内部、居中和居外 3 个选项。

(3) 混合：设置描边的混合模式、不透明度、是否保留透明区域。

5．自由变换

选择"编辑"→"自由变换"菜单命令或按【Ctrl+T】组合键，进入自由变换状态，在图像上显示出 8 个控制点，选区变成可控制状态，将鼠标指针移到控制点上并拖动鼠标可对选区中的图像进行缩放、旋转图像、斜切操作。

6．变换

在图像处理和编辑中，图像的变形和变换使用率很高，包括内容识别缩放、操控变形、透视变形、自由变换、变换等，其中变换可快速实现图像的旋转、翻转。

选择 "编辑"→"变换"菜单命令，如图 2-20 所示。在打开的子菜单中可选择多种变换命令。建立好的选区根据需要可以进行变换操作，包括缩放、旋转、斜切、扭曲、透视、变形、翻转(水平翻转、垂直翻转)等。

图 2-20　"变换"菜单命令

2.4.4　撤销与重做图像

1．使用撤销与重做命令

(1) 使用组合键。按【Ctrl+Z】组合键可以撤销最近一次进行的操作，每按一次【Alt+Ctrl+Z】组合键可以向前撤销一步操作，每按一次【Shift+Ctrl+Z】组合键可以向后重做一步操作。

(2) 使用菜单命令。选择"编辑"→"还原"菜单命令可以撤销最近一次进行的操作，撤销后选择"编辑"→"重做"菜单命令又可恢复该步操作，每选择一次"编辑"→"后退一步"菜单命令可以向前撤销一步操作，每选择一次"编辑"→"前进一步"菜单命令可以向后重做一步操作。

2．历史记录画笔面板

在 Photoshop 中使用历史记录面板可以恢复图像操作。选择"窗口"→"历史记录"菜单命令，或在右侧的面板组中单击"历史记录"按钮即可打开"历史记录"面板。

3．使用快照还原图像

(1) 增加历史记录保存数量。选择"编辑"→"首选项"→"性能"菜单命令，打开"首选项"对话框，如图 2-21 所示，在"历史记录状态"的数值框中可设置历史记录的保存数量。

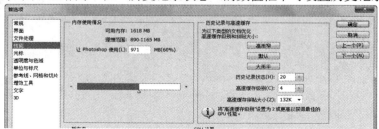

图 2-21　"首选项"对话框

(2) 设置快照。单击"历史记录"面板中的"创建新快照"按钮,可将"历史记录"画笔面板当前画面的状态保存为一个快照。

(3) 创建非线性历史记录。在"历史记录"面板中单击■按钮,在打开的列表中选择"历史记录选项"选项,打开"历史记录选项"对话框,如图 2-22 所示。单击选中"允许非线性历史记录"复选框,即可将历史记录设置为非线性的状态。

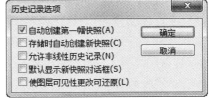

图 2-22　历史记录选项

优秀传统文化应用

【制作"春暖花开"屏保作品】

利用图像处理基础知识和素材图片,制作如图 2-23 所示的"春暖花开"屏保作品。

图 2-23　春暖花开屏保图

春暖花开

【应用分析】

本应用将图像的大小设置和调整、图像的编辑、Photoshop 工具箱中工具的初步使用等基本操作的知识点融合在一起,考察读者对图像文件的相关操作,图像和画布的大小设置调整,Photoshop 工具箱中工具的初步使用,以及图像的填充、描边、变换、扭曲、旋转、透视、变形等基本操作。

【实现步骤】

1. 新建文件

新建"春暖花开.psd"文件,宽度为 1080 像素,高度为 2400 像素,分辨率为 300 像素/英寸,颜色模式为 RGB,背景内容为白色。

2. 制作背景

(1) 设置前景色为红色。

(2) 使用矩形选框工具绘制一个与背景等大的矩形。

(3) 使用【Alt+Delete】组合键将用前景色填充进矩形。

3. 制作边框阴影

(1) 设置前景色为棕色。

(2) 使用矩形选框工具绘制一个矩形。

(3) 选择从选区中减去运算，使用矩形选框工具绘制一个稍小点矩形。

(4) 使用【Alt+Delete】组合键将前景色填充两个矩形交集部分作为边框阴影。

4. 绘制边框

设置前景色为黄色，参考步骤 2，绘制黄色边框并使棕色边框阴影位于黄色边框的右侧 (左右两侧边框)和下方(上下两端边框)，效果如图 2-24 所示。

5. 绘制烟花

(1) 新建图层，命名为"烟花 1"。

(2) 设置前景色为黄色，利用套索工具绘制倒置三角形，使用【Alt+Delete】组合键将其填充为前景色，或者绘制矩形，填充为黄色，斜切调整为倒置三角形，使得下方顶点位于原矩形的中点。

(3) 使用【Ctrl+T】组合键，移动中心点至三角形外部，设置角度为 10，提交变换。

(4) 多次按【Ctrl+Shift+Alt+T】组合键，直至图形围成一个完整的圆，制作成烟花。

(5) 多次拷贝"烟花 1"图层，调整烟花的大小、位置、透明度。效果如图 2-25 所示。

6. 绘制花朵

(1) 新建图层，命名为"花朵 1"。

(2) 绘制椭圆，填充为黄色。

(3) 使用【Ctrl+T】组合键，移动中心点至三角形外部，设置角度为 60，提交变换。

(4) 多次按【Ctrl+Shift+Alt+T】组合键，制作成 6 个花瓣的"花朵 1"图层，效果如图 2-26 所示。

(5) 多次拷贝图层"花朵 1"，调整花朵的大小、位置、透明度。

其余花朵用椭圆和从选区中减去运算绘制第一个花瓣，参考上面步骤制作其他花朵。效果如图 2-27 所示。

图 2-24　背景边框　　　图 2-25　烟花　　　图 2-26　花朵 1　　　图 2-27　花朵

7. 输入文字

点击右下方创建新组按钮，创建文字组并创建 7 个新图层：

(1) 大字上面点线：绘制一排黄色圆若干。

(2) 大字上面点线拷贝：拷贝(1)中的图层，调整至合适位置。

(3) 小字中间点：绘制一个较大的黄色圆。

(4) 左侧文字：利用横排文字工具，设置文字颜色为黄色，输入"愿你春意盎然"。

(5) 右侧文字：利用横排文字工具，设置文字颜色为黄色，输入"阳光温暖快乐"。

(6) 中间大字：利用横排文字工具，设置文字颜色为黄色，输入"春暖花开"。

(7) 中间大字阴影：利用横排文字工具，设置文字颜色为棕色，输入"春暖花开"并和(6)中文字错开。效果如图 2-28 所示。

8. 制作女孩

利用魔棒工具在素材图片"女孩.jpg"中选择图中女孩选区，并将选区拖进主画面。

9. 保存文件

选择"文件"→"存储"命令，保存文件，效果如图 2-29 所示。

图 2-28　文字

图 2-29　女孩

创 新 实 践

一、 临摹

临摹本章实例，制作"春暖花开"屏保作品，效果如图 2-23 所示。

要求：

(1) 新建文件，宽度为 1080 像素，高度为 2400 像素，分辨率 300 像素/英寸。

(2) 使用 Photoshop 工具箱中的工具、图像编辑知识和素材图片制作作品。

(3) 文件保存为"春暖花开.psd"和"春暖花开.jpg"。

二、原创

参考第一题思路和方法，利用图像基本知识，设计制作一幅原创屏保作品。

要求：

(1) 适当改变花朵、文字、边框、图片等素材设计制作自己作品。

(2) 文件保存为"原创.psd"和"原创.jpg"。

第3章 / 选区的创建与编辑

 本章简介

在 Photoshop 设计中，图像选区的创建与编辑是必须掌握的核心技能。本章主要介绍多种实用的图像选区创建方法，涵盖各类选区工具的使用技巧与策略。同时，还详尽阐述选区的基本编辑操作，例如移动、变换以及增减选区等。通过本章的学习，能够加深对 Photoshop 选区功能的理解与应用。

 学习目标

知识目标：

(1) 掌握常用选区工具的使用。

(2) 掌握创建图像选区的常用方法。

(3) 熟练掌握图像选区的调整和编辑的基本操作。

能力目标：

(1) 掌握创建图像选区常用方法与技巧。

(2) 掌握 Photoshop 中常用选区工具的选取与应用。

(3) 掌握选择和编辑选区的方法和操作技巧。

思政目标：

(1) 培养学生的团队意识和团队协合作精神。

(2) 培养学生勇于创新、探索新知识的意识。

 思维导图

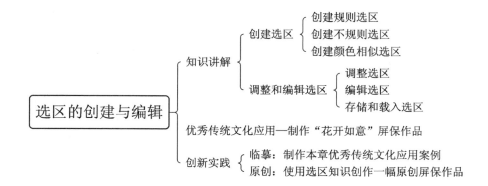

知 识 讲 解

3.1　创 建 选 区

在对图形图像进行处理的过程中，首先需要对图形图像选择后再进行操作，选择合适的工具，能够提高图形图像的处理效率。常用的选区创建方法有以下三类。

3.1.1　创建规则选区

使用选框工具可以选择特定规则形状的区域，选框工具包括矩形选框工具、椭圆选框工具、单行选框工具、单列选框工具，如图 3-1 所示。

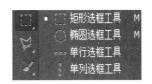

图 3-1　选框工具组

1. 矩形选框工具

矩形选框工具适用于创建矩形的规则选区。选择矩形选框工具后，在相应的属性栏中可以进行选区运算的选择、羽化和样式等参数的设置，其工具属性栏如图 3-2 所示。

添加到选区　　与选区交叉

新选区　　从选区减去

图 3-2　选框工具属性栏

(1) 新选区：创建一个新选区，取消原有的其他选区。

(2) 添加到选区：在原有的选区上增加一个选区。

(3) 从选区减去：在原有的选区上减去新创建的选区。

(4) 与选区交叉：保留两个选区相交的部分。

(5) 羽化：羽化是选区的虚化值，羽化值越大，选区边缘越模糊。

(6) 消除锯齿：决定选区的边缘光滑与否，只在选用椭圆选框工具时才有效。

(7) 样式：选择选区的样式。

绘制矩形选区时，先在工具属性栏中选择选区运算的类型、设置参数，再按住鼠标左键拖动即可创建矩形选区。若创建矩形选区时按住【Shift】键，可创建正方形选区，按住【Alt】键，可将鼠标位置固定为矩形选区的中心进行自由缩放。

2. 椭圆选框工具

选择椭圆选框工具，按住鼠标左键不放并拖动，即可绘制椭圆形选区，若同时按住【Shift】键进行拖动，可绘制出正圆形选区，若同时按住【Alt】键不放，可将鼠标位置固定为椭圆选区的中心进行自由缩放。

3. 单行/列选框工具

单行选框工具和单列选框工具用于选取单位为 1 像素的横条行(或列)选区，方便在绘制表格中的多条平行线或制作网格线时使用。

3.1.2 创建不规则选区

套索工具组主要用于创建不规则选区。选择套索工具，按住鼠标左键不放并拖动，完成后释放鼠标左键，绘制的套索线将自动闭合成为选区。使用套索工具可以通过在图像中跟踪元素来建立选区，还可以基于图像中的颜色范围来建立选区，套索工具组如图 3-3 所示。

图 3-3 套索工具组

1. 套索工具

套索工具是通过手动拖移鼠标绘制路径的，精准度较低，选择套索工具后，它对应的属性栏界面如图 3-4 所示。

图 3-4 套索工具属性栏

选区选择方式按钮、羽化、消除锯齿选项和选框工具相同。选择"套索选框"按钮，在合适的位置按住鼠标左键拖曳，选定选区后松开鼠标左键，完成选区的选取。

2. 多边形套索工具

多边形套索工具常用于边界以直线为主或边界曲折复杂的多边形选区，使用时先单击鼠标在键选择选区的起点，再沿选区移动鼠标指针，在拐点处单击形成一个锚点，当终点与起点完全重合时，完成选区创建操作，若找不到起点可双击鼠标左键自动直线闭合。若锚点偏离选区，可以在选中锚点后用【Delete】删除。对于曲折复杂的选区区域，锚点越密集所选选区越精准。

3. 磁性套索工具

磁性套索工具适用于沿图像颜色反差较大的区域创建选区，特别是与背景对比强烈且边缘复杂的选区，无须分毫不差地跟踪选区轮廓，边界会自动对齐图像中定义区域的边缘。

使用磁性套索工具对图像抠图时，将鼠标光标移到图像上，鼠标左键单击图像的起点，按住鼠标左键不放，沿图像的轮廓拖动，系统会自动捕捉图像中对比度较大的边界并自动产生锚点，当到达起点时单击鼠标左键完成选区的创建，其属性栏界面如图 3-5 所示。

图 3-5 磁性套索工具属性栏

(1) 宽度：磁性套索工具检测从指针开始指定距离以内的边缘，当工具的鼠标指针变成一个带十字的圆圈，圆圈的直径就是设置的宽度值，可用来观察该工具可检测多大的范围内的边缘并创建选区。

(2) 对比度：指定磁性套索工具对图像边缘的灵敏度，可通过快捷键快速调整对比度大小。边缘与背景色的颜色差大时，对比度需要调大；边缘与背景色的颜色差小时，对比度需要调小。

（3）频率：用来设置锚点添加到路径中的密度。

（4） 　　　：使用绘图板压力以更改钢笔宽度。

3.1.3　创建颜色相似选区

创建选区的较为便捷的工具是快速选择工具和魔棒工具，该工具组如图 3-6 所示。另外还有色彩范围命令创建选区等方式。

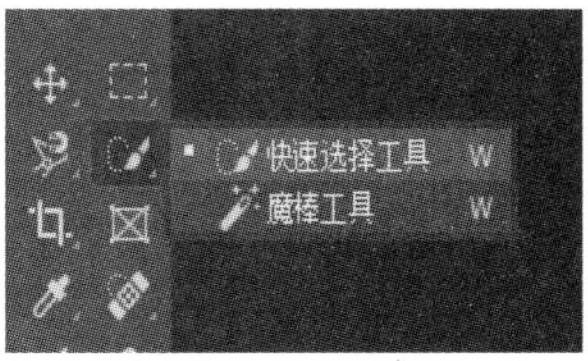

图 3-6　快速选择工具

1．快速选择工具

快速选择工具是魔棒工具的快捷版，不用任何快捷键进行加选，在快速选择颜色差异大的图像时会更加地直观和快捷。其属性栏中包含新键选区、添加到选区、从选区减去 3 种模式。使用快速选择工具时按住鼠标左键不放拖动选择区域，操作如同绘画，其属性工具栏如图 3-7 所示。

图 3-7　快速选择工具属性栏

单击"画笔大小"，在弹出式菜单中键入像素大小或拖动滑块可以更改画笔笔尖大小。单击"大小"，在弹出的菜单选项中可以选择画笔笔尖大小随"钢笔压力"或"光笔轮"而变化。

（1）对所有图层取样：基于所有图层创建一个选区。

（2）自动增强：减少选区边界的粗糙度和块效应，自动将选区边缘进行调整，如图 3-8 所示。

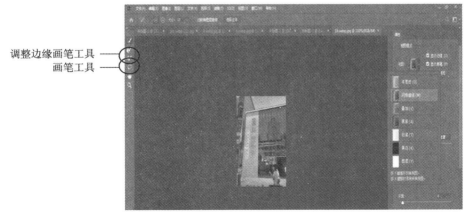

图 3-8　调整边缘界面

（3）选择主体：调动进程智能选择主体选区。

（4）选择并遮住：用于调整边缘属性设置，包含视图模式、半径、智能半径、平滑、羽化等，如图 3-9、图 3-10 所示。

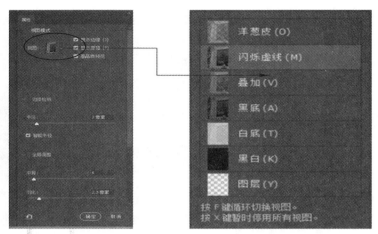

图 3-9　"调整边缘属性"对话框　　　　图 3-10　视图模式选项

①　视图模式：可以更改选区的显示方式。

②　智能半径：自动调整边界区域中发现的硬边缘和柔化边缘的半径，勾选此项后调整工具效果会更好。

③　半径：确定发生边缘调整的选区边界的大小，对锐边选较小的半径，对较柔和的边缘选较大的半径。

④　平滑：减少选区边界中的不规则区域，创建较平滑的轮廓。

⑤　羽化：模糊选区与周围的像素间的过渡效果。

2．魔棒工具

魔棒工具用于选择图像中颜色相似的不规则区域。选择魔棒工具后在图像中的某点上单击，会将与鼠标单击处颜色相同或相似的区域选取出来。魔棒工具的工具属性栏如图 3-11 所示。

图 3-11　魔棒工具属性栏

(1)　容差：设置颜色取样时的范围，容差越大允许的颜色差异越大，反之颜色差异越小，如图 3-12 所示。容差值最大为 255，容差为 0 时，魔棒只能选择相同的颜色。

图 3-12　魔棒工具

（2）消除锯齿：用于消除锯齿按钮，它决定选区的边缘是否光滑。

（3）连续：用于设置是否只对连续像素取样。魔棒以鼠标点击的像素颜色为标准，遇到超过容差范围的色彩则终止寻找，选中的颜色会形成一个封闭的选区；如果不勾选"连续"则会形成多个封闭的选区。

3. 色彩范围命令创建选区

色彩范围命令是从现有选区或者整幅图像中选取与指定颜色相似的像素，用取样颜色选择色彩范围，然后创建一个选区。色彩范围命令作用与魔棒工具类似，但比魔棒工具功能更强大，选取的区域更广。选择"选择"→"色彩范围"菜单命令，打开"色彩范围"对话框。

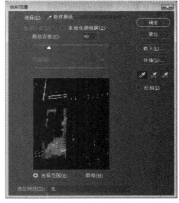

图 3-13　"色彩范围"对话框

除了用以上工具直接创建选区之外，还可用"钢笔工具"或"形状工具"来生成精确的轮廓路径，路径也可以转换为选区。后面章节会讲到。

3.2　调整和编辑选区

3.2.1　调整选区

1. 全选选区

在编辑图像时，可通过单击"选择"→"全部"菜单命令或按【Ctrl+A】组合键来选择整幅图像作为选区。

2. 反选选区

单击"选择"→"反选"菜单命令或按【Shift+Ctrl+I】组合键，即可将当前选区区域反选。反选常用于对图像中复杂的区域进行间接选择或删除多余背景。

3. 取消选区

单击"选择"→"取消选区"菜单命令或按【Ctrl+D】组合键，即可将当前选区取消。单击选区外的任意位置也能取消选区。

4. 移动选区

在图像中创建选区后，选择移动工具选中选区，按住鼠标左键不放并拖曳选区域，松开鼠标即可完成选区的移动。通过按键盘中的【→】、【←】、【↑】、【↓】方向键，也可以对选区进行微移。

打开两个或多个文档，选择移动工具，将鼠标指针移至一个图像选区中，按住鼠标左键不放并将其拖动到另一个文档的标题栏，切换到该文档，继续拖动到该文档的画面中再释放鼠标，即可将选区图像拖入该文档。

5. 变换选区

单击"选择"→"变换选区"菜单命令，选区边框上出现 8 个控制点，鼠标指针变为形状，按住鼠标左键拖动可移动选区，将鼠标指针移到控制点上，按住鼠标左键不放并拖曳控制点可改变选区的大小。

3.2.2 编辑选区

1. 修改选区

单击"选择"→"修改"菜单命令，打开如图 3-14 所示的子菜单，在右侧的子菜单中完成相应的选择。

图 3-14　修改菜单及子菜单

(1) 边界：在"宽度"框中输入数值，可在原选区边缘向内/外进行扩展。

(2) 平滑：在"取样半径"框中输入数值，在原选区边缘设置平滑区域。

(3) 扩展：在"扩展量"框中输入数值，可将选区扩大。

(4) 收缩：在"收缩选区"框中输入数值，可将选区收缩。

(5) 羽化：羽化可在选区和背景间创建一条模糊的过渡边缘。

其中羽化是图像处理中常用到的一种特效。羽化效果可以使选区产生"晕开"的效果。如果选区较小而羽化半径设置得较大，就会弹出一个羽化警告，提示当前设置的羽化半径可能会使选区变得非常模糊，以至于在画面中看不到，但选区仍然存在。如果不想出现该警告，应减少羽化半径或增大选区的范围。

2. 扩大选取

"扩大选取"是用来扩展现有选区的命令，执行时 Photoshop 会基于魔棒工具选项栏中的"容差"值来决定选区的扩展范围，"容差"值越高选区扩展的范围就越小。

执行"选择"→"扩大选取"命令时，Photoshop 查找并选择那些与当前选区中的像素色调相近的像素，从而扩大选择区域，但该命令可以查找整个文档中的像素，包括与原选区没有相邻的像素。多次执行"扩大选取"命令，可以按照一定的增量扩大选区。

3.2.3 存储和载入选区

1. 存储选区

创建选区，选择"选择"→"存储选区"菜单命令，或者在选区上单击鼠标右键，在弹出的快捷菜单中选择"存储选区"命令，可以打开"存储选区"对话框。

2. 载入选区

选择"选择"→"载入选区"菜单命令，打开"载入选区"对话框。在"通道"下拉列表中选择存储选区时输入的通道名称，单击"载入选区"按钮即可载入该选区。

≫≫ 优 秀 传 统 文 化 应 用

【制作"花开如意"屏保作品】

利用选区知识和素材，制作如图 3-15 所示的"花开如意"屏保作品。

花开如意

图 3-15　"花开如意"屏保作品

【应用分析】

本应用综合运用选区工具、常用的选区方法创建选区和编辑选区的基本操作方法，涉及知识点有图像文件的基本操作、创建选区、调整和编辑选区、选框工具、套索工具、快速选择工具、魔棒工具等。

【实现步骤】

1. 新建文件

(1) 将文件大小和分辨率分别设置为 1080 像素、2400 像素、300 像素/英寸。

(2) 将背景色设置为红色，将文件命名为"花开如意"。

2. 制作淡黄色矩形框

(1) 新建图层，命名为"淡黄色矩形框"。

(2) 选择选框工具组中的矩形工具，绘制合适大小的矩形框，留出均匀大小的红色边框。

将前景色设置为淡黄色，利用【Ctrl+Delete】组合键将选框填充为前景色。背景效果如图 3-16 所示。

3. 利用素材制作图像画面元素

(1) 新建图层，命名为"牡丹下"。打开素材"牡丹 1"，利用"磁性套索"工具结合选区运算按钮，选取素材中的牡丹 1 的花体部分，按【Ctrl+C】组合键复制选区，切换到"花开如意"文件的"牡丹下"图层，按【Ctrl+V】组合键粘贴选区。利用【Ctrl+T】组合键调整选区的大小，并利用移动工具将本图层对象移动到合适的位置。

提示：创建选区过程中为了更精准选取选区，可以将图像适当放大。

新建图层，命名为"牡丹上"。打开素材"牡丹 2"，参考前面的方法和步骤，完成本图层对象的创建。效果如图 3-17 所示。

图 3-16　背景效果　　　图 3-17　添加上下牡丹

(2) 新建图层，命名为"孔雀牡丹"。打开素材"孔雀和牡丹"，参考(1)的方法和步骤，完成本图层对象的创建。尝试用混合模式为该图层设置一些特殊效果，效果如图 3-18 所示。

(3) 新建 3 个图层，分别命名为"鱼 1""鱼 2""鱼 2"。打开相应素材，参考(1)的方法和步骤，分别完成各个图层对象的创建。效果如图 3-19 所示。

(4) 新建图层，分别命名为"蝴蝶 1""蝴蝶 2"。打开素材"蝴蝶 1"和"蝴蝶 2"，参考(2)的方法和步骤，完成本图层对象的创建，并用混合模式为该图层设置一些特殊效果，效果如图 3-20 所示。

4. 添加文字

利用文字工具，创建三个文字图层，文字内容分别为"花开如意""事事顺意心安康""万紫千红满吉祥"，文字字体设置为"隶书"。将文字分别调整到合适的大小和合适的位置，效果如图 3-21 所示。

图 3-18　添加孔雀牡丹　　　图 3-19　添加金鱼　　　图 3-20　添加蝴蝶　　　图 3-21　添加文字

5. 保存文件

选择"文件"→"存储"命令，保存文件。

创 新 实 践

一、 临摹

临摹本章实例，制作"花开如意"屏保作品，效果如图 3-15 所示。

要求：

(1) 新建文件，宽度为 1080 像素，高度为 2400 像素，分辨率 300 像素/英寸。

(2) 综合使用选区工具和方法、图像编辑知识和所给素材设计作品。

(3) 文件保存为"花开如意.psd"和"花开如意.jpg"。

二、原创

参考第一题的思路和方法，利用选区、图像编辑等知识，设计一幅原创屏保作品。

要求：

(1) 适当改变花朵、文字、边框、图片等素材设计制作自己作品。

(2) 文件保存为"原创.psd"和"原创.jpg"。

第4章 图像的填充

本章简介

在 Photoshop 设计中，填充图像是创建丰富视觉效果的关键步骤。本章主要讲解如何设定前景色和背景色，如何运用油漆桶工具、渐变工具等工具填充颜色，以及如何运用形状工具进行形状绘制。通过本章的学习，为后续的图像设计和编辑工作打下坚实的基础。

学习目标

知识目标：
(1) 掌握图像色彩的选择、设置和填充方法。
(2) 掌握形状绘制常用工具和绘制模式。

能力目标：
(1) 掌握填充工具的灵活选取和使用技巧。
(2) 掌握图像色彩的选择、设置和填充技巧。
(3) 掌握形状绘制工具的使用和绘制模式的选择技巧。

思政目标：
(1) 培养学生探索创新、勇于展现自我的能力。
(2) 培养学生的创新思维能力和审美意识。

思维导图

```
                                    ┌ 使用色板面板设置颜色
                                    │ 使用颜色面板设置颜色
                   设置前景色/背景色 ┤ 使用拾色器设置颜色
                                    │ 使用吸管工具设置颜色
                                    └ 使用颜色取样器工具显示颜色
                                    ┌ 填充前景色、背景色、图案
          知识讲解 ┤ 填充颜色或图案 ┤ 使用油漆桶工具填充颜色
                                    └ 使用渐变工具填充颜色
                                    ┌ 绘图模式
图像的填充 ┤        使用形状工具 ┤ 形状工具

          优秀传统文化应用—制作"花好月圆"屏保作品

                   ┌ 临摹：制作本章优秀传统文化应用案例
          创新实践 ┤ 原创：使用图像填充等知识创作一幅原创屏保作品
```

知 识 讲 解

4.1　设置前景色/背景色

在图像处理过程中，通常要对颜色进行处理。为了更快速地设置前景色和背景色，Photoshop CC 2019 的工具箱中提供了用于颜色设置的前景色和背景色按钮，如图4-1所示。

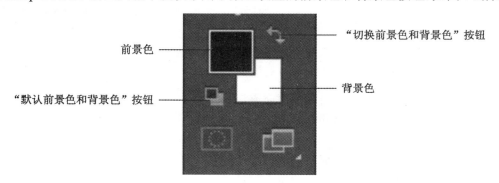

图 4-1　前景色和背景色按钮布局

系统默认背景色为白色，前景色为黑色。单击"切换前景色和背景色"按钮，可以使前景色和背景色互换；单击"默认前景色和背景色"按钮，能将前景色恢复为默认的黑色，背景色恢复为默认的白色。

4.1.1　使用色板面板设置颜色

色板面板如图 4-2 所示。当将光标放在色板面板中的色标上时，光标即变为吸管状，单击鼠标可将所述的颜色设置为前景色。选择"窗口"→"色板"菜单命令，在弹出的色板面板中可以选取一种颜色来改变前景色或背景色。

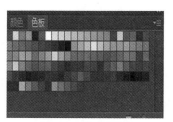

图 4-2　色板面板

打开色板面板，将光标移至空白区域，光标会变成"油漆桶"图标，此时点击鼠标左键，在弹出的色板名称设置框中点击"确定"按钮可将当前前景色添加到色板面板中；将光标移到色标上，光标变成"吸管"图标，此时点击鼠标左键，将设置吸取颜色作为前景色。

4.1.2　使用颜色面板设置颜色

若需更改前景色与背景色，可以使用颜色面板来设置颜色。颜色面板如图 4-3 所示。

选择"窗口"→"颜色"菜单命令或按【F6】键，打开颜色面板，通过以下三种方法可设置需要的前景色与背景色。

图 4-3　颜色面板

(1) 拖动滑块。单击颜色面板中的前景色或背景色的图标，拖动 R、G、B 三个滑块，根据三个滑块不同位置的组合，设置不同的颜色。

(2) 设置颜色值。直接在 R、G、B 三个滑块右侧的数值框中分别输入颜色值，颜色值的范围为 0～255，不同的数值组合设置对应不同的颜色。

(3) 使用吸管工具。将光标放在四色曲线图上，当光标变为吸管状时，单击鼠标左键即可采集色样。

4.1.3　使用拾色器设置颜色

通过"拾色器"对话框也可以设置前景色和背景色，其对话框界面如图 4-4 所示。

通过"拾色器"对话框设置颜色的方法如下：

(1) 单击工具箱下方的前景色或背景色图标，打开"拾色器"对话框。

(2) 拖动颜色带上的三角滑块，改变左侧主颜色框中的颜色范围，在竖直的渐变条上单击，定义左侧主颜色框中的颜色范围。

(3) 在主颜色框中单击颜色区域，选择需要的颜色，吸取后的颜色值将显示在右侧对应的选项中，调整颜色深浅。

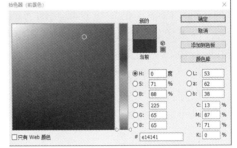

图 4-4　"拾色器"对话框界面

(4) 调整 H(色相)、S(饱和度)、B(亮度)，或在数值框中输入颜色值。

(5) 选中设置框左下角的"只有 Web 颜色"复选框，在颜色选择区中会出现提供网页使用的颜色。右侧的数值框显示的是网页颜色的数值。

(6) 单击"确定"按钮，完成前景色和背景色设置。

4.1.4　使用吸管工具设置颜色

吸管工具可以在图像中吸取样本颜色，并将吸取的颜色显示在前景色/背景色的色标中。选择吸管工具，在图像中选择图像取样区域中的颜色，单击鼠标左键，光标处的图像颜色将成为前景色。

图 4-5　吸管工具位置

在图像中移动鼠标指针的同时，信息面板中也将显示出指针所对应的像素点的色彩信息，选择"窗口"→"信息"菜单命令，可打开信息面板，如图 4-5 所示。

如果将吸管工具定位在任意像素区域，则信息面板中会显示出相应的像素颜色值。单击吸管工具可将前景色更改为该值。在图像中单击鼠标左键，光标处的颜色将成为前景色。按住【Alt】键的同时单击鼠标左键，光标处的颜色将成为背景色。

4.1.5 使用颜色取样器工具显示颜色

点击工具箱中的"颜色取样器工具"按钮，可以最多使用 10 个颜色取样器来显示图像中一个或多个位置的颜色信息，这些颜色取样器会存储在图像中，即使重新打开也会保存在图像中。

4.2 填充颜色或图案

4.2.1 填充前景色、背景色、图案

使用填充工具可对选区进行颜色填充。点击"编辑"→"填充"菜单命令或按【Shift+F5】组合键，在弹出的"填充"框中进行设置，如图 4-6 所示。

在"内容"框中选择填充的方式，其中有使用前景色、背景色、颜色、内容识别、图案、历史记录、黑色、50%灰色、白色等填充选项。

在"混合模式"框中设置填充的模式。

在"不透明度"框中调整其不透明度。

以下主要介绍填充前景色、背景色、图案的方法。

1. 填充前景色

按【Alt+Delete】组合键可将前景色填充到图层或选区中。

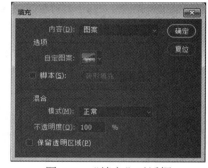

图 4-6 "填充"对话框

2. 填充背景色

按【Ctrl+Delete】组合键可将背景色填充到图层或选区中。

3. 填充图案

(1) 定义图案。填充自定图案之前，可以通过点击"编辑"→"定义图案"菜单命令打开"图案名称"对话框，在"名称"框中输入图案名称来定义填充图案的名称。"图案名称"对话框如图 4-7 所示。

图 4-7 "图案名称"对话框

(2) 填充图案。填充时，通过点击"编辑"→"填充"菜单命令打开"填充"对话框，在"内容"框中选择"图案"，在"自定图案"列表中选择已经定义好的图案，再设置模式、不透明度等选项，然后点击"确定"按钮实现对选区的图案填充。如果"自定图案"列表中没有要选择的图案，则需要通过"编辑"→"定义图案"菜单命令将要选择的图案添

加在"自定义图案"列表中。

【例 4.1】利用第 2 章中的如图 4-8 所示的"春暖花开.jpg"素材制作一版一寸照，效果如图 4-9 所示，并将其保存为"一版寸照.psd"。

图 4-8　春暖花开原图

图 4-9　一版一寸照效果图

制作步骤如下：

(1) 制作一寸照。

① 裁剪头像。在 Photoshop CC 2019 中打开图 4-8 所示素材，利用裁剪工具裁剪出头像，效果如图 4-10 所示。

② 设置图像大小，选择"图像"→"图像大小"菜单命令，设置图像宽度为 2.5 厘米，高度为 3.5 厘米，分辨率为 300 像素/英寸。

③ 设置画布大小，选择"图像"→"画布大小"菜单命令，设置画布宽度为 2.7 厘米，高度为 3.7 厘米，画布扩充颜色为白色，效果如图 4-11 所示。

图 4-10　设置图像大小

图 4-11　画布效果图

(2) 定义图案。选择"编辑"→"定义图案"菜单命令，将当前的图像定义为图案，名称为"1 寸照"。

(3) 填充图案。

① 新建文件。新建文件，命名为"一版寸照.psd"，并设置图案宽度为 10.8 厘米，高度为 7.4 厘米，分辨率为 300 像素/英寸。

② 填充图案。选择"编辑"→"填充"菜单命令，在弹出的对话框中使用自定图案"1 寸照"，单击"确定"按钮完成图案填充。

(4) 保存文件。将文件保存为"一版寸照.psd"。

4.2.2 使用油漆桶工具填充颜色

油漆桶工具主要用于在图像中填充前景色或图案。若选区已经创建，则填充区域为该选区；若选区没有创建，则填充与鼠标单击处颜色相近的封闭区域。用鼠标右键单击渐变工具可选择油漆桶工具。

当"模式"设置为"颜色"时，填充颜色不会破坏图像中原有的阴影和细节。油漆桶工具属性栏如图 4-12 所示。

图 4-12 油漆桶工具属性栏

4.2.3 使用渐变工具填充颜色

利用渐变工具可实现在图像中或选区中创建出渐变填充效果，添入具有多种颜色混合过渡的渐变色填充图像。点击工具箱中的"渐变工具"按钮或按【Shift+G】组合键，打开渐变工具，如图 4-13 所示。

渐变工具属性栏如图 4-14 所示，其中渐变模式有 5 种：

① 线性渐变：以直线从起点渐变到终点。

② 径向渐变：以圆形图案从起点渐变到终点。

③ 角渐变：围绕起点以逆时针扫过的方式渐变。

④ 对称渐变：在起点的两侧进行对称的线性渐变。

⑤ 菱形渐变：以菱形图案从中心向外侧渐变到角。

图 4-13 渐变工具   图 4-14 渐变工具属性栏

1. 渐变工具使用的一般流程

(1) 设置前景色、背景色。

(2) 选择或编辑渐变色：从渐变色条中选择渐变色或打开渐变编辑器自行编辑渐变色。

(3) 选择渐变类型：线性渐变、径向渐变、角度渐变、对称渐变、菱形渐变。

(4) 填充渐变色：从起点到终点，拖动鼠标(按住【Shift】键拖动鼠标，可以创建角度为45°、90°、135°、180°的渐变)。

① 模式：用于设置着色模式。

② 不透明度：用于设置不透明度。

③ 反向：对渐变效果进行反向。

④ 仿色：使渐变效果更加平滑。

⑤ 透明区域：用于设置渐变的不透明度。

2. 渐变编辑器

点击渐变编辑器按钮,在弹出的"渐变编辑器"对话框中对渐变进行设置,如图4-15所示。

利用渐变编辑器设置自定义渐变色的流程如下:

(1) 单击渐变色条,打开渐变编辑器。

(2) 增减色标,设置各色标颜色。

(3) 增减不透明度色标,设置各色标透明度。

(4) 填充渐变色。

在"渐变编辑器"对话框中,点击颜色编辑框中的按钮,可增加色标。点击色标,再点击设置框下方的"颜色"选项或双击色标,可以在弹出的"拾色器(色标颜色)"对话框中选择颜色,如图4-16所示。点击"确定"按钮完成颜色的更改。

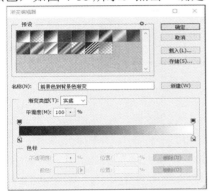 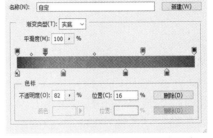

图 4-15 "渐变编辑器"对话框　　　　图 4-16 渐变编辑器中色标的设定

拉动色标或者在"位置"框中输入数值可以调整色标的位置。色标都可以删除,点击要删除的色标,再点击设置框下方的"删除"按钮或按【Delete】键可将色标删除。

如要使渐变的颜色显示为半透明的效果,可在"渐变编辑器"对话框中点击色块的色标,然后"不透明度"框中设置数值。

4.3 使用形状工具

用形状工具绘制出来的图形会显示路径,且具有矢量图形的性质。颜色的填充可用前景色填充,也可用渐变色或图案来填充。

4.3.1 绘图模式

Photoshop CC 2019 中利用形状工具绘图时,在属性工具栏中有3种模式可以选择:形状、路径、像素(如图4-17所示)。

图 4-17 绘图模式

1．形状

形状填充是以矢量蒙版的方式显示填充色的，无论绘制封闭路径或者开放路径都会自动用前景色填充颜色。使用形状绘图模式可以绘制出有边有角、有圆有方、有轮廓有颜色、有面积有大小的图形。图形周围有路径，可用钢笔工具和路径选择工具来编辑。形状图层是一个封闭的路径，如图 4-18 所示。

图 4-18　形状绘图模式效果图

2．路径

使用路径绘图模式绘制出的图形可以是一个封闭的路径，也可以是单独开放的一条条线，如图 4-19 所示。使用路径绘图模式绘制出的图形可用钢笔工具和路径选择工具来编辑，最后将路径转换为选区，如图 4-20 和图 4-21 所示。图形无填充颜色，只是一个工作路径，填充颜色后仍是位图，这个路径不会随后期图形的改变而发生变化，如图 4-22 所示。

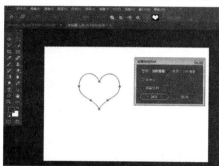

图 4-19　路径绘图模式效果图

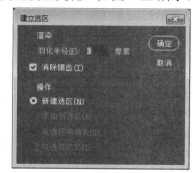

图 4-20　路径转换为选区并羽化

图 4-21　路径转换为选区图

图 4-22　转换为选区填充后的效果图

3．像素

使用像素绘制模式绘制出的图形与一个填充颜色的选区没有区别。使用像素绘制模式绘制出的图形没有路径，不能使用钢笔工具和路径选择工具来编辑。使用像素绘图模式绘制的是位图，绘制时自动填充前景色，图形改变时会发生变化，如图 4-23 所示。

图 4-23　像素绘图模式效果图

形状、路径、像素三种绘图模式的区别为：创建路径只是创建一个路径，不会新建图层，而创建形状是直接以前景色填充图形，会新建一个图层；形状图层可更改颜色，路径不可以，二者可以互相转换，像素绘图模式下绘制的形状要看蚂蚁线的形状；形状图层中包含位图、矢量图两种元素。

4.3.2　形状工具

利用形状工具可以绘制出多种规则或不规则的形状或路径，如矩形、圆角矩形、椭圆形、多边形、直线以及自定义形状等。

点击形状工具，显示所有形状工具，如图 4-24 所示，其对应的工具属性栏如图 4-25 所示。

图 4-24　形状工具

图 4-25　形状工具属性栏

1. 矩形工具

使用矩形工具可以在图像窗口中绘制任意的矩形或具有固定长宽的矩形。单击"矩形工具"，在属性栏上选择"形状"选项，在图像中拖动鼠标绘制出以前景色填充的矩形。按住【Shift】键的同时单击鼠标并进行绘制，可得到正方形。在 Photoshop CC 2019 中还可绘制固定尺寸、固定比例的矩形，即在工具属性栏上单击 按钮，在打开的列表中进行设置，如图 4-26 所示。

图 4-26　矩形设置列表

2. 圆角矩形工具

圆角矩形工具用于创建圆角矩形，其使用方法和相关参数的设置方法与矩形工具的大致相同，只是在矩形工具的基础上多了一个"半径"选项，用于控制圆角的大小，半径越大，圆角越大。

3. 椭圆工具

椭圆工具用于创建椭圆和正圆。选择"椭圆工具"后，在图像窗口中单击并拖动鼠标即可绘制出椭圆形状。按住【Shift】键的同时单击鼠标并进行绘制，或在工具属性栏上单击 ⚙ 按钮，在打开的列表中选中"圆形"选项，即可绘制出正圆形状。在绘制出图形之后，可以设置图形的填充效果。

4. 多边形工具

多边形工具用于创建多边形和星形。选择"多边形工具"后，在其工具属性栏中可设置多边形的边数，然后单击 ⚙ 按钮，在打开的列表中设置相关选项，即可绘制相应的图形。在绘制出图形之后，可以设置图形的填充效果，如图 4-27 所示。

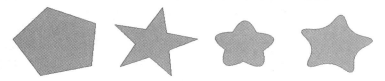

图 4-27 使用多边形工具设置的填充效果图

5. 直线工具

直线工具用于创建直线和带箭头的线段。选择"直线工具"后，在图像窗口中单击并拖动鼠标即可绘制出直线。按住【Shift】键的同时单击鼠标并进行绘制，可得到垂直或水平方向上 45°的直线。在工具属性栏中单击 ⚙ 按钮，还可设置其他相关参数，如图 4-28 所示。

6. 自定形状工具

选择"自定形状工具"后，在工具属性栏的"形状"下拉列表中可以选择预设的形状。Photoshop CC 2019 为用户提供了如动物、箭头、画框、音乐、自然、物体、符号等多种类型的形状，如图 4-29 所示。

图 4-28 直线设置图

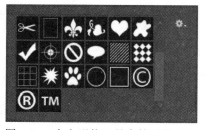

图 4-29 自定形状工具中的形状列表

≫≫ 优秀传统文化应用

【制作"花好月圆"屏保作品】

利用图像填充知识结合素材文件，制作如图 4-30 所示的"花好月圆"屏保作品。

花好月圆

图 4-30　"花好月圆"屏保作品

【应用分析】

根据提供的素材，自上而下逐一完成图 4-30 中的元素制作。首先制作背景、边框，填充背景图案；然后绘制月亮并填充渐变效果，使用自定形状工具绘制兔子，使用套索工具绘制星星、孔明灯并填充渐变效果；最后输入并编辑文字，用移动工具将素材中的荷花移入。

涉及的知识点有图像大小的设置，渐变工具的应用，填充工具、自定形状工具、文字工具、选区工具的选用，选区的创建和编辑，图案的定义和填充菜单命令的使用等。

【实现步骤】

1．新建文件

新建"花好月圆.psd"文件，设置宽度为 1080 像素，高度为 2400 像素，分辨率为 300 像素/英寸，颜色模式为 RGB，背景内容为白色。

2．填充图像背景

点击"编辑"→"填充"菜单命令，打开"填充"对话框，点击"自定图案"边的按钮，选择"载入图案"(如图 4-31 所示)，将背景图案载入并选择背景，填充效果如图 4-32 所示。

3．绘制矩形框

选择形状工具中的"矩形工具"，分别用吸管工具从"花好月圆"原图中吸取填充色和描边线颜色，并在形状绘图模式下绘制出如图 4-33 所示的两个矩形框。

图 4-31　载入图案　　　　图 4-32　填充背景图案　　图 4-33　背景图案加框

4．绘制背景图案

（1）新建文件"绘制背景图案"，背景为透明色。

（2）单击形状工具中的"椭圆工具"，在工具属性栏中设置填充为无填充色，描边线为1点、黄色，绘制一个圆形。

（3）复制两次圆形的图层，利用【Ctrl+T】组合键将它们调整为三个同心圆，并将三个图层合并为一个图层。

（4）单击选区工具中的"矩形工具"，选择同心圆所在图层的下半部分，用移动工具将其移至合适的位置，如图4-34所示。

（5）单击"裁剪工具"，将"绘制背景图案"图片边缘裁剪整齐。

（6）单击"编辑"→"定义图案"菜单命令，将绘制的背景图案定义为图案。

（7）单击"编辑"→"填充"菜单命令，将绘制的背景图案填充为背景图案。

（8）调整背景图案的不透明度为8%，效果如图4-35所示。

5．绘制月亮

（1）新建图层为"月亮"。

（2）选择形状工具中的"椭圆工具"，在路径绘图模式下绘制月亮的路径。

（3）利用工具属性栏中的选区按钮、【Ctrl+Enter】组合键、路径面板下方的"将路径载入选区"按钮等三种方法将路径转换为选区。

（4）利用吸管工具分别吸取月亮上方和下方的颜色作为前景色和背景色，单击"渐变工具"，选择"从前景色到背景色渐变"和"线性渐变"，自上而下拖动鼠标，完成月亮的渐变色填充，效果如图4-36所示。

图4-34　绘制并错位移动的同心圆　　图4-35　带花纹的背景图案　　图4-36　绘制月亮

6．绘制兔子

（1）新建图层为"兔子"。

（2）单击形状工具中的"自定形状工具"，选择其中的兔子形状，使用吸管工具在原图中吸取填充色和描边颜色，在形状绘图模式下绘制兔子。

（3）单击"选择"→"修改"→"扩展"10像素/"羽化"5像素。

（4）利用【Ctrl+T】组合键将兔子调整到合适的大小和位置，效果如图4-37所示。

7．绘制孔明灯

（1）将前景色设置为橘红色，背景色设置为淡黄色。

(2) 点击"创建新组"按钮创建新组文件夹，将其命名为"孔明灯"。

(3) 新建图层，将其命名为"孔明灯 1"，利用套索工具绘制孔明灯的轮廓和线条。

(4) 单击"渐变工具"，选择"从前景色到背景色渐变"和"线性渐变"，自上而下拖动鼠标，填充渐变色。

(5) 复制图层"孔明灯 1"，创建另外两个图层，分别命名为"孔明灯 2"和"孔明灯 3"。

(6) 调整三个孔明灯的大小，并将其移到合适的位置，如图 4-38 所示。

8. 绘制星星

(1) 将前景色设置为黄色。

(2) 点击"创建新组"按钮创建新组文件夹，将其命名为"星星"。

(3) 新建图层，将其命名为"星星 1"，利用套索工具绘制星星轮廓。

(4) 按【Alt+Delete】组合键用前景色填充星星 1。

(5) 复制图层"星星 1"，创建其余四个图层。

(6) 调整五个星星的大小，并将其移到合适的位置，如图 4-39 所示。

图 4-37　绘制兔子　　　　　图 4-38　绘制孔明灯　　　　　图 4-39　绘制星星

9. 输入文字

(1) 将前景色设置为黄色。

(2) 点击"创建新组"按钮创建新组文件夹，将其命名为"文字"。

(3) 新建图层，将其命名为"文字 1"，利用文字工具中的"直排文字工具"，设置合适字体字号，输入文字内容"花好月圆"。

(4) 参考步骤(3)，完成"幸福圆圆满满 快乐长长久久"和"合家团团圆圆 凡事圆圆顺顺"两组文字内容的编辑。

(5) 调整三个文字图层的文字大小，并将其移到合适的位置，如图 4-40 所示。

10. 添加荷花

(1) 新建图层，将其命名为"荷花"。

(2) 将荷花素材中的荷花用移动工具移动到"荷花"图层。整体效果如图 4-41 所示。

图 4-40　编辑文字　　　　　　　　图 4-41　编辑荷花

11. 保存文件

选择"文件"→"存储"菜单命令，保存文件。

创 新 实 践

一、临摹

临摹本章实例，制作"花好月圆"屏保作品，效果如图 4-30 所示。

要求：

(1) 新建文件，设置文件宽度为 1080 像素，高度为 2400 像素，分辨率为 300 像素/英寸。

(2) 使用选区工具、填充工具、形状工具等工具制作作品。

(3) 画框边缘背景图案使用素材中的"高版本图案"填充。

(4) 矩形框内的底纹使用绘制的图案填充。

(5) 文件保存为"花好月圆.psd"和"花好月圆.jpg"。

二、原创

参考第一题的思路和方法，利用图像填充等知识，设计制作一幅原创屏保作品。

要求：

(1) 适当改变花朵、文字、边框等素材设计制作自己的作品。

(2) 文件保存为"原创.psd"和"原创.jpg"。

第5章　路径的使用

 本章简介

在 Photoshop 中，通过路径可以简单而方便地绘制精确的图像，制作精准的选区。本章主要介绍路径和路径面板、创建和编辑路径以及应用路径等。通过本章的学习，可以快速地创建、编辑以及应用路径，从而绘制精美的图形、创建精确的选区。

 学习目标

知识目标：

(1) 了解路径的含义。

(2) 掌握钢笔工具组绘制路径的方法。

(3) 掌握形状工具组的使用方法。

能力目标：

(1) 能使用钢笔工具组绘制精确的图像和精准的选区。

(2) 能使用形状工具组绘制特定形状。

思政目标：

(1) 培养敬业、精益、专注、创新的工匠精神。

(2) 引导学生传承、弘扬中华优秀传统文化。

思维导图

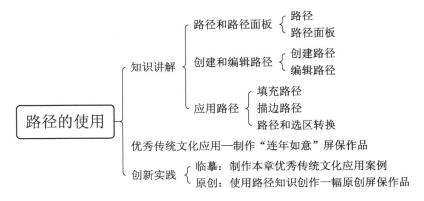

知 识 讲 解

5.1　路径和路径面板

在 Photoshop 中，路径是一种辅助绘图工具，常用来勾画图像的轮廓。可以使用钢笔、形状工具等矢量工具创建路径并将其存储在路径面板中。本节主要介绍路径和路径面板。

5.1.1　路径

路径由一段或多段直线或曲线构成，如图 5-1 所示。路径上的辅助编辑工具有锚点、方向线和方向点。

线段两端的点称为锚点，由小方框表示，显示为实心方框时，表示锚点为当前被选中的定位点。定位点分为平滑点和角点，平滑点用来连接曲线，角点用来连接直线。

选择锚点后，锚点上显示方向线，拖动方向线可改变曲线的曲率。方向线的端点称为方向点，拖动方向点可以改变方向线的长度和方向。

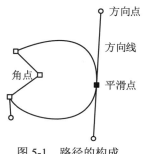

图 5-1　路径的构成

5.1.2　路径面板

路径面板主要用来存储、管理和调用路径。创建的路径会在路径面板中显示。选择"窗口"→"路径"命令，打开路径面板，如图 5-2 所示。

(1) 路径缩览图：用来显示路径的缩略图，通过它可查看路径的大致形状。

(2) 路径名称：用来显示路径名称。双击路径名称可对路径重命名。

(3) 路径面板菜单按钮 ▦：鼠标左键单击会弹出如图 5-3 所示的快捷菜单。

图 5-2　路径面板

(4) 当前路径：选择路径后，该路径变为当前路径，路径面板中以蓝色底纹显示，图像窗口显示当前路径。

(5) 工作路径：在图像窗口绘制路径时，在路径面板中会新建一个工作路径。工作路径是一种临时路径，路径名称以斜体字表示。当新建一个工作路径时，原有的工作路径将被删除。若需保存工作路径，为其重命名即可。

（6）"用前景色填充路径"按钮 ◎：单击该按钮，为当前图层内选择的路径填充前景色。

（7）"用画笔描边路径"按钮 ◎：单击该按钮，为当前图层内未选择的路径使用画笔描边。

（8）"将路径作为选区载入"按钮 ⬚：单击该按钮，将当前路径转换为选区。

（9）"从选区生成工作路径"按钮 ◇：单击该按钮，将当前选区转换为路径。

（10）"创建新路径"按钮 ▣：单击该按钮，将创建一个新路径。

（11）"删除当前路径"按钮 🗑：单击该按钮，将当前路径删除。

图 5-3　路径面板菜单

5.2　创建和编辑路径

在 Photoshop CC 2019 中使用钢笔工具组和形状工具组等矢量工具创建对象时，首先需要在其工具属性栏中的"选择工具模式"下拉列表中选择绘图模式，绘图模式包括形状、路径和像素三种模式。不同绘图模式下，其工具属性栏中的选项有所不同，绘制的图形也不同。在形状绘图模式下，绘制的图形为形状，在图层面板上新建一个形状图层，在路径面板中新建一个形状路径。在路径绘图模式下，绘制路径，在路径面板中新建工作路径。在像素绘图模式下，将在当前的背景图层或普通图层上绘制填充图形，像素绘图模式不适用于钢笔工具。

在 Photoshop CC 2019 中，可以使用钢笔工具组、形状工具组和路径选择工具组创建和编辑路径。钢笔工具组包括钢笔工具、自由钢笔工具、添加锚点工具、删除锚点工具和转换点工具。路径选择工具组包括路径选择工具和直接选择工具。

5.2.1　创建路径

1. 使用钢笔工具创建路径

钢笔工具可以创建直线和平滑的曲线。钢笔工具的属性栏如图 5-4 所示。

图 5-4　钢笔工具的属性栏

1）绘制直线路径

选择钢笔工具，在画面中依次单击鼠标，创建多个锚点，绘制锚点之间的直线路径，如图 5-5 所示。

若按下【Esc】键或者按住【Ctrl】键在画面的空白处单击或者选择直接选择工具，都会结束路径绘制，形成开放的直线路径。

图 5-5　使用钢笔工具绘制直线路径

在结束路径绘制前，若在起点处单击鼠标左键，将形成闭合的直线路径。

2) 绘制曲线路径

选择钢笔工具，在画面中依次单击并拖动鼠标，创建多个锚点，绘制锚点之间的曲线路径，如图 5-6 所示。

若按下【Esc】键或者按住【Ctrl】键在画面的空白处单击或者选择直接选择工具，都会结束路径绘制，形成开放的曲线路径。

图 5-6　使用钢笔工具绘制曲线路径

在结束路径绘制前，若在起点处单击并拖动鼠标左键，将形成闭合的曲线路径。

2. 使用自由钢笔工具创建路径

自由钢笔工具用来绘制比较随意的路径，其使用方法与套索工具类似。选择自由钢笔工具，在画面中单击并拖动鼠标，即可沿鼠标的运行轨迹绘制路径，如图 5-7 所示。

图 5-7　使用自由钢笔工具绘制路径

3. 使用形状工具创建路径

使用形状工具组可快速绘制特定的形状图形。例如，选择矩形工具，在属性工具栏中选择工具模式为"路径"，在图像窗口单击并拖动鼠标，即可绘制特定的形状路径，如图 5-8 所示。

图 5-8　使用形状工具绘制路径

5.2.2　编辑路径

1. 选择路径

若需要选择完整路径，选择路径选择工具，在路径上单击鼠标左键即可选择该路径。在路径上按住鼠标左键并拖动鼠标可移动该路径。

若需要编辑路径中的线段、锚点和方向线等，使用直接选择工具，在路径上单击，将显示锚点和方向线，如图 5-9(a)所示。单击其中的线段、锚点，则选择了线段和锚点，如图 5-9(b)所示。若按住鼠标左键拖动线段、锚点，则可移动线段、锚点，如图 5-9(c)所示。若按住鼠标左键拖动方向点，则可调整方向线，如图 5-9(d)所示。

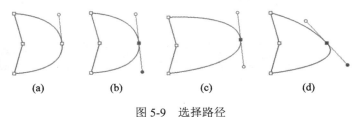

(a)　　　　(b)　　　　(c)　　　　(d)

图 5-9　选择路径

2. 添加锚点

添加锚点工具用于在路径上添加锚点。选择添加锚点工具，将鼠标移动到路径上，单击鼠标即可添加一个锚点。

3. 删除锚点

删除锚点工具用于在路径上删除锚点。选择删除锚点工具，将鼠标移动到锚点上单击鼠标即可删除锚点。

4. 转换锚点

转换点工具用于转换锚点的类型。选择转换点工具，若将鼠标移动到平滑点上单击可将平滑点转换为角点，若将鼠标移动到角点上单击并拖动鼠标可将角点转换为平滑点。

5. 运算和变换路径

1) 运算路径

在 Photoshop CC 2019 中，选区可以进行添加到选区、从选区中减去、与选区交叉等运算。路径运算与选区运算类似。对创建的多个路径执行合并、减去、相交等路径运算，可得到相应的路径运算结果。路径的运算可通过矢量工具属性栏中的路径操作按钮组实现，其具体含义如下：

(1) 合并形状：与添加到选区类似，即路径相加。选择需要运算的路径，依次单击合并形状按钮、合并形状组件按钮即可。

(2) 减去顶层形状：与从选区中减去类似，即路径相减。选择需要运算的路径，依次选择减去顶层形状按钮、合并形状组件按钮即可。

(3) 与形状区域相交：与选区交叉类似，即路径相交，选取相交部分的路径。选择需要运算的路径，依次选择与形状区域相交按钮、合并形状组件按钮即可。

(4) 排除重叠形状：排除相交路径中重叠的部分，选取其余部分的路径。选择需运算的路径，依次选择与排除重叠形状按钮、合并形状组件按钮即可。

2) 变换路径

变换路径和变换选区操作相同。选中路径后选择"编辑"→"自由变换路径"菜单命令或"编辑"→"变换路径"子菜单命令，即可对选择的路径进行缩放、旋转、斜切、扭曲、透视、变形等变换操作。

5.3　应用路径

创建的路径只有在经过填充或描边后才能成为图像，本节主要讲填充路径、描边路径、路径和选区转换。

5.3.1　填充路径

"填充路径"命令可将路径内部填充为颜色或图案，方法如下：

(1) 在"路径"面板中选择路径。

(2) 单击"用前景色填充路径"按钮，可将路径填充为前景色。

或者从"路径"面板菜单中选择"填充路径"命令，打开"填充路径"对话框，如图 5-10 所示。在"内容"下拉列表中设置填充内容，在"混合"栏选择模式、不透明度，在

"渲染"栏设置渲染效果，最后单击"确定"按钮完成填充路径。

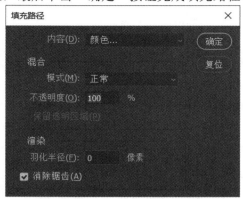

图 5-10 "填充路径"对话框

5.3.2 描边路径

"描边路径"命令可沿任何路径绘画描边，方法如下：

(1) 在"路径"面板中选择路径。

(2) 单击"用画笔描边路径"按钮，使用"画笔"工具对路径描边。

或者从"路径"面板菜单中选择"描边路径"命令，打开"描边路径"对话框，如图 5-11 所示。在"工具"下拉列表中选择"描边"工具，单击"确定"按钮完成描边路径。

图 5-11 "描边路径"对话框

5.3.3 路径和选区转换

1. 路径转换为选区

将路径转换为选区的方法如下：

(1) 在"路径"面板中选择路径。

(2) 单击"将路径作为选区载入"按钮，可将路径转换为选区。

或者从"路径"面板菜单中选择"建立选区"命令，打开的"建立选区"对话框，如图 5-12 所示。在其中设置羽化半径等参数后，单击"确定"按钮。

图 5-12 "建立选区"对话框

2. 选区转换为路径

建立选区，单击"路径"面板中的"从选区生成工作路径"按钮，可将选区转换为路径。或者从"路径"面板菜单中选择"建立工作路径"命令，打开如图 5-13 所示的"建立工作路径"对话框，在其中设置容差值后，单击"确定"按钮。

图 5-13 "建立工作路径"对话框

优秀传统文化应用

【制作"连年如意"屏保作品】

应用 Photoshop CC 2019 的钢笔工具组、形状工具组等结合素材文件，绘制连年如意屏保图，效果如图 5-14 所示。

连年如意

图 5-14　"连年如意"屏保作品

【应用分析】

绘制连年如意屏保图的思路是：依据主次关系，首先绘制人物，然后绘制莲花、如意，最后绘制文字、背景。绘制人物、莲花、如意时，选择钢笔工具或形状工具，选择形状绘制模式，在绘制后设置"填充""描边"以及"描边宽度"等。

【实现步骤】

1. 新建文件

新建"连年如意.psd"文件，设置宽度为 1080 像素，高度为 2400 像素，分辨率为 300 像素/英寸，颜色模式为 RGB，背景内容为白色。

2. 绘制人物

(1) 绘制头面轮廓。选择钢笔工具，将属性栏中的"选择工具模式"设置为形状，绘制人物的头面部轮廓。设置属性栏中的"填充"为浅粉色、"描边"为黑色、"形状描边宽度"为 3 像素，效果如图 5-15 所示。重命名当前图层为"头面轮廓"。

图 5-15　头面轮廓的绘制效果

(2) 绘制发髻。首先，绘制人物的右侧发髻。将选择"椭圆"工具，将属性栏中的"选择工具模式"设置为形状，绘制椭圆，设置属性栏中的"填充"为黑色、"描边"为无。按下【Ctrl+T】组合键，调整椭圆的大小、方向以及位置，按下【Enter】键提交变换，效果如图 5-16(a)所示。重命名当前图层为"右髻"，移动"右髻"图层至"头面轮廓"图层的下方。

　　然后，绘制人物的头顶发髻。选择"钢笔"工具，绘制头顶发髻的主体部分，设置属性栏中的"填充"为黑色、"描边"为无。重命名当前图层为"顶发"。选择"直线"工具，按下【Shift】键，绘制垂直直线，设置属性栏中的"填充"为无、"描边"为黑色。复制直线图层，按下【Ctrl+T】组合键，水平向右移动直线到合适位置，按下【Enter】键提交变换。多次按下【Shift+Ctrl+Alt+T】组合键，绘制出多条平行直线。合并所有的直线图层并重命名为"头顶发丝"。按下【Ctrl+T】组合键，调整头顶发丝的大小、方向以及位置，使之与头顶发髻的主体部分自然衔接，按下【Enter】键提交变换，效果如图 5-16(b)所示。新建"顶髻"图层组，将"顶发""头顶发丝"图层移入"顶髻"图层组。

　　最后，绘制人物的左侧发髻。选择"多边形"工具，设置工具属性栏中的"边"为50、"路径选项"为星形、"缩进边依据"为90%，在"描边类型"中设置"对齐"为居中。绘制多边形，设置属性栏中的"填充"为黑色、"描边"为黑色，"描边"宽度为2像素。选择椭圆工具，绘制椭圆，设置属性栏中的"填充"为黑色、"描边"为无。按下【Ctrl+T】组合键，调整椭圆的大小和位置，按下【Enter】键提交变换。同时选中多边形图层和椭圆图层，选择"移动"工具，分别单击移动工具属性工具栏中的"水平居中对齐"按钮和"垂直居中"对齐按钮。合并多边形图层和椭圆图层，重命名为"左发丝"。按下【Ctrl+T】组合键，调整左发丝的大小和位置，按下【Enter】键提交变换。右键单击"左发丝"图层，选择快捷菜单中的"创建剪贴蒙版"。选择椭圆工具，绘制椭圆，设置属性栏中的"填充"为红色、"描边"为黑色、"描边"宽度为4像素。按下【Ctrl+T】组合键，调整椭圆的大小、方向以及位置，按下【Enter】键提交变换。重命名椭圆图层为"发带"。选择椭圆工具，绘制椭圆，设置"填充"为黑色、"描边"为无。按下【Ctrl+T】组合键，调整椭圆的大小、方向以及位置，按下【Enter】键提交变换。重命名椭圆图层为"左圆角"。效果如图 5-16(c)所示。新建"左髻"图层组。将"左发丝""发带""左圆角"图层移入"左髻"图层组。

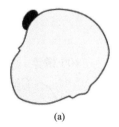 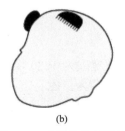 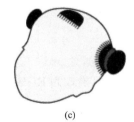

(a)　　　　　　　　　　(b)　　　　　　　　　　(c)

图 5-16　发髻的绘制效果

　　(3) 绘制五官。首先，绘制人物的鼻子和耳朵线条。选择"钢笔"工具，将属性栏中的"描边选项"中的"端点"设置为圆形，绘制鼻子线条，设置属性栏中的"填充"为无、"描边"为黑色、"描边"宽度为 1 像素，重命名当前图层为"鼻子"。选择"钢笔"工具，绘制耳朵线条。设置属性栏中的"填充"为浅粉色、"描边"为黑色、"描边"宽度为 1 像素。效果如图 5-17(a)所示，重命名当前图层为"耳朵"。

　　然后，绘制人物的眼睛和眉毛。选择"钢笔"工具，绘制人物的左侧眼眶，设置属性栏中的"填充"为白色、"描边"为黑色、"描边"宽度为 1 像素。复制当前图层，选择"椭圆"工具，选择属性工具栏"路径操作"中的"与形状区域相交"命令，绘制与眼眶相交的椭圆形眼珠，设置属性栏中的"填充"为黑色、"描边"为无。选择"椭圆"工具，在眼珠中心处绘制椭圆形的高光，设置属性栏中的"填充"为白色、"描边"为无。选择"钢笔"工具，绘制人物左侧的双眼皮，设置属性栏中的"填充"为黑色、"描边"为无。合并眼眶、眼珠、高光、双眼皮所在的图层，重命名为"左眼"。复制"左眼"图层，重命名为"右眼"。按下【Ctrl+T】组合键，调整右眼的方向和位置，按下【Enter】键提交变换。右键单击"右眼"图层，选择快捷菜单中的"创建剪贴蒙版"。选择"钢笔"工具，绘制人物的一侧眉毛，设置属性栏中的"填充"为黑色、"描边"为无。复制当前图层，按下【Ctrl+T】组合键，调整眉毛的位置至另一侧，按下【Enter】键提交变换，效果如图5-17(b)所示。合并两侧眉毛图层，重命名为"眉毛"。

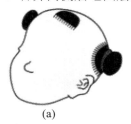 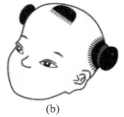 

(a)　　　　　　　　　(b)　　　　　　　　　(c)

图 5-17　五官的绘制效果

最后，绘制人物的口唇。选择"钢笔"工具，绘制上唇和下唇的分隔线，设置属性栏中的"填充"为无、"描边"为黑色、"形状描边宽度"为1像素。选择"钢笔"工具，绘制人物的上唇，设置属性栏中的"填充"为红色、"描边"为黑色、"形状描边宽度"为1像素。选择"钢笔"工具，绘制人物的下唇，效果如图5-17(c)所示。合并上唇、下唇以及分隔线图层，重命名为"口唇"。

(4) 绘制其他部分。参考步骤(1)、(2)、(3)绘制人物的身体、四肢等部分。

3. 绘制莲花、如意

参考步骤 2，绘制莲花、如意。

4. 添加文字

选择"横排文字"工具，选择属性栏中的"字体"为"逆反差中文　繁体""字体颜色"为洋红。输入文字"连年如意"，调整各字至合适的间距，按【Ctrl+Enter】组合键。选择"椭圆"工具，绘制椭圆，设置属性栏中的"填充"为洋红、"描边"为无，复制生成多个椭圆图层，将各个椭圆移至"连""年""如""意"之间。

选择"横排文字"工具，选择属性栏中的"字体"为"逆反差中文　繁体""字体颜色"为洋红。输入文字"LIAN NIAN RU YI"，按【Ctrl+Enter】组合键。

同理，添加"岁岁欢愉年年喜气""SUI SUI HUAN YU NIAN NIAN XI QI""一帆风顺吉星照　万事如意步步高"文字。

5. 绘制背景

新建"布纹"图层。选择"文件"→"置入嵌入对象"命令，在对话框中选择"布纹.jpg"，单击"置入"按钮。按下【Ctrl+T】组合键，调整布纹图像至合适大小，设置"布纹"图层的"图层混合模式"为正片叠底。

6. 保存文件

选择"文件"→"存储"命令，保存文件。

创 新 实 践

一、临摹

临摹本章实例，制作"连年如意"屏保作品，效果如图 5-14 所示。

要求：

(1) 新建文件，宽度为 1080 像素，高度为 2400 像素，分辨率 300 像素/英寸。

(2) 使用 Photoshop 工具箱中的钢笔工具、形状工具组等工具和素材图片制作作品。

(3) 文件保存为"连年如意.psd"和"连年如意.jpg"。

二、原创

参考第一题思路和方法，利用路径相关知识，设计制作一幅原创屏保作品。

要求：

(1) 适当改变文字、底纹、图片等素材设计制作自己作品。

(2) 文件保存为"原创.psd"和"原创.jpg"。

第6章　图 像 的 绘 制

本章简介

在 Photoshop 中，通过画笔、铅笔和颜色替换等工具可以绘制精美的图像。本章主要介绍画笔工具、铅笔工具和颜色替换工具的使用方法。通过本章的学习，可以快速绘制柔边线条、硬边线条以及替换图像颜色，在图像上产生画笔、铅笔的绘制效果。

学习目标

知识目标：
(1) 掌握画笔工具和铅笔工具的使用方法。
(2) 掌握颜色替换工具的使用方法。
能力目标：
(1) 能使用画笔、铅笔工具绘制图像。
(2) 能使用颜色替换工具绘制图像。
思政目标：
(1) 培养敬业、精益、专注、创新的工匠精神。
(2) 引导学生传承、弘扬中华优秀传统文化。

思维导图

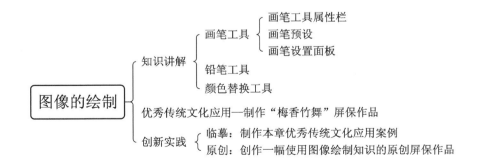

6.1 画 笔 工 具

画笔工具类似于传统的毛笔，能用前景色绘制出丰富多样的线条。在绘制图像前，需在画笔工具属性栏中选择画笔的笔尖形状、大小和硬度等参数。

6.1.1 画笔工具属性栏

在工具箱中选择画笔工具，其工具属性栏如图6-1所示。

模式：正常   不透明度：100%   流量：100%   平滑：10%

图6-1　画笔工具属性栏

(1) "画笔预设"选取器下拉列表框：用于选择预设的画笔。单击"画笔预设"选取器右侧的下拉按钮，打开"画笔预设"选项。在"画笔预设"选项中可以选择画笔笔尖形状、设置画笔的大小和硬度等参数。单击"画笔预设"选项右上角的 按钮，在弹出的"画笔预设"面板菜单中可以新建画笔预设、选择面板的显示方式以及载入预设的画笔库等。"画笔预设"选取器和面板菜单，如图6-2所示。

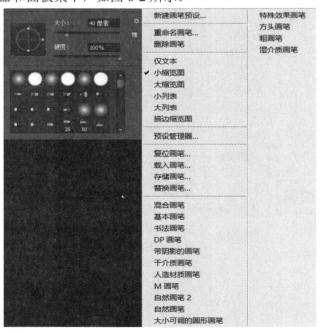

图6-2　"画笔预设"选取器、面板菜单

(2) 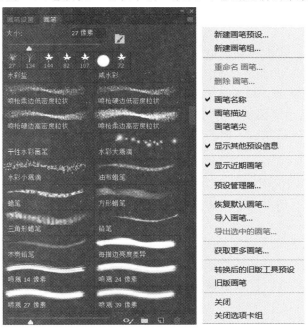 按钮：单击此按钮，可打开或关闭"画笔设置面板"。

(3) "模式"下拉列表框：用于设置绘画模式。即选择画笔颜色与当前图像中像素的色彩混合模式。

(4) "不透明度"下拉列表框：用于设置描边的不透明度，数值越大，不透明度越高。

(5) 按钮：单击该按钮，使用数位板绘图时，将依据给予数位图板的压力控制画笔的不透明度。

(6) "流量"下拉列表框：用于设置描边的流动速度。数值越大，透明度越小。

(7) 按钮：单击该按钮，将启用喷枪工具绘图。

(8) 下拉列表框：用于设置描边的平滑度，数值越大，描边抖动越小。

(9) 按钮：用于设置平滑选项。有拉绳模式、描边补齐、补齐描边末端、调整缩放四个复选项。

(10) 按钮：单击该按钮，使用数位板绘图时，将依据给予绘图板的压力控制画笔的大小。

(11) 按钮：用于设置绘画的对称选项。

6.1.2　画笔预设

Photoshop 提供了圆形、非圆形的图像样本以及毛刷三种笔尖类型的许多画笔，若在实际应用中不能完全满足需求，用户可新建画笔预设。新建画笔预设的具体操作步骤如下：

(1) 选择"窗口"→"画笔"菜单命令，打开"画笔"面板。单击面板右上角的 按钮，打开"画笔"的面板菜单，从中选择"新画笔预设"命令，如图 6-3 所示。也可单击"画笔预设"选取器的"画笔预设"选项中的"从此画笔创建新的预设" 按钮。

图 6-3　"画笔"面板、面板菜单

(2) 在弹出的"新建画笔"对话框中输入画笔名称,如图 6-4 所示,单击"确定"按钮,可将当前画笔定义为一个预设的画笔。

图 6-4 "新建画笔"对话框

画笔预设的面板菜单中的部分选项说明如下:

① "新建画笔预设":用来建立新画笔。

② "重命名画笔":用来重新命名画笔。

③ "删除画笔":用来删除当前选中的画笔。

④ "画笔名称":只显示画笔名称。

⑤ "画笔描边":以笔画的方式显示画笔。

⑥ "画笔笔尖":以笔尖的方式显示画笔。

⑦ "预设管理器":用来打开"预设管理器"对话框。

⑧ "恢复默认画笔":用来恢复默认状态的画笔。

⑨ "导入画笔":用来将存储的画笔载入面板。

在 Photoshop 中,还可以将绘制的图形、整个图像或者选区内的图像自定义为画笔预设。选择"编辑"→"定义画笔预设"菜单命令,在弹出的"画笔名称"对话框中输入画笔名称,单击"确定"按钮。此时,在画笔面板中出现一个新画笔。

6.1.3 画笔设置面板

在 Photoshop 中,可在"画笔设置"面板中更改预设画笔的笔尖形状、形状动态、散布、纹理、颜色动态等特性,以满足设计需要。选择画笔工具,单击画笔工具属性栏中的"切换画笔面板"  按钮,打开"画笔设置"面板,如图 6-5 所示。

1. 画笔笔尖形状

在"画笔设置"面板中,单击"画笔笔尖形状"选项,面板显示如图 6-5 所示。在"画笔笔尖形状"列表框中可以选择笔尖样式。

(1) "大小":用来设置画笔笔尖大小,可拖动滑块或在文本框中直接输入数值以设置画笔大小。

(2) "翻转 X/翻转 Y":用来设置画笔水平翻转和垂直翻转。

(3) "角度":用于设置画笔的旋转角度。值越大,画笔旋转效果就越明显。

图 6-5 "画笔设置"面板

（4）"圆度"：用于设置画笔长轴和短轴的比例。可在"圆度"文本框中输入 0~100 的数值，值越大，画笔越趋于正圆显示，值越小越趋于椭圆显示。

（5）"硬度"：用来设置画笔边缘的清晰程度。值越大，画笔边缘越清晰，值越小，画笔边缘越柔和。

（6）"间距"：用于设置连续绘制时，画笔之间的距离。值越大，画笔间距就越大。

2. 形状动态

在"画笔设置"面板中，单击"形状动态"复选项后，面板显示如图 6-6 所示。在"形状动态"可设置画笔的大小、圆度等随机变化效果。

（1）"大小抖动"：用来控制画笔大小的动态效果，值越大抖动越明显。在"控制"下拉列表中可以设置画笔大小抖动的方式，包含"关""渐隐""钢笔压力""钢笔斜度""光笔轮"等选项。如果计算机配有数位板，可选择"钢笔压力""钢笔斜度""光笔轮"来改变画笔大小。当设置大小抖动方式为"渐隐"时，其右侧的数值框用来设置渐隐的步数，值越小渐隐就越明显。

图 6-6　"形状动态"面板

（2）"最小直径"：用来设置画笔笔迹的最小缩放百分比。值越高笔尖的直径变化越小。

（3）"倾斜缩放比例"：当在"控制"下拉列表中选择"钢笔斜度"时，用来设置画笔的倾斜比例。

（4）"角度抖动"：用来设置画笔笔迹角度的动态变化效果。在"控制"下拉列表中选择画笔笔迹角度的变化方式。

（5）"圆度抖动"：用来设置画笔笔迹圆度的动态变化效果。在"控制"下拉菜单中选择画笔笔迹圆度的变化方式。

（6）"最小圆度"：用来设置画笔笔迹的最小圆度。

（7）"翻转 X/Y 抖动"：用来设置画笔笔尖在 X 轴或 Y 轴上的方向。

（8）"画笔投影"：用来设置画笔笔迹的投影效果。

3. 散布

在"画笔设置"面板中，单击"散布"复选项，面板显示如图 6-7 所示。"散布"可设置画笔笔迹的随机分布效果。

（1）"散布"：用来设置画笔笔迹散布的距离，值越大，散布范围越广。选中"两轴"复选项，画笔笔迹向两侧分散。可在"控制"下拉列表中选择画笔笔迹的分散方式。

（2）"数量"：用来设置画笔笔迹的数量，值越大，笔迹数量就越大。

（3）"数量抖动"：用来设置画笔笔迹的数量变化效果。

图 6-7　"散布"面板

可在"控制"下拉列表中选择数量抖动方式。

4．纹理

在"画笔设置"面板中，单击"纹理"复选项，面板显示如图 6-8 所示。"纹理"可设置画笔的纹理化效果。在控制面板的上方有纹理的缩览图，单击右侧的下三角按钮，在弹出的下拉列表中可以选择图案。选中"反相"复选项，可以设置纹理的反向效果。

（1）"缩放"：用来设置纹理图案的缩放比例。值越小纹理越密集。

（2）"亮度"：用来设置纹理图案的纹理度。值越小亮度越低。

（3）"对比度"：用来设置纹理图案的对比度。值越小对比度越低。

图 6-8 "纹理"面板

（4）"为每个笔尖设置纹理" 复选项：选中此项，单独为画笔中的每个画笔笔迹应用所选纹理。包含"深度""最小深度"和"深度抖动"3 个选项。

（5）"模式"：用来设置用于画笔和纹理图案的混合模式。

（6）"深度"：用来设置画笔和纹理图案的渗入程度。值越小，渗入的深度越小。

（7）"最小深度"：当"深度抖动"下面的"控制"选项设置为"渐隐""钢笔压力""钢笔斜度""光轮笔""旋转"选项，并且选择了"为每个笔尖设置纹理"选项时，"最小深度"用来设置画笔和纹理图案渗入的最小深度。

（8）"深度抖动"：用来设置深度的变化方式。

5．双重画笔

在"画笔设置"面板中，单击"双重画笔"复选项，面板显示如图 6-9 所示。"双重画笔"可设置画笔的两种画笔效果。

（1）"模式"：用来设置两种画笔的混合模式。

（2）"大小"：用来设置第 2 支画笔的大小。

（3）"间距"：用来设置第 2 支画笔的间距。

（4）"散布"：用来设置第 2 个画笔的分散程度。选中"两轴"复选项时，"双重画笔"的笔迹将向两侧分散。

图 6-9 "双重画笔"面板

6．颜色动态

在"画笔设置"面板中，单击"颜色动态"复选项，面板显示如图 6-10 所示。"颜色动态"可设置画笔的颜色动态变化效果。

（1）"前景/背景抖动"：用来设置画笔笔迹在前景色和背景色之间的动态变化方式。值越小变化后的颜色越接近前景色，值越大变化后的颜色越接近背景色。选中"应用每笔尖"复选项，可以为画笔的每个笔尖应用颜色变化。

(2)"控制"：用来设置控制画笔笔迹颜色变化的方式。

(3)"色相抖动"：用来设置画笔颜色色相的动态变化范围。值越小颜色越接近前景色，值越大色相变化越丰富。

(4)"饱和度抖动"：用来设置画笔颜色饱和度的动态变化范围。值越小饱和度越接近前景色，值越大色彩饱和度越高。

(5)"亮度抖动"：用来设置画笔颜色亮度的动态变化范围。值越小亮度越接近前景色，值越大颜色亮度越大。

(6)"纯度"：用来设置画笔颜色纯度的动态变化范围。值越小颜色越接近黑白色，值越大颜色饱和度越高。

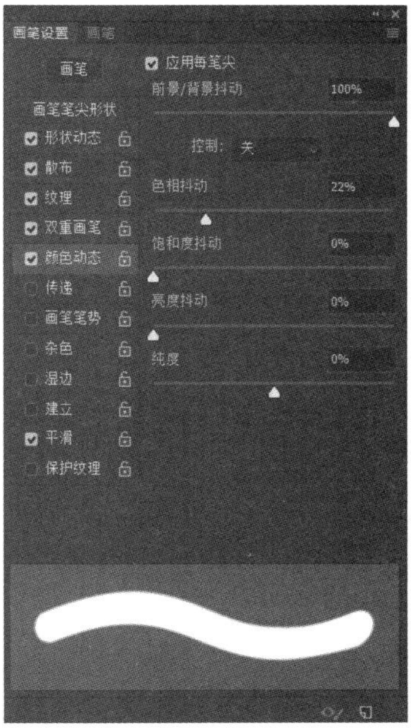

7. 其他选项

(1)"传递"：为画笔颜色设置递增或递减效果。

(2)"画笔笔势"：为画笔设置类似光笔的效果。

(3)"杂色"：为画笔设置杂色效果。

(4)"湿边"：为画笔设置水彩效果。

(5)"建立"：为画笔设置喷枪效果。

(6)"平滑"：使画笔绘制的线条更平滑，更顺畅。

(7)"保护纹理"：为所有的画笔应用相同的纹理图案。

(8) 画笔描边预览：选择了一个画笔笔尖后，在"画笔描边预览"框中预览该笔尖的形状。

(9)"切换实时笔尖画笔预览" ▦：单击该按钮，使用毛刷笔尖时，在窗口中显示笔尖样式。

(10)"创建新画笔" ▣：单击该按钮，打开"新建画笔"对话框，可将当前画笔定义为一个预设的画笔。

图 6-10 "颜色动态"面板

6.2 铅 笔 工 具

使用铅笔工具可以用前景色绘制硬边的线条。铅笔工具与画笔工具的设置与使用方法一样，在工具箱中选择铅笔工具，其工具属性栏如图 6-11 所示。除"在前景色上绘制背景色" ▣ 按钮外，其他选项都与画笔工具相同。

图 6-11 铅笔工具属性栏

"在前景色上绘制背景色" ▣ 按钮是用来自动判断绘画时的起始点颜色。如果起始点颜色与前景色不同，铅笔工具将以前景色绘制。如果起始点颜色与前景色相同，铅笔工具将以背景色绘制。

6.3　颜色替换工具

使用颜色替换工具可以用前景色替换图像中的颜色，其工具属性栏如图 6-12 所示。

图 6-12　颜色替换工具属性栏

（1）"模式"：用来设置替换颜色的模式，包括"色相""饱和度""颜色"和"明度"。

（2）"取样"：用来设置颜色取样的方式。按下"取样：连续"按钮，在拖动鼠标时可对颜色连续取样；按下"取样：一次"按钮，只替换第一次单击的颜色区域中的目标颜色；按下"取样：背景色板"按钮，只替换含有当前背景色的区域。

（3）"限制"：选择"不连续"时，可替换光标下任何位置的样本颜色；选择"连续"时，只替换与光标下的颜色相邻的颜色；选择"查找边缘"时，可替换包含样本颜色的连接区域，同时保留形状边缘的锐化程度。

（4）"容差"：用来设置颜色替换工具的容差。值越高，包含的颜色范围越广。

（5）"消除锯齿"：用来设置为颜色替换区域消除锯齿，使图像变得平滑。

优秀传统文化应用

【制作"梅香竹舞"屏保作品】

应用 Photoshop CC 2019 的画笔工具结合素材文件，绘制"梅香竹舞"屏保作品，效果如图 6-13 所示。

梅香竹舞

图 6-13　"梅香竹舞"屏保作品

【应用分析】

绘制"梅香竹舞"屏保作品的思路是：首先定义画笔预设，然后新建文件、载入笔刷，其次绘制背景、梅树、灯笼、窗纹、莲花、翠竹、青石等，最后添加文字。绘制梅花、灯笼、窗纹、莲花等时，可选用画笔库中的中国风笔尖完成。

【实现步骤】

1. 定义画笔预设

新建一个透明背景文件。选择画笔工具，选择工具属性栏"画笔预设选取器"中的"笔尖"为柔边圆、适当大小。打开"画笔设置"面板，设置"画笔笔尖形状"的间距为1%。设置"形状动态"的参数，"大小抖动"为10%，"控制"为渐隐，"大小渐隐步骤"为300，"角度抖动"为20%。绘制竹叶，效果如图6-14(a)所示。选择"编辑"→"定义画笔预设"命令，在弹出的"新建画笔"对话框中输入画笔名称"竹叶"，关闭当前文件。

同理，定义画笔预设：回字纹、花瓣，效果如图6-14(b)、6-14(c)所示。

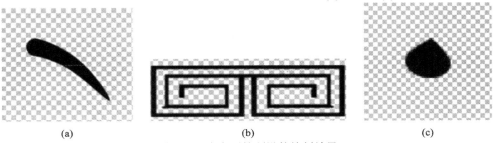

(a)   (b)   (c)

图6-14　定义画笔预设的绘制效果

2. 新建文件、载入笔刷

安装"庞门正道轻松体""逆反差中文 简体"字体。新建"梅香竹舞.psd"文件，宽度为1080像素，高度为2400像素，分辨率为300像素/英寸，颜色模式为RGB，背景内容为白色。

选择画笔工具，选择画笔工具属性栏"画笔预设选取器"菜单中的"载入画笔"命令，在"载入"对话框中，选择笔刷文件，单击"载入"按钮。

3. 绘制背景

设置前景色为绿色、背景色为红色。选择渐变工具，在图像窗口自上而下拖动鼠标，为背景图层填充由绿色到红色的渐变色。选择"滤镜"→"杂色"→"添加杂色"命令，设置对话框中的"数量(A):"为30%。

选择矩形工具，绘制浅灰色填充的矩形。为矩形图层设置如上的杂色滤镜。

新建"回字纹"图层。设置前景色为浅灰色。选择画笔工具，选择画笔工具属性栏"画笔预设选取器"中的"笔尖"为回字纹、适当大小。打开"画笔设置"面板，设置"画笔笔尖形状"的适当间距，在图像顶部绘制回字纹。

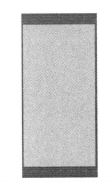

图6-15　背景的绘制效果

选择直线工具，在回字纹上方绘制浅灰色直线。复制直线图层。按下【Ctrl+T】组合键，调整直线至回字纹下方。

新建"上边框"图层组，将直线、回字纹所在的图层移入图层组。复制"上边框"图层组，按下【Ctrl+T】组合键，调整边框至图像底部，效果如图6-15所示。

4 绘制梅树

新建"梅枝"图层。设置前景色为深黑冷褐色。选择画笔工具，选择画笔工具属性栏"画笔预设选取器"中的"笔尖"为平扇形多毛硬毛刷、适当大小，绘制梅花枝干，效果如图6-16(a)所示。

图6-16 梅树的绘制效果

新建"梅花"图层。设置前景色为红色。选择画笔工具，选择画笔属性栏"画笔预设选取器"中的"笔尖"为梅花、适当大小，绘制梅花，效果如图6-16(b)所示。

5. 绘制灯笼

新建"灯笼"图层。设置前景色为红色，选择画笔工具，选择"笔尖"为灯笼、适当大小，绘制灯笼，效果如图6-17(a)所示。

新建"圆"图层。设置前景色为红色，选择画笔工具，选择"笔尖"为硬边圆、适当大小，绘制遮住灯笼主体部分的硬边圆。

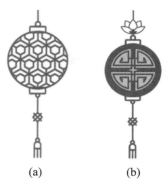

图6-17 灯笼的绘制效果

新建"窗纹"图层。选择画笔工具，选择"笔尖"为窗纹、适当大小，绘制窗纹。设置前景色为浅灰色，选择油漆桶工具，为窗纹填充浅灰色。

新建"莲花"图层。设置前景色为红色，选择画笔工具，选择"笔尖"为莲花、适当大小，绘制莲花。效果如图6-17(b)所示。

新建"灯笼1"图层组。将"灯笼""圆""窗纹""莲花"图层移入"灯笼1"图层组。复制"灯笼1"图层组，按下【Ctrl+T】组合键，调整灯笼的位置、大小。

6. 绘制翠竹和青石

新建"竹枝"图层。设置前景色为绿色，选择画笔工具，选择"笔尖"为硬边圆、适当大小，绘制竹枝，效果如图6-18(a)所示。

新建"竹叶"图层。设置前景色为绿色，选择画笔工具，选择"笔尖"为竹叶、适当大小，绘制竹叶，效果如图6-18(b)所示。

新建"石头"图层。设置前景色为黑色，选择画笔工具，选择"笔尖"为圆扇形细硬毛刷、适当大小，绘制石头。设置

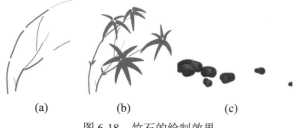

图6-18 竹石的绘制效果

前景色为深灰色，选择画笔工具，选择"笔尖"为圆扇形带纹理、适当大小，绘制石头纹路，效果如图6-18(c)所示。

7. 绘制花瓣

新建"花瓣"图层。设置前景色为粉色，选择画笔工具，选择"笔尖"为花瓣、适当调整大小、不同的"不透明度"、适当动态分布属性，绘制花瓣。

8. 制作文字

选择竖排文字工具，选择"字体"为"庞门正道轻松体""字体颜色"为深红色，在图像窗口输入"梅花香自苦寒来"文字，按【Ctrl+Enter】组合键。选择直线工具，绘制两条深红色直线。

选择椭圆工具，绘制粉色填充的椭圆。选择横排文字工具，选择"字体"为"逆反差中文 简体""字体颜色"为黑色，在椭圆中输入"梅"文字，按【Ctrl+Enter】组合键。

新建"印章"图层。设置前景色为红色，选择画笔工具，选择"笔尖"为圆扇形带纹理，绘制印章。选择横排文字工具，选择"字体"为"逆反差中文 简体""字体颜色"为白色，在印章中输入"香"文字，按【Ctrl+Enter】组合键。

同理，制作"竹子影随清风舞""竹""舞"文字。

9. 保存文件

选择"文件"→"存储"命令，保存文件。

创 新 实 践

一、临摹

临摹本章实例，制作"梅香竹舞"屏保作品，效果如图 6-13 所示。

要求：

(1) 新建文件，宽度为 1080 像素，高度为 2400 像素，分辨率 300 像素/英寸。

(2) 使用 Photoshop 工具箱中的画笔工具等工具制作作品。

(3) 文件保存为"梅香竹舞.psd"和"梅香竹舞.jpg"。

二、原创

参考第一题思路和方法，利用图像绘制相关知识，设计制作一幅原创屏保作品。

要求：

(1) 适当改变文字、边框、绘制对象等设计制作自己作品。

(2) 文件保存为"原创.psd"和"原创.jpg"。

第 7 章 图像的修复

 本章简介

在 Photoshop 中，通过修复、裁剪、擦除和润饰等工具可以修饰图像。本章主要介绍修复工具、擦除工具和润饰工具的使用方法。通过本章的学习，可以快速地修复、擦除和润饰图像，使其更加美观、漂亮。

 学习目标

知识目标：

(1) 掌握修复工具的使用方法。

(2) 掌握擦除工具的使用方法。

(3) 掌握润饰工具的使用方法。

能力目标：

(1) 能使用修复工具修复图像。

(2) 能使用擦除工具擦除图像。

(3) 能使用润饰工具润饰图像。

思政目标：

(1) 培养敬业、精益、专注、创新的工匠精神。

(2) 引导学生传承、弘扬中华优秀传统文化。

 思维导图

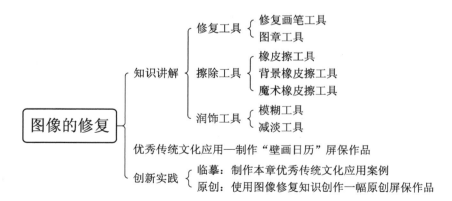

7.1　修 复 工 具

Photoshop CC 2019 提供了修复画笔工具组、图章工具组等工具，可以快速修复图像中的污点和瑕疵。

7.1.1　修复画笔工具

修复画笔工具组包括污点修复画笔工具、修复画笔工具、修补工具、内容感知移动工具和红眼工具。

1. 污点修复画笔工具

污点修复画笔工具可以快速地修复图像中的污点和小面积杂物等。它会自动从所修饰区域的周围取样，以样本像素进行绘画，并将样本像素的纹理、光照、透明度和阴影与所修复的像素相匹配。在工具箱中选择污点修复画笔工具，其工具属性栏如图 7-1 所示。

图 7-1　污点修复画笔工具属性栏

(1) 下拉列表框：用来设置画笔的大小、间距、硬度等选项。

(2) "模式"下拉列表框：用来选择修复图像时使用的颜色混合模式。颜色混合模式有正常、替换、正片叠底、滤色、变暗、变亮、颜色、明度 8 种方式，默认颜色混合模式为正常。

(3) "类型"栏：用于选择修复类型。选择"通过内容识别填充修复"，可以自动识别选区内的像素，自动修复图像。选择"通过纹理修复"，可以使用选区内的所有像素创建一个纹理去修复图像。选择"通过近似匹配修复"，可以使用选区边缘周围的像素去修复图像。

(4) 按钮：单击此按钮，污点修复画笔工具会从所有可见图层中取样仿制数据。

(5) 按钮：单击此按钮，在使用数位板绘图时，将依据给予绘图板的压力控制画笔的大小。

2. 修复画笔工具

修复画笔工具可以快速去除图像中的污点或划痕。它的工作原理与污点修复画笔类似，使用图像或图案中的样本像素进行绘画，并将样本像素的纹理、光照、透明度和阴影与所修复的像素相匹配。与污点修复画笔不同的是，它需要指定样本点。在工具箱中选择修复画笔工具，其工具属性栏如图 7-2 所示。

图 7-2　修复画笔工具属性栏

(1) 下拉列表框：用来设置画笔的大小、间距、硬度等选项。

(2) 按钮：单击此按钮，可打开或关闭仿制源面板。

(3) "模式"下拉列表框：用来选择修复图像时使用的颜色混合模式。

(4) "源"栏：用于设置修复像素的来源。选择"使用画布样本作为修复源" ，可使用当前图像中的样本像素进行修复。选择"使用图案作为修复源" ，可从"图案拾色器"中选择图案进行修复。

(5) 下拉列表框：用来选择图案样式。

(6) 按钮：单击此按钮时，可对像素进行连续取样。

(7) "样本"下拉列表框：用于设置从指定的图层中进行数据取样。如果需要从当前图层及其下方的可见图层中取样，选择"当前和下方图层"。如果需要仅从当前图层中取样，选择"当前图层"。如果需要从所有可见图层中取样，选择"所有图层"。

(8) 按钮：单击此按钮时，在取样时忽略调整图层，直接对调整图层下的图层取样颜色进行修复。

(9) 按钮：单击此按钮，在使用数位板绘图时，将依据给予绘图板的压力控制画笔的大小。

(10) "扩散"下拉列表框：用于设置修复区域图像的边缘羽化效果。扩散值越大边缘羽化效果越好。

3. 修补工具

修补工具与修复画笔工具类似，使用图像或图案中的样本像素进行绘画，并将样本像素的纹理、光照、透明度和阴影与所修复的像素相匹配。与修复画笔不同的是，修补工具需要用选区来设定修补区域。在工具箱中选择修补工具，其工具属性栏如图 7-3 所示。

图 7-3　修补工具属性栏

(1) 选区创建方式：选择"新选区"，可创建一个新选区。选择"添加到选区"，可在原选区中添加新的选区。选择"从选区减去"，可从原选区中减去新的选区。选择"与选区交叉"，可得到原选区与新的选区交叉的区域。

(2) "修补"下拉列表框：用于选择修补方式。

选择"正常"时，将对修补区域进行正常的修补。若选择"从目标修补源" ，将选区拖动到修补区域后，将用当前选区中的图像修补原选区中的图像。若选择"从源修补目标" ，会将选区中的图像复制到修补区域。若选择"混合修补时使用透明度" ，可使被修补的图像与原图像产生透明的叠加效果。若选择"使用图案"，可使用图案修补选区中的图像。"图案拾色器"下拉列表用来选择图案。"扩散"下拉列表框用于设置修补区域图像的边缘羽化效果，扩散值越大边缘羽化效果越好。

选择"内容识别"时，系统会根据修补区域周围的像素进行智能识别，让样本区域的像素和修补区域的像素以一定的方式融合。"结构"下拉列表框，用于调整源结构的保留严格程度，数值范围为 1～7。数值越大边缘羽化效果越好。"颜色"下拉列表框用于调整可修改源色彩的程度，数值范围为 0～10。数值越高修补区域的色调融合度就越高。"启用以修补所有图层" █ 按钮：单击此按钮时，可以使用所有图层的信息在其他图层中创建移动的结果。

4. 内容感知移动工具

使用内容感知移动工具，可以快速将图像移动或复制到另外一个位置，其操作和效果与修补工具类似。在工具箱中选择内容感知移动工具，其工具属性栏如图 7-4 所示。在内容感知移动工具属性栏中，█ 按钮与污点修复画笔工具相同。

图 7-4　内容感知移动工具属性栏

(1) 选区创建方式：有"新选区""添加到选区""从选区减去""与选区交叉"四个选项。

(2) "模式"下拉列表框：用于设置选区的移动方式。选择"移动"，会将源选区内的图像移动到目标区域。选择"扩展"，会将源选区内的图像复制到目标区域。

(3) "结构"下拉列表框：用于调整源结构的保留严格程度，数值范围为 1～7，数值越大，边缘羽化效果越好。

(4) "颜色"下拉列表框：用于调整可修改源色彩的程度，数值范围为 0～10，数值越高源区域的色调融合度就越高。

(5) █ 按钮：单击此按钮，原选区内的图像移动到目标区域后，可对其进行旋转或缩放。

5. 红眼工具

使用红眼工具，可以快速去除人物照片中的红眼以及白色或者绿色反光。在工具箱中选择红眼工具，其工具属性栏如图 7-5 所示。

图 7-5　红眼工具属性栏

(1) "瞳孔大小"下拉列表框：用于设置人物瞳孔的大小。

(2) "变暗量"下拉列表框：用于设置人物瞳孔的暗度。

7.1.2　图章工具

图章工具组包括仿制图章工具和图案图章工具。

1. 仿制图章工具

仿制图章工具常用于复制图像或去除图像中的瑕疵。在工具箱中选择仿制图章工具，其工具属性栏如图 7-6 所示。

图 7-6　仿制图章工具属性栏

在仿制图章的工具属性栏中，除"切换仿制源面板""对每个描边使用相同的位移""仿制样本模式""打开以在仿制时忽略调整图层"外，其他选项的操作方法均与画笔工具相同。

(1) █ 按钮：单击此按钮，可打开或关闭仿制源面板。

(2) █ 按钮：单击此按钮，可对像素进行连续取样。

(3) ![当前和下方图层]下拉列表框：用于设置从指定的图层中进行数据取样。可选择"当前图层""当前和下方图层""所有图层"三种模式。

(4) ![按钮]按钮：单击此按钮，在取样时会忽略调整图层，直接对调整图层下的图层的颜色取样并进行仿制。

2. 图案图章工具

使用图案图章工具可以利用 Photoshop CC 2019 自带的图案或者自定义图案进行绘画。在工具箱中选择仿制图章工具，其工具属性栏如图 7-7 所示。除"图案拾色器"、![按钮]按钮外，其他选项的操作方法均与仿制图章工具相同。

图 7-7　图案图章工具属性栏

(1) ![下拉列表框]下拉列表框：用来选择图案样式。

(2) ![按钮]按钮：单击此按钮，可将图案渲染为绘画轻涂以获得印象派效果。

7.2　擦　除　工　具

Photoshop CC 2019 提供的图像擦除工具有橡皮擦工具、背景橡皮擦工具以及魔术橡皮擦工具。

7.2.1　橡皮擦工具

橡皮擦工具可以将图像擦除为背景色或透明。如果擦除的是"背景"图层或锁定了透明度的图层，涂抹区域将显示为背景色。除此之外，涂抹区域将显示为透明。在工具箱中选择橡皮擦工具，其工具属性栏如图 7-8 所示。在橡皮擦工具属性栏中，除"模式""不透明度"以及 ![按钮]按钮以外，其他选项的操作方法均与画笔工具相同。

图 7-8　橡皮擦工具属性栏

(1) "模式"下拉列表框：用于设置抹除模式，有"画笔""铅笔"和"块"三种选项。

(2) "不透明度"下拉列表框：用于设置抹除强度。100%的不透明度可以完全抹除像素，较低的不透明度将部分抹除像素。

(3) ![按钮]按钮：单击此按钮，可抹除指定历史记录状态中的区域。

7.2.2　背景橡皮擦工具

背景橡皮擦工具可以将图像擦除为背景色。在工具箱中选择背景橡皮擦工具，其工具属性栏如图 7-9 所示。

图 7-9　背景橡皮擦工具属性栏

(1) ■ 按钮：单击此按钮，将连续采集取样点。

(2) ■ 按钮：单击此按钮，将以首次单击鼠标处的颜色作为取样点。

(3) ■ 按钮：单击此按钮，将当前背景色作为取样色。

(4) "限制"下拉列表框：用来设置抹除操作的范围。有"不连续""连续"和"查找边缘"三个选项。

(5) "容差"下拉列表框：用来设置抹除相近颜色的范围。

(6) ■ 按钮：单击此按钮，将不抹除与前景色相近的区域。

7.2.3　魔术橡皮擦工具

魔术橡皮擦工具可以将图像擦除为背景色或透明。如果用魔术橡皮擦工具在锁定透明度的图层中单击时，将所有相似的像素更改为背景色。除此之外，单击区域将更改为透明。在工具箱中选择魔术橡皮擦工具，其工具属性栏如图 7-10 所示。在魔术橡皮擦工具属性栏中，"容差"与背景橡皮擦工具的使用方法相同，"不透明度"选项与橡皮擦工具的使用方法相同，■ 按钮与污点修复画笔工具的使用方法相同。

图 7-10　魔术橡皮工具属性栏

(1) ■ 按钮：单击此按钮，可使擦除区域的边缘更平滑。

(2) ■ 按钮：单击此按钮，只抹除与单击点颜色相近的像素。

(3) ■ 按钮：单击此按钮，可对所用可见图层中的合并数据进行采样。

7.3　润饰工具

Photoshop CC 2019 提供了模糊工具组、减淡工具组等工具，可用于润饰图像，使图像产生不同的效果。

7.3.1　模糊工具

模糊工具组用来降低或增强图像的对比度或饱和度，使图像变得到清晰或模糊，包括模糊工具、锐化工具、涂抹工具。

1. 模糊工具与锐化工具

模糊工具可以柔化图像或减少图像细节。锐化工具的作用与模糊工具相反，可以使图像变得更清晰。在工具箱中选择模糊工具，其工具属性栏如图 7-11 所示。其中，"强度"下拉列表框用于设置描边强度，数值越大，模糊效果越明显。

图 7-11　模糊工具属性栏

2. 涂抹工具

涂抹工具用于选取鼠标单击处的颜色，并沿拖动的方向展开这种颜色，从而模拟出类似手指拖过湿油漆时的效果。在工具箱中选择涂抹工具，其工具属性栏如图 7-12 所示。在涂抹工具的工具属性栏中，除 按钮以外，其他选项的操作方法均与模糊工具相同。

图 7-12　模糊工具属性栏

按钮：单击此按钮，可使用每个描边起点处的前景色进行涂抹。

7.3.2　减淡工具

减淡工具组用来调整图像的亮度或饱和度，包括减淡工具、加深工具、海绵工具。

1. 减淡工具与加深工具

减淡工具用来提高图像的亮度。加深工具与减淡工具的作用相反，用来降低图像的亮度。在工具箱中选择减淡工具，其工具属性栏如图 7-13 所示。

图 7-13　减淡工具属性栏

(1)"范围"下拉列表框：用来设置需修改的色调。选择"阴影"选项时，可以更改暗部色调的图像区域；选择"中间调"选项时，可以更改属于中间色调的图像区域；选择"高光"选项时，可以更改亮部色调的图像区域。

(2)"曝光度"下拉列表框：用来设置减淡的强度，数值越大，效果越明显。

(3) 按钮：单击此按钮，可以保护图像的颜色色调不受影响。

2. 海绵工具

海绵工具用来增加或降低图像的饱和度。在工具箱中选择海绵工具，其工具属性栏如图 7-14 所示。

图 7-14　海绵工具属性栏

(1)"模式"下拉列表框：用来设置饱和度的处理方式。有"去色"和"加色"两种，选择"去色"可降低图像的色彩饱和度；选择"加色"可增加图像的色彩饱和度。

(2)"流量"下拉列表框：用来设置饱和度更改速率，数值越大效果越明显。

(3) 按钮：单击此按钮，可在增加饱和度的同时，防止颜色过度饱和而产生的溢色现象。

>> 优秀传统文化应用

【制作"壁画日历"屏保作品】

应用 Photoshop CC 2019 的修复工具组、模糊工具组、减淡工具组、图章工具组等，修复素材文件中的壁画人像并制作"壁画日历"屏保图一幅，效果如图 7-15 所示。

壁画日历

图 7-15　"壁画日历"屏保作品

【应用分析】

制作"壁画日历"屏保作品的思路是：从壁画文件中扣出人像后，首先模糊人像的背景、突出人像的轮廓，然后重绘五官脖子衣领线条，修复面部，其次修复头饰衣服，最后将修复好的壁画合成到日历背景文件中。

【实现步骤】

1. 模糊人像的背景

打开"永乐宫壁画.psd"文件。选择钢笔工具，选择属性栏中的"选择工具模式"为路径，建立人像轮廓路径并将路径转换为选区，按下【CTRL+J】组合键，将人像复制到新图层，重命名该图层为"人像"。

选择"背景"图层。选择模糊工具，在工具属性栏中设置笔尖大小、"强度"，在图像窗口涂抹，适当模糊背景。选择海绵工具，在工具属性栏中设置笔尖大小、"模式"为"去色"、"流量"为100%，在图像窗口涂抹，适当为背景去色。选择加深工具，在工具属性栏中设置笔尖大小、"范围"为中间调、"曝光度"为100%，在图像窗口涂抹，适当变暗背景。效果如图 7-16 所示。

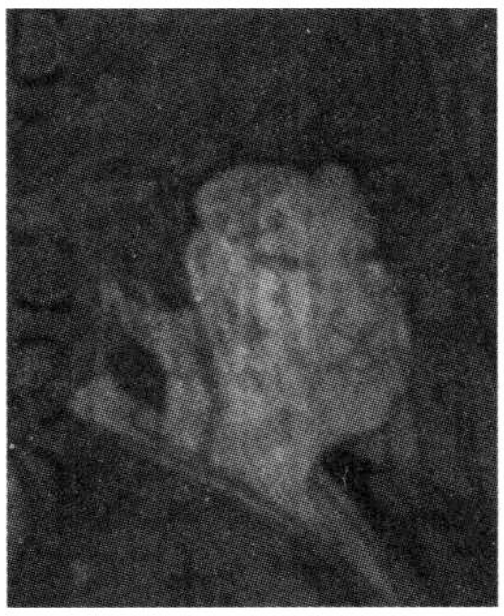

图 7-16　模糊人像的背景效果

2. 突出人像的轮廓

复制"人像"图层得到"人像副本"图层。选择"人像副本"图层，选择"滤镜"→"其他"→"高反差保留"命令，在对话框中设置"半径(R)"为10，单击"确定"按钮。设置"人像副本"图层的混合模式为"叠加"。

复制"人像"图层至"人像副本"图层下方，得到"人像副本 2"图层。选择"人像副本 2"图层，选择"滤镜"→"其他"→"高反差保留"命令，在对话框中设置"半径(R)"为2，单击"确定"按钮。设置"人像副本 2"图层的混合模式为"线性光"。

图 7-17　突出人像的轮廓效果

选择"人像"图层、"人像副本"图层、"人像副本 2"三个图层，按下【Ctrl+Alt+Shift+E】组合键，盖印所选图层，得到图层 1，效果如图 7-17 所示。

3. 重绘五官脖子衣领线条

选择钢笔工具，在属性栏中设置"模式"为形状，重绘五官、脖子、衣领线条等。选择吸管工具，从衣服中吸取红色。选择油漆桶工具，为嘴唇填充红色。使用相同操作方法为衣领填充颜色。合并所有的形状图层后，栅格化图层并重命名为"五官脖子衣领线条"图层，效果如图 7-18 所示。

4. 修复面部

选择钢笔工具，创建面部和脖子区域的轮廓路径并保存路径，转换面部和脖子区域的轮廓路径为选区。单击鼠标右键，选择快捷菜单中的"通过剪切的图层"，将面部和脖子区域单独放置于一个图层中，重命名该图层为"面部"并移至"五官脖子衣领线条"图层下方，为"面部"图层建立选区。

图 7-18 重绘五官脖子
衣领线条的效果

选择减淡工具，在选区内涂抹，使面部整体减淡变白。选择修复画笔工具组，去除面部斑点、五官线条，修复好一个小区域后，选择仿制图章工具，从修复好的区域取样，在其他需修复区域涂抹达到修复整体的目的。选择涂抹工具，在工具属性栏中设置"强度"为 20%，在"画笔设置"面板下的"散布"中设置"散布随机性"为 20%，在选区内涂抹，使选区颜色更均匀，效果如图 7-19 所示。

图 7-19 修复面部的效果

5. 修复头饰衣服

选择加深工具，在属性栏中设置笔尖大小、"范围"为中间调或阴影、"曝光度"为80%，在头发、头饰线条处涂抹，使之颜色变暗。

选择海绵工具，在工具属性栏中设置笔尖大小、"模式"为加色、"流量"为100%，在色块处涂抹，加深色块颜色。选择修复画笔工具组，去除色块中的噪点。选择涂抹工具，设置"强度"为8%，在色块中涂抹，使色块颜色更均匀。

使用相同的操作方法，修复衣服部分，效果如图 7-20 所示。新建图层组，将所有图移入图层组。

图 7-20 修复头饰衣服的效果

6. 制作壁画日历

打开"背景.psd"文件。将"永乐宫壁画.psd"文件中的图层组移入"背景.psd"文件中，按下【Ctrl+T】组合键，调整大小和位置。

7. 保存文件

选择"文件"→"存储"命令，或按【Ctrl+S】组合键，保存文件。

创 新 实 践

一、临摹

临摹教本章例，制作壁画日历屏保作品，效果如图 7-15 所示。

要求：

(1) 新建文件，宽度为 1080 像素，高度为 2400 像素，分辨率 300 像素/英寸；

(2) 使用 Photoshop 工具箱中的文本工具、修复图像的相关工具和素材图片制作作品；

(3) 文件保存为"壁画日历.psd"和"壁画日历.jpg"。

二、原创

参考第一题思路和方法，利用修复图像相关知识，设计制作一幅原创屏保作品。

要求：

(1) 改变文字、壁画图片等素材设计制作自己作品。

(2) 文件保存为"原创.psd"和"原创.jpg"。

第8章 文本的使用

 本章简介

在图形图像处理中，恰当地运用文字不仅可以起到表达信息的作用，还能起到强化主题、修饰图像的作用。Photoshop 提供的文字工具组可以创建和编辑文本。本章将详细介绍创建和编辑文本的方法与技巧。通过本章的学习，可以快速地创建点文本、段落文本、变形文本、文字选区以及路径文字，打造图文并茂的图像效果。

 学习目标

知识目标：

(1) 掌握创建文本的方法。

(2) 掌握编辑文本的方法。

能力目标：

(1) 能创建和编辑点文本和段落文本。

(2) 能创建和编辑变形文本、文字选区、路径文字。

思政目标：

(1) 培养敬业、精益、专注、创新的工匠精神。

(2) 引导学生传承、弘扬中华优秀传统文化。

 思维导图

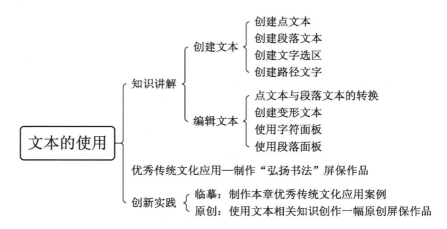

8.1　创　建　文　本

在 Photosho CC 2019 中，横排文字工具和直排文字工具可以创建点文本、段落文本以及路径文字，使用横排文字蒙版工具和直排文字蒙版工具可以创建文字选区。

8.1.1　创建点文本

当输入字数较少的文本时，可以通过创建点文本来完成文字输入。在工具箱中选择横排文字工具或直排文字工具，它们的工具属性栏基本相同。横排文字工具属性栏如图 8-1 所示。该工具属性栏中各选项的含义如下：

图 8-1　横排文字工具属性栏

(1) ▇ 按钮：单击该按钮，可切换文本为水平方向或垂直方向。

(2) "字体"下拉列表框：用于设置文本的字体。

(3) "字形"下拉列表框：用于设置文本的字形。

(4) "字号"下拉列表框：用于设置文本的字体大小。

(5) "锯齿效果"下拉列表框：用于设置文本的锯齿效果。

(6) ▇▇▇ 按钮：用于设置段落文本对齐方式，包含"左对齐文本"按钮、"居中对齐文本"按钮和"右对齐文本"按钮。

(7) ▇ 颜色块：单击颜色块，可在打开的"拾色器"(文本颜色)对话框中设置文本颜色。

(8) ▇ 按钮：单击该按钮，可在打开的"变形文字"对话框中设置变形效果。

(9) ▣ 按钮：单击该按钮，可显示或隐藏"字符"面板或"段落"面板。

创建点文本的具体操作如下：

(1) 在工具箱中选择横排文字工具或直排文字工具，在文字工具属性栏中设置文字的属性。

(2) 在图像窗口单击鼠标左键以定位文本插入点，输入文本后按【Ctrl+Enter】组合键或者单击文字工具属性栏中的 ▨ 按钮完成点文本的创建。在图层面板中，系统会自动新建一个文字图层。

8.1.2　创建段落文本

当需要输入文字内容较多的文本时，可以通过创建段落文本来完成文字输入。创建段落文本的具体操作如下：

(1) 在工具箱中选择横排文字工具或直排文字工具，在文字工具属性栏中设置文字的属性。

(2) 在图像窗口按住鼠标左键的同时放拖动鼠标以创建段落定界框，在定界框中输入文字，按【Ctrl+Enter】组合键或者单击文字工具属性栏中的 ✔ 按钮完成段落文本的创建。在图层面板中，系统会自动新建一个文字图层。

8.1.3　创建文字选区

使用横排文字蒙版工具和直排文字蒙版工具可以创建文字选区，创建方法与创建点文本的方法相似。创建文字选区的具体操作如下：

(1) 在工具箱中选择横排文字蒙版工具或直排文字蒙版工具，在文字工具属性栏中设置文字的属性。

(2) 在图像窗口单击鼠标以左键以定位文本插入点，输入文本后按【Ctrl+Enter】组合键或者单击文字工具属性栏中的 ✔ 按钮完成文字选区的创建。

与其他选区一样，对文字选区可以进行填充、描边、移动或复制等操作。

8.1.4　创建路径文字

创建路径文字的，可以将文字排列在路径上。创建路径文字的具体操作如下：

(1) 绘制出路径，然后在工具箱中选择横排文字工具或直排文字工具，在文字工具属性栏中设置文字的属性。

(2) 将鼠标光标放在路径上，当光标呈 ✐ 形状时，单击鼠标左键将文本插入点定位在路径上。

(3) 输入文本后按【Ctrl+Enter】组合键完成路径文字的创建，在图层面板中取消选择当前图层，可隐藏路径。

在工具箱中选择直接选择工具或路径选择工具，沿着路径方向移动路径文本的起点标记或者终点标记，可以移动路径文字。如果将起点或终点标记向路径的另一侧拖动，可翻转文字。

8.2　编　辑　文　本

创建文本后，可进行点文本与段落文本互换、文本变形、字符格式设置以及段落格式设置等编辑文本的操作。

8.2.1　点文本与段落文本的转换

若要将点文本转换为段落文本，则先选择需转换的点文本图层，再单击鼠标右键，在弹出的快捷菜单中选择"转换为段落文本"命令。

若要将段落文本转换为点文本，则先选择需转换的段落文本图层，再单击鼠标右键，在弹出的快捷菜单中选择"转换为点文本"命令。

8.2.2 创建变形文本

在 Photoshop CC 2019 中，常用文字工具变形、变换文本变形、将文本转换为路径变形三种方法创建变形文本。

1. 文字工具变形

使用文字工具属性栏中的"创建文字变形"按钮 ▉ 可以创建变形文本，其具体操作如下：

(1) 在工具箱中选择横排文字工具或直排文字工具，在文字工具属性栏中设置文字的属性并输入文本。

(2) 单击"创建文字变形"按钮，在打开的"变形文字"对话框的"样式"下拉列表框中选择变形选项，并设置"弯曲""水平扭曲""垂直扭曲"等参数值，最后单击"确定"按钮，如图 8-2 所示。

图 8-2 "变形文字"对话框

2. 变换文本变形

对文本进行栅格化处理后，可对文本进行变换。使用变换文本方法创建变形文本的具体操作如下：

(1) 选择文本图层，单击鼠标右键，在弹出的快捷菜单中选择"栅格化文字"命令，将文本图层转换为普通图层。

(2) 选择"编辑"→"变换"菜单命令，在打开的子菜单中选择相应的命令，拖动文本周围的控制点即可进行缩放、旋转、斜切、扭曲、透视、变形等操作。

3. 将文本转换为路径变形

将文本转换为路径后，编辑路径可将文本变形。使用将文本转换为路径的方法创建变形文本的具体操作如下：

(1) 选择文本图层，单击鼠标右键，在弹出的快捷菜单中选择"转换为形状"或"创建工作路径"命令，将文本图层转换为路径。

(2) 在工具箱中选择直接选择工具或钢笔工具来编辑路径，实现文本变形。

8.2.3 使用字符面板

输入文本前，可通过文本工具属性栏对文本的字体、字形、字号、颜色等部分属性进行设置，也可通过"字符"面板对文本进行更多、更详细的设置。单击文本工具属性栏中的 ▣ 按钮或选择"窗口"→"字符"菜单命令，可以打开"字符"面板，如图 8-3 所示。该工具属性栏中各选项的含义如下：

(1)"行距"下拉列表框：用来调整文本段落的行距。

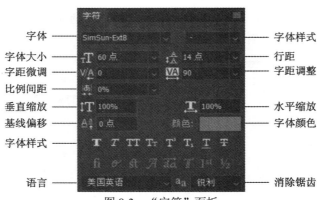

图 8-3　"字符"面板

(2) "字距微调"下拉列表框：用来调整光标两侧的两个字符的间距。

(3) "字距调整"下拉列表框：用来调整所选或全部字符的间距。

(4) "比例间距"下拉列表框：用来同比例地调整所选字符的间距。

(5) "垂直缩放"和"水平缩放"：用来调整字符的长度、宽度。

(6) "基线偏移"：用来调整所选文本与基线的距离，可以升高或降低文本。

(7) "字体样式"按钮组：从左至右分别用来设置所选文本的加粗、倾斜、全部大写字母、将大写字母转换为小写字母、上标、下标、下画线、删除线效果。

8.2.4　使用段落面板

输入文本前，可通过文本工具属性栏对段落的左对齐、居中对齐、右对齐文本等部分属性进行设置，也可通过"段落"面板对文本的段落进行更多、更详细的设置。单击文本工具属性栏中的 按钮或选择"窗口"→"段落"菜单命令，可以打开"段落"面板，如图 8-4 所示。该工具属性栏中各选项的含义如：

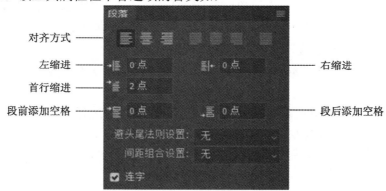

图 8-4　"段落"面板

(1) "对齐方式"按钮组：从左至右分别用来设置文本段落的左对齐、居中对齐、右对齐、最后一行左对齐、最后一行居中对齐、最后一行右对齐、全部对齐效果。

(2) "左缩进"和"右缩进"：用来设置段落的左缩进值、右缩进值。

(3) "首行缩进"：用来设置段落的首行缩进值。

(4) "段前添加空格"和"段后添加空格"：用来设置当前段落与前一段落、当前段落与后一段落的距离。

(5) "避头尾法则设置"和"间距组合设置"：用来设置段落的样式。

(6) "连字"：用来设置文本自动与连字符相连。

优秀传统文化应用

【制作"弘扬书法"屏保作品】

应用 Photoshop CC 2019 的文字工具制作"弘扬书法"屏保作品，效果如图 8-5 所示。

弘扬书法

图 8-5　"弘扬书法"屏保作品

【应用分析】

制作"弘扬书法"屏保作品的思路是：在绘制背景后，首先制作水印文字，然后制作"中国国粹""之""书法"文字，其次制作"练中国书法""承传统文化""创新""弘扬书法魅力"文字。通过"转换为形状""创建文字变形""栅格化文字"等方法完成变形文字的制作。

【实现步骤】

1. 新建文件

安装"逆反差隶书繁体""庞门正道轻松体""千图厚黑体""全字库说文解字""站酷庆科黄油体"等字体。

新建"弘扬书法.psd"文件，设置宽度为 1080 像素，高度为 2400 像素，分辨率为 300 像素/英寸，颜色模式为 RGB，背景内容为白色。

选择"矩形工具"，绘制与背景等大的矩形。选择"油漆桶工具"，为矩形填充图案。选择"矩形工具"，绘制比背景稍小的浅黄色填充的矩形和多个浅褐色描边的小矩形，将小矩形叠放形成四角的图案，效果如图 8-6 所示。

图 8-6　背景的制作效果

2. 制作"書法"水印文字

切换输入法为繁体，新建"書法"图层。选择"竖排文字蒙版工具"，选择工具属性栏中的"字体"为"全字库说文解字"。在图像窗口输入"书法"文字，按【Ctrl+Enter】组合键。选择"油漆桶工具"填充图案。按【Ctrl+T】组合键调整文字大小。在图层面板，设置"書法"图层的"不透明度"为10%，效果如图8-7所示。

3. 制作"中国国粹""之""书法"文字

选择"圆角矩形工具"，绘制浅褐色描边的圆角矩形，删除其下半部分。新建印章图层，设置前景色为红色。选择"画笔工具"，选择"圆扇形带纹理"笔尖，绘制印章。切换输入法为简体，选择"横排文字工具"，设置"字体"为"逆反差隶书繁体"、"字体颜色"为黄色，在图像窗口拖动鼠标以创建段落定界框，在定界框中输入"中国国粹"文字，按【Ctrl+Enter】组合键完成输入。

图8-7 "書法"水印文字的制作效果

选择"横排文字工具"，设置"字体"为"逆反差隶书繁体""字体颜色"为黑色，在图像窗口输入"之"文字，按【Ctrl+Enter】组合键完成输入。

选择"竖排文字工具"，设置"字体"为"庞门正道轻松体"、"字体颜色"为黑色，在图像窗口输入"书法"文字，按【Ctrl+Enter】组合键完成输入。鼠标右击"书法"图层，在快捷菜单中选择"转换为形状"命令，添加"锚点工具"，为文字中需变形处添加锚点。选择"直接选择工具"，调整需变形处的方向线，删除"书"文字右上角的点和"法"文字左上角的两个点。选择"自定形状工具"，在刚刚删除的点的位置绘制红色星星。效果如图8-8所示。

图8-8 "中国国粹""之""书法"文字效果

4. 制作"练中国书法""承传统文化""创新""弘扬书法魅力"文字

选择"横排文字工具"，设置"字体"为"千图厚黑体"、"字体颜色"为褐色，在图像窗口输入"练中国书法"文字，适当调整文字间距，按【Ctrl+Enter】组合键完成输入。单击文字工具属性栏中的"创建文字变形"按钮，在"变形文字"对话框中选择"样式"为"上弧"，设置"弯曲"为60%，"水平扭曲"为-60%，"垂直扭曲"为0，并单击"确定"按钮。"承传统文化"文字制作方法同上，但要将"水平扭曲"设置为60%。

选择"横排文字工具"，设置"字体"为"千图厚黑体"、"字体颜色"为褐色，在图像窗口输入"创新"文字，按【Ctrl+Enter】组合键完成输入。鼠标右击"创新"图层，选择快捷菜单中的"栅格化文字"命令。按【Ctrl+T】组合键，鼠标指向文字右击，选择快捷菜单中的"透视"命令，拖动鼠标调整文字形状。

图8-9 "练中国书法""弘扬书法魅力"等文字效果

选择"钢笔工具"，绘制下弧形路径。选择"横排文字工具"，设置"字体"为"站酷庆科黄油体"、"字体颜色"为红色。将鼠标光标放在路径上，当鼠标光标呈 形状时，单击鼠标左键以定位文本插入点，输入"弘扬书法魅力"文字，按【Ctrl+Enter】组合键完成输入。效果如图8-9所示。

选择"椭圆工具"，在适当位置绘制大小不等的浅褐色描边的圆形。选择"文件"→"置入嵌入对象"菜单命令，在"置入嵌入的对象"对话框中选择一种布纹，按【Ctrl+T】组合键，调整布纹的大小，并设置布纹图层的图层模式为"正片叠底"。

5. 保存文件

选择"文件"→"存储"菜单命令，保存文件。

创 新 实 践

一、临摹

临摹本章实例，制作"弘扬书法"屏保作品，效果如图 8-5 所示。

要求：

(1) 新建文件，设置文件宽度为 1080 像素，高度为 2400 像素，分辨率为 300 像素/英寸。

(2) 使用 Photoshop 工具箱中的文本工具等工具制作作品。

(3) 文件保存为"弘扬书法.psd"和"弘扬书法.jpg"。

二、原创

参考第一题的思路和方法，利用文本相关知识，设计制作一幅原创屏保作品。

要求：

(1) 适当改变文字、底纹等素材设计制作自己的作品。

(2) 文件保存为"原创.psd"和"原创.jpg"。

第9章 图层与蒙版

 本章简介

Photoshop 的图层功能提供了强大的图像处理能力，使得多个对象的编辑变得简便且创意无限。本章主要介绍图层的管理、图层类型、图层混合模式、图层样式，以及蒙版在图像处理中的应用。通过本章的学习，能够灵活地运用图层和蒙版制作多变的图像。

 学习目标

知识目标：

(1) 掌握图层的概念和不同类型的图层，理解图层在图像处理中的作用。

(2) 掌握图层的创建、编辑、合并和删除等图层管理方法和技巧。

(3) 掌握图层混合模式、图层样式的原理和应用。

能力目标：

(1) 能够运用图层功能进行图像编辑，提高图像处理的效率和准确性。

(2) 熟练运用蒙版技术，精确控制和修饰图像的特定区域。

思政目标：

(1) 培养学生的敬业精神，注重细节，追求卓越的态度。

(2) 激发学生的创新思维和创造力，鼓励学生勇于尝试和探索新方法。

 思维导图

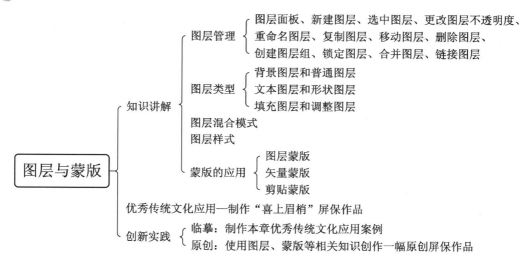

>>> 知 识 讲 解

9.1 图 层 管 理

图层就像含有图像元素的透明纸，按顺序叠放。在当前图层上涂画，不会影响其他图层上的图像，并且根据不透明度，当前图层还可以完全或半透明地遮挡住下面图层重叠区域的图像。在 Photoshop CC 2019 中，对图层的管理主要通过图层面板实现。本节主要介绍图层面板和图层管理。

图 9-1 "图层"面板

9.1.1 图层面板

图层面板负责管理图层。选择"窗口"→"图层"命令，打开"图层"面板，如图 9-1 所示。该面板中各设置项的含义如下：

(1) "图层"面板菜单按钮 ：单击该按钮，可弹出"图层"面板菜单，如图 9-2 所示。

(2) "设置图层的混合模式" 正常 ：用于设置图层的混合模式，使之与下方图层中的图像产生混合效果。

(3) "不透明度"：用于设置图层的总体不透明度。

(4) "锁定"：用于设置图层的锁定方式，包括"锁定透明像素" 、"锁定图像像素" 、"锁定位置" 、"防止在画板和画框内外自动嵌套" 、"锁定全部" 。

(5) "填充"：用于设置图层内部的不透明度。

(6) 图层显示 ：用于显示或隐藏图层。隐藏的图层不能编辑。

(7) 图层缩览图：位于图层显示 右侧，以缩略图方式显示图层内容。

(8) 图层名称：位于图层缩览图右侧。在新建图层时，Photoshop CC 2019 会自动命名图层为图层 1、图层 2 等。

(9) "链接图层"按钮 ：用于链接两个或多个图层。对有链接关系的任意图层进行操作时，将影响所有链接图层。

(10) "添加图层样式"按钮 ：单击该按钮，可以为当前图层添加图层样式。

(11) "添加图层蒙版"按钮 ：单击该按钮，可以为当前

图 9-2 "图层"面板菜单

图层添加图层蒙版。

(12) "创建新的填充或调整图层"按钮 ：单击该按钮，可以为当前图层添加填充图层或调整图层。

(13) "创建新组"按钮 ：单击该按钮，将创建图层组。

(14) "创建新图层"按钮 ：单击该按钮，将创建新图层。

(15) "删除图层"按钮 ：单击该按钮，将删除当前图层。

9.1.2　新建图层

在 Photoshop CC 2019 中，可通过"图层"面板和"图层"菜单命令等创建图层。

单击"图层"面板中的"创建新图层"按钮 ，可以在当前图层的上方创建一个新图层，新建的图层自动成为当前图层。或者选择 "图层"→"新建"→"图层"菜单命令，打开如图9-3所示的"新建图层"对话框，设置图层的名称、颜色、模式、不透明度等，单击"确定"按钮完成图层创建。

图 9-3　"新建图层"对话框

若在图像中创建了选区，则选择"图层"→"新建"→"通过拷贝的图层(或通过剪切的图层)"菜单命令，可以将选区中的图像复制(或剪切)到一个新图层。

9.1.3　选中图层

在对图层进行重命名、复制、移动等管理时，需要先选中图层。具体操作方法如下：

(1) 选中一个图层：单击"图层"面板中的一个图层。

(2) 选中多个图层：若要选中多个相邻图层，则先单击第一个图层，然后按住【Shift】键的同时单击最后一个图层；若要选中多个不相邻图层，则按住【Ctrl】键的同时单击每一个图层。

9.1.4　更改图层不透明度

设置图层不透明度可提升图像的混合效果。在"图层"面板中的"不透明度"框中输入数值，可设置图层的总体不透明度。在"图层"面板中的"填充"框中输入数值，可设置图层内部的不透明度。

9.1.5　重命名图层

为图层重命名有利于快速识别图层。双击"图层"面板中的图层名称或者选择"图层"→"重命名图层..."菜单命令，可重命名图层。

9.1.6　复制图层

在"图层"面板中，选中图层并按【Ctrl+J】组合键或者用鼠标拖动需复制的图层到"创建新图层"按钮 上，可以实现在本文档中复制图层。也可通过选择"图层"→

"复制图层(D)..."菜单命令或选择"图层"面板
菜单中的"复制图层(D)..."命令,打开如图9-4所
示的"复制图层"对话框,在"为:"中输入图
层名称,在"文档:"下拉列表中选择文档或"新
建",将图层复制到所选的文档或新建文档中。

图 9-4　"复制图层"对话框

9.1.7　移动图层

若需移动图层,则在"图层"面板中用鼠标拖动图层到目标位置,或者选择"图
层"→"排列"菜单命令中的"置为顶层(或置为底层)""前移一层(或后移一层)""反
向"命令。

9.1.8　删除图层

选中图层,单击"图层"面板中的"删除图层"按钮可将不需要的图层删除。

9.1.9　创建图层组

图层组用来管理和组织数量相对较多的图层。单击"图层"面板中的"创建新组"按
钮□,可创建一个图层组。用鼠标可将一个或多个图层移入图层组,也可从图层组中移出
一个或多个图层。

9.1.10　锁定图层

锁定图层可防止图层中的透明部分、图像像素、位置等被更改。锁定方式包括以下几种:
(1)"锁定透明像素"▨:单击该按钮,可以锁定当前图层的透明部分不被编辑。
(2)"锁定图像像素"✎:单击该按钮,可以锁定当前图层的填充或色彩编辑。
(3)"锁定位置"✛:单击该按钮,可以锁定当前图层的移动、变形编辑。
(4)"防止在画板和画框内外自动嵌套"▣:单击该按钮,可以把图层锁定在固定画
板上。
(5)"锁定全部"🔒:单击该按钮,可以锁定当前图层的所有编辑。

9.1.11　合并图层

将两个或两个以上的图层合并为一个图层的操作称为合并图层。合并图层可减少图层
的数量,从而减小文件大小。
在"图层"面板中选中需要合并的图层,然后按【Ctrl+E】组合键或选择"图
层"→"合并图层"菜单命令,可以实现图层合并。
在"图层"面板中选中需要合并的图层,然后按【Shift+Ctrl+E】组合键或选择"图
层"→"合并可见图层"菜单命令,可以合并可见的图层。
在"图层"面板中选中需要合并的图层,然后选择"图层"→"拼合图层"菜单命令,
可以合并所有可见图层并同时把隐藏图层丢弃。

9.1.12　链接图层

链接图层可以为同时处理多个图层提供方便。在"图层"面板中选中需要链接的图层，然后单击"链接图层"按钮，或者选择"图层"→"链接图层"菜单命令，可以实现图层链接。选中已链接的任意图层，再次单击"链接图层"按钮，可以取消图层链接。

9.2　　图 层 类 型

在 Photoshop CC 2019 中，可以创建多种类型的图层。本节主要介绍常用的背景图层、普通图层、文本图层、形状图层、填充图层以及调整图层等 6 种图层类型。

9.2.1　背景图层和普通图层

背景图层和普通图层都可以用来存放和绘制图像。新建一个 Photoshop 图像文件，系统会自动建立一个背景图层。背景图层呈可见、锁定状态。单击背景图层的"锁定"按钮，可以解锁背景图层，并将背景图层转换为普通图层。

对普通图层可以设置不同的透明度。单击"图层"面板中的"创建新图层"按钮，可以在当前图层上方创建一个普通图层。

9.2.2　文本图层和形状图层

文本图层用来输入与编辑文本。选择"文字工具"，在工具属性栏中设置字体、字形、字号、文字颜色等，输入文字后，"图层"面板中会生成一个文本图层。

形状图层用来存放矢量形状信息。选择"形状工具"或"钢笔工具"，在工具属性栏中设置"选择工具模式"为"形状"，然后在图像窗口绘制形状，"图层"面板中会自动新建一个形状图层。

9.2.3　填充图层和调整图层

填充图层用于为图层填充纯色、渐变色或图案，它不会改变原图像的像素，是一种非破坏性的填充工具。选择"图层"→"新建填充图层"菜单命令或者单击"图层"面板中的"创建新的填充或调整图层"按钮，选择子菜单中的"纯色…""渐变…""图案…"等命令，设置"拾色器(纯色)""渐变填充""图案填充"对话框中的颜色、渐变色、图案，创建填充图层。填充图层由图层缩览图和图层蒙版缩览图组成。双击图层缩览图，在弹出的对话框中修改相应的参数，可调整填充颜色或图案。

调整图层主要用于精确调整图层的颜色，它不会改变原图像的像素，是一种非破坏性的调整工具。选择"图层"→"新建调整图层"菜单命令或者单击"图层"面板中的"创建新的填充或调整图层"按钮，打开如图 9-5 所示的子菜单，选择"亮度/对比度(C)…"命令，打开"亮度/对比度"属性对话框，如图 9-6 所示。在对话框中设置属性后创建调整图层，此调整图层将影响当前图层及下方所有图层。若单击属性对话框中的"此调整影响到下面的所有图层(单击剪切到图层)"按钮 ，则调整图层将只影响当前图层。调整图层由图层缩览图和图层蒙版缩览图组成，如图 9-7 所示。双击图层缩览图，在弹出的属性对话框中设置相应参数，可修改调整色彩或色调属性。

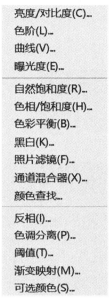

图 9-5　"调整图层"菜单　　图 9-6　"亮度/对比度"属性对话框　　　图 9-7　调整图层

9.3　图层混合模式

利用图层混合模式可将上层图层与下层图层的像素进行混合，从而生成新的图像效果。

Photoshop CC 2019 提供了组合、加深、减淡、对比、比较和色彩 6 组共 27 种图层混合模式，每一组混合模式产生的效果相似。组合模式组中的"正常"和"溶解"混合模式需要降低图层不透明度才能产生效果。加深模式组中的"变暗""正片叠底""颜色加深""线性加深""深色"混合模式可以使图像变暗。减淡模式组中的"变亮""滤色""颜色减淡""线性减淡(添加)""浅色"混合模式可以使图像变亮。对比模式组中的"叠加""柔光""强光""亮光""线性光""点光""实色混合"混合模式可以增强图像的反差。比较模式组中的"差值""排除""减去""划分"混合模式可以比较当前图像与底层图像，然后将相同的区域显示为黑色，不同的区域显示为灰度层次或彩色。色彩模式组中的"色相""饱和度""颜色""明度"混合模式可以将其中的一种或两种应用在混合后的图像中。

单击"图层"面板中的"设置图层的混合模式" ，在下拉列表中可选择需要的模式，如图 9-8 所示。

打开素材文件夹中的"图层混合模式.psd"文件，图像在"图层"面板中的效果如图9-9所示。对"花草"图层应用不同的图层混合模式后的效果如图9-10所示。

花草

图 9-8　"图层混合模式"下拉列表　　　图 9-9 图像在"图层"面板中的效果

图 9-10　对"花草"图层应用不同的图层混合模式后的效果

9.4　图层样式

图层样式也叫图层效果，Photoshop CC 2019 提供诸如投影、发光、浮雕和描边等效果，可以创建具有真实质感的水晶、玻璃、金属和纹理特效。本节主要介绍 Photoshop CC 2019 提供的多种图层样式。

选择"图层"→"图层样式"→"混合选项"菜单命令或者选择"图层面板"菜单中的"混合选项"或者单击"图层"面板中的"添加图层样式"按钮后选择下拉菜单中的

相应命令(如图 9-11 所示),打开如图 9-12 所示的"图层样式"
对话框。选择对话框左侧的选项,可以打开相应的效果面板。
在效果面板中设置参数后,单击"确定"按钮,为当前图层添
加图层样式。选择菜单"图层"→"图层样式"→"拷贝图层
样式(C)"(或"清除图层样式(A)")菜单命令,可复制(或清除)
图层样式。

图 9-11　"图层样式"菜单

　　"斜面和浮雕"命令用于为图像添加倾斜与浮雕效果。
"描边"命令用于为图像描边。"内阴影"命令用于为图像内
部产生阴影效果。"内发光"命令用于在图像的边缘内部产生
发散的光亮效果。"光泽"命令用于为图像添加光泽效果。
"颜色叠加"命令用于为图像产生颜色叠加效果。"渐变叠加"命令用于为图像产生渐变
叠加效果。"图案叠加"命令用于为图像添加图案效果。"外发光"命令用于在图像的边
缘外部产生发散的光亮效果。"投影"命令用于使图像产生阴影效果。

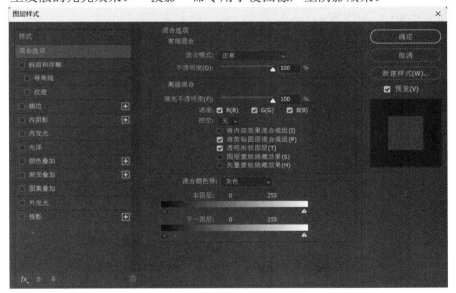

图 9-12　"图层样式"对话框

　　打开素材文件夹中的"图层样式.psd"文件,图像在"图层"面板中的效果如图 9-13
所示。对"鸟"图层应用不同的图层样式后,效果如图 9-14 所示。

图 9-13　图像在"图层面板"的效果　　　　　　　　　　鸟

图 9-14 对"鸟"图层应用不同的图层样式后的效果

9.5　蒙版的应用

在 Photoshop CC 2019 中，蒙版起遮罩作用，用于制作图像特效，广泛应用于图像合成中。本节主要介绍 Photoshop CC 2019 中的图层蒙版、矢量蒙版以及剪贴蒙版。

9.5.1　图层蒙版

图层蒙版通过蒙版中的灰度信息来控制图像的显示与隐藏。创建图层蒙版的方法如下：

打开素材文件夹中的"蒙版.psd"文件，选中"关公1"图层。选择"图层"→"图层蒙版"→"显示全部"菜单命令或者单击"图层"面板中的"添加图层蒙版"按钮，为当前图层添加图层蒙版，显示当前图层中的全部图像，效果如图 9-15 所示。

关公

图 9-15 "关公1"图层添加图层蒙版的效果 1

选择"图层"→"图层蒙版"→"隐藏全部"菜单命令或者按下【Alt】键的同时单击"图层"面板中的"添加图层蒙版"按钮，为当前图层添加图层蒙版，隐藏当前图层中的全部图像，效果如图 9-16 所示。

图 9-16 "关公1"图层添加图层蒙版的效果 2

图层蒙版由图层缩览图和图层蒙版缩览图构成。按下【Alt】键的同时单击图层蒙版缩览图，为图层蒙版填充灰色，单击图层缩览图，可渐隐渐显当前图层中的全部图像，效果如图9-17 所示。

图 9-17 "关公 1"图层添加图层蒙版的效果 3

若为选区创建图层蒙版，则可控制选区内的图像的显示与隐藏。

选择"图层"→"图层蒙版"→"停用"菜单命令或者按下【Shift】键的同时单击图层蒙版缩览图，可停用图层蒙版。再次按下【Shift】键的同时单击图层蒙版缩览图，可恢复图层蒙版效果。

选择"图层"→"图层蒙版"→"删除"菜单命令或者在图层蒙版缩览图上单击鼠标右键，选择快捷菜单中的"删除图层蒙版"命令，可以删除图层蒙版。

9.5.2 矢量蒙版

矢量蒙版通过矢量形状控制图像的显示与隐藏。创建矢量蒙版的步骤如下：

(1) 打开素材文件夹中的"蒙版.psd"文件，选中"关公 1"图层。选择"形状工具"或"钢笔工具"，设置工具属性栏中的"选择工具模式"为"路径"，在头像处绘制"椭圆"路径。

(2) 选择"图层"→"矢量蒙版"→"当前路径"菜单命令或者单击工具属性栏中的"蒙版"按钮，即可为当前图层创建矢量蒙版。路径内的图像显示，路径外的图像隐藏，效果如图 9-18 所示。

图 9-18 为"关公 1"图层添加矢量蒙版的效果

选择"图层"→"矢量蒙版"→"删除(D)"(或"停用(B)")菜单命令，可以删除(或停用)矢量蒙版。

9.5.3 剪贴蒙版

剪贴蒙版通过一个对象的形状控制其他图层图像的显示与隐藏。创建剪贴蒙版的步骤如下：

(1) 打开素材文件夹中的"蒙版.psd"文件，选中"关公 1"图层。在当前图层("关公 1"图层)下方新建图层。新建图层称为基层图层，原当前图层("关公 1"图层)称为顶层图层。在基层图层(新建图层)中绘制能框住头像的椭圆。

(2) 选中顶层图层("关公 1"图层)，选择"图层"→"创建剪贴蒙版"菜单命令，为顶层图层创建剪贴蒙版，效果如图 9-19 所示。形状内的图像显示，形状外的图像隐藏。顶层图层的缩览图缩进并带有向下指向箭头，基层图层的名字带下画线，二者形成了剪贴蒙版关系。

(3) 选中基层图层(新建图层)，变换椭圆形状，使之同时框住"关公 1"图层和"关公 2"图层的两个头像。

(4) 选中又一个顶层图层("关公 2"图层)，选择"图层"→"创建剪贴蒙版"菜单命令，同时为多个图层创建剪贴蒙版，效果如图 9-20 所示。

图 9-19　为"关公 1"图层添加剪贴蒙版的效果　　图 9-20　为"关公 1""关公 2"图层添加剪贴蒙版的效果

选中顶层图层，选择"图层面板"菜单中的"释放剪贴蒙版"命令或者选择"图层"→"释放剪贴蒙版"菜单命令，释放剪贴蒙版。

▶▶ 优秀传统文化应用

【制作"喜上眉梢"屏保作品】

使用图层、蒙版等相关知识，结合素材图片，制作"喜上眉梢"屏保作品，效果如图 9-21 所示。

喜上眉梢

图 9-21　"喜上眉梢"屏保作品

【应用分析】

制作"喜上眉梢"屏保作品的思路是：用形状工具、填充图层、调整图层、图层混合模式、图层样式等工具制作边框底纹效果，用矢量蒙版、剪贴蒙版、图层蒙版以及图层样式等工具制作图中文字和喜鹊图效果。

【实现步骤】

1. 新建文件

新建"喜上眉梢.psd"文件，设置文件宽度为 1080 像素，高度为 2400 像素，分辨率为 300 像素/英寸，颜色模式为 RGB，背景内容为红色。

2. 制作背景边框

(1) 绘制矩形边框。

新建图层，选择"矩形选框工具" 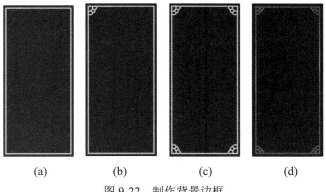，绘制矩形选区。

选择"编辑"→"描边"菜单命令，在打开的"描边"对话框中设置宽度为 20 像素，颜色为黄色，位置选择内部，单击"确定"按钮得到矩形边框，效果如图 9-22(a)所示。按【Ctrl+D】组合键取消选区。

(2) 绘制背景边框的边角。

选择"钢笔工具"，在工具属性栏中选择"形状"模式，填充设为无，描边颜色为黄色，描边宽度为 20 像素，在矩形边框的左上角处绘制四条曲线，如图 9-22(b)所示。

选中四条曲线所在图层，右击选中的图层，在打开的快捷菜单中选择"栅格化图层"命令，再按【Ctrl+E】组合键合并四个图层。按【Ctrl+J】组合键复制合并后的图层。按【Ctrl+T】组合键对复制得到的边角线自由变换，右击边角线，选择"水平翻转"，按【Enter】键确认。选择"移动工具"，按住【Shift】键水平拖动边角线到矩形右上角。合并两个边角线图层，并复制合并后的图层得到另外两个边角线，垂直翻转，然后用移动工具将其移至矩形下方合适位置，效果如图 9-22(c)所示。合并矩形边框图层和两个边角线图层，将图层重命名为"边框"。

按住【Ctrl】键的同时单击"边框图层"缩略图，选中边框。

选中"渐变工具"，设置渐变色为橙、黄、橙三色渐变，在图像区拖动鼠标为边框添加渐变色，然后取消选区，得到的边框效果如图 9-22(d)所示。

(a)　　　　　　(b)　　　　　　(c)　　　　　　(d)

图 9-22　制作背景边框

3. 制作边框底纹

(1) 定义底纹图案。

打开素材文件夹中的"福纹.png"图片。双击背景图层，在打开的对话框中单击"确定"按钮。

选择"魔棒工具"，在工具属性栏中选择"连续"选项，在图像边缘区的深色背景上单击，按【Delete】键删除选中的背景。按【Ctrl+D】组合键取消选区。

选择"编辑"→"定义图案"菜单命令，在弹出的"图案名称"对话框中单击"确定"按钮，关闭福纹图片文件。

(2) 添加底纹图案。

选中"边框"图层，选择"魔棒工具"，在工具属性栏中选择"连续"选项，在边框外单击，再按【Ctrl+Shift+I】组合键反选得到矩形选区。

选中背景图层，单击图层面板下方的"创建新的填充或调整图层"按钮 ，在打开的菜单中选择"图案"命令，在弹出的"图案填充"对话框中选中自定义图案，角度设为"45度"，缩放设为"10%"(如图 9-23 所示)，单击"确定"按钮后，在背景图层上方会出现一个图案填充图层。

(3) 调整底纹图案。

单击图层面板下方的"创建新的填充或调整图层"按钮 ，在打开的菜单中选择"曲线"命令，在弹出的"属性"面板中进行如图 9-24 所示的设置。

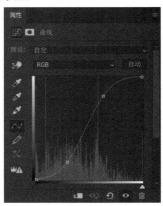

图 9-23 "图案填充"对话框　　　　　　　　图 9-24 "曲线"调整图层的属性设置

按住【Ctrl】键的同时单击图案填充的蒙版缩略图，创建矩形选区；单击图层面板下方的"创建新的填充或调整图层"按钮 ，在打开的菜单中选择"纯色"命令，在弹出的拾色器中设置颜色为比背景浅些的红色；单击"确定"按钮后，图层面板中会出现一个颜色填充图层，选中该图层，设置图层混合模式为"正片叠底"；双击该图层空白处，在弹出的"图层样式"对话框的左侧选择"内阴影"，右侧设置如图 9-25 所示的参数，单击"确定"按钮后，图像效果如图 9-26 所示。

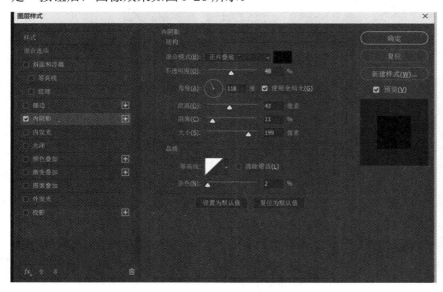

图 9-25 "图层样式"对话框参数设置　　　　　　图 9-26 边框底纹效果

4. 制作文字效果

(1) 安装字体。双击素材文件夹中的"庞门正道轻松体.otf"字体文件，在打开的窗口中单击"安装"按钮，安装该字体。

(2) 输入文字。选中"边框"图层，新建图层，选择"横排文字工具"，在工具属性栏选择刚刚安装的字体，输入"喜"字。再新建三个图层，在图层中分别输入"上""眉""梢"文字，并用任意变形工具适当调整文字大小，效果如图 9-27 所示。

图 9-27 "喜上眉梢"
原始文字

(3) 制作"喜"字效果。选中"喜"字图层，将素材文件夹中的"喜鹊.png"图片拖入图像区，拖动图片使其与"喜"字重叠，并按【Enter】键确认。按住【Ctrl】键的同时单击"喜"字图层缩略图以创建"喜"字选区。单击图层面板下方的"添加图层蒙版"按钮 ▣，"喜"字笔画内显示图片的相应区域。双击图片图层空白处，在弹出的"图层样式"对话框中分别设置"斜面和浮雕""描边""投影"样式，然后单击"确定"按钮，完成"喜"字效果的制作，如图 9-28 所示。

图 9-28 "喜上眉梢"
文字效果

(4) 制作"上"字效果。选中"上"字图层，将素材文件夹中的"喜鹊.png"图片拖入图像区，拖动图片使其与"上"字重叠，并按【Enter】键确认。右击"上"字图层，在打开的菜单中选择"创建工作路径"命令，选中刚导入的图片图层，选择"图层"→"矢量蒙版"→"当前路径"菜单命令，右击第(3)步的图片图层，选择"复制图层样式"菜单命令，再右击刚导入的图片图层，选择"粘贴图层样式"命令，完成"上"字效果的制作。

(5) 制作"眉"字效果。选中"眉"字图层，将素材文件夹中的"喜鹊.png"图片拖入图像区，拖动图片使其与"眉"字重叠，并按【Enter】键确认。选中刚导入的图片图层，选择"图层"→"创建剪贴蒙版"菜单命令，右击第(3)步的图片图层，选择"复制图层样式"命令，右击"眉"字图层，选择"粘贴图层样式"命令，完成"眉"字效果的制作。

(6) 制作"梢"字效果。参考用第(5)步的方法制作"梢"字效果。

5. 制作喜鹊效果

将素材文件夹中的"喜鹊.png"图片拖入图像区，适当调整其位置和大小，并按【Enter】键确认。右击刚导入的图片图层，选择"栅格化图层"命令。

选择"魔棒工具"，在工具属性栏中不勾选"连续"选项，在图像的白色背景上单击，按【Delete】键删除选中的背景。按【Ctrl+D】组合键取消选区。

右击文字图层，选择"复制图层样式"命令，再右击图片图层，选择"粘贴图层样式"命令，为其应用前面设置的图层样式。

6. 保存文件

选择"文件"→"存储"菜单命令，保存文件。

创 新 实 践

一、临摹

临摹本章实例，制作"喜上眉梢"屏保作品，效果如图 9-21 所示。

要求：

(1) 新建文件，设置文件宽度为 1080 像素，高度为 2400 像素，分辨率为 300 像素/英寸。

(2) 使用图层、蒙版等相关知识和素材图片制作屏保作品。

(3) 文件保存为"喜上眉梢.psd"和"喜上眉梢.jpg"。

二、原创

参考第一题的思路和方法，利用图层、蒙版等相关知识，制作一幅原创屏保作品。

要求：

(1) 适当改变文字、底纹、图片等素材设计制作自己的作品。

(2) 文件保存为"原创.psd"和"原创.jpg"。

第10章 滤镜的作用

 本章简介

Photoshop 的滤镜可以轻松为图像增添各种引人入胜的艺术效果。本章将主要介绍滤镜的基本操作与使用规则，四种常见滤镜的独特效果，以及滤镜库的丰富功能。通过本章的学习，能够熟练掌握滤镜的使用技巧，为图像处理增添更多创意与个性。

 学习目标

知识目标：

(1) 掌握滤镜的基本操作和使用规则，熟悉滤镜面板的各项功能。

(2) 了解常见滤镜的效果及其应用场景，掌握滤镜库的使用方法。

能力目标：

(1) 能够熟练运用各种滤镜对图像进行专业化处理。

(2) 具备根据具体需求和图像特点，选择合适滤镜进行优化处理的能力。

思政目标：

(1) 培养学生精益求精的学习态度，注重细节，不断追求卓越。

(2) 提升学生的专业审美素养，引导其形成正确的艺术价值观和审美观。

思维导图

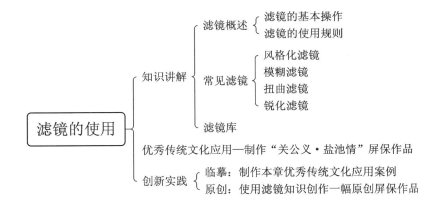

> 知 识 讲 解

10.1 滤 镜 概 述

在 Photoshop 中，滤镜是增强图像效果、创造独特视觉体验的强大工具。滤镜能够模拟各种相机和胶片效果，或者产生绘画和素描等艺术风格。滤镜的种类繁多，功能各异，从简单的模糊、锐化到复杂的扭曲、光照效果，都能通过滤镜轻松实现。本节主要介绍滤镜的基本操作和使用规则。

10.1.1 滤镜的基本操作

使用滤镜处理图像时，只需选择滤镜菜单中的命令就可以实现相应的功能。有的滤镜可以在选择后直接实现某种效果，有些滤镜则需要在对话框中设置参数后才能实现相应效果。下面是使用滤镜时的几个常用基本操作。

(1) 在任意一个滤镜对话框中按住【Alt】键时，对话框中的"取消"按钮会变成"复位"按钮。单击"复位"按钮可将滤镜参数恢复到初始值。

(2) 使用较复杂的滤镜时，执行过程时间会长些。如果需要停止还未完成的滤镜，可使用【Esc】键终止滤镜。

(3) 当执行完一个滤镜后，选择"编辑"→"渐隐"菜单命令，在打开的"渐隐"对话框中通过调整不透明度和混合模式可以使滤镜效果和原图混合。

10.1.2 滤镜的使用规则

在 Photoshop 中，滤镜可以为图像添加各种艺术效果和进行特殊处理。然而，滤镜的使用并非随意，而是需要遵循一定的规则。这些规则确保了滤镜能够正确地应用在所需的图像部分，并达到预期的效果。以下是关于滤镜使用的一些重要规则：

(1) 滤镜只对当前图层或选区有效。在图像上建立选区，滤镜只对选区生效。

(2) 滤镜只对可见图层或有色区域有效。如果当前图层处于隐藏状态或选区为透明区域就不能执行滤镜命令。

(3) "RGB 颜色"模式的图像可以使用全部的滤镜。"CMYK 颜色"模式的图像只能使用部分滤镜。

10.2　常 见 滤 镜

Photoshop 中的滤镜分为内置滤镜和外挂滤镜。内置滤镜一共有 100 多种效果，其中"滤镜库""液化"和"消失点"等是特殊滤镜，其他滤镜按照不同的效果分为 11 类，如图 10-1 所示。本节主要介绍风格化、模糊、扭曲、锐化这几类常用滤镜。

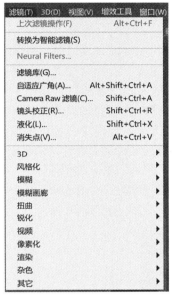

图 10-1　Photoshop 内置滤镜

10.2.1　风格化滤镜

Photoshop 中的风格化滤镜如图 10-2 所示，它们是一组非常有趣和有创意的滤镜，能够模拟不同的绘画风格和手法为图像添加独特的艺术效果和风格化外观，让图像呈现出与众不同的视觉效果。下面介绍"查找边缘""等高线""风""浮雕效果"这几个常用风格化滤镜。

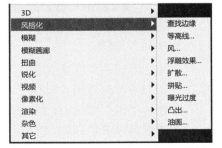

图 10-2　Photoshop 中的风格化滤镜

1. "查找边缘"滤镜

"查找边缘"滤镜主要用于识别图像中的边缘并强化它们。具体来说，它能够通过检测图像中颜色发生剧烈变化的地方(即边缘部分)，然后用明显的线条描绘出这些边缘，从而使图像的边缘部分更加突出和清晰。

打开素材中的"大牡丹.jpg"图片，如图 10-3 所示。选择"滤镜"→　"风格化"→"查找边缘"菜单命令，即可使该图片应用"查找边缘"滤镜效果，如图 10-4 所示。

图 10-3 大牡丹原图 　　　　大牡丹 　　　图 10-4 "查找边缘"滤镜效果

2. "等高线"滤镜

"等高线"滤镜主要用于查找图像的亮度区域，并为每个颜色通道勾勒出主要的亮度区域。这种滤镜的效果与"查找边缘"滤镜有些类似，但是它允许用户更加精确地指定过渡区域的色调水平，从而更细致地勾画图像的色阶范围。

在使用"等高线"滤镜时，用户可以通过调节色阶参数来设置区分图像边缘亮度的级别。此外，该滤镜还提供了边缘选项，允许用户设置图像边缘的位置，进一步调整等高线的效果。这些设置可以帮助用户根据图像的具体内容和创作需求，实现更加个性化的效果。

打开素材中的"大牡丹.jpg"图片，选择"滤镜"→"风格化"→"等高线"菜单命令，在弹出的"等高线"对话框中设置参数如图 10-5 所示的其色阶数值、边缘类型，单击"确定"按钮，产生的"等高线"滤镜效果如图 10-6 所示。

图 10-5 "等高线"对话框 　　　　图 10-6 "等高线"滤镜效果

3. "风"滤镜

"风"滤镜主要用于在图像中添加细小的水平线来模拟风吹过的效果。这种滤镜效果仅在水平方向发挥作用，可以创造出一种动态和自然的氛围。

在使用"风"滤镜时，用户可以通过"风"滤镜对话框中的参数设置来调节风的效果。这些参数包括风的类型(如"风""大风"和"飓风")以及风吹的方向(向左或向右)。用户可以根据具体需求调整出不同的风效。

打开素材中的"大牡丹.jpg"图片，使用选择"滤镜"→"风格化"→"风"菜单命令，在弹出的"风"对话框中参照图 10-7 设置其方法、方向，单击"确定"按钮，产生的"风"滤镜效果如图 10-8 所示。

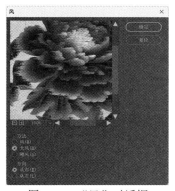

图 10-7 "风"对话框

图 10-8 "风"滤镜效果

4．"浮雕效果"滤镜

"浮雕效果"滤镜能使图像有立体感和质感。"浮雕效果"滤镜通过勾勒图像轮廓和降低周围颜色值，能够生成具有凹陷或凸起效果的浮雕样式，从而为图像增加三维的外观。

在使用"浮雕效果"滤镜时，用户可以通过调整几个关键参数来达到所需的效果。"角度"用于设置浮雕效果的光线方向，它会影响浮雕凸起的位置。"高度"用于控制浮雕效果的凸起程度，数值越大，凸起效果越明显。"数量"决定了滤镜的作用范围，数值越大，边界的清晰度就越高。

打开素材中的"大牡丹.jpg"图片，选择"滤镜"→"风格化"→"浮雕效果"菜单命令，在弹出的"浮雕效果"对话框中参考图 10-9 设置其参数角度、高度、数量，单击"确定"按钮，产生的"浮雕效果"滤镜效果如图 10-10 所示。

图 10-9 "浮雕效果"对话框

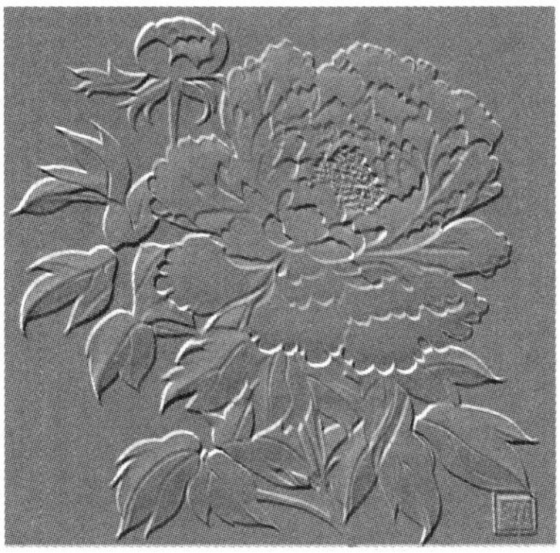

图 10-10 "浮雕效果"滤镜效果

10.2.2 模糊滤镜

模糊滤镜的基本原理是对图像中的像素进行平滑处理，减少像素之间的对比度，从而达到模糊的效果。在 Photoshop 中，模糊滤镜有 11 种类型，如图 10-11 所示，每一种都有其独特的应用场景。下面介绍最常用的"高斯模糊""动感模糊""径向模糊"滤镜。

图 10-11 Photoshop 中的模糊滤镜

1. "动感模糊"滤镜

"动感模糊"滤镜主要用于模拟物体在运动时产生的模糊效果。这种模糊效果可以赋予图像强烈的动感和速度感，使观众感受到图像中物体的快速移动。

在使用"动感模糊"滤镜时，有两个主要参数：角度和距离。角度参数用于设置模糊的方向，从而模拟物体运动的方向；距离参数则用于控制模糊的程度，距离越大，模糊效果越明显，表现物体运动的速度越快。

打开素材中的"大牡丹.jpg"图片，选择"滤镜"→"模糊"→"动感模糊"菜单命令，在弹出的"动感模糊"对话框中设置如图 10-12 所示的参数，单击"确定"按钮，产生的"动感模糊"滤镜效果如图 10-13 所示。

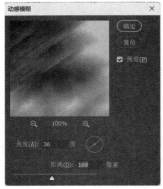

图 10-12 "动感模糊"对话框　　　　图 10-13 "动感模糊"滤镜效果

2. "高斯模糊"滤镜

"高斯模糊"滤镜能够模拟出类似毛玻璃的朦胧效果，使图像的细节变得柔和，常用于制造景深效果或减轻图像的噪点。通过调整模糊半径的参数，用户可以控制模糊的程度，半径越大，模糊效果越明显。

打开素材中的"大牡丹.jpg"图片，选择"滤镜"→"模糊"→"高斯模糊"菜单命令，在弹出的"高斯模糊"对话框中设置如图 10-14 所示的参数，单击"确定"按钮，产生的"高斯模糊"滤镜效果如图 10-15 所示。

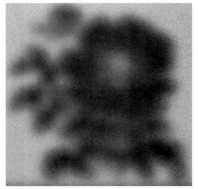

图 10-14 "高斯模糊"对话框　　　　图 10-15 "高斯模糊"滤镜效果

3. "径向模糊"滤镜

"径向模糊"滤镜能够模拟相机镜头缩放或旋转时所产生的模糊效果，为图像带来一种独特的视觉感受。在 Photoshop 中，径向模糊滤镜提供了两种模糊方式："旋转"和"缩放"。

"旋转"模糊方式可以沿同心环进行模糊，并允许用户指定旋转的度数，适合用于创建旋转的动态效果，如模拟风车、旋转木马等运动物体的模糊效果。而"缩放"模糊方式则是沿径向直线进行模糊，效果像放大或缩小图像一样，可以模拟摄影中前后移动相机镜头的效果，常用于制作变焦特效，给人一种视觉上的冲击感。

在使用"径向模糊"滤镜时，用户还可以通过调整"数量"选项来控制模糊程度。"中心模糊"框中的图案可以用来指定模糊的原点，从而进一步自定义模糊效果。

打开素材中的"大牡丹.jpg"图片，选择菜单中的"滤镜"→"模糊"→"径向模糊"命令，在弹出的"径向模糊"对话框中设置如图 10-16 所示的参数，单击"确定"按钮，产生的"径向模糊"滤镜效果如图 10-17 所示。

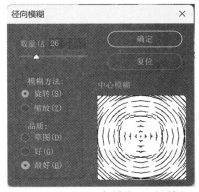

图 10-16　"径向模糊"对话框

图 10-17　"径向模糊"滤镜效果

10.2.3　扭曲滤镜

扭曲滤镜利用了几何学的原理将图像进行变形，创造出三维效果或其他整体变化。每一种扭曲滤镜都能产生一种或数种特殊效果，它们共同的特点是对影像中所选择的区域进行变形、扭曲。

在 Photoshop 中，扭曲滤镜有 9 种类型，如图 10-18 所示。"波浪"滤镜可以产生波浪扭曲效果。"波纹"滤镜能产生波纹效果，与"波浪"滤镜效果不同的是，"波纹"滤镜效果的幅度相对较小。"极坐标"滤镜可以将图像的坐标从平面坐标转换为极坐标，或从极坐标转换为平面坐标，产生有趣的图像变形。"挤压"滤镜可以使图像中心产生凸起或凹

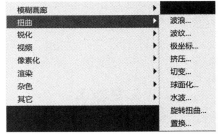

图 10-18　扭曲滤镜

下的效果，类似于老式欧美游戏中人物形象扭曲的效果。"切变"滤镜允许用户通过控制指定的点来扭曲图像，产生各种自定义的扭曲效果。"球面化"滤镜可以使选区中心的图像产生凸出或凹陷的球体效果。"水波"滤镜可以模拟水波状同心圆状的波纹效果。"旋转扭曲"滤镜能产生旋转扭曲的效果。"置换"滤镜可以产生弯曲、碎裂的图像效果。

打开素材中的"鹳雀楼.jpg"图片，如图 10-19 所示，对其依次使用"滤镜"→"扭曲"命令下的不同扭曲滤镜，并合理设置参数，产生的滤镜效果如图 10-20 所示。

鹳雀楼

波浪　　　　　波纹　　　　　极坐标

挤压　　　　　切变　　　　　球面化

水波　　　　　旋转扭曲　　　　置换

图 10-19　鹳雀楼原图

图 10-20　鹳雀楼原图依次应用 9 种不同扭曲滤镜的效果

10.2.4　锐化滤镜

锐化滤镜通过增强图像中的边缘和轮廓，使图像看起来更加清晰和锐利。这种滤镜非常适合用于强化图像的细节和清晰度，让图像更具立体感和层次感。

在 Photoshop 中，锐化滤镜有 6 种类型，如图 10-21 所示。"USM 锐化"滤镜通过增加图像边缘的对比度来强化图像的清晰度和细节。"防抖"滤镜通过分析图像中的边缘和轮廓信息，然后反向补偿由于相机抖动造成的模糊效果。"进一步锐化"滤镜没有参数设置窗口，它提供了更强的

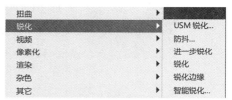

图 10-21　Photoshop 中的锐化滤镜

锐化效果，使得图像的轮廓更加分明。"锐化"滤镜也没参数设置窗口，它的锐化效果比"进一步锐化"滤镜的锐化效果弱一些。"锐化边缘"滤镜特别强调图像的边缘部分，使得图像的轮廓更加清晰和突出。"智能锐化"滤镜是一种更高级的锐化工具，它可以根据图像的具体特征进行智能锐化，提供更加精细和自然的锐化效果。

打开素材中的"牡丹.jpg"图片，如图 10-22 所示，对其依次使用"滤镜"→"锐化"命令下的不同锐化滤镜，并合理设置参数，产生的滤镜效果如图 10-23 所示。

牡丹

USM 锐化　　　　防抖　　　　进一步锐化

锐化　　　　锐化边缘　　　　智能锐化

图 10-22　牡丹原图

图 10-23　牡丹原图依次应用 6 种不同锐化滤镜的效果

10.3 滤 镜 库

　　滤镜库是 Photoshop 中的一个集合，它包含了多个滤镜组，这些滤镜组中又包含了大量常用的滤镜效果，这些滤镜可以对图像进行各种特殊的艺术效果处理，改变图像的外观和风格。

　　在滤镜库中，用户可以选择一个或多个滤镜应用于所选图层，并且还可以通过对滤镜的参数进行调整达到想要的效果。滤镜库提供了一个直观的界面，让用户能够方便地预览和选择滤镜效果。选择菜单中的"滤镜"→"滤镜库"命令，即可打开"滤镜库"对话框，如图 10-24 所示。

图 10-24 　"滤镜库"对话框

"滤镜库"对话框各部分功能简介如下。

　　(1) 效果预览窗口：用来预览应用滤镜后的效果。

　　(2) 当前使用的滤镜：处于灰底状态的滤镜为正在使用的滤镜。

　　(3) 缩放预览窗口：在效果预览窗口单击"缩小"按钮，可以缩小预览窗口的显示比例；在效果预览窗口单击"放大"按钮，可以放大预览窗口的显示比例。

　　(4) 显示/隐藏滤镜：单击"折叠"按钮，可以隐藏中间的滤镜命令，增大预览窗口。单击"展开"按钮可以显示滤镜命令。

　　(5) 参数设置面板：单击滤镜组中的一个滤镜，可以将该滤镜应用于图像中，同时在参数设置面板中会显示该滤镜的参数选项。

　　(6) 新建效果图层：在对话框右侧单击"新建"按钮，可以新建一个效果图层，在该图层中可以应用一个滤镜。

　　(7) 删除效果图层：选择一个效果图层，单击"删除"按钮，可以将其删除。

优秀传统文化应用

【制作"关公义·盐池情"屏保作品】

使用滤镜等相关知识，结合素材图片，制作"关公义·盐池情"屏保图，效果如图10-25 所示。

关公义·盐池情

图 10-25 "关公义·盐池情"屏保图

【应用分析】

制作"关公义·盐池情"作品的思路是：以盐池为背景，关公为前景，对背景应用"高斯模糊"滤镜，对前景应用"油画""图片框"滤镜，对添加的文字应用"浮雕效果"滤镜和叠加颜色图层样式。

【实现步骤】

1. 新建文件

新建"关公义·盐池情.psd"文件，设置宽度为1080 像素，高度为2400 像素，分辨率为300 像素/英寸，颜色模式为RGB，背景内容为白色。

2. 制作背景效果

将素材图片"盐池.jpg"拖入新建的文件，图层面板上会新增一个"盐池"图层，拖动图片四周的控制点调整图片大小为图像区大小。

选择"滤镜"→"模糊"→"高斯模糊"菜单命令，在打开的"高斯模糊"对话框中设置半径为9 像素，单击"确定"按钮应用滤镜。

3. 制作关公效果

将素材图片"关公.jpg"拖入文件，图层面板上会新增一个"关公"图层，适当调整图片大小和位置。

鼠标右击"关公"图层，选择"栅格化图层"命令。

用"快速选择工具"创建如图10-26 所示的选区，按【Ctrl+Shift+I】组合键反选，再

按【Delete】键删除关公图片的背景，按【Ctrl+D】组合键取消选区。图像效果如图 10-27
所示。

图 10-26　创建关公选区　　　　　　　图 10-27　删除背景后效果

　　选中"关公"图层，选择"滤镜"→"风格化"→"油画"菜单命令，在弹出的"油
画"对话框中设置如图 10-28 所示的参数，单击"确定"按钮应用"油画"滤镜，效果如
图 10-29 所示。

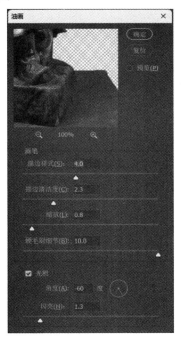

图 10-28　"油画"滤镜对话框设置　　　　图 10-29　应用"油画"滤镜效果

4. 制作边框效果

　　选中"关公"图层，选择"滤镜"→"渲染"→"图片框"菜单命令，在弹出的"图
案"对话框中设置如图 10-30 所示的参数，单击"确定"按钮应用"图片框"滤镜，效果
如图 10-31 所示。

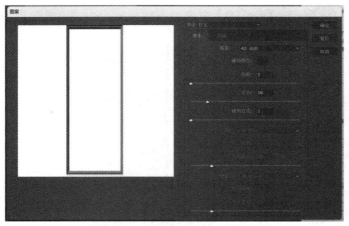

图 10-30　"图案"滤镜对话框设置　　　　图 10-31　"图片框"滤镜效果

5. 制作文字效果

双击安装素材中的"千图厚黑体.ttf"字体文件。

选择"横排文字"工具，在属性工具栏中选择安装的字体，设置字号为"99点"，输入文字"关公义·盐池情"，图层面板出现"关公义·盐池情"图层，适当调整文字间距。

选择"横排文字工具"，设置字号为"30点"，输入文字"关武圣义重如山·盐池晶莹誉满天"，图层面板出现"关武圣义重如山·盐池晶莹誉满天"图层，适当调整文字间距。

选中"关公义·盐池情"图层，选择"滤镜"→"风格化"→"浮雕效果"菜单命令，在弹出的"浮雕效果"对话框中进行如图 10-32 所示的设置。双击该图层空白处，打开"图层样式"对话框，设置如图 10-33 所示的"颜色叠加"图层样式，单击"确定"按钮应用图层样式。

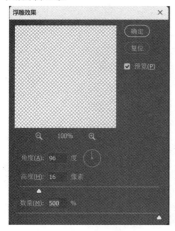

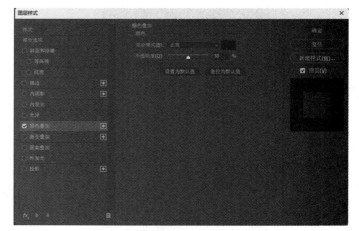

图 10-32　"关公义·盐池情"　　　　图 10-33　"颜色叠加"图层样式设置
　　浮雕效果参数设置

选中"关武圣义重如山·盐池晶莹誉满天"图层，选择"滤镜"→"风格化"→"浮雕效果"菜单命令，在弹出的"浮雕效果"对话框中进行如图 10-34 所示的设置。右击"关公义·盐池情"图层，选择"拷贝图层样式"命令，再右击"关武圣义重如山·盐池晶莹誉满天"图层，选择"粘贴图层样式"命令复制图层样式。

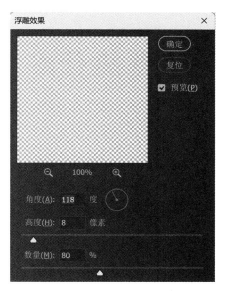

图 10-34　"关武圣义重如山·盐池晶莹誉满天"浮雕效果参数设置

6. 保存文件

选择"文件"→"存储"命令,保存文件。

创 新 实 践

一、临摹

临摹本章实例,制作"关公义·盐池情"屏保作品,效果如图 10-25 所示。

要求:

(1) 使用滤镜和素材图片等制作作品。

(2) 文件保存为"关公义·盐池情.psd"和"关公义·盐池情.jpg"。

二、原创

参考第一题思路和方法,利用滤镜知识,制作一幅原创作品。

要求:

(1) 适当改变滤镜、图片素材等设计制作自己作品。

(2) 文件保存为"原创.psd"和"原创.jpg"。

第11章　通道的使用

 本章简介

通道作为 Photoshop 的高级功能,在图像处理中发挥着重要作用。本章主要介绍通道的基本概念、如何利用通道进行抠图和调色等关键技巧,帮助读者提升图像处理能力,实现更高质量的创意设计和艺术表现。

 学习目标

知识目标:

(1) 理解通道的概念及其在图像处理中的作用。

(2) 掌握利用通道进行抠图和调色的方法,熟悉通道面板的各项功能。

能力目标:

(1) 能够熟练使用通道工具进行抠图操作,精确提取图像中的特定元素。

(2) 能够运用通道对图像进行调色处理,提升图像的色彩表现力和视觉效果。

思政目标:

(1) 培养学生的敬业精神,注重细节和精益求精的工作态度。

(2) 引导学生了解并尊重传统文化,将图像处理技术与传统文化相结合。

 思维导图

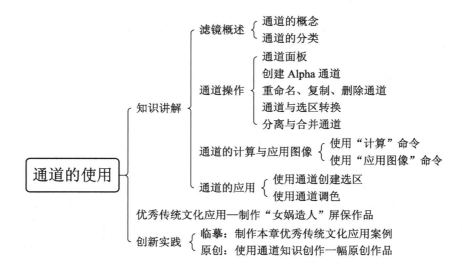

知 识 讲 解

11.1 通 道 概 述

Photoshop 中的通道在图像处理中扮演着至关重要的角色。在通道中可以对明暗度、对比度等进行调整，还可以更改局部色彩、抠取复杂图像、制作特殊效果，使设计效果更加美观、更具创意性。

11.1.1 通道的概念

图像是由一个个有着色彩信息的像素构成，在 Photoshop CC 2019 中，通过不同的通道可以观察到每种颜色的分布情况，通道用来保存不同颜色模式的图像颜色信息，其本质就是保存着不同种颜色的选区。在 Photoshop CC 2019 中打开图像时，系统会自动创建颜色信息通道，图像的颜色模式决定了系统自动创建的颜色通道的数目。

11.1.2 通道的分类

通道分为颜色通道、Alpha 通道和专色通道 3 种类型。颜色通道是用来描述图像颜色信息的彩色通道，每一个颜色通道都是一幅灰度的图像，它代表着一种颜色的明暗变化。Alpha 通道特指透明信息，是图像中的一个额外的灰度通道，用于存储图像的透明度信息，其像素值表示图像中每个像素点的透明度级别。在 Alpha 通道中，像素的值从 0 到 255，其中 0 表示完全透明，255 表示完全不透明。专色通道是用来保存专色信息的通道，是专色油墨印刷的附加印版，一个专色通道对应一种颜色，并以灰度图像的形式存储相应的专色信息。

在不同的图像颜色模式下，通道是不一样的。位图模式的图像有 1 个通道，通道中有黑色和白色 2 个色阶；灰度模式的图像有 1 个通道，通道表现的是从黑色到白色的 256 个色阶的变化；RGB 模式的图像有 4 个通道，其中 1 个复合通道(RGB 通道)，另外 3 个通道为分别代表红色、绿色、蓝色的通道，如图 11-1 所示；CMYK 模式的图像有 5 个通道，其中 1 个复合通道(CMYK 通道)，另外 4 个通道为分别代表青色、洋红、黄色和黑色的通道，如图 11-2 所示。Lab 模式的图像有 4 个通道，其中 1 个复合通道(Lab 通道)，1 个明度分量通道，2 个色度分量通道，如图 11-3 所示。

图 11-1 RGB 颜色模式通道

图 11-2　CMYK 颜色模式通道

图 11-3　Lab 颜色模式通道

11.2　通道操作

在 Photoshop CC 2019 中，图像中色彩的变化、选区的增减、渐变的发生，都可以追溯到通道中，对图像的编辑实质上是对通道的编辑。使用通道在图像中建立选区或者对图像进行色彩的管理，通常需要借助通道面板菜单中的命令来实现。

11.2.1　通道面板

通道和图层、路径一样，也有专用的通道面板，在通道面板中可以创建、保存和管理通道。在不同颜色模式下打开同一幅图像时，Photoshop CC 2019 会自动创建图像的颜色信息通道。

选择菜单中的"窗口"→"通道"命令，可以调出"通道"面板，如图 11-4 所示。在通道面板中最先列出的是复合通道，在复合通道下可以同时预览和编辑所有通道。除此之外还有用于记录图像颜色信息的颜色通道和用来保存专色油墨的专色通道以及用来保存选区的 Alpha 通道。通过"通道"面板可以完成新建、删除、复制、合并以及拆分通道等操作。

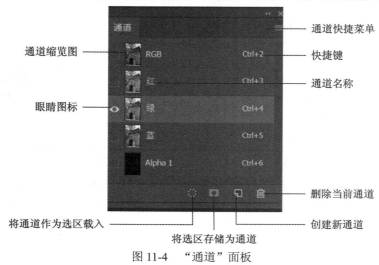

图 11-4　"通道"面板

通道面板的具体功能如下：

(1) 通道快捷菜单：单击此菜单按钮，会弹出如图 11-5 所示的快捷菜单，用来执行与通道相关的各种操作。

(2) 快捷键：按下【Ctrl+数字】组合键可以快速、准确地选中指定的通道。例如，如果图像在 RGB 模式，按下【Ctrl+3】组合键可以选择红通道，按下【Ctrl+4】组合键可以选择绿通道，按下【Ctrl+5】组合键可以选择蓝通道，按下【Ctrl+6】组合键可以选择蓝通道下面的 Alpha 通道，如果要返回 RGB 混合通道，可以按下【Ctrl+2】组合键。

(3) 通道名称：每个通道都有一个不同的名称以便区分。在新建 Alpha 通道时，如果不为新通道命名，则 Photoshop 会自动依序将通道命名为 Alpha1、Alpha2、Alpha3，以此类推。如果新建的是专色通道，则 Photoshop 会自动依序将通道命名为专色 1、专色 2、专色 3，以此类推。

图 11-5　通道快捷菜单

(4) 当前通道：用鼠标右键单击"通道"面板中的一个通道即可选择该通道，此时图像窗口中会以灰度图像的形式显示所选通道的整体效果。如果按住【Shift】键的同时用鼠标左键单击其他通道，图像窗口会显示所选颜色通道的复合信息。

(5) 通道缩览图：通道缩览图显示在通道名称的左侧，通道缩览图中显示了该通道的内容，方便用户快速地识别每一个通道。在任意一个通道中进行编辑，该缩览图的内容都会发生变化。如果对图层中的内容进行修改或编辑，则各原色通道的缩览图也会随之发生变化。

(6) 眼睛图标：点击此图标可以显示或者隐藏当前通道。

(7) 删除当前通道：单击此按钮，可以删除当前通道，但是不能删除主通道。

(8) 创建新通道：单击此按钮可以快速创建 Alpha 通道。

(9) 将通道作为选区载入：单击此按钮，可以将当前作用通道中的内容转换为选区。

(10) 将选区存储为通道：单击此按钮，可以将图像中的选区转换成蒙版，保存到一个新增的 Alpha 通道中，该功能与执行菜单中的"选择"→"存储选区"命令相同，只是更加快捷而已。

11.2.2　创建 Alpha 通道

Alpha 通道是计算机图形学中的术语，指一个特别的通道。Photoshop 中制作出来的各种特殊效果都离不开 Alpha 通道，它最基本的作用是保存和编辑选区，同时不会影响图像的显示和印刷效果。在 Alpha 通道中，黑色不包含像素信息代表着透明，为不可编辑区域；白色是 100%像素覆盖代表着不透明，为可编辑区域；灰色是半透明的像素信息(羽化区域)，为部分可编辑区域。因此 Alpha 通道的作用都与选区相关，在 Alpha 通道中可以通过黑白灰来选择图像的像素信息来达到确定选区范围的目的。操作时可通过 Alpha 通道保存和载入选区，也可将选区存储为灰度图像，便于使用画笔、滤镜等修改选区。

通常新建 Alpha 通道有以下两种方法：

（1）点击"通道"面板右上方的通道快捷菜单  ，在弹出的下拉菜单中选择"新建通道"命令，即可弹出"新建通道"对话框，设置对话框框如图 11-6 所示，此对话框主要选项的含义如下：

① 名称：用于设置新建通道的名称。默认名称为 Alpha1。

图 11-6　"新建通道"对话框

② 色彩指示：用于确认新建通道的颜色显示方式，分为被蒙版区域和所选区域。

③ 颜色：用于设置新建通道的颜色。

④ 不透明度：用于调节新建通道的不透明度。

（2）点击"通道"面板下方的"创建新通道" 即可创建一个新通道。

11.2.3　重命名、复制和删除通道

用户不仅可以通过通道面板创建通道，还可以对通道进行重命名、复制和删除操作。

1. 重命名通道

鼠标左键双击"通道"面板中一个通道的名称，在名称文本输入框中输入新的通道名称完成通道的重新命名。复合通道和颜色通道不能进行重命名。

2. 复制通道

在对保存后的选区进行编辑前，通常要先将该通道的内容进行复制，当编辑不能还原时，可以通过复制的通道进行还原。复制通道有以下三种方法：

（1）在"通道"面板中将一个通道拖动到通道面板下方的新建通道按钮 上，即可复制该通道，如图 11-7 所示。

（2）选择"通道"面板点击右上方的下拉菜单选项 ，在弹出的下拉菜单中选择"复制通道"。

（3）选中需要复制的通道，单击鼠标右键，在打开的快捷菜单中选择"复制通道"命令，即可弹出如图 11-8 所示的"复制通道"对话框，在对话框中可以对复制的通道进行详细的设置。

① "为"选项：用于设置复制出来的通道名称。

② "文档"选项：用于设置复制通道的目标来源。

③ "反相"选项：用于将复制的新通道进行反相。

图 11-7　拖动复制通道

图 11-8　"复制通道"对话框

3. 删除通道

在图像编辑过程中为了节省硬盘空间，提高程序运行效率，可以把无用的通道删除。删除通道的方法有以下三种：

(1) 在"通道"面板中选择一个需要删除的通道，鼠标左键单击当前"通道"面板上的删除通道按钮 ，即可将该通道删除，如图 11-9 所示。删除颜色通道，图像就会自动转换为多通道模式，如图 11-10 所示为删除了蓝色通道后的效果。复合通道不能被删除。

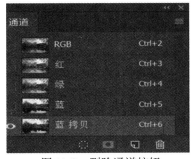
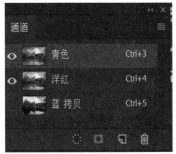

图 11-9　删除通道按钮　　　　　　图 11-10　删除蓝色通道后的效果

(2) 选择"通道"面板，点击右上方的下拉菜单选项 ，在弹出的下拉菜单中选择"删除通道"命令，即可删除不用的通道。

(3) 选中要删除的通道，单击鼠标右键，在打开的快捷菜单中选择"删除通道"命令，即可删除需要删除的通道。

11.2.4　通道与选区转换

将一个选区存储到一个 Alpha 通道中，在以后需要使用该选区时可以从这个 Alpha 通道中载入这个选区即可。

1. 将选区保存为通道

先绘制一个如图 11-11 所示的选区，然后用鼠标左键单击通道面板下的"将选区存储为通道"按钮，此时选区就会以 Alpha 通道被保存，通道中的白色区域就是选区。

通道与选区转换

图 11-11　存储选区

2. 将通道转换为选区

存储选区后，在使用时即可通过通道将其调出。当要载入选区时，先按住【Ctrl】键的同时单击要载入选区的通道，直接载入选区。

11.2.5 分离和合并通道

通道是一种强大的工具，根据需要既可以进行分离，也可以进行合并。可以将彩色图像的通道分离为独立的文件，分离后的通道将以灰度模式显示，无法使用，也可以通过合并通道创建彩色图像。合并不同灰度模式的图像，再配合移动通道等操作可以制作出有特殊效果的图像。

1. 分离通道

如果需要单独处理某一个通道的图像，可分离通道。在分离通道时，不同颜色模式的图像文件具有不同的通道数量，会直接影响分离出的文件个数，如 RGB 颜色模式的图像会分离出 3 个独立文件，CMYK 颜色模式的图像会分离出 4 个独立文件。

分离通道的具体操作步骤如下：

(1) 打开一副要分离通道的 RGB 图像，如图 11-12 所示。

分离合并与通道荷花

图 11-12　要分离的图像

(2) 点击"通道"面板右上方的通道快捷菜单■，从弹出的快捷菜单中选择"分离通道"命令，此时每个通道都会从原图中分离出来，成为三个独立的文件，同时原图像文件关闭。分离后通道的图像都会分别以单独的灰度图模式窗口显现在屏幕上，并在标题栏上显示其文件名。文件名是由原文件的名称和当前通道的名称组成的，比如"红"通道分离后的名称为"荷花.jpg_红.扩展名"(其中荷花为原文件名)，如图 11-13 所示。

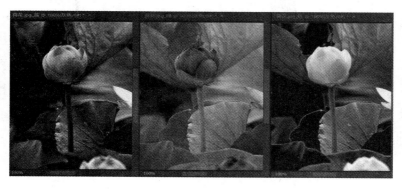

图 11-13　RGB 图像通道分离后的结果

执行"分离通道"命令的图像必须只含有一个背景层，如果当前图像含有多个图层，必选先合并全部图层，再执行"分离通道"命令。

2. 合并通道

在合并通道时，需要合并的图像文件必须是灰度模式的图像，而且图像文件的分辨率和尺寸大小也必须是相同的。

合并通道的具体操作步骤如下：

(1) 打开如图 11-12 所示的 RGB 图像。用鼠标左键单击"通道"面板右上方的通道快捷菜单 ■，在弹出的快捷菜单中选择"分离通道"命令，将图像分离成三个独立的文件，选择"荷花.jpg_红图像"，在打开的"合并通道"对话框中，设置"模式"为"RGB 颜色"，"通道"为"3"，单击"确定"按钮，如图 11-14 所示。

(2) 打开"合并 RGB 通道"对话框，设置指定通道"红色""绿色""蓝色"分别为"荷花.jpg_绿""荷花.jpg_红""荷花.jpg_蓝"，如图 11-15 所示。调整原本的颜色通道顺序，单击"确定"按钮，将原来夏日荷花色调调整为秋日荷花色调，如图 11-16 所示。

图 11-14　合并通道　　　　　　图 11-15　合并 RGB 通道

图 11-16　合并通道效果对比

11.3　通道的计算和应用图像

图层之间可以通过图层面板中的混合模式选项来相互混合，而通道之间则主要靠"计算"和"应用图像"来实现混合。利用通道的"计算"和"应用图像"命令，可以将图像内部和图像之间的通道组合成新图像。

11.3.1　使用"计算"命令

"计算"命令和通道紧密关联，它在通道中运算产生，形成新的 Alpha 专用通道是用户所需要选取的部分。使用"计算"命令可以混合两个来自一个或多个源图像的单个通道，可以将结果应用到新图像、新通道、现有图像的选区中。在使用"计算"命令混合图像前，必须保证所混合图像的像素和尺寸均相同。

11.3.2 使用"应用图像"命令

"应用图像"命令可以将源图像的图层和通道与目标图像的图层和通道混合,"应用图像"命令还可以创建特殊的图像合成效果。

11.4 通 道 的 应 用

在 Photoshop CC 2019 中,通道最主要的两个应用是创建选区和对图像进行调色。

11.4.1 使用通道创建选区

以 RGB 模式的图像为例,通道面板中的 RGB 通道记录了图像的色彩信息,利用通道中的明暗反差可以制造选区,这就是我们常说的用通道来抠图。如果要抠取的内容和背景之间有一定的色差,并且主体的边缘是比较复杂,如毛发、飘逸的秀发、斑驳的树木或者半透明的婚纱等,都比较适合用通道去抠图。

使用通道创建选区的方法如下:

在通道面板中,观察比较 R、G、B 三个通道,找到黑白反差最大的通道。接着复制该通道,在通道中应用色阶调整,将反差进一步扩大,使要调整的区域尽量接近白色,其他区域尽量接近黑色,同时又尽可能不破坏区域的边界。最后点击通道面板下方的"将通道作为选区载入"按钮,将调整完的通道作为选区载入,完成选区创建。

11.4.2 使用通道调色

用通道调整图像颜色的方法有以下两种:

(1) 选择图层以后打开通道面板,然后选择一个通道,按【Ctrl+A】组合键全选,再按【Ctrl+C】组合键复制,再到另一个通道里按【Ctrl+V】组合键粘贴。选择"RGB"复合通道时就会发现图像颜色发生改变。

(2) 利用"图像"→"调整"→"曲线"菜单命令,打开"曲线"对话框,在对话框选择相应的颜色通道,拖动曲线上的控制点来改变曲线的形状,通过调整对应通道的明暗程度,来改变图像的颜色。

▶▶▶ 优 秀 传 统 文 化 应 用

【制作"女娲造人"屏保作品】

利用通道等相关知识,结合素材图片,制作"女娲造人"屏保作品,效果如图 11-17 所示。

女娲造人

图 11-17　"女娲造人"屏保作品

【应用分析】

制作"女娲造人"屏保作品的思路是：利用通道技术在素材图片中扣取女娲、白雾、泥人，使用"快速选择工具"扣取小鱼，然后将扣取的素材和背景图片进行合理布局，再在合适位置添加相关文字，以突出作品主题。

【实现步骤】

1. 新建文件

新建"女娲补天.psd"文件，设置文件宽度为 1080 像素，高度为 2400 像素，分辨率为300 像素/英寸，颜色模式为 RGB，背景内容为白色。

2. 制作背景效果

将素材图片"背景.png"拖入新建的文件，图层面板上新增"背景"图层，拖动图片四周的控制点调整图片至合适大小。

3. 制作女娲效果

将素材图片"背景.png"拖入新建的文件，图层面板上新增"背景"图层，拖动图片四周的控制点调整图片至合适大小。

选择"文件"→"打开"命令，打开素材图片"女娲.png"。

打开通道面板，右击"红"通道，选择"复制通道"命令，单击"确定"按钮得到"红拷贝"通道。

选择"红拷贝"通道，使用"图像"→"调整"→"曲线"命令，打开"曲线"对话框，适当调整曲线，"曲线"对话框设置及"红拷贝"通道调整效果如图 11-18 所示。

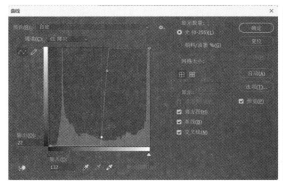

图 11-18　"曲线"对话框设置及"红拷贝"通道调整效果

设置前景色为白色，选择"套索工具"，拖动鼠标选中女娲右侧的黑色区域，按【Alt+Delete】组合键为选区填充白色，按【Ctrl+D】组合键取消选区。

设置前景色为黑色，选择"快速选择工具"，拖动鼠标选中女娲蛇身及以下区域，按【Alt+Delete】组合键为选区填充黑色，按【Ctrl+D】组合键取消选区。

单击"RGB"通道，选择"快速选择工具"，拖动鼠标选中女娲脸部、上身、胳膊、手等区域，再单击"红拷贝"通道，按【Alt+Delete】组合键为选区填充黑色，按【Ctrl+D】组合键取消选区，此时，"红拷贝"通道效果如图 11-19 所示。

图 11-19　"红拷贝"通道效果

单击通道面板下方的"将通道作为选区载入"按钮 ▨，单击"RGB"通道，切换到"图层"面板，按【Ctrl+Shift+I】组合键反向选择，使用"移动工具"将选区内容拖入"女娲补天.psd"文件，将相应图层重命名为"女娲"。按【Ctrl+T】组合键，拖动控制点调整女娲至合适大小，并移至合适位置，按【Enter】键确认变换。

4. 制作泥人效果

选择"文件"→"打开"命令，打开素材图片"泥人.jpg"。

打开通道面板，右击"红"通道，选择"复制通道"命令，单击"确定"按钮得到"红拷贝"通道。

选择"红拷贝"通道，使用"快速选择工具"选择背景区域，并为选区填充黑色。

按【Ctrl+Shift+I】组合键反向选择，为选区填充白色。

单击"RGB"通道，切换到"图层"面板，使用"移动工具"将选区内容拖入"女娲补天.psd"文件，将相应图层重命名为"泥人"。按【Ctrl+T】组合键，拖动控制点调整泥人至合适大小，并移至合适位置，按【Enter】键确认变换。将"泥人"图层移至女娲图层下方。

5. 制作白雾效果

选择"文件"→"打开"命令，打开素材图片"白雾.jpg"。

打开通道面板，右击"红"通道，选择"复制通道"命令，单击"确定"按钮得到"红拷贝"通道。

选择"红拷贝"通道，点击"通道"面板下面的"将通道作为选区载入"按钮 ▨，单击"RGB"通道，切换到"图层"面板。使用"移动工具"将选区内容拖入"女娲补天.psd"文件，将相应图层重命名为"白雾"。

选择"图像"→"调整"→"曲线"命令，调整曲线效果如图 11-20 所示。

按【Ctrl+T】组合键，拖动控制点调整白雾至合适大小，并移至合适位置，按【Enter】键确认变换。将"白雾"图层移至女娲图层下方，并将图层不透明度设置为 60%。

复制"白雾"图层，并适当调整复制白雾的位置。

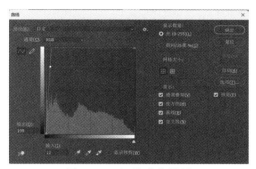

图 11-20 调整曲线效果

6. 制作小鱼效果

选择"文件"→"打开"命令，打开素材图片"小鱼 1.png"。

使用"快速选择工具"选择小鱼 1，使用"移动工具"将小鱼 1 拖入"女娲补天.psd"文件，将相应图层重命名为"小鱼 1"。

按【Ctrl+T】组合键，拖动控制点调整小鱼 1 至合适大小，并移至合适位置，按【Enter】键确认变换。

同理，添加小鱼 2 至文件中。

7. 制作文字效果

安装素材中的"千图厚黑体"和"思源黑体"字体。

选择"直线工具"，绘图模式选择"形状"，描边类型选择"点状线"，绘制两条直线。

选择"直排文字工具"，输入文字"女娲造人"和"女娲妙手点黄土 生灵跃动春意浓"，适当设置文字颜色、字号、间距、行距等。

为文字和线条图层添加"投影"图层样式，效果如图 11-17 所示。

8. 保存文件

选择"文件"→"存储"命令，保存文件。

创 新 实 践

一、临摹

临摹本章实例，制作"女娲造人"屏保作品，效果如图 11-17 所示。

要求：

(1) 使用通道等相关工具和素材图片制作作品。

(2) 文件保存为"女娲造人.psd"和"女娲造人.jpg"。

二、原创

参考第一题的思路和方法，利用本章的相关知识，设计制作一幅原创作品。

要求：

(1) 改变文字、背景布局等，设计制作自己的作品。

(2) 文件保存为"原创.psd"和"原创.jpg"。

第12章 图像的调色

本章简介

图像的调色是 Photoshop 中的一项关键技能，它能让图像焕发新生，满足不同的视觉需求。本章将详细介绍色彩与色调的基础知识，以及如何通过 Photoshop 的调整功能来实现对图像色彩的精准控制。读者将通过本章学习，熟练掌握各种色彩与色调的调整技巧，为图像赋予更丰富的视觉表现力。

学习目标

知识目标：

(1) 理解色彩与色调调整的基本原理及其在图像处理中的重要性。

(2) 掌握使用 Photoshop 进行色彩与色调调整的方法。

能力目标：

(1) 能够熟练运用调整菜单对图像进行有效的色彩与色调调整。

(2) 能够准确识别并纠正图像中的偏色问题，提升图像的整体视觉效果。

思政目标：

(1) 培养学生的敬业精神，注重细节，追求卓越的工作品质。

(2) 激发学生的创新思维和艺术创作潜力，鼓励其在色彩调整中展现个性。

思维导图

图像的调色
- 知识讲解
  - 图像整体色彩的快速调整
    - 自动色调
    - 自动对比度
    - 自动颜色
  - 图像色调的调整
    - 色阶、曲线、亮度/对比度、自然饱和度、照片滤镜、阴影/高光、曝光度
  - 图像色彩的调整
    - 色相/饱和度、色彩平衡、黑白、通道混合器、颜色查找、反相、色调分离、阈值、渐变映射
  - 特殊效果的色调调整—去色、匹配颜色、替换颜色、色调均化
- 优秀传统文化应用—制作"李家大院"艺术老照片
- 创新实践
  - 临摹：制作本章优秀传统文化应用案例
  - 原创：使用色彩与色调调整相关知识创作一幅原创作品

12.1　图像整体色彩的快速调整

使用"自动色调""自动对比度""自动颜色"等命令可以在对图像的亮度、对比度、色彩等信息进行分析后自动调整图像的参数，使图像看起来更加鲜明、亮丽。

12.1.1　自动色调

对于颜色对比不强烈或者略微偏色的图像，可以利用"自动色调"命令对图像的整体颜色进行快速调整。"自动色调"命令将图像里的每个颜色通道中最亮和最暗的像素映射到纯白(色阶为 255)和纯黑(色阶为 0)，中间像素值按比例重新分布，以此调整图像的色调。"自动色调"命令可以通过参考图像的色彩值，对图像的明度、纯度和色相进行自动调整，使画面的颜色更加和谐。

打开需要调整的图像，选择"图像"→"自动色调"菜单命令，Photoshop CC 2019 将自动调整图像的色调。如图 12-1 所示，左侧图像色调发暗，右侧图像是利用"自动色调"命令调整图像色调后的图像，其明度、纯度和色相发生了明显变化。

图 12-1　利用"自动色调"命令调整图像

12.1.2　自动对比度

使用"自动对比度"命令可以自动调整图像的对比度，使阴影颜色看上去更暗、高光颜色看上去更亮。"自动对比度"命令不会单独调整通道，它只调整色调而不改变色彩平衡，因此，图像用"自动对比度"命令调整后，不会产生色偏，但也不能消除色偏。"自动对比度"命令只能调整彩色图像的外观，不能调整单色调颜色的图像。

打开需要调整的图像，选择"图像"→"自动对比度"菜单命令，Photoshop CC 2019 将自动调整图像的对比度。如图 12-2 所示为采用"自动对比度"命令前后图像的变化情况。

图 12-2　利用"自动对比度"命令调整图像

12.1.3　自动颜色

"自动颜色"命令常用于校正偏色的图像，该命令能够搜索并标识图像的阴影、中间调和高光，从而调整图像的对比度和颜色。

打开需要调整的图像，选择"图像"→"自动颜色"菜单命令，Photoshop CC 2019 将自动调整出现色偏图像的色彩。如图 12-3 所示，左侧图像颜色偏黄，右侧图像为使用"自动颜色"命令调整图像颜色后的图像，其色彩发生了明显变化。

图 12-3　利用"自动颜色"命令调整图像

12.2　图像色调的调整

图像的色调是指图像的色彩模式下原色的明暗度，级别范围为 0～255，共分为 256 级。例如灰度图像，当色调级别是 255 时，就是白色，当级别是 0 时，就是黑色，中间级别就是不同程度的灰色。对于 RGB 色彩模式的彩色图像，色调就代表红、绿、蓝三原色的明暗程度。因此对图像色调的调整就是对图像像素明暗度的调整。调整色调的命令主要有"色阶""曲线""亮度/对比度""自然饱和度"等。

12.2.1　色阶

图像的色彩丰满度和精细度是由色阶决定的。色阶指亮度，和颜色无关，最亮为纯白色，最暗为纯黑色。色阶是表示图像亮度强弱的指数标准，因此"色阶"直方图被用作调整图像基本色调的直观参考。"色阶"命令是 Photoshop CC 2019 众多命令中最为重要的一个，利用它可以对图像的阴影、中间调和高光的强度级别进行调整，从而校正色调范围和色彩平衡。也就是说，利用"色阶"命令不仅可以调整色调，还可以调整色彩。如图 12-4 所示为"色阶"对话框。该对话框中各设置项的含义如下：

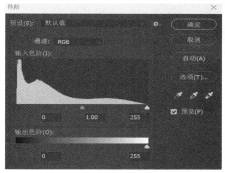

图 12-4 "色阶"对话框

(1) 预设：单击该选项右侧的 按钮，在打开的下拉列表中选择"存储预设"命令，可以将当前的调整参数保存为一个预设文件。在使用相同方法处理其他图像时，可以用该预设文件自动完成调整。

(2) 通道：可以选择一个通道来调整。调整通道会影响图像的颜色。如果要同时编辑多个颜色通道，可在执行"色阶"命令之前先按住【Shift】键并用鼠标左键单击通道面板中的通道，在"色阶"对话框的"通道"框中会显示目标通道的缩写，如 RG 表示红色和绿色通道。如果选择"RGB"选项，则表示调整整幅图像。如图 12-5 所示，利用"色阶"对话框同时调整了红、绿通道的色阶。

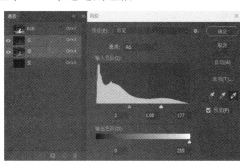

图 12-5 同时调整了红、绿通道的色阶

(3) 输入色阶：主要对应的是图像中黑白灰的明暗调整，通过把图像中最暗的颜色变得更暗，把最亮的颜色变得更亮来修改图像的对比度。"输入色阶"中的第一个文本框用于设置图像的阴影(对应图像中的黑)，取值范围为 0～253；第二个文本框用于设置图像的中间调(对应图像中的灰)，取值范围为 0.10～9.99；第三个文本框用于设置图像的高光(对应图像中的白)，取值范围为 1～255。

(4) 直方图：位于"色阶"对话框的中间，其最左端的黑色滑块代表阴影，向右拖拽黑色滑块，图像中低于该值的像素将变为黑色；中间的灰色滑块对应"输入色阶"的第二个文本框，用于调整图像的中间调；最右端的白色滑块对应"输入色阶"的第三个文本框，用于调整图像的高光，向左拖曳白色滑块，图像中高于该值的像素将变为白色。

(5) 输出色阶："输出色阶"的第一个文本框用于增加图像的阴影，取值范围为 0～255；第二个文本框用于降低图像的亮度，取值范围为 0～255。

(6) "选项"按钮 选项(T)... ：单击该按钮，在如图 12-6 所示的"自动颜色校正选项"对话框中可以设置单色对比度、通道对比度、深色与浅色、亮度和对比度算法。

(7) "在图像中取样以设置黑场"按钮 ：单击该按钮后，在图像中单击鼠标左键选择颜色，图像所有像素的亮度值都会减去该选取色的亮度值，使图像变暗，如图 12-7 所示。

图 12-6 "自动颜色校正选项"对话框 图 12-7 在图像中取样以设置黑场

(8) "在图像中取样以设置灰场"按钮 ：单击该按钮后，在图像中单击鼠标左键选择颜色，图像所有像素的亮度值将以选取色的亮度值来调整。如图 12-8 所示为用左侧红色灯笼的亮度值调整整幅图像的亮度值后的图像。

(9) "在图像中取样以设置白场"按钮 ：单击该按钮后，在图像中单击鼠标左键选择颜色，图像中所有像素的亮度值都会加上该选取色的亮度值，使图像变亮。如图 12-9 所示为用右侧白色窗户纸的亮度值调整整幅图像的亮度值后的图像。

图 12-8 在图像中取样以设置灰场 图 12-9 在图像中取样以设置白场

12.2.2 曲线

曲线是使用非常广泛的色调调整方式，其具有强大的调整图像明暗度的功能，可以综合调整图像的色彩、亮度和对比度，能够更加精确地调整图像中所有像素点的明亮度，使图像的色彩更具有质感。选择"图像"→"调整"→"曲线"菜单命令，或者直接按【Ctrl+M】

组合键打开如图 12-10 所示的"曲线"对话框。

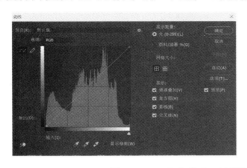

图 12-10　"曲线"对话框及调整蓝通道曲线后的图像

(1) "预设"：此下拉列表中列出了 9 种曲线选项，选择需要的选项，可为图像应用相应的曲线效果。

(2) "预设选项"按钮■：单击该按钮，在弹出的下拉菜单中选择"存储预设"或者"载入预设"，可以存储当前的参数或者导入已经保存的参数文件。

(3) 图表：水平轴表示原来图像的亮度值，即图像的输入值；垂直轴表示图像处理后的亮度，即图像的输出值。单击图表下方的光谱条，可切换黑色和白色。在图表中的暗调、中间调或者高光部分区域的曲线上单击鼠标左键，将创建一个调节点，通过拖曳调节点可调整图像的明暗度。

(4) "在图像上单击并拖动可修改曲线"按钮■：单击该按钮后，将鼠标指针移至曲线上，按住鼠标左键不放并上下拖曳鼠标，可在曲线上添加控制点并调整相应的明亮度(向上拖曳会使图像变亮，向下拖曳会使图像变暗)。如图 12-10 所示，调整了图像蓝通道下的曲线，天空变得更亮了。如图 12-11 所示，调整了图像 RGB 通道下的曲线，整幅图像变亮了。

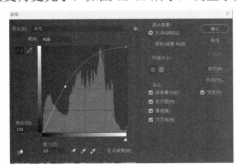

图 12-11　"曲线"对话框及调整 RGB 通道曲线后的图像

(5) "编辑点以修改曲线"按钮■：该按钮呈选中状态时，在曲线上单击鼠标左键可添加控制点，拖曳控制点可以改变曲线的形状。要删除控制点，可将控制点拖出图形；或者选择控制点按住【Delete】键，或者按住【Ctrl】键不放，再在控制点上单击鼠标左键。

(6) "通过绘制来修改曲线"按钮■：单击该按钮后，可直接在直方图上绘制曲线。

(7) "通道叠加"：勾选该复选框，在复合曲线中可同时查看红、蓝、绿通道的曲线。

"曲线"命令可以调整 0～255 范围内的任意点，最多可同时使用 16 个变量将整个色调范围分成 15 段来调整，因此"曲线"命令对于色调的控制更加精确，它可以调整一定色调区域内的像素，而不影响其他像素。

使用"曲线"命令调整 RGB 模式的图像时,直方图将显示亮部和暗部;调整 CMYK 模式的图像时,直方图将显示油墨/颜料的百分比;调整 Lab 或者灰度模式的图像时,直方图将显示光源值。使用"曲线"或者"色阶"调整图像的对比度时,通常会增加色彩的饱和度,为了避免出现偏色的情况,可以将调整图层的混合模式设置为"明度"。

12.2.3 亮度/对比度

使用"亮度/对比度"命令可以简单直观地调整图像的明暗对比度。亮度是指图像整体的明亮程度。对比度是指图像最亮区域中的白色和最暗区域中的黑色之间的差异程度。需要根据实际情况调整亮度和对比度的参数值,参数值不同,图像效果也不同。选择"图像"→"调整"→"亮度/对比度"菜单命令,打开"亮度/对比度"对话框,调整图像的亮度和对比度。

(1) "亮度"参数值:参数范围为-150~150,其中"-150"表示亮度最暗,"150"表示亮度最亮,"0"表示未调整。如图 12-12(a)、(b)所示分别是亮度为"-100"和"50"时的图像效果。

(a)

(b)

图 12-12 调整亮度

(2) "对比度"参数值:参数范围为-50~100,其中"-50"表示对比度最低,"100"表示对比度最高,"0"表示未调整。如图 12-13(a)、(b)所示分别是对比度为"-50"和"100"时的图像效果。

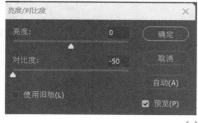

(a)

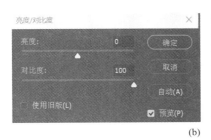

(b)

图 12-13 调整对比度

12.2.4 自然饱和度

利用"自然饱和度"命令可调整画面色彩的鲜艳程度。打开需要调整的图像，选择"图像"→"调整"→"自然饱和度"菜单命令，打开"自然饱和度"对话框，如图 12-14 所示。

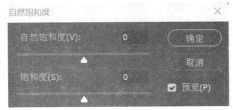

图 12-14 "自然饱和度"对话框及需要调整的图像

(1) 自然饱和度：指图像中颜色的本来的饱和度，也就是在没有经过调整的情况下颜色的鲜艳程度，它是图像整体的明亮程度。调整自然饱和度时 Photoshop CC 2019 会自动保护已经饱和的颜色，即使把图像中自然饱和度的数值调整到最大，画面也不会过度艳丽，画面的色彩只是变得更加鲜艳，而不会出现色彩溢出等现象，如图 12-15 和图 12-16 所示分别为将"自然饱和度"调为 100 和−50 的对话框及其对应的图像。把自然饱和度的数值降到最低，画面一般也还会保留一些色彩信息，不会变成黑白照片。

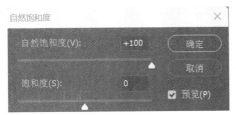

图 12-15 "自然饱和度"为 100 时的对话框及其对应的图像

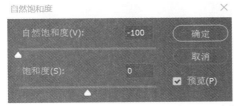

图 12-16 "自然饱和度"为−100 时的对话框及其对应的图像

(2) 饱和度：指色彩的纯度，是图像颜色的鲜艳程度。饱和度越高，图像颜色就越鲜艳；反之，图像颜色越接近于灰色。饱和度的调整对象是全图的所有像素。

12.2.5　照片滤镜

在 Photoshop CC 2019 中可以使用"照片滤镜"命令来模拟传统光学滤镜特效，以调整通过镜头传输的光的色彩平衡和色温。通过"照片滤镜"命令可以增加照片的光线、对比度、饱和度等效果，使得照片更加生动、夺目。

打开需要调整的图像，选择"图像"→"调整"→"照片滤镜"菜单命令，打开如图12-17 所示的"照片滤镜"对话框。

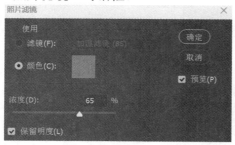

图 12-17　"照片滤镜"对话框及需要调整的图像

(1) 滤镜：选择预设的选项对图像进行调节，主要包含加温滤镜、冷却滤镜和个别颜色滤镜。加温滤镜(85)和冷却滤镜(80)是用来调整图像中白平衡的颜色转换滤镜。如果图像的色温较低，则通过冷却滤镜(80)的调整，可以使图像的颜色变冷，以补偿色温较低的环境光。如果图像的色温较高，则通过加温滤镜(85)的调整，可以使图像的颜色变暖，以补偿色温较高的环境光，如图 12-18 所示。加温滤镜(81)和冷却滤镜(82)是光平衡滤镜，可对图像的颜色品质进行较小的调整。加温滤镜(81)可以使图像色调变暖(黄)，冷却滤镜(82)可以使图像色调变冷(蓝)，如图 12-19 所示。如果图像有色痕，则可以选择个别颜色滤镜通过补色来中和色痕，还可以利用个别颜色滤镜制作特殊颜色效果或增强应用颜色。

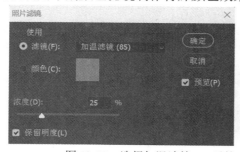

图 12-18　选择加温滤镜(85)后的对话框及图像效果

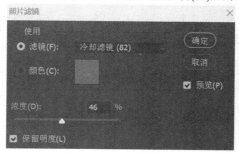

图 12-19　选择冷却滤镜(82)后的对话框及图像效果

(2) 颜色：选择该选项，然后单击色板调出"拾色器"窗口，在"拾色器"窗口中选择颜色作为照片滤镜颜色。

(3) 浓度：拖动浓度滑块，可以设置图像的亮度。

(4) 保留明度：选中该选项，将在调整颜色的同时保留原图像的亮度。

12.2.6 阴影/高光

"阴影/高光"命令用于校正由强逆光而形成剪影的照片，或者校正由于太接近相机闪光灯而有些发白的焦点。在用其他方式采光的图像中，这种调整也可用于使阴影区域变亮。"阴影/高光"命令不是简单地使图像变亮或变暗，它是将阴影或高光中的局部相邻像素增亮或变暗，所以阴影和高光都有各自的控制选项。

打开需要调整的图像，选择"图像"→"调整"→"阴影/高光"菜单命令，打开如图12-20 所示的"阴影/高光"对话框。

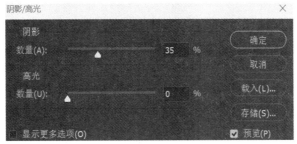

图 12-20 "阴影/高光"对话框

(1) 阴影：用于改变暗部区域的明亮程度。调整阴影 35%的效果如图 12-21 所示。

(a) 需要调整的图像　　　　　　　(b) 调整后的图像

图 12-21 调整阴影 35%的效果

(2) 高光：用于改变高亮区域的明亮程度。过大的"数量"值可能会导致以高光开始的区域会变得比以阴影开始的区域颜色更深，使调整后的图像看上去"不自然"。

(3) 显示更多选项：勾选此复选框，可以打开"调整"选项，此选项中包含了用于调整图像饱和度的"颜色校正"滑块、用于调整图像整体对比度的"中间调对比度"滑块、"修剪黑色"选项和"修剪白色"选项，可以对阴影和高光进行更精细的控制。

12.2.7　曝光度

利用"曝光度"命令可以修正曝光不足或者曝光过度的照片。曝光度设置面板中有曝光度、位移、灰度系数校正三个选项。选择"图像"→"调整"→"曝光度"菜单命令，打开如图 12-22 所示的"曝光度"对话框。该对话框中主要选项的含义如下：

图 12-22　"曝光度"对话框及需要调整的图像

(1) 曝光度：用来调整整个图像的亮度。曝光度数值越大图像的高光部分会越亮，直到因过曝而失去细节；曝光度数值越小，图像的暗调部分会越暗，直到因过暗而失去细节。

(2) 位移：用来调节阴影和中间调的明暗。

(3) 灰度系数校正：用来调整图像整体的灰度区域。

调整曝光度参数后的效果，如图 12-23 所示。

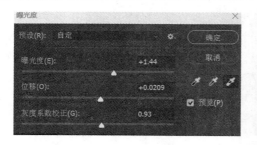

图 12-23　调整曝光度参数后的对话框及图像效果

12.3　图像色彩的调整

色彩调整是图像调整的一个重要方面，在 Photoshop CC 2019 中常用的图像色彩调整命令包括 "色相/饱和度""色彩平衡""黑白""通道混和器""颜色查找""反相""色调分离""阈值""渐变映射"等。

12.3.1　色相/饱和度

"色相/饱和度"命令可以对色相(任何灰、白、黑以外的颜色)、饱和度(色彩纯度)、明度进行调整，它既可以调整单一颜色(包括红、黄、绿、蓝、青、洋红等)的色相、饱和度和明度，也可以调整图像中所有颜色的色相、饱和度和明度。

打开需要调整的图像，选择"图像"→"调整"→"色相/饱和度"菜单命令，打开"色相/饱和度"对话框，如图 12-24 所示。

图 12-24　"色相/饱和度"对话框及需要调整的图像

(1) 全图：在"全图"下拉列表框中可以选择调整范围。系统默认选择"全图"选项，即对图像中的所有颜色有效。若要对图像中的单个颜色进行调整，可选择红色、黄色、绿色、青色、蓝色、洋红等选项。

(2) 色相：拖动"色相"滑块即可改变图像颜色，也可以直接在文本框中输入值，取值范围为-180～+180。将色相值调整到-180 可以使图像变为蓝色系，将色相值调整到+180 可以使图像变为黄色系。

(3) 饱和度：拖动"饱和度"滑块可以调整图像的饱和度，即图像的鲜艳度和纯度。将饱和度值调整到-100 可以使图像变为黑白色，将饱和度值调整到+100 可以使图像变得更加鲜艳。

(4) 明度：拖动"明度"滑块可以调整图像的明度，即图像的明暗程度。将明度值调整到-100 可以使图像变得非常暗淡，将明度值调整到+100 可以使图像变得非常明亮。

(5) 着色：勾选"着色"复选框，可使用同种颜色来置换原图像中的颜色，这时色相、饱和度将发生变化，而明度不发生改变，调节色相、饱和度和明度下面的三角滑块，就能得到单色调的效果。如果前景色是黑色或白色，则着色后图像会转换成红色色相；如果前景色和背景色为其他颜色，则着色后图像将转换为前景色的色相。

(6) 吸管工具：当对单个颜色进行调整时，在图像中单击或拖动颜色条上的滑块可以选择颜色范围。选择"添加到取样"吸管工具，并在图像中单击或拖移，可以扩大颜色范围。选择"从取样中减去"吸管工具，并在图像中单击或拖移，可以缩小颜色范围。当吸管工具处于选定状态时，按住【Shift】键的同时对图像中单击鼠标左键可以添加选取范围；按住【Alt】键的同时在图像中单击鼠标左键可以从已选取的范围中减去。

将图 12-24 中的图像的色相减少 40，饱和度增加 17，明度增加 10 后，图像变成了秋天的效果，如图 12-25 所示。

在使用"色相/饱和度"命令调节图像时，需要注意保留原图备份，避免过度调整和多次重复调整。

图 12-25 调整色相/饱和度参数后对话框及图像效果

12.3.2 色彩平衡

色彩平衡是通过改变图像的整体颜色混合来调整各种色彩间的平衡。它将图像分为高光、中间调和阴影三种色调，它可以调整其中一种或者两种色调、也可以调整全部色调。

选择"图像"→"调整"→"色彩平衡"菜单命令，打开如图 12-26 所示的"色彩平衡"对话框。对话框中，相互对应的颜色为互补色，如果提高某种颜色的比重，其相对应的互补色就会减少。

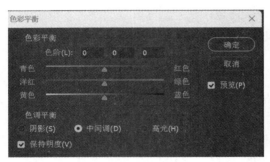

图 12-26 "色彩平衡"对话框及需要调整的图像

在"色阶"文本框中输入数值或拖动滑块可以向图像中增加或减少颜色。可以对单个或多个色调进行调整，调整对象包括"阴影""中间调"和"高光"。勾选"保持明度"选项，可以保持图像的色调不变，防止亮度值随颜色的调整而变化。如图 12-27～图 12-29 所示，分别为高光增加蓝色、中间调增加洋红色和阴影增加红色的效果。

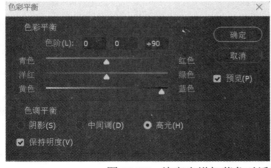

图 12-27 给高光增加蓝色对话框及图像效果

图 12-28 给中间调增加洋红色对话框及图像效果

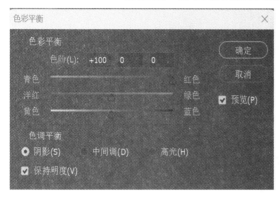

图 12-29 给阴影增加红色对话框及图像效果

12.3.3 黑白

选择"图像"→"调整"→"黑白"菜单命令，打开如图 12-30 所示的"黑白"对话框。利用"黑白"命令可以将彩色图像转换为灰度图像，同时保持对各颜色转换方式的完全控制。也可以通过对图像应用色调来为灰度着色，还可以将彩色图像转换为单色图像。

在"黑白"对话框中使用颜色滑块可以手动调整图像。勾选"色调"选项后，可根据需要调整"色相"滑块和"饱和度"滑块，"色相"滑块可更改色调颜色，"饱和度"滑块可提高或降低颜色的集中度。单击色卡可以打开拾色器并在拾色器中进一步微调色调颜色。

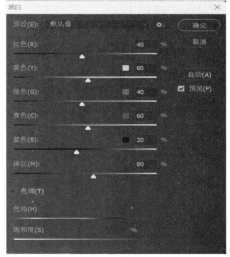

图 12-30 "黑白"对话框

12.3.4 通道混和器

"通道混和器"命令通过从每个颜色通道中选取它所占的百分比来创建色彩。选择"图像"→"调整"→"通道混和器"菜单命令，打开"通道混和器"对话框，如图 12-31 所示。

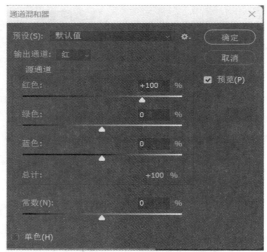

图 12-31 "通道混和器"对话框

(1) 输出通道：用于选择要调整的颜色通道。图像的颜色模式不同，输出通道的选项也不同。

(2) 源通道：通过拖动滑块或在文本框中输入数值，可增大或减少源通道在输出通道中所占的百分比，其有效的数值范围是-200～+200。

(3) 常数：用于调整输出通道的灰度值，负值将增加更多的黑色，正值将增加更多的白色。

(4) 单色：勾选该复选框，将创建仅包含灰色值的彩色图像。

12.3.5 颜色查找

"颜色查找"命令用于调整图像的风格化效果，它可以实现高级的色彩变化和快速创建多个颜色版本。选择"图像"→"调整"→"颜色查找"菜单命令，打开"颜色查找"对话框，如图 12-32 所示。

在"颜色查找"对话框中点击"3DLUT 文件"的下拉列表，可以看到各种颜色配置文件。例如，选择 HorrorBlue.3DL 文件后单击"确定"按钮，图像被调整成新的风格，效果如图 12-33 所示。

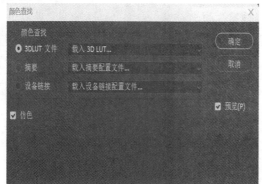

图 12-32 "颜色查找"对话框及需要调整的图像

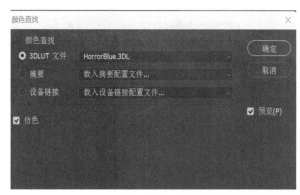

图 12-33 调整颜色查找后的对话框及图像效果

12.3.6 反相

使用"反相"命令可以将图像像素的颜色改变成互补色，如黑变白、白变黑、红变青、绿变紫、蓝变黄等，该命令是不损失图像色彩信息的变换命令。在 Photoshop CC 2019 中打开图像，选择"图像"→"调整"→"反相"菜单命令，图像效果对比如图 12-34 所示。

图 12-34 使用"反相"命令前后对比图

12.3.7 色调分离

Photoshop 中的色调分离是一种图像后期处理方式，它可以让图像的色调更加突出。"色调分离"命令会根据指定的色阶值将图像中相应匹配的像素的色调和亮度统一，减少并分离图像的色调，所以"色调分离"其实就是用来制造分色效果的。每个色阶值都会同时影响三个通道(RGB)，如果将色阶值设置为 2，那么图像经过处理后会拥有 6 种色彩。

在 Photoshop CC 2019 中打开图像，选择"图像"→"调整"→"色调分离"菜单命令，打开"色调分离"对话框，如图 12-35 所示。对话框中的"色阶"参数用于设置图像色调的变化程度。"色阶"参数越大，颜色级数越多，图像的色彩过渡越自然；"色阶"参数越小，颜色级数越少，图像的色彩过渡越粗糙。执行"色调分离"命令后图像的效果如图 12-36 所示。

图 12-35 "色调分离"对话框   图 12-36 使用"色调分离"命令前后对比图

12.3.8 阈值

使用"阈值"命令可以将图像中所有亮度值比所设定的"阈值色阶"小的像素都变成黑色，所有亮度值比所设定的"阈值色阶"大的像素都变成白色，从而将一张彩色图像或者灰度图像变成只有黑、白两色的高对比度的黑白图像，即减少了图像的色彩信息，只保存黑白颜色。

在 Photoshop CC 2019 中打开图像，选择"图像"→"调整"→"阈值"菜单命令，打开"阈值"对话框，设置"阈值色阶"为 128，如图 12-37 所示。图像的前后对比效果如图 12-38 所示。

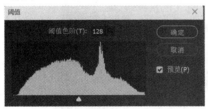

图 12-37 "阈值"对话框   图 12-38 使用"阈值"命令前后对比图

12.3.9 渐变映射

在使用"渐变映射"命令时，渐变映射首先会将图像去色变成黑白图像，然后从明度的角度将图像分为暗部、中间调和高光，再使用渐变映射中的颜色渐变条去改变图像的颜色。

在 Photoshop CC 2019 中打开图像，选择"图像"→"调整"→"渐变映射"菜单命令，打开"渐变映射"对话框，如图 12-39 所示。在对话框中有一个颜色渐变条，这个颜色渐变条从左到右对应的是图像的暗像、中间调和调光区域，越靠近左边的颜色是图像暗部的颜色，越靠近右边的颜色是图像高光的颜色，而中间过渡区域则是中间调的颜色。

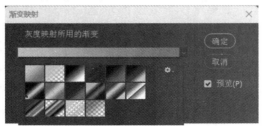

图 12-39 "渐变映射"对话框

例如，单击颜色渐变条右侧的下拉箭头，在颜色列表中选择第 1 个，渐变映射效果如图 12-40 所示。

图 12-40 使用"渐变映射"命令前后对比图

12.4 特殊效果的色调调整

去色、色调均化可以通过更改图像的颜色或者亮度来产生特殊效果，但它们不用于校正颜色。匹配颜色常用来调整图像的亮度、色彩饱和度和色彩平衡，同时还可以将当前图层的图像颜色与其他图像的颜色相匹配。替换颜色可以改变图像中某种颜色的色相、饱和度和亮度值。

12.4.1 去色

"去色"命令主要用于去除图像中的色彩，将图像中所有色彩都转换成灰色，去色过程中每个像素都保持原来的亮度不变。在 Photoshop CC 2019 中打开图像，选择"图像"→"调整"→"去色"菜单命令，去色效果如图 12-41 所示。

图 12-41 使用"去色"命令前后对比图

12.4.2　匹配颜色

使用"匹配颜色"命令可以将源图像的颜色与目标图像的颜色相匹配。Photoshop CC 2019 中打开图像，选择"图像"→"调整"→"匹配颜色"菜单命令，打开如图 12-42 所示"匹配颜色"对话框。颜色匹配效果如图 12-43 所示。

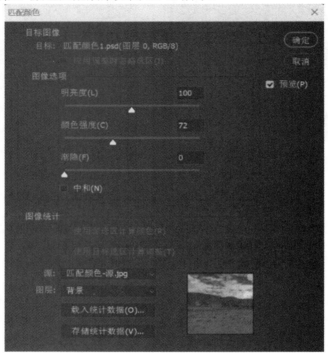

图 12-42　"匹配颜色"对话框

图 12-43　使用"匹配颜色"命令前后对比图

12.4.3　替换颜色

"替换颜色"命令用来替换图像中某个特定区域的颜色。在 Photoshop CC 2019 中打开图像，选择"图像"→"调整"→"替换颜色"菜单命令，打开"替换颜色"对话框，如图 12-44 所示。选择吸管工具 ⚲，在需要替换颜色的图像区域上单击鼠标左键取样(比如在花朵主体位置），确定选择范围，然后使用 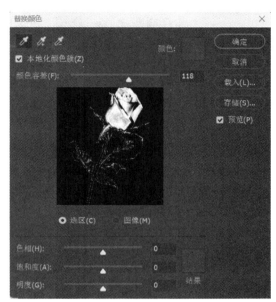(在取样中添加)和 (从取样中减去)对选取范围
进行调整。拖动"颜色容差"滑块可调整选区的大小，容差越大，选取的范围越大。在预
览区域下方选择"选区"选项，在预览区域中会以白色部分表示选定的颜色范围，分别拖
动"色相""饱和度"和"明度"，在"结果"框中会显示调节后的颜色。替换颜色后的效果
如图 12-45 所示。

图 12-44　替换颜色前的效果

图 12-45　替换颜色后的效果

12.4.4　色调均化

使用"色调均化"命令可以重新分布图像中的各像素的亮度值，使它们能更加均匀地呈现所有范围的亮度级。使用"色调均化"命令后，图像中最暗的像素会被填上黑色，最亮的像素会被填上白色，其他亮度均匀变化。色调均化效果如图12-46所示。

图12-46　使用"色调均化"命令前后对比图

优秀传统文化应用

【制作"李家大院"艺术老照片】

利用Photoshop中的色彩与色调调整等工具，结合素材图片，制作"李家大院"艺术老照片，效果如图12-47所示。

李家大院

图12-47　"李家大院"艺术老照片效果图

【应用分析】

首先调整"李家大院"原图的色相和饱和度，使原图具有经典的怀旧色彩；然后通过向图像中添加杂点和划痕，让图像更有质感；最后加入滤镜效果并通过"曲线"命令进行调整，使整个图像更具有怀旧感。

【实现步骤】

1. 为图像调整色相和饱和度

(1) 打开"李家大院"原图，选择"背景"图层，选择"图像"→"调整"→"色相/饱和度"菜单命令，或者按【Ctrl+U】组合键，在弹出的对话框中设置色相为40，饱和度为40，明度为10，并勾选"着色"复选框，单击"确定"按钮，效果如图12-48所示。

图 12-48　调整色相饱和度

2. 为图像添加杂点和划痕

(1) 新建图层，将其命名为"滤色 1"，并将该图层填充为黑色。

(2) 选择"滤色 1"图层，选择"滤镜"→"杂色"→"添加杂色"菜单命令，在弹出的对话框中设置数量为 16%，并选择"高斯分布"和"单色"选项，如图 12-49 所示。

(3) 选择"滤色 1"图层，选择"图像"→"调整"→"阈值"菜单命令，在弹出的对话框中设置阈值色阶为 85，如图 12-50 所示。

图 12-49　添加杂色

图 12-50　调整阈值色阶

(4) 选择"滤色 1"图层，选择"滤镜"→"模糊"→"动感模糊"菜单命令，在弹出的对话框中设置角度为 90 度，距离为 999 像素，如图 12-51 所示。设置"滤色 1"图层的混合模式为"滤色"，使"滤色 1"图层与"背景"图层结合。

(5) 选择"滤色 1"图层，按【Ctrl+J】键，复制"滤色 1"图层，将其重命名为"滤色 2"，然后选择"滤镜"→"杂色"→"添加杂色"菜单命令，在弹出的对话框中设置数量为 10%，并选择"高斯分布"及"单色"选项。

(6) 选择"滤色 2"图层，选择"滤镜"→"滤镜库"菜单命令，在"滤镜库"的"艺术效果"中选择"海绵"效果(如图 12-52 所示)，设置画笔大小为 10，清晰度为 15，平滑度为 5，单击"确定"按钮后效果如图 12-53 所示。

图 12-51　设置动感模糊滤镜

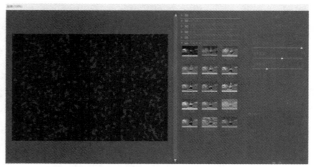

图 12-52　"滤镜库"艺术效果图

(7) 选择"背景"图层，选择"图层"→"新调整图层"→"曲线"菜单命令，打开"曲线"对话框，向下拖动曲线，如图 12-54 所示。

图 12-53　执行完"滤镜库"艺术命令后的效果图

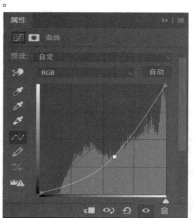

图 12-54　"曲线"对话框

3. 保存文件

选择"文件"→"存储"命令，保存文件。

创 新 实 践

一、临摹

临摹本章实例，制作"李家大院"艺术老照片，效果如图 12-47 所示。

要求：

(1) 使用色彩与色调调整和素材图片制作作品。

(2) 文件保存为"李家大院艺术老照片.psd"和"李家大院艺术老照片.jpg"。

二、原创

参考第一题的思路和方法，使用色彩与色调调整相关知识，设计制作一幅原创作品。

要求：

(1) 更换素材图片，使用色彩与色调调整相关知识设计制作自己的作品。

(2) 文件保存为"原创.psd"和"原创.jpg"。

第三部分　平面动画制作

　　Animate 是一款功能强大的平面动画制作软件，本部分主要介绍 Animate 的基础入门，图形的绘制、编辑和上色，以及 7 种动画制作技术等。

　　本部分的内容围绕一套剪纸风格的原创微信表情专辑"甜豆日常"展开，包含 16 个动态剪纸表情包，如下图所示。

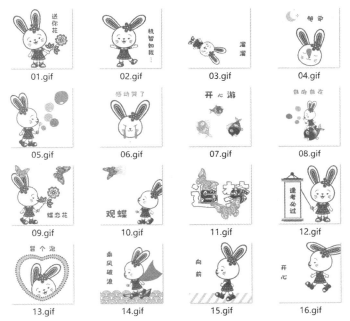

　　本部分将一套表情专辑的制作分解到各个章节的讲解中，再结合实践创新环节，学习过程中，边临摹课堂案例，边同步创新自己的原创表情专辑，跟着节奏学完本部分内容。通过学习，读者可有以下收获。

　　(1) 掌握 Animate 的基本动画技能；

　　(2) 收获自己的一套原创微信表情专辑；

　　(3) 掌握微信表情专辑的一种设计、制作和发布方法；

　　(4) 熟悉剪纸作品的设计、构图等传统艺术知识的现代数媒实现。

第 13 章　平面动画基础

 本章简介

　　Animate 是一款经典优秀的平面动画制作软件，简单易学，非常适合动画初学者。本章以 Animate 2022 版本为例，介绍动画基础知识、Animate 简介、Animate 工作环境和 Animate 文件基本操作几个方面，为后面的学习奠定基础。

 学习目标

知识目标：

(1) 了解动画基础知识。

(2) 熟悉 Animate 工作环境各部分主要功能。

(3) 熟练掌握文件的新建、保存、打开、关闭，及动画的测试、导出和发布等基本操作。

能力目标：

(1) 能够了解动画的原理和特点。

(2) 能够灵活管理 Animate 的工作环境。

(3) 能够熟练完成文件的基本操作。

思政目标：

(1) 通过用 Animate 处理剪纸素材，建立处理优秀剪纸文化的信心。

(2) 激发学习兴趣，传承、创新优秀剪纸文化。

思维导图

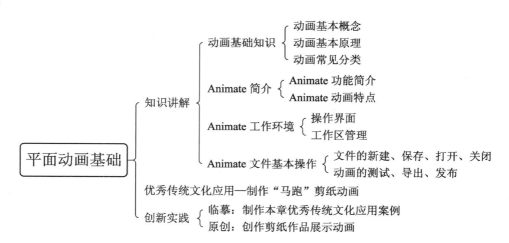

>>> 知 识 讲 解 <<<

13.1　动画基础知识

本节主要介绍动画的基本概念、基本原理和常见分类。

13.1.1　动画基本概念

动画是采用逐帧拍摄或电脑制作静态画面，然后连续播放而形成动态影像的技术。动画是一种综合艺术，是集合了绘画、文学、摄影、电影、数字媒体、音乐等众多艺术门类于一身的艺术表现形式。

早期的动画大都是采用逐帧拍摄技术，将事先在纸上绘制好的一幅幅静态图画，用专用摄影机拍摄成一幅幅的静态画面，然后按一定速度连续播放而形成动画影片。这种动画的制作，无论是人力，财力，还是物力都消耗巨大。

随着计算机技术的发展，出现了计算机动画。计算机动画是使用计算机软件绘制静止图像，用计算机连续播放静止图像而形成的动画。计算机动画大大降低了动画的制作成本，现代动画大都属于计算机动画。

13.1.2　动画基本原理

动画能够实现将静止画面变为动态艺术，由静止到动态，主要是基于人眼的"视觉暂留"现象(又称"余晖效应")，该现象于 1824 年由英国伦敦大学教授皮特·马克·罗葛特最先提出。"视觉暂留"是一种生理现象，指人眼在观察景物时，光像一旦在视网膜上形成，视觉将会对这个光像的感觉维持一个有限的时间。对于中等亮度的光刺激，视觉暂留时间约为 0.1 至 0.4 秒。

我国宋朝时期的走马灯，当时称"马骑灯"，是历史记载中最早的视觉暂留的运用。1828 年，法国的保罗·罗盖发明了留影盘，是一个被绳子从两面穿过的圆盘，盘的一面画了一只鸟，另一面画了一个空笼子，当圆盘旋转时，可看到鸟出现在笼子里，这证明了人眼的视觉暂留性。正是由于人眼的视觉暂留性，当静态画面按一定速度连续播放时，上幅图像在眼中的影像还没消失前，下幅图像就出现，人眼就会感知图像在运动，动画正是借用了这个原理。

13.1.3　动画常见分类

以不同的标准，动画分类方式也不同，常见的主要有以制作方法、视觉空间、受众年龄、播放效果、动作表现形式、艺术表现形式、每秒播放帧数等进行分类。

根据制作方法的不同，动画可分为五大类：传统动画、矢量动画(2D 动画)、三维动画(3D 动画)、MG 动画(运动图形)、定格动画。传统动画以手工绘制为主，如《大闹天宫》《葫芦兄弟》等。矢量动画、三维动画、MG 动画是以计算机为主的电脑动画，如《喜羊羊与灰太狼》《斗罗大陆》等。定格动画一般以黏土偶、木偶或混合材料为主要角色，把角色的动作逐帧分解开，并摆出相应的造型，通过逐帧拍摄的方法记录下来，将画面连续放映，画面中角色仿佛活了般，动作丰富。较典型的定格动画有《小鸡快跑》《圣诞夜惊魂》等，木偶动画有《阿凡提的故事》等。

根据视觉空间的不同，动画可分为平面动画和三维动画。平面动画即 2D 动画，如《喜羊羊与灰太狼》《猫和老鼠》等。三维动画即 3D 动画，如《哪吒之魔童降世》《白蛇缘起》《西游记之大圣归来》等。

根据受众年龄的不同，动画可分为子供向动画和成年向动画。子供向指不影响三观建成期年龄段人的作品，即无血腥、暴力、色情的动漫或影视作品。

根据播放效果的不同，动画可分为顺序动画和交互式动画。顺序动画就是连续播放的动画，这种动画观众只能被动接受。交互式动画是指在动画作品播放时支持事件响应和交互功能的一种动画，即动画播放时可以接受某种控制。这种交互性使观众可以参与和控制动画播放，观众由被动接受变为主动选择。Animate 动画可以实现用鼠标或键盘控制播放，是典型的交互式动画。

根据动作表现形式的不同，动画可分为完善动画和局限动画。完善动画的动作接近自然动作，也称动画电视。局限动画的动作简化、夸张，也称幻灯片动画。

根据艺术表现形式的不同，动画可分为油画动画片、水彩画动画片、国画动画片、剪纸动画片、木偶动画片、黏土动画片等。

根据每秒播放帧数的不同，动画可分为全动画和半动画。全动画每秒播放的帧数不少于 24 帧，因为眼睛的视觉暂留效应的临界值是 1/24 秒，优秀的动画基本上都是全动画。半动画每秒播放的帧数少于 24 帧，一些动画公司为了节省资金和成本，往往会用半动画方式去做电视动画片。

13.2　Animate 简介

Animate 功能强大、应用广泛，本节主要介绍 Animate 软件的常用功能和用 Animate 制作的动画的特点。

13.2.1　Animate 功能简介

Animate(An)由 Adobe 公司推出，是 Flash Professional 的升级版本，是一款经典的网络多媒体创作工具，简单易用、功能强大。Animate 制作的作品可应用于动画影片制作、网站设计、教学设计、游戏设计、广告设计等领域，可以发布到多种平台，在计算机、移动设备、电视机等多种设备上浏览。

Animate 主要用来制作矢量图形的二维动画，其主要的动画制作形式有：角色动画、动态图形编辑、MG 商业广告动画、动态 logo 制作、动漫制作、商业插画、儿童插画，以及动态课件等。

同由 Adobe 公司推出的 After Effects(AE)也是一款流行的动画制作软件，但 AE 制作的动画主要是动态图形编辑类的动画，动画类型不如 An 广阔，具有局限性，对于角色类动画，AE 制作起来难度较大，而且 AE 占有的内存很大。AE 一般主要用来制作特效，An 制作特效的功能是不如 AE 的。所以，对于动画师来说，如果能将 An 和 AE 结合起来，用 An 制作动画，用 AE 添加后期特效，是一种不错的选择。

An 除了制作动画，还可以用来制作其他多种类型的应用程序，常见的有以下几种。

(1) 交互类。如微信小程序、二维码动态宣传等。

(2) 网页类。如广告网页，可以进行网页编辑，然后发布。

(3) 游戏类。如二维小游戏、教学互动游戏等。

13.2.2　Animate 动画特点

Animate 动画能够广泛应用，与其所具有的特点密不可分，主要体现在以下几方面。

1. 文件小，传输速度快

在 Animate 中制作动画时，由于使用的是矢量图形，而且元件可以重复多次使用，但不会增加文件的数据量，其使得 Animate 动画的文件相对较小，非常有利于动画在网络中的快速传输。

2. 交互性好

Animate 动画的交互功能非常强大，用户可以通过点击、选择等多种方式控制动画的运行过程和结果，其较好地满足了用户的多种交互需求。

3. 制作成本低

用 Animate 制作动画能够大幅度减少人力、物力资源的消耗，也可在一定程度上节省时间成本，从而降低动画的制作成本。

4. 放大不失真

Animate 绘图工具采用的是矢量技术，绘制的是矢量图形，无论放大还是缩小都不会出现位图缩放中的锯齿现象，从而有效保证了 Animate 动画的画面质量清晰不失真。

13.3　Animate 工作环境

Animate 2022 的工作环境便捷舒适、易于上手，深受用户喜爱。学习制作动画前，先熟悉下软件的操作界面布局，以及工作区的常用管理操作，为进一步设计制作动画打好基础。

13.3.1 操作界面

运行 Animate 2022，桌面会出现它的启动界面，如图 13-1 所示。

图 13-1　Animate 2022 启动界面

在启动界面后出现的窗口中，选择"文件"→"新建"命令，弹出"新建文档"对话框，如图 13-2 所示。

图 13-2　Animate 2022 新建文档对话框

通常，需要创建一个新的动画时，在"新建文档"对话框中设置合适"宽""高""帧速率"，平台类型选择"ActionScript 3.0"，单击"创建"按钮，即可打开新建文档的窗口界面，如图 13-3 所示。

图 13-3　Animate 2022 窗口界面

Animate 2022 的操作界面主要包括菜单栏、编辑栏、场景、时间轴、工具箱和常用面板几部分，各部分主要功能简述如下。

1. 菜单栏

Animate 2022 菜单栏主要包括"文件""编辑""视图""插入""修改""文本""命令""控制""调试""窗口""帮助"共 11 个下拉菜单，如图 13-4 所示。这些菜单中包含了 Animate 2022 操作的大部分命令，满足用户的不同需求。

图 13-4　菜单栏

2. 编辑栏

Animate 2022 编辑栏如图 13-5 所示。

图 13-5　编辑栏

编辑栏左侧提供了"编辑元件"和"编辑场景"的信息和控件。编辑栏右侧的四个控件主要用来调整舞台的显示效果，分别是"舞台居中""旋转工具""剪切掉舞台范围以外的内容"和"调整舞台显示比例"。编辑栏可通过"窗口"→"编辑栏"命令显示或隐藏。

3. 场景

在 Animate 动画中，可以有多个场景，每个场景都有不同的场景名，场景名显示在场景的左上部。场景是编辑动画内容的整个区域，可以在场景内进行图形绘制和编辑、创建文本对象、导入位图图像和视频等。场景如图 13-6 所示。

图 13-6　场景

场景由舞台和工作区两部分构成。舞台是场景中白色的矩形区域，工作区是舞台周围的灰色区域。可以在整个场景中绘制编辑动画内容，但动画最终只显示舞台上的内容，而工作区的内容是不显示的。所以编辑动画时主要用工作区做一些辅助工作，主要内容大都要在舞台上实现。

4. 时间轴

时间轴一般位于场景下方，主要用来按照时间序列组织和控制文档内容。时间轴是图层在时间上的延续。从功能角度看，时间轴可分为左右两部分：层控制区和帧(时间线)控制区，如图 13-7 所示。时间轴的主要组件有图层、帧和播放头。

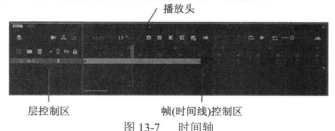

播放头

层控制区　　　　　帧(时间线)控制区

图 13-7　时间轴

层控制区位于时间轴的左侧。图层就像堆叠在一起的多张透明投影片，层与层互相独立，不同图层的对象可上下叠加覆盖，图层上没内容的地方可看到下方图层内容。

帧控制区，又称时间线控制区，位于时间轴的右侧，由帧、播放头和一些按钮及信息栏组成。帧是动画创作的基本时间单元，一帧对应舞台上的一个画面。每个层中包含的帧就是该层右侧的一行帧。播放头指示当前舞台中显示的帧。动画播放时，播放头从左到右依次通过各帧。

5. 工具箱

工具箱提供了图形绘制和编辑的各种工具，分为四个功能区："绘图工具""查看工具""颜色设置""工具选项"，如图 13-8 所示。

还有部分工具没显示出来，需要使用时，单击工具箱中的"编辑工具栏"按钮███，会打开"拖放工具"面板，如图 13-9 所示，选择需要的工具，按住鼠标左键拖至工具箱合适位置，该工具即可显示在工具箱中。

图 13-8　工具箱 　图 13-9　"拖放工具"面板

工具箱各功能区的主要功能如下。

"绘图工具"区提供图形绘制、选择、编辑的工具，后面章节详细讲解各工具用法。

"查看工具"区提供改变舞台画面和时间滑动的工具，以便更好地查看图形图像。其中：

(1) "手形工具" 🖑：移动舞台画面。当使用其他工具时，按住键盘上的【空格】键，可切换到"手形工具"。双击"手形工具"，将自动调整舞台比例以适合屏幕显示范围。

(2) "旋转工具" 🖑：旋转舞台画面。

(3) "时间滑动工具" 🖑：滑动时间轴。

(4) "缩放工具" 🔍：放大或缩小舞台显示比例。双击"缩放工具"，将自动调整舞台比例为 100%。

"颜色设置"区提供设置填充颜色和笔触颜色的功能按钮。其中：

(1) "填充颜色"按钮：设置填充颜色。

(2) "笔触颜色"按钮：设置笔触颜色。

(3) "交换颜色"按钮 🔄：交换笔触颜色和填充颜色。

(4) "黑白"按钮 ◨：将笔触颜色和填充颜色设为系统默认的黑白色。

"工具选项"区为当前选择的工具提供属性选项。不同工具有不同选项，选择的工具不同，"工具选项"区的属性选项也会同步调整。

6. 常用面板

Animate 2022 有许多功能面板，在创建文档时是必不可少的，通过它们可以查看、组织和编辑文档中的不同元素。下面简单介绍最常用的属性面板和库面板。

1) 属性面板

属性面板又称属性检查器，可用来查看或设置所选工具、对象、帧和当前文档的属性。Animate 2022 的属性面板如图 13-10 所示。属性面板是动态的，它所显示的属性会根

图 13-10　属性面板

据选择的对象而变化。可以通过"窗口"→"属性"命令或按【Ctrl+F3】组合键显示或隐藏属性面板。

2）库面板

库面板用来存储和组织在 Animate 中创建的各种元件，以及导入的位图、音频、视频等素材。Animate 2022 的库面板如图 13-11 所示。库面板上方区域用来预览当前所选的库项目。库面板下方区域显示库中的所有项目，以及项目的使用次数、修改日期、类型等。库中项目可以通过单击"名称""使用次数""修改日期"或"类型"进行相应排序。可以通过"窗口"→"库"命令，或按【Ctrl+L】组合键，对库面板进行显示或隐藏。

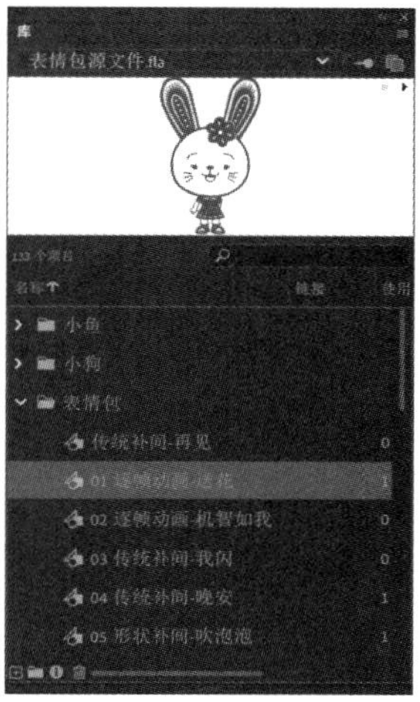

库面板中管理库项目的常用操作有：删除库项目，重命名库项目，新建文件夹组织库项目等。

(1) 删除库项目：库中项目不需要时，可先选中，然后单击库面板左下角的删除按钮█，即可删除选中的库项目。

图 13-11　库面板

(2) 重命名库项目：双击库项目名称，或右击库项目选择"重命名"命令，可重命名库项目。

(3) 新建文件夹组织库项目：单击库面板左下角的新建文件夹按钮 █ ，库中会出现一个文件夹，可对其重命名，选中库中项目，将其拖至新建的文件夹上，即可将其移动到该文件夹中。可单击文件夹左侧的箭头显示或折叠文件夹中项目。

除了属性面板和库面板，还有颜色、变形、对齐、信息等各种辅助功能面板，后面用到时再具体介绍。

13.3.2　工作区管理

工作区是指整个用户界面，包括界面中各个面板的位置、形式，以及界面的大小等。创建文档时，可以采用系统提供的工作区布局，也可以自定义工作区布局。

1．系统工作区布局

Animate 2022 提供了几种典型的工作区布局。选择"窗口"→"工作区"命令，可以看到其中列出的几种工作区布局，如图 13-12 所示。

在命令列表中选择不同的工作区布局，Animate 用户界面各个功能面板的位置会发生

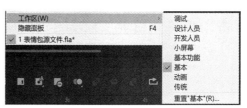

图 13-12　系统工作区布局

变化。选择"基本功能"命令，用户界面会切换到系统默认的工作区布局。

2．自定义工作区布局

Animate 2022 为用户提供了多种自定义工作区的方式，如：通过"窗口"菜单显示、隐藏各个功能面板；通过拖动面板左上方的面板名称，将面板拖放到不同的位置等。

用户还可以保存自定义工作区。按照使用需要和个人爱好调整好界面布局后，单击用户界面右上角的"工作区"按钮，打开工作区列表，如图 13-13 所示。在"新建工作区"下方输入自定义工作区的名称，单击右侧的保存工作区按钮 █ ，自定义工作会出现在工作区列表的下方，如图 13-14 所示。单击自定义工作区右侧的删除按钮█，可将其删除。

图 13-13 工作区列表

图 13-14 自定义工作区

13.4   Animate 文件的基本操作

Animate 文件的基本操作主要包括文件的新建、保存、打开和关闭,以及动画的测试、导出和发布等。

13.4.1 新建文件

新建文件是动画制作的第一步。选择"文件"→"新建"命令,或按【Ctrl+N】组合键,弹出"新建文档"对话框,如图 13-15 所示。在对话框中,可以从"角色动画""社交""游戏""教育""广告""Web""高级"这些选项卡中选一种模板文档类型,再单击"创建"按钮即可完成相应类型新建文件的创建。若要创建自定义动画文件,可以选择"角色动画",在右侧按需要设置"宽""高""帧速率",平台类型选择"ActionScript 3.0",单击"创建"按钮即可打开新建文件的窗口,如图 13-16 所示。

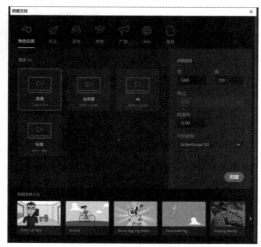

图 13-15 "新建文档"对话框

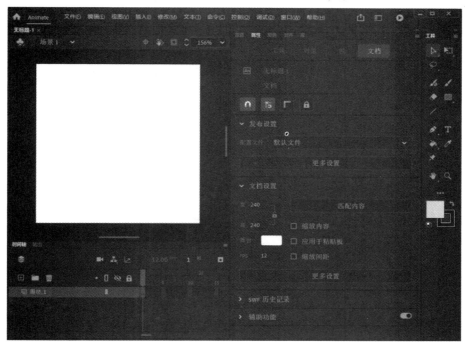

图 13-16　自定义新建文件窗口

13.4.2　保存文件

编辑制作动画时，需要及时对文件进行保存，以便后续进一步修改完善。

首次保存文件时，选择"文件"→"保存"命令，或按【Ctrl+S】组合键，弹出"另存为"对话框，如图 13-17 所示。

在"另存为"对话框中，选择保存位置，输入文件名，选择保存类型，单击"保存"按钮，即可将文件保存至指定位置。Animate 文件的默认保存类型为"*.fla"文档。

若非首次保存文件，使用"文件"→"保存"命令，或按【Ctrl+S】组合键后，不会弹出"另存为"对话框，但最新的结果会被直接保存到原文件中。

图 13-17　"另存为"对话框

若既想保留原来的文件，又想保留最新的修改，可以使用"文件"→"另存为"命令，在弹出的"另存为"对话框中，重新命名文件名，并选择保存位置和保存类型，保存文件后，原来文件不变，修改后的结果保存为另一个文件。

Animate 2022 中，除了用"保存"和"另存为"两个命令保存文件外，系统还会每隔一定时间自动保存当前文档。具体间隔时间可通过选择"编辑"→"首选参数"→"编辑首选参数"命令，弹出"首选参数"对话框，在其"常规"选项卡里进行查看或修改，如图 13-18 所示。

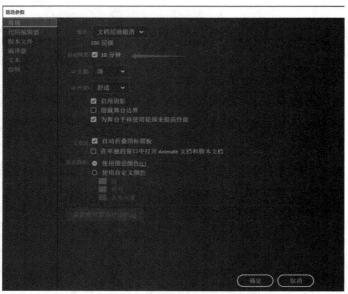

图 13-18   "首选参数"对话框

13.4.3   打开文件

编辑或查看已有的动画文件，需要先将其打开。

选择"文件"→"打开"命令，或按【Ctrl+O】组合键，弹出"打开"对话框，在对话框中找到文件，然后单击"打开"按钮，或直接双击文件，即可打开指定动画文件。

在"打开"对话框中，可以一次打开多个文件。在对话框的文件列表中，选中多个文件，按"打开"按钮，即可依次打开选中的多个文件。选多个文件时，按住【Shift】键，鼠标单击可选择多个连续的文件，按住【Ctrl】键，鼠标单击可选择多个不连续的文件。

13.4.4   关闭文件

不需要使用动画文件时，应将其关闭。关闭 Animate 文件存在"关闭文档"和"关闭软件"两种情况。

1．关闭文档

若只想关闭当前使用的文档，而保留 Animate 软件环境，可只关闭文档。

选择"文件"→"关闭"命令，或按【Ctrl+W】组合键，或单击文档窗口标题栏上的关闭按钮 ⬛ ，均可将当前文档关闭。若文件关闭时未保存，则会弹出"保存文档"的确认对话框，如图 13-19 所示。若选择"是"，则保存并关闭当前文档；若选择"否"，则不保存并关闭当前文档；若选择"取消"，则不会关闭当前文档。

图 13-19   "保存文档"确认对话框

若想同时关闭打开的多个文档，可选择"文件"→"全部关闭"命令，或按【Ctrl+Alt+W】组合键将其关闭。

2. 关闭软件

若想同时关闭打开的文档和 Animate 软件环境，可直接关闭软件。

选择"文件"→"退出"命令，或按【Ctrl+Q】组合键，或单击软件右上角的关闭按钮，即可关闭软件及文档。若关闭时文件未保存，则会弹出"保存文档"确认对话框，让用户确认是否需要保存文档。

13.4.5　测试动画

在动画制作过程中，或动画完成后，常常需要对动画效果进行测试。测试动画效果较简单的方法有两种。

(1) 直接拖动时间轴上的播放头，可以依次查看播放头经过的各帧的内容。

(2) 使用时间轴上的播放按钮，如图 13-20 所示，其中第一个按钮可以循环播放动画效果，第二个按钮可以后退一帧，第三个按钮可以播放或暂停动画播放，第四个按钮可以前进一帧。

图 1-20　时间轴上的播放按钮

如果作品含有影片剪辑元件实例，或多个场景，或有动作脚本时，上面两种方法就不能正常显示动画效果了，这时，需要按【Ctrl+Enter】组合键，或选择"控制"→"测试"命令，进行动画效果的测试，测试完成后，还会在文件保存位置生成一个扩展名为".swf"的文件。

13.4.6　导出动画

作品制作完成后，Animate 可以将其导出为图像、图像序列、视频、gif 动画等多种不同格式的文件。使用"文件"→"导出"命令，如图 13-21 所示。

图 13-21　"导出"命令

选择"导出图像"命令，可以将当前帧的内容导出为".gif"".jpg"或".png"格式的图片文件。选择"导出影片"命令，可以将文件导出为".swf"文件，或将文件逐帧内容依次导出为图片序列。选择"导出视频/媒体"命令，可以将文件导出为视频文件。选择"导出动画 GIF"命令，可以将当前场景内容导出为".gif"动画文件。

13.4.7　发布动画

Animate 可以将制作的动画发布为 SWF 文件，以方便插入浏览器窗口中的 HTML 文档，也可以发布为 GIF 图像、PNG 图像、Win 放映文件等格式。

选择"文件"→"发布设置"命令，弹出"发布设置"对话框，如图 13-22 所示。

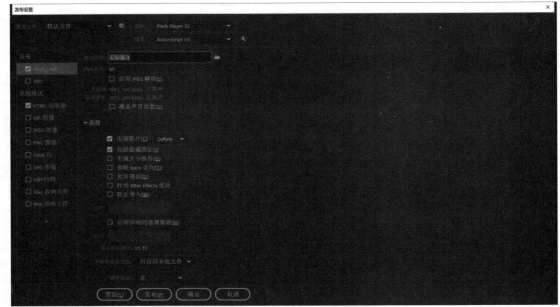

图 13-22　"发布设置"对话框

在"发布设置"对话框中，在左侧的发布类型栏中，根据需要选择一种或几种格式，并在右侧分别设置每种格式的相应参数选项，在右侧上方输入输出名称。

设置完后，单击"发布"按钮，可在文件保存位置生成发布后的文件。若单击"确定"按钮，则保存设置并关闭"发布设置"对话框，但并不发布文件，需要使用"文件"→"发布"命令才可在文件保存位置生成发布后的文件。

优秀传统文化应用

【制作"马跑"剪纸动画】

应用剪纸素材，制作剪纸马跑动画，效果参考素材中的"马跑.gif"文件，其中一帧效果如图 13-23 所示。

图 13-23　"马跑"动画效果

马跑

【应用分析】

本应用以熟悉 Animate 环境和文件的基本操作为主，导入外部剪纸特色系列图片素材，生成马跑动效，再保存文件，并将其发布为可独立播放的马跑动画文件。

【实现步骤】

1. 新建文件

运行 Animate 2022，选择"文件"→"新建"命令，或按【Ctrl+N】组合键，弹出"新建文档"对话框，在对话框中设置宽为 1000 像素，高为 800 像素，帧速率为 24，平台类型选择"ActionScript 3.0"，然后单击"创建"按钮打开新建文档的窗口界面。

2. 导入剪纸图像序列

选择"文件"→"导入"→"导入到舞台"命令，在打开的"导入"对话框中找到准备好的马跑剪纸图像序列，选择其中的第一幅，单击"打开"按钮，弹出如图 13-24 所示的"Adobe Animate"对话框，选择"是"按钮，图像序列导入舞台。

图 13-24　"Adobe Aimate"对话框

3. 动画测试

选择"控制"→"测试"命令，或按【Ctrl+Enter】组合键，进行动画效果的测试。

4. 文件保存

选择"文件"→"保存"命令，弹出"另存为"对话框，在对话框中选择保存位置，输入文件名"马跑"，单击"保存"按钮，在指定位置生成"马跑.fla"文件。

5. 动画导出

选择"文件"→"导出"→"导出动画 GIF"命令，在弹出的"导出图像"对话框中，单击"保存"按钮，在弹出的"另存为"对话框中选择保存位置，输入文件名"马跑"，单击"保存"按钮，即在指定位置生成一个名称为"马跑.gif"的动画文件。

➤➤ 创 新 实 践

一、临摹

临摹本章优秀传统文化实例，用素材中的马跑图像序列，制作剪纸马跑动画。

要求：

(1) 新建文件，舞台大小为 1000 像素×800 像素，帧速率 FPS 为 24。

(2) 文件保存为"马跑.fla"，导出为"马跑.gif"动画。

二、原创

制作剪纸作品展示动画。

要求：

(1) 在线搜索下载多幅同类型的剪纸图像，将图像名称命名为序列文件名，如"01、02、03……"。

(2) 新建文件，舞台大小依据素材图片大小合理设置，帧速率 FPS 为 1。

(3) 模拟第一题的方法和思路，制作剪纸作品展示动画。

(4) 文件保存为"剪纸作品展示.fla"，导出为"剪纸作品展示.gif"。

第 14 章 图形绘制基础

 本章简介

使用 Animate 绘图工具可以绘制出丰富多彩的图形对象，绘制的方法也灵活多样，为了提高绘图效果，合理组织绘制的图形以方便之后的动画制作，本章主要介绍 Animate 绘图过程中需要用到的基础知识及操作，包括图像类型、绘图模式、对象的编辑、元件及实例的使用。这些内容会在 Animate 绘制动画图形中反复使用，为图形绘制打好坚实基础。

 学习目标

知识目标：

(1) 了解矢量图和位图的异同。

(2) 掌握两种绘图模式，以及对象的组合、分离、变形、排列和对齐。

(3) 熟练掌握元件和元件实例的使用。

能力目标：

(1) 能灵活应用绘图模式、组合、分离、变形、排列和对齐。

(2) 能熟练使用元件及元件实例。

思政目标：

(1) 通过绘制剪纸花枝，体验用 Animate 完成数字剪纸作品的创作过程。

(2) 激发学习兴趣，传承、创新优秀剪纸文化。

 思维导图

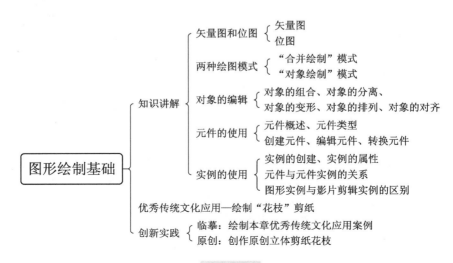

知识讲解

14.1　矢量图和位图

计算机图像分为两类：矢量图和位图。Animate 中的图形绘制工具绘制的都是矢量图，Animate 也可以处理从外部导入的位图和矢量图。了解矢量图和位图的区别，有助于了解 Animate 的动画制作原理。

14.1.1　矢量图

矢量图用直线和曲线来描述，由两部分构成：笔触(或轮廓)和填充。

矢量图中保存的是构成图形的线条和图块的信息，在计算机中用基于数学方程的几何图元表示，所以矢量图文件所占存储空间较小，文件的大小与分辨率和图像大小无关，只与图像的复杂程度有关。

矢量图的最大缺点是难以表现色彩层次丰富的逼真图像效果；最大优点是放大、缩小或旋转等不会失真，可以显示在各种不同分辨率的输出设备而丝毫不影响画面品质，如图 14-1 所示。

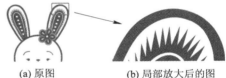

(a) 原图　　　　(b) 局部放大后的图

图 14-1　矢量图放大效果

14.1.2　位图

位图，又称点阵图或像素图，由像素点构成。

位图中保存的是构成图像的像素点的信息，所以位图图像文件占用存储空间较大，文件大小与分辨率和图像大小有关。

位图的优点是色彩层次丰富，图像效果逼真；缺点是占用存储空间大，缩放、旋转等会失真，如图 14-2 所示。位图在低于图像分辨率的输出设备显示时，图像边缘会产生锯齿，图像质量会有一定程度下降。

(a) 原图　　　　(b) 局部放大后的图

图 14-2　位图放大效果

14.2　两种绘图模式

在 Animate 中绘图时有两种绘图模式："合并绘制"模式和"对象绘制"模式。这两种绘图模式使得在 Animate 中绘图时具有极大的灵活性。支持绘图模式设置的工具有：流畅画笔工具、传统画笔工具、矩形工具、椭圆工具、多角星形工具、线条工具、画笔工具、铅笔工具和钢笔工具。

14.2.1 "合并绘制"模式

选择一个支持绘图模式设置的工具，在属性面板上或工具箱底部的选项区，通过单击或按【J】键，将"对象绘制"按钮设置为不选状态 ，则该工具被设置为"合并绘制"模式。

"合并绘制"模式的工具绘制的图形具有如下特点。

(1) 图形呈打散状态，可以选中局部进行操作。

(2) 选中时，图形上会显示一些虚状的小白点。

(3) 相交的线条会在交点处相互切割。

(4) 同色的填充色块相互有叠加时，会融为一体。

(5) 异色的填充色块相互有叠加时，上面的色块会覆盖切割下面的色块。

(6) 线条可以切割色块。

14.2.2 "对象绘制"模式

选择一个支持绘图模式设置的工具，在属性面板上或工具箱底部的选项区，通过单击或按【J】键，将"对象绘制"按钮设置为选中状态 ，则该工具被设置为"对象绘制"模式。

"对象绘制"模式的工具绘制的图形具有如下特点。

(1) 一个图形为一个独立的"绘制对象"，是一个整体，不能选中局部进行操作。

(2) 选中图形时，图形显示在一个矩形框内。

(3) 图形相互有叠加时互不影响。

(4) 选中图形，使用选择工具双击该图形，会进入"绘制对象"编辑状态，在编辑栏上左侧会显示绘制对象图标 ，此时，舞台上不属于该图形的部分会变成半透明状态，表明是不可访问的，属于该图形的部分为打散状态且可以单独编辑。完成操作后，可以双击空白处，或单击编辑栏上的返回按钮 ，即可退出"绘制对象"编辑状态。

14.3 对象的编辑

在创建动画时，经常需要对绘制的图形对象进行一些修改编辑操作，常用的图形编辑操作有组合、分离、变形、排列和对齐等。

14.3.1 对象的组合

组合可以将散状图形组合为一个组合对象。选中一个散状图形，如图 14-3 所示，选择"修改"→"组合"命令，或按【Ctrl+G】组合键，散状图形即变成一个组合对象，如图 14-4 所示。

图 14-3　选中的散状图形　　　　　　图 14-4　组合后的散状图形

组合还可以将多个对象组合为一个组合对象。选中多个对象，如图 14-5 所示，选择"修改"→"组合"命令，或按【Ctrl+G】组合键，即可将选中的所有对象组合为一个对象。如图 14-6 所示。

图 14-5　组合前　　　　　　　　　　图 14-6　组合后

组合后的对象不会改变组合前各对象的属性，还可以在组中选择单个对象进行编辑。具体操作为：选中组合对象，使用选择工具双击该组，会进入组编辑状态，在编辑栏上左侧会显示组图标 ![组] ，此时，舞台上不属于该组的部分会变成半透明状态，表明是不可访问的，属于该组的元素则可以单独编辑。完成操作后，双击空白处，或单击编辑栏上的返回按钮 ![返回] ，即可退出组编辑状态。

取消组合是将组合对象分开，是组合的逆操作。选择组合对象，使用"修改"→"取消组合"命令，或按【Ctrl+Shift+G】组合键，即可将组合对象返回到组合前的状态。

14.3.2　对象的分离

分离又称打散，是指将组合后的图形、实例、位图或文字打散成单独的可编辑元素。

分离操作过程：选中要分离的对象，如图 14-7 所示，使用"修改"→"分离"命令，或按【Ctrl+B】组合键，即可将选中对象分离，如图 14-8 所示。

图 14-7　分离前　　　　　　　　　　图 14-8　分离后

如果分离后的对象不是散件，还可以继续多次分离，直至将其分离为散件。

注意：不要混淆"分离"命令和"取消组合"命令，"取消组合"是将组合对象返回到组合前的状态，它不能分离位图、实例或文字，也不能将文字转换为矢量图形。

14.3.3　对象的变形

在 Animate 中，对象的变形操作有三种实现途径："变形"菜单命令、"任意变形"工具和"变形"面板。

1. 用"变形"菜单命令变形对象

选择要变形的对象，然后通过使用"修改"→"变形"命令，在弹出的"变形"子菜单中，可以对对象进行各种变形操作，如图 14-9 所示。

图 14-9　"变形"菜单命令

2. 用"任意变形"工具变形对象

"任意变形"工具 █ 可以对对象进行缩放、旋转与倾斜、扭曲和封套等变形操作。

选中舞台上的散状矢量图形，单击工具箱中的"任意变形"工具█，其工具选项如图 14-10 所示。

"任意变形"工具对所有类型对象都可以进行缩放、旋转与倾斜操作，但封套和扭曲操作只能对散状矢量图形进行，如图 14-11 所示。

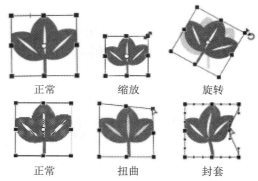

图 14-10　"任意变形"工具选项　　图 14-11　图形的缩放、旋转、扭曲和封套

"任意变形"工具的中心点是一个参照点，变形对象默认以此点为中心进行变形。使用任意变形工具时，变形参照点可以根据变形需要，按鼠标左键拖动调整其位置，如图 14-12 所示。

图 14-12　调整变形中心点

使用"任意变形"工具变形对象时，按住【Alt】键，可以使对象的一边固定，便于定位对象。

3. 用"变形"面板变形对象

使用"变形"面板对对象进行变形时，可以实现精确缩放、旋转、倾斜等变形操作。

执行"窗口"→"变形"命令，或按【Ctrl+T】组合键，即可打开"变形"面板，如图 14-13 所示。

在"变形"面板中，输入具体的缩放百分比、旋转度数、倾斜度数可分别按输入数据精确缩放、旋转、倾斜对象。

约束按钮 可决定宽高是否同比例变形。

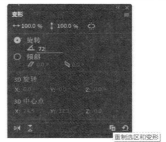

图 14-13　"变形"面板

3D 旋转可以针对影片剪辑元件进行 X、Y、Z 轴三个方向的旋转。

面板左下角的两个按钮 可以水平翻转和垂直翻转所选内容。

重置按钮 可将选择的对象还原到变形前的状态。

"变形"面板不仅可以精确变形对象，还可以复制对象。如图 14-14 所示，绘制一个花瓣，将其变形参照点调至花瓣底部，在"变形"面板中输入旋转度数 72，然后多次单击"重制选区和变形"按钮，即可得到一朵花。借助此功能可以制作一些规律图形对象。

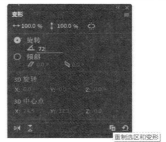

图 14-14　"变形"面板复制对象

14.3.4　对象的排列

多个图形对象叠放在一起时，如果要修改对象的叠放次序，可以使用"修改"→"排列"命令。

例如，如果要将图形对象移至顶层，选中要移动的对象，如图 14-15 所示，再选择"修改"→"排列"→"移至顶层"，即可将选中的"小鱼"移至顶层，效果如图 14-16 所示。

图 14-15　原图　　　　图 14-16　改变叠放次序后的图

注意：排列对象只能是组件对象，如元件实例、绘制对象、组合对象等，散件不能改变叠放次序，散件和组件叠放在一起时，只能显示在组件的下方。

14.3.5 对象的对齐

当需要对多个对象进行对齐设置时，可以使用"修改"→"对齐"命令，如图 14-17 所示，或使用"对齐"面板，如图 14-18 所示。

图 14-17 "对齐"命令　　　　　　　　图 14-18 "对齐"面板

例如，如果要将多个对象水平居中对齐，先选中多个图形，如图 14-19 所示，然后使用"修改"→"对齐"→"水平居中"命令，或单击"对齐"面板上的水平中齐按钮 ，则选中的对象水平居中对齐，如图 14-20 所示。

图 14-19 选中多个对象　　　　图 14-20 居中对齐效果

注意：进行上述操作时，如果"与舞台对齐"选项选中，则是将选中对象与舞台进行水平居中对齐。

14.4　元件的使用

在创建 Animate 动画过程中，有一些素材和动画片段会被重复多次使用。如果重复制作，既降低了工作效率，又加大了动画文件的数据量。如果把重复使用的内容制作成元件，就不需再重复制作，需要时在舞台创建该元件的实例即可。重复使用元件，不会增加动画文件的大小，这也是 Animate 动画文件小的一个重要原因。

14.4.1 元件概述

元件是可以重复使用的图形图像、动画或按钮。每个元件都有其独立的时间轴和舞台。

在 Animate 动画中，元件的作用举足轻重。元件只需创建一次，就可以在整个文档或其他文档中反复多次使用。创建的元件会存储在当前文档的库中，并可通过库面板进行管理。

14.4.2 元件类型

在 Animate 中，元件有 3 种类型：图形元件、影片剪辑元件和按钮元件。

1. 图形元件

图形元件一般用于创建静态的图形图像，或动态的动画短片。

图形元件有自己的舞台和时间轴。场景中创建的图形元件实例，与该场景主时间轴关联，也就是说，图形元件的时间轴与其实例所在场景的主时间轴同步，可以通过场景主时间轴上的播放按钮或拖动播放头预览元件实例动画效果。动画播放时，要在场景中完整看到图形元件实例的动态效果，场景的主时间轴帧数不能少于元件内部的帧数。

在图形元件中可以使用矢量图、位图、图形元件、影片剪辑元件、按钮元件和声音等，但动画播放时声音失效。另外，在动作脚本中不能引用图形元件。

2. 影片剪辑元件

影片剪辑元件一般用于创建静态的图形图像，或动态的动画短片。

影片剪辑元件有自己独立的舞台和时间轴，它的时间轴不受实例所在场景主时间轴的控制，动画播放时，影片剪辑元件的时间轴独立于动画主时间轴。例如，在场景中创建影片剪辑元件实例，即使该场景主时间轴只有一帧，动画播放时也能完整观看影片剪辑元件实例的动画效果。

在影片剪辑元件中可以使用矢量图、位图、图形元件、影片剪辑元件、按钮元件和声音等，而且，在动作脚本中可以引用影片剪辑元件。

3. 按钮元件

按钮元件主要用于创建交互控制按钮。

按钮元件也有自己的舞台和时间轴，它的时间轴有 4 种不同状态的帧："弹起""指针经过""按下"和"点击"。"弹起"帧用于创建鼠标抬起时的按钮状态；"指针经过"帧用于创建鼠标移入时的按钮状态；"按下"帧用于创建鼠标按下时的按钮状态；"点击"帧用于创建鼠标响应区域，在这个区域创建的图形不会出现在按钮元件实例的画面中。

14.4.3　创建元件

在 Animate 动画中，创建元件有 2 种方法：新建元件和通过转换现有对象创建元件。

1. 新建元件

单击库面板左下角的新建元件按钮 ⊞ ，或选择"插入"→"新建元件"命令，或按【Ctrl+F8】组合键，会弹出"创建新元件"对话框，如图 14-21 所示。

在对话框的名称框中输入元件的名称，类型下拉列表中选择元件的类型，单击"确定"按钮，进入元件的

图 14-21　"创建新元件"对话框

舞台，在元件舞台创建编辑元件内容完成后，单击编辑栏上左侧的返回按钮 ← ，即可返回场景，并在库面板上生成一个相应元件。

2. 通过转换现有对象创建元件

如果在舞台上已经创建好矢量图形，且在以后还会再用，可将该图形转换为元件。

选中舞台上的图形对象，选择"修改"→"转换为元件"命令，或右击图形对象选"转换为元件"命令，或按【F8】快捷键，弹出"转换为元件"对话框，如图 14-22 所示。

图 14-22　"转换为元件"对话框

在对话框的名称框中输入元件的名称，类型下拉列表中选择元件的类型，在对齐选项中选择元件的中心定位点，然后单击"确定"按钮，矢量图形被转换为元件，并在库面板中出现该元件项。

14.4.4 编辑元件

在动画创建过程中，经常需要对元件进行编辑修改。编辑元件有以下两种方法。

1. 双击舞台上的元件实例编辑元件

双击舞台上的元件实例，会进入元件的编辑舞台，该元件实例以外的内容全部变为半透明状态，且不可编辑，在元件舞台编辑修改元件内容后，单击编辑栏上左侧的返回按钮 ，或双击元件舞台空白处，即可退出元件舞台返回场景。

2. 双击库面板中的元件图标编辑元件

在库面板中，双击需要修改的元件图标，会进入元件的编辑舞台，对元件内容编辑修改后，单击编辑栏上左侧的返回按钮 ，即可退出元件舞台返回场景。

注意：对元件的编辑修改，会影响到该元件产生的所有元件实例。

14.4.5 转换元件

在动画创建过程中，根据需要，可以对元件的类型进行转换。

在库面板中，选中需要修改类型的元件，单击库面板下方的属性按钮 ，或右击元件选择"属性"命令，弹出"元件属性"对话框，如图 14-23 所示。

在"元件属性"对话框中，在"类型"选项的下拉列表中选择要转换的元件类型，单击"确定"按钮，即可实现元件类型的转换。

图 14-23 "元件属性"对话框

14.5 实 例 的 使 用

元件创建好后，并不会在动画中展现出来，只有在舞台上生成实例，元件的内容才会出现在动画中，也就说，实例是元件的具体表现形式，一个实例是元件在舞台上的一次具体使用。

14.5.1 实例的创建

当把元件从库面板中拖放到舞台，就在舞台上产生了一个该元件的实例。

14.5.2 实例的属性

元件的类型不同，产生的元件实例的属性也不同。

图形实例可以设置色彩效果、循环等属性，其属性面板如图 14-24 所示。影片剪辑实例可以设置色彩效果、混合、滤镜、3D 定位和视图等属性，其属性面板如图 14-25 所示。按钮实例可以设置色彩效果、混合、滤镜、字距调整等属性，其属性面板如图 14-26 所示。

图 14-24　图形元件实例属性面板　图 14-25　影片剪辑元件实例属性面板　图 14-26　按钮元件实例属性面板

图形实例的属性面板上各主要选项含义如下。

(1) "实例名称"选项：可以在选项文本框中为实例设置一个实例名称。

(2) "编辑元件属性"按钮 　：用来设置产生实例的元件的类型。

(3) "交换元件"按钮 　：用来替换实例引用的元件，但实例的不透明度等属性保持不变。

(4) "分离"按钮 　：用来分离实例。

(5) "转换为元件"按钮 　：用来将实例转换为元件。

(6) "宽""高"选项：用来设置实例的宽度和高度。

(7) "X""Y"选项：用来设置实例在舞台中的位置。

(8) "色彩效果"选项：用来设置实例的亮度、色调、不透明度等属性。

(9) "循环"选项中的 　　按钮：分别用来设置图形实例循环播放、播放一次、播放单个帧、倒放一次和反向循环播放。

(10) "循环"选项中"帧选择器"按钮 　：用来选择场景舞台的当前帧显示图形实例的哪一帧。

(11) "嘴形同步"按钮 　：用来设置图形实例的动画自动嘴形同步以匹配对应图层上的相应音频。

影片剪辑实例的属性面板上，与图形实例相同的属性不再赘述，其他各主要属性选项含义如下。

(1) "混合"选项：用来设置实例与其下方图层的混合效果。

(2) "滤镜"选项：用来给实例添加投影、模糊、发光、斜角、调整颜色等特效效果。

(3) "3D 定位和视图"选项：用来给影片剪辑实例设置 3D 定位点和透视角度。

按钮实例的属性面板中的选项，与图形和影片剪辑实例的属性面板的选项作用基本相同，不再赘述。

14.5.3　元件与元件实例的关系

如果修改了一个元件，则由这个元件产生的所有元件实例都会同步产生相应的变化。

如果对一个元件实例的属性进行修改，则对产生该元件实例的元件本身不会产生影响。

如果对一个元件实例执行"修改"→"分离"命令，或按【Ctrl+B】组合键，则其分离后不再是元件实例，与产生实例的原元件也将脱离关系，这时，即使修改原元件，分离后的元件实例也不会受到任何影响。

14.5.4　图形实例与影片剪辑实例的区别

在场景中引用图形实例和影片剪辑实例时，需要注意二者的不同之处，具体见表 14-1 所示。

表 14-1　图形实例与影片剪辑实例的区别

项　目	图形实例	影片剪辑实例
时间轴帧数	场景中的主时间轴帧数不能少于元件内部时间轴帧数	场景中的主时间轴帧数可以小于元件内部时间轴帧数
预览动画方式	可以通过时间轴上的播放按钮或拖动播放头预览动画效果	不能通过时间轴上的播放按钮或拖动播放头预览动画效果
实例特殊属性	可以设置"循环"属性	可以设置"滤镜"属性
gif 文件特点	导出的 gif 文件有动态效果	导出的 gif 文件无动态效果

≫≫　优 秀 传 统 文 化 应 用

【绘制"花枝"剪纸】

应用 Animate 绘图工具，绘制一个剪纸花枝，绘制效果如图 14-27 所示。

花枝

图 14-27　"花枝"剪纸

【应用分析】

本应用绘制的花枝是动态表情包专辑的道具之一，其主要部分花朵的绘制思路是：先绘制一个花瓣，再通过花瓣的有序旋转得到花朵。

【实现步骤】

1．新建文件

(1) 双击桌面上的 Animate 2022 快捷图标启动软件。

(2) 选择"文件"→"新建"命令，在打开的"新建文档"对话框中，选择"角色动画"，宽和高均设置为 240 像素，帧速率设置为 12，平台类型选择"ActionScript 3.0"，然后单击"创建"按钮，创建一个 Animate 文档。

(3) 选择"文件"→"保存"命令，或按【Ctrl+S】组合键，打开"另存为"对话框，在对话框中选择保存位置，输入文件名为"小兔子表情包.fla"，单击"保存"按钮，文件被保存至指定位置。

(4) 在库面板中创建"道具"文件夹。

(5) 使用"窗口"→"场景"命令，打开"场景"面板，双击"场景 1"名称，将其重命名为"表情 1"。

2．绘制花朵

(1) 绘制花瓣。

选择"椭圆工具"，属性面板设置笔触颜色为红色，笔触大小为 3 像素，无填充，选中"对象绘制模式"按钮。

绘制一个椭圆，用"任意变形工具"适当旋转。

选择"选择工具"，按【Alt+Shift】组合键，并按住鼠标左键拖动复制一个椭圆，然后使用"修改"→"变形"→"水平翻转"命令，再适当调整椭圆位置，如图 14-28(a)所示。

选中两个椭圆，按【Ctrl+B】组合键将其打散，再选中并删除中间线条，效果如图 14-28(b)所示。

选择"窗口"→"颜色"命令，打开颜色面板，设置红黄色径向渐变色。

选择"颜料桶工具"，单击心形内部为其填充径向渐变，效果如图 14-28(c)所示。

选中心形，按【Ctrl+G】组合键将其组合。

选择"椭圆工具"，属性面板设置笔触颜色为红色，笔触大小为 0.1 像素，无填充，选中"对象绘制模式"按钮，绘制椭圆。

选择"选择工具"，双击椭圆进入"绘制对象"内部。

选择"钢笔工具"，取消"对象绘制"选中，绘制锯齿状线条，如图 14-28(d)所示。

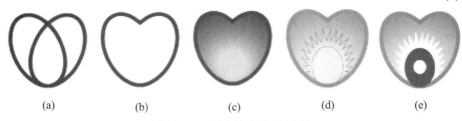

| (a) | (b) | (c) | (d) | (e) |

图 14-28　绘制剪纸花瓣过程

选择"颜料桶工具"，在锯齿内填充白色，椭圆内填充红色，再删除锯齿线条，绘制白色椭圆，效果如图14-28(e)所示。

单击舞台左上角的"表情1"返回场景。

选中绘制好的花瓣，按【F8】键，将其转换为"花瓣2"影片剪辑元件，存于"库"面板上的"道具"文件夹中。

(2) 生成花朵。

使用"任意变形工具"选中花瓣，将其中心点移至花瓣底部，如图14-29(a)所示。

使用"窗口"→"变形"命令，打开变形面板，输入旋转度数72，再连续4次单击面板右下角的"重置选区和变形"按钮 ，得到如图14-29(b)所示的5个花瓣。

使用"椭圆工具"绘制红色椭圆和白色椭圆，放于花朵中心位置，再适当调整排列次序，得到剪纸花朵，效果如图14-29(c)所示。

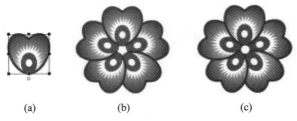

(a)　　　　　　　　(b)　　　　　　　　(c)

图14-29　从花瓣生成剪纸花朵过程

选中绘制好的花朵，按【F8】键，将其转换为"花4"影片剪辑元件，存于"库"面板上的"道具"文件夹中。

3. 绘制叶子和枝干

(1) 绘制叶子。

选择"椭圆工具"，属性面板设置笔触颜色为红色，笔触大小为1像素，无填充，选中"对象绘制模式"按钮。

绘制两个椭圆，如图14-30(a)所示。

选中两个椭圆，按【Ctrl+B】组合键将其打散，分别单击选中两侧线条将其删除，如图14-30(b)所示。

使用"颜料桶工具"为其填充绿色，双击选中线条将其删除，效果如图14-30(c)所示。

选中绿色叶子，按【Ctrl+G】组合键将其组合。

选择"线条工具"，属性面板设置笔触颜色为白色，选中"对象绘制模式"按钮，"宽"样式选择 ，绘制线条，如图14-30(d)所示。

选中绘制的叶子，按【F8】键将其转换为"叶子"影片剪辑元件，按【Ctrl+C】组合键复制，再按【Ctrl+Shift+V】组合键原位粘贴。

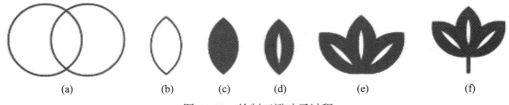

(a)　　　　(b)　　　　(c)　　　　(d)　　　　(e)　　　　(f)

图14-30　绘制三瓣叶子过程

　　选择"任意变形工具"，将复制的叶子中心点下移，适当旋转。同理，再复制旋转一次叶子，得到三瓣叶子，效果如图 14-30(e)所示。

　　使用线条工具绘制叶梗，如图 14-30(f)所示。

　　选中绘制好的三瓣叶，按【F8】键，将其转换为"叶子 1"影片剪辑元件，存于"库"面板上的"道具"文件夹中。

　　(2) 绘制枝干。

　　使用线条工具绘制花枝枝干。

4．生成花枝

　　从"库"面板拖动"叶子 1"元件到舞台。

　　适当调整各对象位置、方向和排列次序，得到剪纸花枝，效果如图 14-27 所示。

　　选中绘制好的花枝，按【F8】键，将其转换为"花枝 1"影片剪辑元件，存于"库"面板上的"道具"文件夹中。

5．保存文件

　　选择"文件"→"保存"命令，或按【Ctrl+S】组合键，保存源文件。

创 新 实 践

一、临摹

临摹本章实例，绘制"花枝"剪纸。

要求：

(1) 新建文件，舞台大小为 240×240 像素，帧速率 FPS 为 24。

(2) 绘制"花枝"剪纸，并保存为相应元件。

(3) 文件保存为"小兔子表情包.fla"，导出为"小兔子表情包.gif"文件。

二、原创

参考第一题思路和方法，在 Animate 中绘制原创立体剪纸花枝。

要求：

(1) 新建文件，舞台大小为 240×240 像素，帧速率 FPS 为 24。

(2) 适当改变花瓣、叶子、枝干的形状，绘制自己的原创花枝，并保存为相应元件。

(3) 文件保存为"姓名表情包.fla"，导出为"姓名表情包.gif"。

第 15 章 / 图形的绘制、编辑与上色

 本章简介

　　创建动画时，需要先制作出动画的静态画面元素，Animate 具有多个图形绘制编辑工具，可用来绘制动画需要的矢量图形。本章主要介绍图形绘制工具、编辑工具和上色工具的具体使用方法，并通过三个剪纸特色图形对象的绘制，学习绘制剪纸特色图形的方法，强化绘图和编辑矢量图形的能力，感受剪纸文化魅力。

 学习目标

　　知识目标：
　　(1) 熟练掌握 Animate 常用绘图、编辑工具的使用。
　　(2) 熟练掌握 Animate 图形上色工具的使用。
　　能力目标：
　　(1) 掌握图形绘制、编辑和上色的方法和技巧。
　　(2) 能灵活运用 Animate 绘图、编辑和上色工具绘制图形。
　　思政目标：
　　(1) 通过用 Animate 绘制剪纸表情包形象，了解剪纸特色，感受剪纸魅力。
　　(2) 激发学生学习兴趣，引领学生用现代数媒技术传承、创新优秀文化。

 思维导图

```
                              ┌ 图形的绘制 ┤ 线条工具、铅笔工具、画笔工具、传统画笔工具、
                              │           └ 流畅画笔工具、钢笔工具、形状工具组
                    ┌ 知识讲解 ┤ 图形的编辑 ┤ 选择工具、部分选取工具、套索工具、橡皮擦工具、
                    │         │           └ 添加、删除和转换锚点工具
                    │         └ 图形的上色 ┤ 墨水瓶工具、颜料桶工具、滴管工具、
  图形的绘制、        │                     └ 颜色面板、渐变变形工具
  编辑与上色  ┤      ┤                      ┌ 应用一：绘制"剪纸小兔子正面"
                    │ 优秀传统文化应用 ┤ 应用二：绘制"剪纸小兔子侧面"
                    │                 └ 应用三：绘制"星星""月亮"
                    └ 创新实践 ┤ 临摹：制作本章优秀传统文化应用案例
                              └ 原创：创作表情包原创角色和道具
```

▶▶ **知 识 讲 解**

15.1　图 形 的 绘 制

Animate 为用户提供了多种图形绘制工具，主要有线条工具、铅笔工具、画笔工具、传统画笔工具、流畅画笔工具、钢笔工具和形状工具组。

15.1.1　线条工具

线条工具 ✏ 用来绘制直线。

线条工具的用法：选择线条工具，在工具选项区和"属性"面板合理设置相关属性选项，然后按住鼠标左键在舞台上拖动，释放鼠标左键后，即可在鼠标拖动的起始点和结尾点间产生一条直线。

注意：使用线条工具绘制直线时，如果按住【Shift】键，可限定绘制 45°倍数的直线。

选择线条工具，工具箱的选项区有一个"对象绘制"按钮 ▣ ，若按钮选中，则绘制的线条为绘制对象，否则，绘制的线条为打散状线条。两者区别见 14.2 节。

线条工具的"属性"面板如图 15-1 所示。

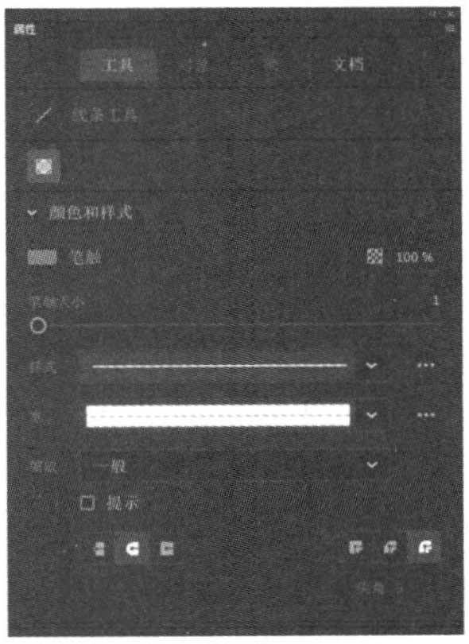

线条工具的"属性"面板中各主要选项的功能如下。

(1) "对象绘制模式"按钮 ▣ ：功能和工具选项区的"对象绘制"按钮一样。

(2) 笔触颜色 ▣ 笔触 ：用来设置线条的颜色。

(3) 笔触 Alpha ▨ 100 % ：用来设置线条的不透明度。

(4) 笔触大小 ⭕ ：用来设置线条的粗细，默认值为 1 像素。

(5) 笔触样式 ▭ ：用来设置线条的类型，如实线、虚线、点状线等。

(6) 样式选项按钮 ⋯ ：可用来编辑线条样式，单击该按钮，选择"编辑笔触样式"选项，打开"笔触样式"

图 15-1　线条工具的"属性"面板

对话框，如图 15-2 所示，在对话框中，可以设置线条的类型、缩放和粗细等；选择"画笔库"选项，可以打开"画笔库"面板，并从中选择笔触样式。

(7) 可变宽度配置文件 ▭ ⋯ ：用来设置线条的宽度类型。

(8) 按方向缩放笔触 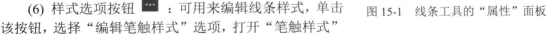 ：设置制作的线条在 Player 播放中的缩放样式。

(9) 按钮 ▣ ：设置线条端点的样式。

（10）按钮 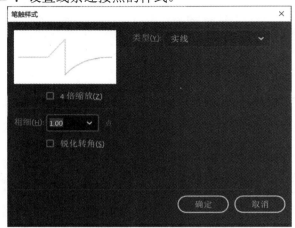：设置线条连接点的样式。

图 15-2 "笔触样式"对话框

15.1.2 铅笔工具

铅笔工具 可以绘制随意线条，就像用真铅笔在纸上绘图一样，但 Animate 可以根据铅笔模式对线条进行调整，使平滑或伸直。

铅笔工具用法：选择铅笔工具，在工具选项区和"属性"面板合理设置相关属性选项，然后按住鼠标左键在舞台上拖动进行绘制，释放鼠标左键后，即可在鼠标拖动的路径上产生一条线条。

注意：使用铅笔工具绘制时，如果按住【Shift】键，可限定绘制水平或垂直线条。

选择铅笔工具，工具箱的选项区如图 15-3 所示。单击"铅笔模式"按钮，弹出 3 个铅笔模式选项，如图 15-4 所示，用于设置线条的平滑度。

下面介绍 3 种铅笔模式的功能。

（1）"伸直"模式：选择此选项，绘制的线条拐角点为角点，也可用它绘制相对规则的形状。

图 15-3 铅笔工具选项　　图 15-4 铅笔模式选项

（2）"平滑"模式：选择此选项，绘制的曲线比较平滑。

（3）"墨水"模式：选择此选项，绘制的线条未经调整，最接近鼠标笔迹。

铅笔工具的"属性"面板上的选项与线条工具的"属性"面板基本相同。

15.1.3 画笔工具

画笔工具 与铅笔工具一样，主要用来绘制随意线条，但它绘制的线条比铅笔更光滑，可以当成升级版的铅笔工具。

画笔工具用法：选择画笔工具，在工具选项区和"属性"面板合理设置相关属性选项，然后按住鼠标左键在舞台上拖动进行绘制，释放鼠标左键后，即可在鼠标拖动的路径上产生一条线条。

注意：使用画笔工具绘制时，如果按住【Shift】键，可限定绘制水平或垂直线条。

画笔工具与铅笔工具的不同处主要有以下几个。

(1) 画笔工具选项区和"属性"面板上增加了两个选项 按钮，这两个选项对手绘板有效，可以在手绘板上绘制线条时，用笔的斜度和压力控制线条。

(2) 画笔工具的"属性"面板上增加了"绘制为填充色"按钮 ▇ ，选中该按钮，绘制的线条为填充色。

(3) 画笔工具的笔触样式可以从"画笔库"面板进行选择。单击"样式选项"按钮 ▇ ，在弹出的选项中选择"画笔库"，打开"画笔库"面板，并从中选择笔触样式。

15.1.4　传统画笔工具

传统画笔工具 ▇ ，类似于早期版本中的刷子工具，可绘制出刷子般的填充线条，能创建出类似于书法等样式的特殊效果。传统画笔工具绘制的不是笔触，而是填充。

传统画笔工具用法：选择传统画笔工具，在工具选项区和"属性"面板合理设置相关属性选项，然后按住鼠标左键在舞台上拖动进行绘制，释放鼠标左键后，即可在鼠标拖动的路径上产生一条线条。

注意：使用传统画笔工具绘制时，如果按住【Shift】键，可限定绘制水平或垂直线条。

选择传统画笔工具，工具箱的选项区如图 15-5 所示，其中 ▇ ▇ ▇ 3 个选项按钮的功能同画笔工具，单击"画笔模式"按钮，弹出 5 个画笔模式选项供选择，如图 15-6 所示。

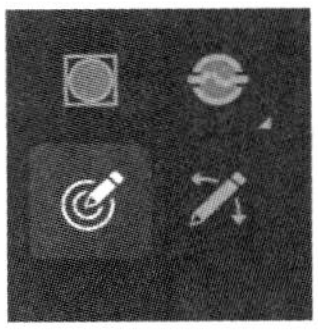

图 15-5　传统画笔
工具选项　　　图 15-6　画笔模式选项

下面结合如图 15-7(a)所示的图形，说明 5 种画笔模式。

(1) "标准绘画"模式：选择此选项，对线条和填充均可涂色，如图 15-7(b) 所示。

(2) "仅绘制填充"模式：选择此选项，仅对填充区域涂色，不影响笔触，如图 15-7(c) 所示。

(3) "后面绘画"模式：选择此选项，在空白区域涂色，不影响笔触和填充，如图 15-7(d) 所示。

(4) "颜料选择"模式：选择此选项，仅在选中的填充区域上涂色，不影响笔触和未选中的填充区域，如图 15-7(e) 所示。

(5) "内部绘画"模式：选择此选项，可在封闭区域内涂色，不影响笔触。但如果从空白区域开始绘制，则不会影响任何笔触和填充，如图 15-7(f) 所示。

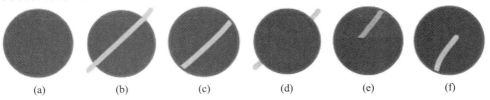

(a)　　　　(b)　　　　(c)　　　　(d)　　　　(e)　　　　(f)

图 15-7　传统画笔工具 5 种画笔模式

传统画笔工具"属性"面板如图 15-8 所示,可以进行选择画笔类型、添加自定义画笔形状、画笔大小等属性的设置。

15.1.5 流畅画笔工具

流畅画笔工具  可绘制出样式丰富的各种填充线条,流畅画笔工具绘制的也是填充,不是笔触。

图 15-8 传统画笔工具"属性"面板

流畅画笔工具用法:选择流畅画笔工具,在工具选项区和"属性"面板合理设置相关属性选项,然后按住鼠标左键在舞台上拖动进行绘制,释放鼠标左键后,即可在鼠标拖动的路径上产生一条线条。

注意:使用流畅画笔工具绘制时,如果按住【Shift】键,可限定绘制水平或垂直线条。

选择流畅画笔工具,工具箱的选项区选项功能同传统画笔工具的选项相同。

流畅画笔工具的"属性"面板如图 15-9 所示,可设置画笔的大小、圆度、角度、锥度等多项属性。

15.1.6 钢笔工具

钢笔工具  可以绘制直线、曲线和任意形状图形。

钢笔工具绘制直线:选择钢笔工具,在工具选项区和"属性"面板合理设置相关属性选项,在舞台上单击确定直线的起始点,此时,舞台出现一个锚点(小圆圈),再在下一个位置单击生成另一个锚点,并与上一个锚点之间产生直线,继续单击下去,直线就陆续产生,效果如图 15-10 所示,在终点处双击,或按住【Ctrl】键在空白处单击,即可结束钢笔绘制。

图 15-9 流畅画笔工具"属性"面板

注意:使用钢笔工具绘制直线时,如果按住【Shift】键,可限定绘制 45° 倍数的直线。

钢笔工具绘制曲线:选择钢笔工具,在工具选项区和"属性"面板合理设置相关属性选项,在舞台上单击产生起

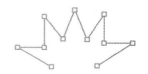

图 15-10 钢笔工具绘制直线

始锚点,在下一个锚点位置单击下去不释放鼠标,并按住鼠标左键进行拖动,拖动鼠标时曲线曲率会自动调整,释放鼠标后,会在当前锚点与上一个锚点之间产生一条曲线,如图 15-11(a)所示。继续重复上述操作,则可持续在相邻两锚点间产生曲线,如图 15-11(b)所示。按上述方法绘制曲线时,新产生的曲线曲率会受上一锚点处的方向线控制,若希望曲线曲率不受上个锚点方向线的控制,可单击上个锚点,会取消掉上个锚点一侧的一个方向线,然后再在新的锚点处单击并拖动鼠标绘制曲线即可,如图 15-11(c)所示。需要结束绘制

时，在终点处双击，或按住【Ctrl】键在空白处单击即可。

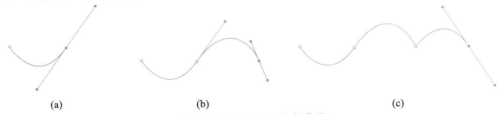

(a)　　　　　　　　　　(b)　　　　　　　　　　(c)

图 15-11　钢笔工具绘制曲线

钢笔工具绘制封闭图形：选择钢笔工具，按其绘制直线或曲线的方法绘制相应线条后，将鼠标移到起始锚点，当光标变成 ✎。 时，单击起始点，即可完成封闭图形绘制。

【**例 15.1**】利用钢笔工具绘制一朵花，效果如图 15-12 所示。

具体操作步骤如下。

(1) 新建 Animate 文件，场景默认。

(2) 选择钢笔工具，工具选项区选中"对象绘制"按钮，"属性"面板设置笔触颜色红色，笔触大小 6 像素，然后在舞台上绘制如图 15-13 所示心形图形，并用颜料桶工具为其填充白色。

图 15-12　花朵图案

(3) 选择钢笔工具，工具选项区选中"对象绘制"按钮，设置笔触大小 0.1 像素，然后在心形中绘制如图 15-14 所示锯齿形状，用选择工具双击锯齿形状进入绘制对象内部，用颜料桶工具为其填充红色，如图 15-15 所示，单击编辑栏上的"表情 1"，返回表情 1。

(4) 同时选中心形和锯齿图形，右击选择"转换为元件"命令，将其转换为名称为"花瓣"的影片剪辑元件，用任意变形工具单击舞台上的花瓣，将其中心点下移，如图 15-16 所示。

图 15-13　绘制心形　　图 15-14　绘制锯齿　　图 15-15　锯齿填色　　图 15-16　中心下移

(5) 打开变形面板，设置旋转度数为 72，如图 15-17 所示，再连续单击"变形"面板右下角的"重置选区和变形"按钮 ▦ ，即可复制旋转花瓣得到如图 15-18 所示的花朵。

(6) 选择椭圆工具，填充颜色设为白色，无笔触，选择"对象绘制"模式，绘制花蕊部分，得到如图 15-12 所示的花朵。

图 15-17　"变形"面板　　　　图 15-18　复制旋转花瓣

15.1.7　形状工具组

形状工具组包括矩形工具、基本矩形工具、椭圆工具、基本
椭圆工具和多角星形工具，如图 15-19 所示。

图 15-19　形状工具组

1. 矩形工具和基本矩形工具

使用矩形工具和基本矩形工具可以绘制矩形、正方形和圆角
矩形。

选择矩形工具，在舞台中按住鼠标左键进行拖动，即可绘制一个矩形。如果拖动鼠标
的同时按住【Shift】键，则绘制的是正方形。

矩形工具的工具选项区，以及"属性"面板，均与线条工具的基本相同。

基本矩形工具绘制的矩形是一种特殊对象，四个角上均有一个控制点，如图 15-20 所
示，可以用选择工具拖动四角的控制点调整矩形的圆角，如图 15-21 所示。

图 15-20　基本矩形　　　　　　　　　图 15-21　圆角调整

2. 椭圆工具和基本椭圆工具

使用椭圆工具和基本椭圆工具可以绘制椭圆和圆。

选择椭圆工具，在舞台中按住鼠标左键进行拖动，即可绘制一个椭圆。如果拖动鼠标
的同时按住【Shift】键，则绘制的是圆。

椭圆工具的工具选项区，以及"属性"面板，均与矩形工具的基本相同。

基本椭圆工具绘制的椭圆是一种特殊对象，中心和圆周上各有一个控制点，如图 15-22
所示，用选择工具拖动中心的控制点，可以调整内环半径大小，如图 15-23 所示，用选择工
具拖动圆周上的控制点，可以调整圆弧的大小，如图 15-24 所示。

图 15-22　基本椭圆　　　　图 15-23　内环调整　　　　图 15-24　圆弧调整

3. 多角星形工具

多角星形工具可以绘制多边形和星形。

多角星形工具的属性面板比矩形工具多了"工具选项"，如图 15-25 所示，在"样式"
下拉列表中有"多边形"和"星形"两个选项，如图 15-26 所示，决定绘制的是多边形还
是星形。

如果选择"多边形"，在"边数"输入区输入多边形边数，然后按住鼠标左键在舞台
拖动，即可绘制一个多边形。

图 15-25　多角星形工具的"工具选项"

图 15-26　"样式"下拉列表

如果选择"星形"，在"边数"输入区输入边数，在"星形顶点大小"输入区输入一个 0~1 之间的小数，然后按住鼠标左键在舞台拖动，即可绘制一个星形。"星形顶点大小"的值越小，绘制的星形顶点越深，图 15-27 中，左侧星形的顶点大小为 0.2，右侧星形的顶点大小为 0.6。

图 15-27　星形顶点大小

15.2　图形的编辑

Animate 提供了多种图形编辑工具，主要包括选择工具、部分选取工具、任意变形工具、套索工具组、橡皮擦工具等。其中任意变形工具已在 14.2.2 节讲解过，此处不再赘述，本节主要讲解除任意变形工具外的其他常用编辑图形工具的用法。

15.2.1　选择工具

在 Animate 中绘图时，选择工具 <kbd>▶</kbd> 编辑图形方便快捷，是最常使用的绘图辅助工具。用选择工具可以选择图形、移动图形、复制图形和编辑图形。

1. 选择图形

Animate 中的图形可分为离散图形和非离散图像两类，使用选择工具时，针对这两类图形对象，选择工具的用法有所不同。

1）选择离散图形

离散图形选中后，图形上会显示一些虚状的小点，如图 15-28 所示。

离散图形包括填充和笔触两部分，用选择工具选择离散图形时，操作不同，选中的范围不同，常见情况如下。

(1) 若单击填充部分，则只选中填充部分。

(2) 若双击填充部分，则选中填充和笔触两部分。

(3) 若单击笔触，则只选中一条笔触线条。

(4) 若双击笔触，则选中所有连续在一起的笔触线条。

图 15-28　选中的离散图形

(5) 若要选中部分图形或多个图形，可把光标移至图形外，然后按住鼠标左键进行拖动，则框选范围内的图形均被选中。

(6) 若进行上述操作时，按住【Shift】键，则可选中多个图形对象。

2) 选择非离散图形

非离散图形对象有绘制对象、组、实例和混合等。非离散图形对象选中后，对象周围会出现一个矩形框，如图 15-29 所示。

用选择工具选择非离散图形对象时，常见情况如下。

(1) 若单击一个非离散图形对象，则单击的对象被选中。

(2) 若按住【Shift】键，然后依次单击多个对象，则多个对象被选中。

图 15-29　选中的非离散图形对象

(3) 若将光标移至对象外，然后按住鼠标左键进行拖动，则框选时经过的对象均被选中。

(4) 若选中多个对象后，按住【Shift】键单击某对象，则单击的对象取消选中。

2. 移动图形

使用选择工具用上面的方法选中图形对象之后，然后按住鼠标左键进行拖动，到目标位置后释放鼠标，即可将选中图形对象移至目标位置。

移动图形对象时，可借助键盘上的【↑】、【↓】、【←】、【→】方向键进行微移，每按一次方向键，可微移一个像素的距离。若按住【Shift】键，每按一次水平方向键，可移动 17 个像素的距离，每按一次垂直方向键，可移动 10 个像素的距离。

3. 复制图形

选中图形对象后，若拖动鼠标移动时，按住【Alt】键，则可以将图形对象复制到目标位置。

选中图形对象后，若拖动鼠标移动时，同时按住【Shift】和【Alt】键，则可以将对象在 45°倍数的方向进行复制。

4. 编辑图形

选择工具可以编辑调整矢量线条和填充图形。

1) 编辑线条

选中工具箱中的选择工具，将光标移向线条中间，当光标变成 ⌐ 形状时，按住鼠标左键进行拖动，即可改变线条的形状，如图 15-30 所示。

选中工具箱中的选择工具，将光标移向线条端点，当光标变成 ⌐ 形状时，按住鼠标左键进行拖动，即可改变线条的长度和方向，如图 15-31 所示。

图 15-30　选择工具改变线条形状　　　　图 15-31　选择工具改变线条长度和方向

2) 编辑填充

选中工具箱中的选择工具，将光标移向填充图形的边缘，填充图形有无笔触均可，当光标变成 ⌐ 形状时，按住鼠标左键进行拖动，即可改变填充图形的形状，如图 15-32 所示。

选中工具箱中的选择工具，将光标移向填充图形的角点，填充图形有无笔触均可，当光标变成 ⌐ 形状时，按住鼠标左键进行拖动，即可改变填充图形的角点形状，如图 15-33 所示。

 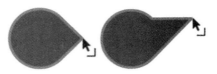

图 15-32　选择工具改变填充形状　　　　图 15-33　选择工具改变角点形状

选中工具箱中的选择工具，将光标移向填充图形的边缘，填充图形有无笔触均可，当光标变成 形状时，按住【Ctrl】或【Alt】键，再按住鼠标左键进行拖动，即可在图形形状上增加新的角点，如图 15-34 所示。

注意：在 Animate 中，当使用其他工具时(钢笔工具除外)，按住【Ctrl】键，可临时切换为"选择工具"。

图 15-34　选择工具增加图形角点

15.2.2　部分选取工具

部分选取工具 也是 Animate 绘图的常用辅助工具之一。用部分选取工具可以移动图形、编辑图形锚点和编辑图形线条形状。

1．移动图形

选择部分选取工具，在图形对象的外边线上单击，外边线上出现多个锚点，将鼠标移向锚点以外的线段，光标变为 时，按住鼠标左键进行拖动，可以移动图形对象的位置，如图 15-35 所示。

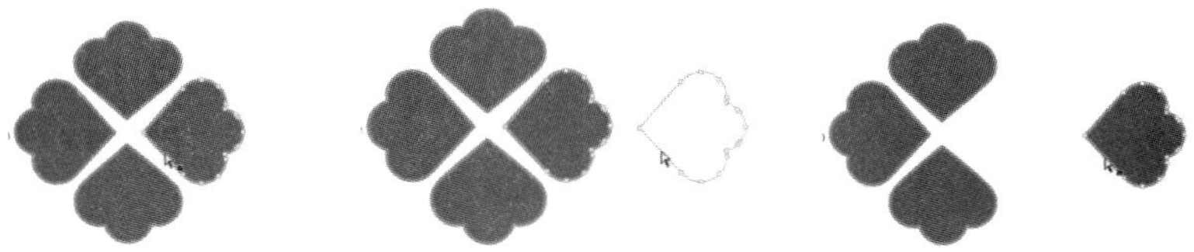

图 15-35　部分选取工具移动图形

2．编辑图形锚点

1) 移动图形锚点位置

选择部分选取工具，在图形对象的外边线上单击，外边线上出现多个锚点，单击选中要移动的锚点，然后按住鼠标左键进行拖动，或使用键盘上的方向键【↑】、【↓】、【←】、【→】，即可移动锚点的位置，如图 15-36 所示。

图 15-36　部分选取工具移动图形锚点位置

2) 复制图形锚点

选择部分选取工具，在图形对象的外边线上单击，外边线上出现多个锚点，单击选中要复制的锚点，然后按住鼠标左键进行拖动，释放鼠标时按住【Alt】键，即可在释放处得到一个复制的锚点，如图 15-37 所示。

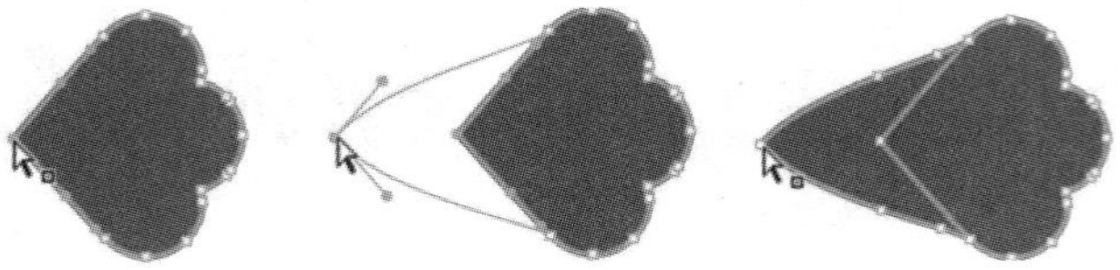

图 15-37　部分选取工具复制图形锚点

3) 改变图形锚点类型

选择部分选取工具，在图形对象的外边线上单击，外边线上出现多个锚点，单击角点类型的锚点，然后按住【Alt】键，再按住鼠标左键拖动锚点，锚点两侧出现两个调节手柄，释放鼠标，角点改变为平滑点，如图 15-38 所示。

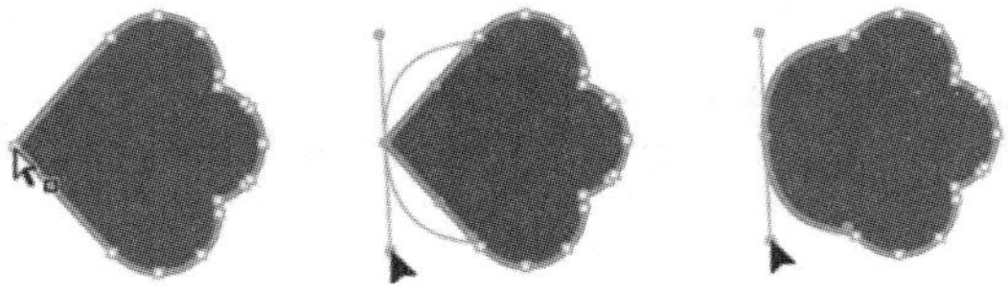

图 15-38　部分选取工具改变角点为平滑点

3. 编辑图形线条形状

选择部分选取工具，在图形对象的外边线上单击，外边线上出现多个锚点，单击要调节的线条上的锚点，锚点两侧出现两个调节手柄，将鼠标移向手柄的端点，光标变为 时，按住鼠标左键进行拖动，可调整锚点两侧线段的曲度，如图 15-39 所示。

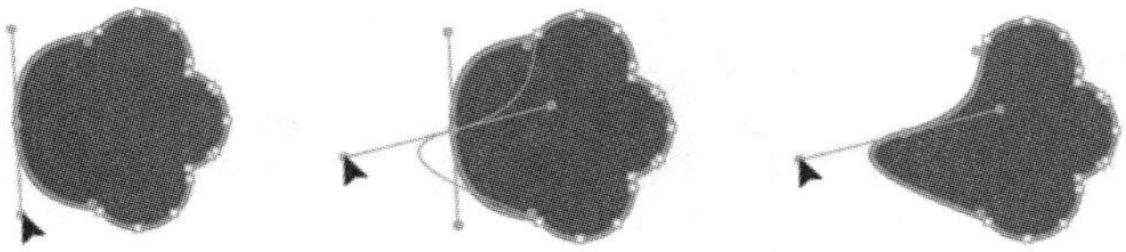

图 15-39　部分选取工具调整锚点两侧线段曲度

如果拖动手柄端点时，按住【Alt】键，则只调整和端点同侧的线段曲度，如图 15-40 所示。

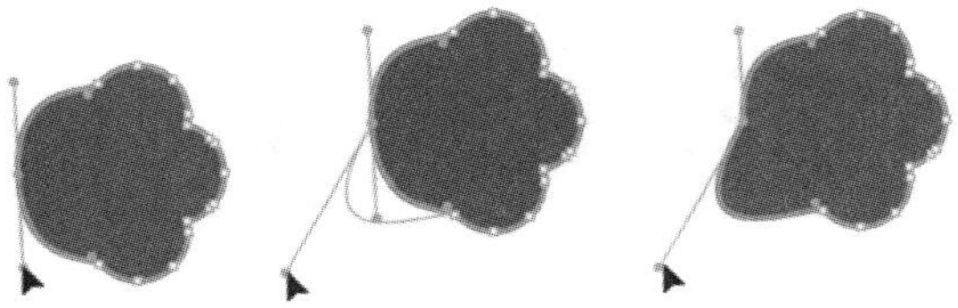

图 15-40　部分选取工具调整锚点一侧线段曲度

15.2.3　套索工具组

套索工具组包括 3 个工具：“套索工具”、“多边形工具”和“魔术棒”工具，如图 15-41 所示。

图 15-41　套索工具组

套索工具组主要用来选择不规则的图形图像区域，且要求被选择的图形图像是打散或分离的状态，3 个工具用法如下。

（1）"套索工具" 🔖：选中套索工具，用鼠标在图像上任意拖动勾选需要的区域，形成封闭选区，释放鼠标后，选区中的图像被选中，如图所示 15-42 所示。

（2）"多边形工具" 🔖：选中多边形工具，在图像上单击，确定起始定位点，松开鼠标，到下一个定位点单击，连续单击勾画出需要的选区，再双击鼠标，选区中的图像被选中，如图 15-43 所示。

　　　　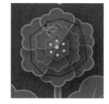

图 15-42　套索工具选择不规则区域　　　　图 15-43　多边形工具选择不规则区域

（3）"魔术棒" 🪄：魔术棒工具以点选方式选择与点选处颜色相似的位图图像区域。魔术棒只能应用于打散的位图图像。

选择舞台上的位图，按【Ctrl+B】组合键将位图打散，再选择魔术棒工具，将光标移至位图上，光标变为 🪄 时，在要选择的位图上单击鼠标，则与单击处颜色相似的图像区域被选中，如图 15-44 所示。

选择魔术棒工具后，可以在属性面板上设置"阈值"和"平滑"属性，如图 15-45 所示，"阈值"越大，选择的颜色相似的范围越大，"平滑"下拉列表中，越靠下的选项，选择区域的边缘越平滑。

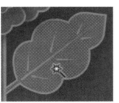　　　　

图 15-44　魔术棒选择位图中颜色相似区域　　　图 15-45　魔术棒的"阈值"和"平滑"属性

15.2.4　橡皮擦工具

橡皮擦工具 ◆ 可以用来擦除打散的图形图像对象。

选择橡皮擦工具，在工具选项区从"橡皮擦模式"中选择一种模式，并确认"属性"面板上的"水龙头"按钮 🔧 没有选中，再合理设置"橡皮擦类型""大小"等相关属性选项，然后按住鼠标左键在图形图像上拖动，即可擦除相应的内容。

注意：使用橡皮擦工具时，如果按住【Shift】键，可限定水平或垂直方向擦除。

使用橡皮擦工具时，若选中了属性面板上的"水龙头"按钮 🔧 ，将光标移到要清除的对象，单击鼠标左键，即可快速删除打散的连续笔触、填充或位图。

选择橡皮擦工具，工具箱的选项区如图 15-46 所示，其中
🖊 🪄 2 个选项按钮的功能同画笔工具，单击"橡皮擦模式"

图 15-46　橡皮擦工具选项

按钮 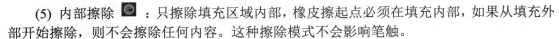，弹出 5 个橡皮擦模式选项供选择，如图 15-47 所示。

各橡皮擦模式选项的具体含义如下。

(1) 标准擦除 ⊙ ：擦除同一层上的笔触和填充。

(2) 擦除填色 ⊙ ：只擦除填充，不影响笔触。

(3) 擦除线条 ⊙ ：只擦除笔触，不影响填充。

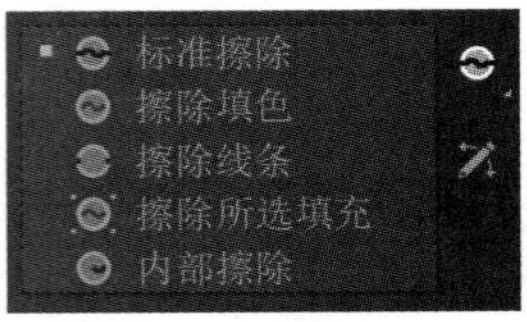

图 15-47   橡皮擦模式选项

(4) 擦除所选填充 ⊙ ：只擦除选中区域的填充，不影响笔触和未选中的填充。

(5) 内部擦除 ⊙ ：只擦除填充区域内部，橡皮擦起点必须在填充内部，如果从填充外部开始擦除，则不会擦除任何内容。这种擦除模式不会影响笔触。

选择橡皮擦工具后，还可在属性面板设置"橡皮擦类型""大小"等属性。

15.2.5   添加、删除和转换锚点工具

在编辑图形过程中，必要时可以使用和钢笔工具同组的"添加锚点工具""删除锚点工具"和"转换锚点工具"，进行锚点编辑，如图 15-48 所示。

(1) 添加锚点工具  ：选择该工具后，在图形边线上非锚点位置点击，即可在该位置添加一个锚点。

(2) 删除锚点工具 ✎ ：选择该工具后，单击某个锚点，则单击的锚点会被删除。

(3) 转换锚点工具 ▷ ：该工具可用来转换平滑点和角点。选择该工具后，单击平滑点，则平滑点转换为角点；若选择该工具后，按住鼠标左键拖动角点，则角点转换为平滑点，且平滑点两侧出现两个控制手柄。

图 15-48   钢笔工具组

15.3   图 形 的 上 色

矢量图形的颜色包括两种：笔触颜色和填充颜色。

在 Animate 中，可以用来给图形的笔触和填充设置颜色的工具，主要包括墨水瓶工具、颜料桶工具、滴管工具、颜色面板和渐变变形工具等。本节主要介绍一些常用上色工具的用法。

15.3.1   墨水瓶工具

墨水瓶工具 ▣ 可以修改矢量图形的笔触。

选择墨水瓶工具，在属性面板设置笔触的颜色、大小和样式等属性，单击舞台上的图形对象，则设置好的笔触属性应用到图形对象上，如图 15-49 所示。

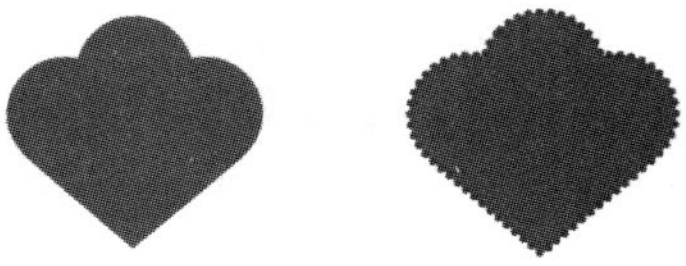

图 15-49 墨水瓶工具修改图形笔触

15.3.2   颜料桶工具

颜料桶工具 ▣ 可以为笔触形成的封闭区域填充颜色或修改矢量图形的填充颜色。

选择颜料桶工具，属性面板设置填充颜色等属性，在舞台上的封闭线条区域内单击鼠标，则区域内会填充上设置的颜色，如图 15-50 所示。

对一些未完全闭合的线条，可在颜料桶工具的工具选项区，单击"间隔大小"选项按钮 ，打开"间隔大小"选项列表，如图 15-51 所示，选择"封闭小空隙""封闭中等空隙"或"封闭大空隙"选项，可以为有一定空隙的线条区域填充上颜色。但系统允许的空隙大小有要求，当缺口较大时，可以使用选择工具对线条轮廓修改，使其封闭，或在允许的空隙大小范围内，然后再用颜料桶工具为其填充颜色。

颜料桶工具选项区的"锁定填充"按钮 选中时，可以锁定填充的颜色，锁定后填充颜色不能更改。如需更改颜色，可以取消此按钮的选中，再更改填充颜色。

图 15-50　颜料桶工具填充封闭区域

图 15-51　颜料桶工具的
"间隔大小"选项列表

15.3.3　滴管工具

滴管工具 可以吸取矢量图形的笔触属性或填充属性，并将其应用于其他图形对象。滴管工具还可以吸取打散的位图图案，以及文字的颜色属性。

1. 吸取笔触属性

选择滴管工具，单击源图形笔触，工具会自动变为墨水瓶工具，再单击目标图形笔触或填充，则将源图形的笔触属性应用于目标图形。

2. 吸取填充属性

选择滴管工具，单击源图形填充，工具会自动变为颜料桶工具，再单击目标图形填充，则将源图形的填充属性应用于目标图形。

3. 吸取位图图案

导入位图，按【Ctrl+B】组合键打散位图。

绘制图形。

选择滴管工具，单击打散的位图，工具自动变为颜料桶工具。

单击绘制的图形，则图形被位图图案填充。

选择渐变变形工具，单击图形中的填充图案，出现控制点。

按住【Shift】键，再按住鼠标左键拖动控制点，可等比例调整填充的位图图案。

4. 吸取文字颜色

选择要修改的目标文字。

选择滴管工具，在源文字上单击，则源文字的颜色属性被应用到目标文字上。

15.3.4　颜色面板

选择"窗口"→"颜色"命令，可以打开"颜色"面板，如图 15-52 所示。

使用颜色面板可以更改笔触和填充颜色。若在颜色面板左上角选中了"填充颜色"按

钮 ▨ ，则在颜色面板中设置的是填充颜色；若在颜色面板左上角选中了"笔触颜色"按钮 ▨ ，则在颜色面板中设置的是笔触颜色。

在颜色面板中设置颜色时，通过颜色类型列表选项可以选择纯色、线性渐变、径向渐变和位图填充几种颜色类型，如图15-53所示。

图15-52　"颜色"面板　　图15-53　颜色类型列表

1. 自定义纯色

在"颜色"面板的"颜色类型"列表中选择"纯色"选项，面板效果如图15-52所示，可以通过"HSB"或"RGB"颜色模式在左侧中间的颜色选择区域内进行颜色的选择，或在"#"后输入6位十六进制数的精确颜色值来设定颜色，"A"选项设置颜色的透明度。

2. 自定义线性渐变

线性渐变是指沿着一条轴线进行颜色的改变。

设置线性渐变时，在"颜色"面板的"颜色类型"列表中选择"线性渐变"选项，如图15-54所示，可以在面板底部的滑动色带上进行线性渐变色的设置。

单击选中色带下方的某个色标，然后可以在左侧中间的颜色选择区域单击设置选中色标的颜色，或通过双击色标在打开的色板面板上设置色标的颜色，通过色带上方的"A"选项设置色标颜色的不透明度。

可以拖动色标改变其位置，也可以在色带上单击增加色标，不需要某个色标时，可按住鼠标左键将其向色带下方拖曳即可。

3. 自定义径向渐变

径向渐变是指由一个中心点向外辐射进行颜色的改变。设置径向渐变时，在"颜色"面板的"颜色类型"列表中选择"径向渐变"选项，如图15-55所示，可以在面板底部的滑动色带上进行径向渐变色的设置，设置方法同线性渐变色的设置。

4. 自定义位图填充

在"颜色"面板的"颜色类型"列表中选择"位图填充"选项，弹出"导入到库"对话框，选择要导入的图片，然后单击"打开"按钮，图片被导入到颜色面板中，如图15-56所示。

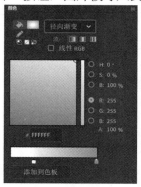

图15-54　线性渐变　　　　　图15-55　径向渐变　　　　　图15-56　位图填充

通过上述方法自定义好颜色后，如果定义的是填充颜色，可用颜料桶工具将定义的颜色应用到图形的填充区域上，或使用矩形工具或椭圆工具绘制图形，则绘制的图形的填充色即为颜色面板上设置的颜色。

如果在"颜色"面板上定义的是笔触颜色，可用墨水瓶工具将定义的颜色应用到图形的笔触上，或使用笔触类线条工具绘制线条，则绘制的笔触颜色即为颜色面板上设置的颜色。

15.3.5　渐变变形工具

渐变变形工具可以修改图形的渐变填充和位图填充效果。

1. 修改线性渐变

如果图形的填充色为线性渐变色，选择渐变变形工具 ▦ ，用鼠标单击图形的填充，渐变填充上会出现 2 条平行线和 3 个控制点，如图 15-57(a)所示。按住鼠标左键拖动控制点 ▣ ，可改变线性渐变的范围，如图 15-57(b)所示。拖动控制点 ♀ ，可改变线性渐变的角度，如图 15-57(c)所示。拖动控制点 ◷ ，可改变线性渐变的中心点，如图 15-57(d)所示。

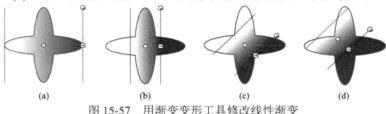

图 15-57　用渐变变形工具修改线性渐变

2. 修改径向渐变

如果图形的填充色为径向渐变色，选择渐变变形工具 ▦ ，用鼠标单击图形的填充，渐变填充上会出现 1 个圆形外框和 4 个控制点，如图 15-58(a)所示。按住鼠标左键拖动圆形外框上的 3 个控制点，可分别实现水平拉伸渐变区域(如图 15-58(b)所示)、等比例缩放渐变区域(如图 15-58(c)所示)和旋转渐变区域角度(如图 15-58(d)所示)。按住鼠标左键拖动圆形外框中心点的控制点，可改变径向渐变的中心点位置，如图 15-58(e)所示。

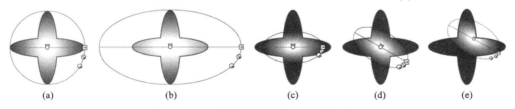

图 15-58　用渐变变形工具修改径向渐变

3. 修改位图填充

如果图形的填充为位图填充，选择渐变变形工具 ▦ ，用鼠标单击图形的填充，位图填充上会出现 1 个矩形外框和 7 个控制点，如图 15-59(a)所示。按住鼠标左键拖动矩形外框上的 6 个控制点，可分别实现填充位图的缩放(如图 15-59(b)所示)、水平拉伸(如图 15-59(c)所示)、垂直拉伸(如图 15-59(d)所示)、水平倾斜(如图 15-59(e)所示)、垂直倾斜(如图 15-59(f)所示)和角度旋转(如图 15-59(g)所示)，按住鼠标左键拖动矩形外框中心点的控制点，可改变填充位图的中心点位置(如图 15-59(h)所示)。

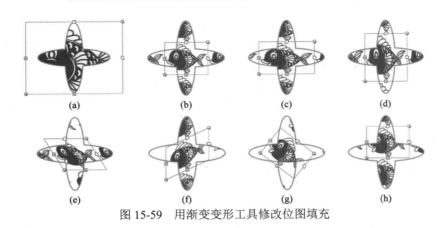

(a)　　　　　　(b)　　　　　　(c)　　　　　　(d)

(e)　　　　　　(f)　　　　　　(g)　　　　　　(h)

图 15-59　用渐变变形工具修改位图填充

优秀传统文化应用

【应用一：绘制"剪纸小兔子正面"】

应用 Animate 绘图工具绘制一只剪纸小兔子，作为动态剪纸表情包专辑的角色正面形象，绘制效果如图 15-60 所示。

图 15-60　剪纸小兔子正面

剪纸小兔子正面

【应用分析】

本应用绘制的小兔子是动态表情包专辑的主要角色形象，为方便后面制作表情包的动作，在绘制小兔子时应注意以下几方面：① 文件的舞台大小采用微信表情包的统一规格，宽和高均为 240 像素；② 绘制过程中及时将各部分保存为相应的元件，以便于及时引用；③ 绘制时注意图形对象的组合、分离及编辑的合理应用，以提高绘图效率。

【实现步骤】

1．打开文件

双击打开文件"小兔子表情包.fla"，在文件中继续操作，完成表情包小兔子正面形象的绘制。删除舞台上的内容。

在库面板中创建"小兔子局部""小兔子全"两个文件夹。

2．绘制小兔子耳朵

(1) 绘制小兔子耳朵轮廓。

选择"椭圆工具"，在"属性"面板上设置属性：选择"对象绘制模式"，无填充，笔触颜色为红色，笔触大小为 0.1 像素。

在舞台上拖动鼠标绘制椭圆，用选择工具调整椭圆，按【Ctrl+C】组合键复制椭圆，按

【Ctrl+Shift+V】组合键原位粘贴复制后的椭圆，选择复制后的椭圆，用"任意变形工具"缩小椭圆，同理，再复制椭圆并进行缩小，得到小兔子耳朵轮廓，如图 15-61 所示。

图 15-61　绘制小兔子耳朵轮廓

(2) 绘制小兔子耳朵纹样。

选择"选择工具"，双击中间的椭圆轮廓，进入"绘制对象"内部，用选择工具框选底部的线条，并按【Delete】键删除，如图 15-62(a)所示。选择"钢笔工具"，取消选中"对象绘制模式"，绘制锯齿线条与椭圆形成封闭区域，如图 15-62(b)所示。

选择"颜料桶工具"，为锯齿填充白色。单击"编辑栏"上的"表情 1"返回场景。

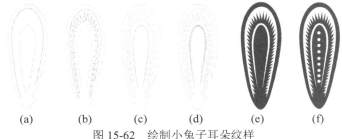

(a)　　　(b)　　　(c)　　　(d)　　　(e)　　　(f)

图 15-62　绘制小兔子耳朵纹样

选择"选择工具"，双击最里面的椭圆轮廓，进入"绘制对象"内部，用选择工具框选底部的线条，并按【Delete】键删除，如图 15-62(c)所示。单击选中线条，"属性"面板设置其笔触大小为 2 像素，"宽"类型为 ▱ ，笔触颜色为白色，如图 15-62(d)所示。单击"编辑栏"上的"表情 1"返回场景。

选择"选择工具"，双击最外面的椭圆轮廓，进入"绘制对象"内部，用"颜料桶工具"为椭圆填充红色，单击"编辑栏"上的"表情 1"返回场景，此时小兔子耳朵如图 15-62(e)所示。

选择"椭圆工具"，"属性"面板选择"对象绘制模式"，设置填充色为白色，无笔触，绘制一个椭圆，按住【Alt】键，并按住鼠标左键拖动椭圆，复制几个椭圆，小兔子耳朵绘制完成，如图 15-62(f)所示。

(3) 生成小兔子耳朵元件。

选择"选择工具"，框选小兔子耳朵的所有内容，右击选择"转换为元件"命令，或按【F8】键，弹出"转换为元件"对话框，"名称"框输入"耳朵"，"类型"选择"影片剪辑"，"文件夹"选择"小兔子局部"，如图 15-63 所示，单击"确定"按钮，"库"面板上"小兔子局部"文件夹中出现"耳朵"元件。

图 15-63　将绘制的兔子耳朵转换为元件

(4) 使用元件生成小兔子的另一只耳朵。

使用"任意变形工具"适当旋转舞台上的小兔子耳朵元件实例。

按【Alt+Shift】组合键，并按住鼠标左键拖动舞台上的小兔子耳朵复制得到另一只耳朵，选择"修改"→"变形"→"水平翻转"命令调整复制的小兔子耳朵。

3．绘制小兔子头

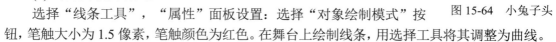

小兔子头效果如图 15-64 所示。

(1) 绘制小兔子眉毛。

选择"线条工具"，"属性"面板设置：选择"对象绘制模式"按

图 15-64　小兔子头

钮，笔触大小为 1.5 像素，笔触颜色为红色。在舞台上绘制线条，用选择工具将其调整为曲线。

将绘制的曲线转换为"眉毛"影片剪辑元件，保存于"库"面板上"小兔子局部"文件夹中。

从"库"面板中拖动"眉毛"元件到舞台合适位置，选择"修改"→"变形"→"水平翻转"命令，得到小兔子的另一个眉毛。

(2) 绘制小兔子眼睛。

使用"椭圆工具"和"线条工具"绘制小兔子眼睛。

将绘制的眼睛转换为"眼睛"影片剪辑元件，保存于"库"面板上"小兔子局部"文件夹中。

从"库"面板中拖动"眼睛"元件到舞台合适位置，选择"修改"→"变形"→"水平翻转"命令，得到小兔子的另一个眼睛。

(3) 绘制小兔子胡子。

使用"线条工具"绘制小兔子胡子。

将绘制的胡子保存为"胡子"元件，再利用元件生成另外一个胡子。

(4) 绘制小兔子鼻子。

选择"椭圆工具"，"属性"面板选择"对象绘制模式"，绘制小兔子鼻子。

选中小兔子鼻子，将其转换为"鼻子"元件，存于"库"面板上的"小兔子局部"文件夹中。

(5) 绘制小兔子嘴巴。

选择"线条工具"，"属性"面板不选"对象绘制模式"按钮，绘制如图 15-65(a)所示的线条，使用"选择工具"调整底部的两个线段，效果如图 15-65(b)所示。

用"颜料桶工具"在形状内部填充白色，选择上面的线段并删除，选择绘制的图形，效果如图 15-65(c)所示，按【Ctrl+G】组合键，将其组合为一个组对象。

选择"椭圆工具"，"属性"面板选择"对象绘制模式"，绘制一个椭圆，双击椭圆进入"绘制对象"内部，选择"线条工具"，不选"对象绘制模式"，绘制线条，并用选择工具调整，如图 15-65(d)所示。

按住【Alt】键，用选择工具调整线条如图 15-65(e)所示。

再用"颜料桶工具"在形状上部填充红色，如图 15-65(f)所示。

单击编辑栏左侧的"表情 1"返回场景。

选择椭圆，选择"修改"→"排列"→"下移一层"命令调整椭圆层次，得到小兔嘴巴图形，如图 15-65(g)所示。

　　(a)　　　　　　(b)　　　　　　(c)　　　　(d)　　　(e)　　　(f)　　　(g)

图 15-65　绘制小兔子嘴巴

选中绘制好的嘴巴，将其转换为"嘴巴"影片剪辑元件，放在"库"面板上的"小兔子局部"文件夹中。

(6)绘制小兔子脸。

选择"椭圆工具"，"属性"面板选择"对象绘制模式"，笔触颜色为红色，笔触大小为 3 像素，填充色为白色，绘制椭圆，并用选择工具适当调整椭圆形状。

将绘制的脸保存为"脸"元件，并调整脸与其他部分的排列顺序。

(7) 绘制小花。

选择"椭圆工具"，"属性"面板选择"对象绘制模式"，笔触颜色为白色，笔触大小为 1 像素，填充色为红色，按住【Shift】键绘制圆，并用选择工具适当调整椭圆形状，如图 15-66(a)(b)所示。

双击椭圆进入"绘制对象"内部，双击选中椭圆轮廓线，按【Ctrl+G】组合键将其组合，然后再双击轮廓线，进入组内部，使用选择工具框选线条底部并删除，如图 15-66(c)所示。

双击选中剩余轮廓线条，"属性"面板设置线条"宽"选项为 ⬭，使用"任意变形工具"将其缩小，如图 15-66(d)所示。单击"编辑栏"上的返回按钮 ⬅。

选择"线条工具"，"属性"面板设置笔触颜色为白色，笔触大小为 3 像素，"宽"选项为 ⬭，绘制如图 15-66(e)所示的线条，单击"编辑栏"上的返回按钮 ⬅ 返回场景。

选中绘制的花瓣，将其转换为"花瓣 1"影片剪辑元件，放在"库"面板上的"道具"文件夹中。

选择"任意变形工具"单击花瓣，将其中心点下移，如图 15-66(f)所示，选择"窗口"→"变形"命令，打开"变形"面板，设置旋转度数 72，如图 15-66(g)所示，再连续多次单击面板右下角的"重置选区和变形"按钮 ⬚，得到如图 15-66(h)所示的花朵，再选择"椭圆工具"，并采用"对象绘制模式"，绘制白色椭圆，如图 15-66(i)所示。

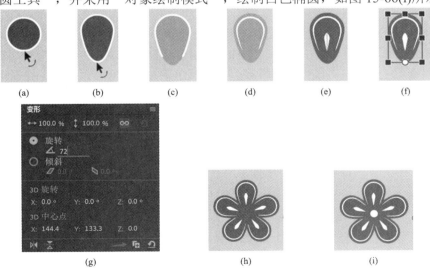

图 15-66　绘制小花

选中绘制好的小花，将其转换为"花 1"影片剪辑元件，放在"库"面板上的"道具"文件夹中。

(8) 生成小兔子头部正面元件。

选中绘制好的小兔子头(如图 15-64 所示)，将其转换为"头正面 1"影片剪辑元件，放在"库"面板上的"小兔子局部"文件夹中。

使用"修改"→"排列"命令，将小兔子两个耳朵放置头的底层，效果如图 15-67 所示。

图 15-67　小兔子头部效果

选中绘制好的小兔子头和两只耳朵，将其转换为"头　正面 2"影片剪辑元件，放在"库"面板上的"小兔子局部"文件夹中。

4．绘制小兔子身体

(1) 绘制小兔子身体轮廓。

选择"钢笔工具"，"属性"面板设置笔触大小为 0.1 像素，笔触颜色为红色，选择"对象绘制模式"，绘制小兔子的身体轮廓，用"颜料桶工具"为其填充红色，效果如图 15-68(a)所示。

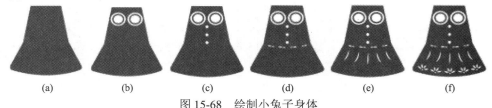

(a)　　　　　(b)　　　　　(c)　　　　　(d)　　　　　(e)　　　　　(f)

图 15-68　绘制小兔子身体

(2) 绘制小兔子衣领。

选择"椭圆工具"，"属性"面板设置笔触大小为 1 像素，笔触颜色为红色，填充色为白色，选中"对象绘制模式"按钮，绘制椭圆，再复制椭圆，并用"任意变形工具"缩小复制后的椭圆，再复制绘制的两个椭圆，效果如图 15-68(b)所示。

(3) 绘制小兔子衣服纹样。

选择"椭圆工具"，"属性"面板设置无笔触，填充色为白色，选中"对象绘制模式"按钮，绘制椭圆作为扣子纹样，并按住【Alt】键用鼠标拖动复制两个，如图 15-68(c)所示。

选择"钢笔工具"，"属性"面板设置笔触颜色为白色，笔触大小为 1 像素，选中"对象绘制模式"按钮，"宽"选项为 ，绘制腰部纹样，效果如图 15-68(d)所示。

选择"钢笔工具"，"属性"面板设置笔触颜色为白色，笔触大小为 1 像素，选中"对象绘制模式"按钮，"宽"选项为 ，绘制纹样，效果如图 15-68(e)所示。

选择"椭圆工具"，"属性"面板设置为无笔触，填充色为白色，选中"对象绘制模式"按钮，绘制椭圆，选择"任意变形工具"单击椭圆，将其中心点下移，选择"窗口"→"变形"命令，打开"变形"面板，设置旋转度数为 45，再连续多次单击面板右下角的"重置选区和变形"按钮 ，得到四个花瓣，再用"椭圆工具"绘制花心，绘制好一个小花，效果如图 15-68(f)所示。

选择绘制的小花，将其转换为一个名称为"花　2"的影片剪辑元件，保存在"库"面板上的"道具"文件夹中。

从“库”面板上拖动“花 2”元件到舞台上 4 次，形成衣服底部纹样。

(4) 生成小兔子身体元件。

选中绘制好的小兔子身体的所有内容，将其转换为“身体”影片剪辑元件，放在“库”面板上的“小兔子局部”文件夹中。

5. 绘制小兔子胳膊

(1) 绘制小兔子胳膊上方部分。

分别选择“椭圆工具”和“矩形工具”，选择“对象绘制模式”，绘制圆和矩形，叠放在一起如图 15-69(a)所示，使用“选择工具”调整矩形的底部，效果如图 15-69(b)所示。

选择“线条工具”，选择“对象绘制模式”，绘制线条，并用“选择工具”调整，效果如图 15-69(c)所示。

从“库”面板拖“花 2”元件到舞台胳膊图形上 3 次，并适当调整大小和方向，效果如图 15-69(d)所示。

(2) 绘制小兔子胳膊下方部分。

选择“钢笔工具”，“属性”面板设置笔触颜色为红色，笔触大小为 1.5 像素，选择“对象绘制模式”，绘制胳膊下方部分轮廓线条，双击进入“绘制对象”内部，选择“线条工具”，设置笔触大小为 1 像素，线条“宽”类型为 ，绘制手指线条，然后用“颜料桶工具”为胳膊填充白色，单击“编辑栏”上的“表情 1”，返回场景，效果如图 15-70 所示。

将绘制的小兔子胳膊上、下部分组合在一起，效果如图 15-71 所示。

(a)　(b)　(c)　(d)

图 15-69　绘制小兔子胳膊上方部分

图 15-70　小兔子胳膊下方部分

图 15-71　小兔子胳膊

(3) 生成小兔子胳膊元件。

选中绘制好的小兔子胳膊的所有内容，将其转换为“胳膊”影片剪辑元件，放在“库”面板上的“小兔子局部”文件夹中。

从“库”面板中拖动“胳膊”元件到舞台合适位置，选择“修改”→“变形”→“水平翻转”命令，得到小兔子的另一只胳膊。

6. 绘制小兔子腿脚

(1) 绘制小兔子脚。

选择“钢笔工具”，“属性”面板设置笔触颜色为红色，笔触大小为 0.1 像素，选择“对象绘制模式”，绘制小兔子脚的轮廓线条，双击进入“绘制对象”内部，并用“颜料桶工具”填充红色，单击“编辑栏”上的“表情 1”，返回场景，效果如图 15-72(a)所示。

选择“钢笔工具”，“属性”面板设置笔触颜色为白色，笔触大小为 1 像素，选择“对象绘制模式”，“宽”选项为 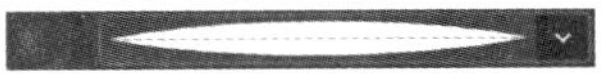，绘制小兔子脚上的月牙纹样。采用“花 2”元件的画法，绘制小兔子脚上的花朵纹样，并将其转换为“花 3”影片剪辑元件，

保存于"库"面板上的"道具"文件夹中。绘制的小兔子脚的效果如图 15-72(b)所示。

(2) 绘制小兔子腿。

选择"钢笔工具", "属性"面板设置笔触颜色为红色，笔触大小为 1.5 像素，选择"对象绘制模式"，绘制小兔子腿的轮廓线条，双击进入"绘制对象"内部，并用"颜料桶工具"填充白色，单击"编辑栏"上的"表情 1"，返回场景，效果如图 15-73 所示。

将绘制好的小兔子的腿和脚组合在一起，效果如图 15-74 所示。

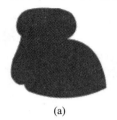  

(a)　　　　　　　(b)

图 15-72　小兔子脚　　　图 15-73　小兔子腿　图 15-74　小兔子腿脚

(3) 生成小兔子腿脚元件。

选中绘制好的小兔子腿脚，将其转换为"腿脚"影片剪辑元件，放在"库"面板上的"小兔子局部"文件夹中。

从"库"面板中拖动"腿脚"元件到舞台合适位置，选择"修改"→"变形"→"水平翻转"命令，得到小兔子的另一只腿脚。

7. 生成小兔子整体元件

使用"修改"→"排列"命令，合理排列小兔子的各个部分的叠放层次，效果如图 15-75 所示。

选中绘制好的小兔子的所有内容，将其转换为"小兔子 正面"影片剪辑元件，放在"库"面板上的"小兔子全"文件夹中。

小兔子绘制完成后，"库"面板上产生的元件如图 15-76 所示。

8. 保存文件

选择"文件"→"保存"命令，或按【Ctrl+S】组合键，保存源文件。

【应用二：绘制"剪纸小兔子侧面"】

图 15-75　小兔子
正面效果图

图 15-76　绘制小兔子正
面时产生的元件

结合本章【应用一】绘制的剪纸小兔子正面形象，应用 Animate 绘图工具，绘制一只侧面剪纸小兔子，作为动态剪纸表情包专辑的角色侧面形象，绘制效果如图 15-77 所示。

小兔子侧面

图 15-77　剪纸小兔子侧面

【应用分析】

本应用绘制的是动态表情包专辑中主要角色的侧面形象，其绘制方法基本和正面一样，同时，正面和侧面有一些相同的部件，这些部分就可以直接引用绘制正面形象时生成的元件，从而简化绘制过程，提高绘制效率。

【实现步骤】

1. 打开文件

双击打开文件"小兔子表情包.fla"，在文件中继续操作，完成表情包主角侧面形象的绘制。

删除舞台上的内容。

2. 绘制小兔子侧面头

(1) 绘制小兔子侧面脸。

从"库"面板拖动"脸"元件到舞台，按【Ctrl+B】组合键将其打散。

选择"选择工具"，将鼠标箭头移至脸轮廓线，如图 15-78(a)所示，此时按住【Alt】键，并按住鼠标左键进行拖动，出现角点，如图 15-78(b)所示，再用"选择工具"适当调整，得到小兔子侧面脸，如图 15-78(c)所示。

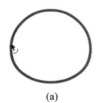
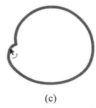
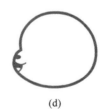

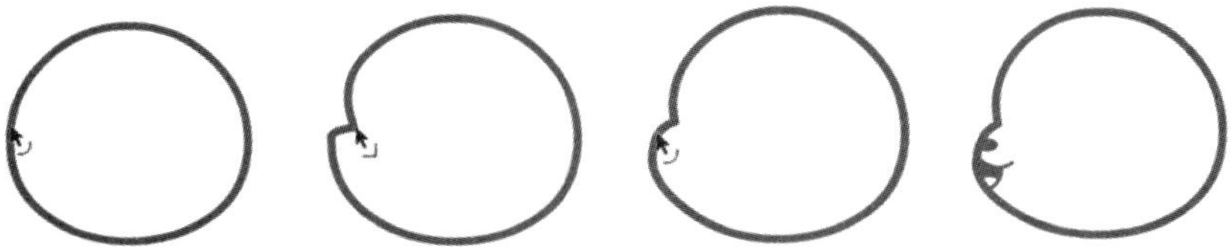

(a)　　　　　　　(b)　　　　　　　(c)　　　　　　　(d)

图 15-78　绘制小兔子侧面脸及鼻子嘴

选中绘制好的小兔子侧脸，将其转换为"脸 侧面"影片剪辑元件，放在"库"面板上的"小兔子局部"文件夹中。

(2) 绘制小兔子侧面鼻子和嘴。

从"库"面板拖动"嘴巴"元件到舞台，按【Ctrl+B】组合键将其打散。

分别双击进入嘴巴上部和下部的组内部，用"选择工具"框选左侧并删除，并用"选择工具"对剩余的右侧进行调整，然后返回。

选中绘制好的侧面嘴巴，将其转换为"嘴巴 侧面"影片剪辑元件，放在"库"面板上的"小兔子局部"文件夹中。

从"库"面板拖动"鼻子"元件到舞台合适位置，如图 15-78(d)所示。

(3) 添加小兔子侧面头部其他元素。

从"库"面板拖动"眉毛""眼睛""胡子""花1""耳朵"元件到舞台合适位置，并适当调整各部分排列层次，得到小兔子侧面头，如图15-79所示。

图15-79　小兔子侧面头

选中小兔子头部元素(除耳朵外)，将其转换为"头　侧面1"影片剪辑元件，放在"库"面板上的"小兔子局部"文件夹中。

选中小兔子头部所有元素，将其转换为"头　侧面2"影片剪辑元件，放在"库"面板上的"小兔子局部"文件夹中。

3. 绘制小兔子侧面身体

小兔子侧面身体可通过修改正面身体得到，具体操作如下。

从"库"面板拖动"身体"元件到舞台，使用"任意变形"工具适当调瘦一些，再按【Ctrl+B】组合键将其打散。

使用"任意变形工具"适当调整衣领、扣子及腰部纹样的形状，再使用"选择工具"适当调整其位置，得到小兔子侧面身体，效果如图15-80所示。

图15-80　小兔子侧面身体

选中小兔子侧面身体所有元素，将其转换为"身体　侧面1"影片剪辑元件，放在"库"面板上的"小兔子局部"文件夹中。

4. 绘制小兔子胳膊

小兔子弯曲胳膊可通过修改绘制的伸直胳膊得到，具体操作如下。

从"库"面板拖动"胳膊"元件到舞台，按【Ctrl+B】组合键将其打散，选中并删除下半部分，选中上半部分，使用"修改"→"变形"→"水平翻转"命令，然后将其移至合适位置。

使用"钢笔工具""椭圆工具"和"颜料桶工具"绘制弯曲胳膊的下半部分，如图15-81所示。

选中弯曲胳膊的上下两部分，如图15-82所示，将其转换为"胳膊　弯曲"影片剪辑元件，放在"库"面板上的"小兔子局部"文件夹中。

图15-81　弯曲胳膊下半部分　　　图15-82　弯曲胳膊

从"库"面板拖动"胳膊"元件到舞台合适位置，得到小兔子另一只胳膊，并用"任意变形工具"适当旋转。

5. 绘制小兔子腿脚

采用本节【应用一】中绘制小兔子正面腿脚的方法，绘制小兔子的两只侧面腿脚，效果如图15-83所示。

将两只侧面腿脚分别保存为"腿脚　侧面1"和"腿脚　侧面2"影片剪辑元件，放在"库"面板上的"小兔子局部"文件夹中。

图15-83　小兔子的两只侧面腿脚效果图

6. 生成小兔子侧面整体元件

使用"修改"→"排列"命令，合理排列小兔子的各个部分的叠放层次，效果如图15-77所示。

选中绘制好的小兔子侧面的所有内容，将其转换为"小兔子　侧面"影片剪辑元件，放在"库"面板上的"小兔子全"文件夹中。

7. 保存文件

选择"文件"→"保存"命令，或按【Ctrl+S】组合键，保存源文件。

【应用三：绘制"星星""月亮"】

应用 Animate 绘图工具，绘制表情包专辑的
道具星星和月亮，绘制效果如图 15-84 所示。

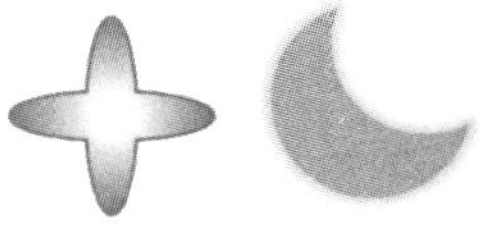

【应用分析】

图 15-84　星星和月亮效果　　星星和月亮

本应用绘制动态表情包专辑的道具星星和
月亮，星星主要使用了"径向渐变"填充，月亮独特处是使用了"柔化填充边缘"功能。

【实现步骤】

1. 打开文件

双击打开文件"小兔子表情包.fla"，在文件中继续操作，完成表情包专辑的星星和月
亮道具的绘制。

删除舞台上的内容。

2. 绘制星星

选择"椭圆工具"，属性面板设置笔触
颜色为"#00CCFF"，笔触大小为 2 像素，无
填充，选中"对象绘制模式"按钮。

绘制两个椭圆，如图 15-85(a)所示。

选中两个椭圆，按【Ctrl+B】组合键将其
打散，删除中间的线条，如图 15-85(b)所示。

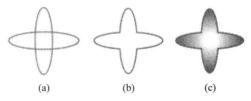

图 15-85　绘制星星过程

使用"窗口"→"颜色"命令，打开颜色面板，设置填充颜色为白色到蓝色(#00CCFF)
的径向渐变，选择"颜料桶工具"，单击星星内部为其填充渐变色，效果如图 15-85(c)所示。

选中绘制好的星星，按【F8】键，将其转换为"星星"影片剪辑元件，存于"库"面
板上的"道具"文件夹中。

3. 绘制月亮

选择"椭圆工具"，属性面板设置为无笔触，填充色为"FFFF00"，取消选中"对象
绘制模式"按钮。

按住【Shift】键的同时按住鼠标左键拖动，绘制一个圆。

更改填充色，再绘制一个圆。

用"选择工具"将后绘制的圆拖至与第一个圆叠放在一起，如图 15-86(a)所示。

在舞台空白处单击取消选中。

单击后画的圆将其选中，按【Delete】键将其删除，得到月亮形状，如图 15-86(b)所示。

单击选中月亮，使用"修改"→"形状"→"柔化填充边缘"命令，打开"柔化填充
边缘"对话框，设置参数如图 15-86(c)所示，单击"确定"按钮。

在舞台空白处单击取消选中。

单击月亮内部，单击"填充颜色"按钮，在打开的色板面板上设置颜色为"#FFCC00"，

得到月亮效果如图 15-86(d)所示。

选中绘制好的月亮，按【F8】键，将其转换为"月亮"影片剪辑元件，存于"库"面板上的"道具"文件夹中。

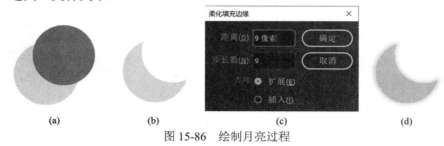

(a)　　　　(b)　　　　(c)　　　　(d)

图 15-86　绘制月亮过程

4. 保存文件

选择"文件"→"保存"命令，或按【Ctrl+S】组合键，保存源文件。

创 新 实 践

一、临摹

打开第 14 章完成的"小兔子表情包.fla"文件，临摹本章实例，用 Animate 图形绘制、编辑、上色工具，绘制小兔子表情包角色的正面、侧面形象，并绘制月亮和星星。

要求：

(1) 舞台大小为 240 像素×240 像素，帧速率 FPS 为 12。

(2) 绘制完成后，将所有对象放到舞台上，并适当调整大小位置，如图 15-87 所示。

(3) 库面板中合理管理制作过程中产生的元件。

(4) 文件保存为"小兔子表情包.fla"，导出为"小兔子表情包.gif"。

图 15-87　临摹实例效果

二、原创

打开文件"姓名表情包.fla"，模拟第一题的方法和思路，用 Animate 图形绘制、编辑、上色工具，绘制自己原创表情包角色的正面、侧面形象，并绘制原创的月亮和星星。

要求：

(1) 舞台大小为 240 像素×240 像素，帧速率 FPS 为 12。

(2) 角色的正面形象和侧面形象必须是站立的，并且有两条腿两胳膊，否则后面有些动画无法完成。

(3) 每个对象均保存为相应的元件。

(4) 绘制完成后，将所有对象放到舞台上，并适当调整大小位置。

(5) 库面板中合理管理制作过程中产生的元件。

(6) 文件保存为"姓名表情包.fla"，导出为"姓名表情包.gif"。

第 16 章 动画制作基础

 本章简介

在 Animate 中创建动画的过程，是通过时间轴有序组织处理静态元素生成动态效果的过程，因此，学习动画技术前，需要先学习时间轴的相关概念及其具体使用知识。本章主要介绍时间轴中图层的基本操作、帧的基本操作、时间轴工具的使用，以及场景在动画中的使用和动画中合成音频的相关知识。

学习目标

知识目标：

(1) 熟练掌握图层和帧的基本操作。

(2) 熟悉时间轴工具的使用方法。

(3) 掌握场景在动画中的使用方法。

(4) 熟悉动画中合成音频的操作。

能力目标：

(1) 能够灵活应用图层、帧和时间轴工具。

(2) 能够灵活处理场景的应用，掌握合成音频的操作。

思政目标：

(1) 通过用 Animate 制作简单剪纸动画，熟悉剪纸构图特点，感受其文化魅力。

(2) 激发学生的学习兴趣，用现代数媒技术传承、创新优秀文化。

思维导图

动画制作基础
- 知识讲解
  - 图层的基本操作 —— 新建图层、选择图层、删除图层、重命名图层、移动图层、设置图层属性
  - 帧的基本操作——帧的类型、插入帧、选择帧、编辑帧、设置帧速率
  - 时间轴工具的使用 —— 时间轴工具按钮的功能、自定义时间轴工具
  - 场景的使用——创建场景、选择场景、调整场景顺序、编辑场景
  - 音频合成 —— Animate 支持的音频格式、添加音频、编辑音频
- 优秀传统文化应用——制作"奔跑吧亲"剪纸动画
- 创新实践 —— 临摹：制作本章优秀传统文化应用案例、原创：创作剪纸作品展示动画

知识讲解

16.1　图层的基本操作

图层是 Animate 动画制作中非常重要的概念，合理应用图层，可有效组织和管理动画各元素。

图层就像透明胶片，有对象的地方覆盖下方图层的内容，没对象的地方可看到下方图层的内容，所有图层的内容叠加在一起构成场景中的一个画面。

不同图层又是相互独立的，编辑修改一个图层的内容，不会影响其他图层的内容。

在 Animate 中制作动画时，借助图层的操作，可有效提高动画制作效率。图层的常用基本操作有新建图层、选择图层、删除图层、重命名图层、移动图层等。

16.1.1　新建图层

在当前图层的上方添加一个新图层的方法有以下几种：

(1) 单击"图层"窗口左上角的"新建图层"按钮 　。

(2) 右击图层，在弹出的快捷菜单中选择"插入图层"命令。

(3) 选择"插入"→"时间轴"→"图层"命令。

16.1.2　选择图层

要对图层内容进行编辑，需先选择图层。选择图层有以下几种方法：

(1) 单击要编辑的图层，即可将其选中。

(2) 若要选择多个相邻的图层，需先单击选择范围的起始图层，然后按住【Shift】键，再单击选择范围的末尾图层即可。

(3) 若要选择多个不相邻的图层，需先单击选择其中的一个图层，然后按住【Ctrl】键，再分别单击其他要选择的图层。

16.1.3　删除图层

不需要的图层可以将其删除。删除图层有以下几种方法：

(1) 选择图层，单击图层面板上的"删除"按钮 　。

(2) 右击图层，在弹出的快捷菜单中选择"删除图层"命令。

(3) 选中图层，按住鼠标左键将其拖至"删除"按钮 　，再释放鼠标。

16.1.4　重命名图层

图 16-1　"图层属性"对话框

Animate 默认的图层名为"图层 1""图层 2"等，这样的图层名与图层内容无关，不易于快速找到相关图层。可以重命名图层，使图层名的含义与图层内容相关。重命名图层有以下几种方法。

(1) 双击某个图层，即可编辑修改该图层名。

(2) 双击某图层名前的图层图标 ⬜，或右击该图层，在弹出的快捷菜单中选择"属性"命令，打开"图层属性"对话框，如图 16-1 所示，在对话框的"名称"文本框中输入修改的图层名，然后单击"确定"按钮，即可重命名该图层。

16.1.5　移动图层

可以通过移动图层来调整图层顺序，从而调整不同图层上对象之间的叠放次序。

移动图层的方法是：只需按住鼠标左键拖动图层，到目标位置时释放鼠标。

16.1.6　设置图层属性

动画制作过程中，经常需要适当设置图层属性，以方便编辑舞台上的相应动画元素。常用的图层属性有显示或隐藏图层、锁定或解锁图层、轮廓显示图层、突出显示图层，这些属性可通过图层面板上的相应按钮进行设置。图层属性按钮如图 16-2 所示。

图 16-2　图层属性按钮

1. 显示、隐藏图层

图层默认是显示状态，若图层隐藏，则图层内容不显示，且不能编辑。当编辑一个图层内容时，为避免受其他图层干扰，可将其他图层隐藏。

若要设置所有图层，则单击"图层"面板上的 👁 按钮，可同时使所有图层在显示与隐藏状态之间进行切换。

若只设置某个图层，则可单击"图层"面板上 👁 按钮下该图层的对应区域，单击处出现 👁 按钮，表示该图层已设为隐藏，再次单击此处后 👁 按钮消失，图层又设为显示状态。

若要设置除某图层之外的其他图层，则按住【Alt】键，单击"图层"面板上 👁 按钮下该图层的对应区域，可使该图层之外的其他图层，同时在显示与隐藏状态之间进行切换。

2. 锁定、解锁图层

图层锁定后，图层内容不能编辑。

若要设置所有图层，则单击"图层"面板上的 🔒 按钮，可同时使所有图层在锁定与解锁状态之间进行切换。

若只设置某个图层，则可单击"图层"面板上 🔒 按钮下该图层的对应区域，单击处出

现 🔒 按钮，表示该图层已锁定，再次单击此处后 🔒 按钮消失，图层又设为解锁状态。

若要设置除某图层之外的其他图层，则按住【Alt】键，单击"图层"面板上 🔒 按钮下该图层的对应区域，可使该图层之外的其他图层，同时在锁定与解锁状态之间进行切换。

3. 轮廓显示图层

若图层设为轮廓显示，则图层上的所有图形只显示轮廓。当需要对多个图层的对象之间进行相对定位时，可将图层设为轮廓显示，方便定位。

若要设置所有图层，则单击"图层"面板上的 ⬛ 按钮，可同时使所有图层在轮廓显示与正常显示状态之间进行切换。

若只设置某个图层，则单击"图层"面板上 ⬛ 按钮下该图层的对应按钮，按钮显示为轮廓，表示该图层已设为轮廓显示，再次单击此处，图层又正常显示。

若要设置除某图层之外的其他图层，则按住【Alt】键，单击"图层"面板上 ⬛ 按钮下该图层的对应按钮，可使该图层之外的其他图层同时在轮廓显示与正常显示状态之间进行切换。

4. 突出显示图层

Animate 2022 可突出显示某图层。

若需突出显示某图层，则单击"图层"面板上的 ⚫ 按钮下该图层的对应区域，单击处出现 ⚫ 按钮，图层颜色变为非默认的彩色，表示该图层设为突出显示，再次单击此处后 ⚫ 按钮消失，图层又正常显示。

16.2　　帧的基本操作

在动画中，帧是动画在时间序列上的最小单位。在时间轴的帧控制区，每一个矩形小方格为一帧，一帧对应舞台上的一个画面。

16.2.1　帧的类型

Animate 中，帧的类型主要有四种：普通帧、关键帧、空白关键帧和补间帧，如图16-3 所示。

补间帧　　　　关键帧　　　空白关键帧　　　　普通帧

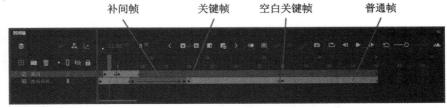

图 16-3　帧的类型

1. 普通帧

普通帧是时间轴帧控制区的那些灰色矩形格，它的内容与它前面的一个关键帧的内容相同。通常在一个关键帧后面插入一些普通帧，用来延长相应关键帧内容的播放时长。

2．关键帧

关键帧上有一个黑色实心圆点，关键帧是可编辑的帧，即对应舞台内容可进行编辑。

3．空白关键帧

空白关键帧上有一个空心圆点，空白关键帧也是可编辑的帧。若在空白关键帧的舞台上添加内容，则空白关键帧会变为关键帧。若把关键帧舞台上的内容清空，则关键帧会变为空白关键帧。

4．补间帧

在两个关键帧之间创建补间动画后，两个关键帧之间会自动生成补间帧。补间帧的画面是两个关键帧画面之间的过渡画面。补间动画不同，补间帧的样式也不同。例如，在形状补间动画中，补间帧为橙色，如图 16-4 所示；在传统补间动画中，补间帧为紫色，如图 16-5 所示。关于补间动画，后面章节会详细讲解，此处不再赘述。

图 16-4　形状补间动画中的补间帧　　　　图 16-5　传统补间动画中的补间帧

16.2.2　插入帧

1．插入普通帧

插入普通帧有以下三种方法。

(1) 单击时间轴上需要创建帧的位置，选择"插入"→"时间轴"→"帧"命令。

(2) 右击时间轴上需要创建帧的位置，在弹出的快捷菜单中选择"插入帧"命令。

(3) 单击时间轴上需要创建帧的位置，按【F5】键。

2．插入关键帧

插入关键帧有以下三种方法。

(1) 单击时间轴上需要创建帧的位置，选择"插入"→"时间轴"→"关键帧"命令。

(2) 右击时间轴上需要创建帧的位置，在弹出的快捷菜单中选择"插入关键帧"命令。

(3) 单击时间轴上需要创建帧的位置，按【F6】键。

3．插入空白关键帧

插入空白关键帧有以下三种方法。

(1) 单击时间轴上需要创建帧的位置，选择"插入"→"时间轴"→"空白关键帧"命令。

(2) 右击时间轴上需要创建帧的位置，在弹出的快捷菜单中选择"插入空白关键帧"命令。

(3) 单击时间轴上需要创建帧的位置，按【F7】键。

16.2.3　选择帧

对帧进行操作前，需要先选择帧。选择帧有以下操作方法。

(1) 选择单个帧。单击需要选择的帧，即可将其选中。

(2) 选择多个连续帧。按住鼠标左键，从起始帧拖动到结尾帧；或先单击起始帧，再按住【Shift】键单击结尾帧。

(3) 选择多个不连续帧：可先单击起始帧，再按住【Ctrl】键依次单击其他需要选择的帧。

(4) 选择所有帧：采用鼠标拖动的方法；或选择"编辑"→"时间轴"→"选择所有帧"命令。

16.2.4　编辑帧

1. 删除帧

不需要的帧可以将其删除。删除帧有以下几种方法。

(1)选中需删除的帧，右击，在弹出的快捷菜单中选择"删除帧"命令。

(2)选中需删除的帧，选择"编辑"→"时间轴"→"删除帧"命令，或按【Shift+F5】组合键。

2. 清除帧

清除帧和删除帧不同，删除帧后帧就不存在了，而清除帧后，帧不会消失，只是转换为其他类型的帧。清除帧有"清除帧"和"清除关键帧"两个命令。

(1) 清除帧：选中要清除的帧，右击，在弹出的快捷菜单中选择"清除帧"命令，则操作的帧转换为空白关键帧。

(2) 清除关键帧：选中要清除的关键帧，右击，在弹出的快捷菜单中选择"清除关键帧"命令，则操作的关键帧转换为普通帧。

3. 转换帧

转换帧有"转换为关键帧"和"转换为空白关键帧"两个命令。

选中需转换的帧，右击，在弹出的快捷菜单中选择相应的命令，则选中的帧转换为相应类型的帧。

注意：选中关键帧，并按【Delete】键，可将其转换为空白关键帧。

4. 移动帧

移动帧有以下几种方法。

(1) 选中需移动的帧，按住鼠标左键将其拖动到目标位置。

(2) 选中需移动的帧，右击，在弹出的快捷菜单中选择"剪切帧"，再在目标位置右击，选择"粘贴帧"命令。

5. 复制帧

复制帧有以下几种方法。

(1) 选中需复制的帧，按住【Alt】键，用鼠标左键将其拖动到目标位置。

(2) 选中需复制的帧，右击，在弹出的快捷菜单中选择"复制帧"，再在目标位置右击，选择"粘贴帧"命令。

6. 翻转帧

翻转帧可以使帧内容逆序播放。若要翻转帧，帧序列的起始帧需为关键帧。

翻转帧的方法为：选择需翻转的帧序列，右击，选择"翻转帧"命令。

16.2.5　设置帧速率

帧速率指动画每秒播放的帧数，它决定了动画的播放速度。帧速率太慢，动画效果显得卡顿；帧速率太快，动画看不清细节。Web 上的动画帧速率常采用每秒 12 帧(fps)，但标准的动画帧速率一般是每秒 24 帧。

一个 Animate 动画文件只有一个帧速率。设置帧速率有以下几种方法。

(1) 选择"修改"→"文档"命令，在打开的"文档设置"对话框中设置帧速率。

(2) 打开"属性"面板，选择"文档"选项卡，在打开的面板上设置帧速率。

16.3	时间轴工具的使用

时间轴工具是时间轴上的重要组成部分，在动画创建过程中经常需要使用这些工具。

16.3.1　时间轴工具按钮的功能

在时间轴帧控制区的顶部有一排工具按钮，如图 16-6 所示，熟练操作这些工具按钮，有益于提高动画制作效率。

图 16-6　时间轴工具按钮

时间轴上各工具按钮的功能如下。

(1) "当前帧"功能区 ：显示播放头所在的帧数，也可以在此输入帧数定位播放头位置，即调整当前舞台显示的内容。

(2) 按钮 ：单击此按钮，可在当前图层向后退至上一个关键帧，快捷键为【Alt+,】。

(3) 按钮 ：单击此按钮，可在当前图层向前进至下一个关键帧，快捷键为【Alt+.】。

(4) "插入关键帧"按钮 ：单击此按钮，可在当前位置插入关键帧。

(5) "插入空白关键帧"按钮 ：单击此按钮，可在当前位置插入空白关键帧。

(6) "插入帧"按钮 ：单击此按钮，可在当前位置插入普通帧。

(7) "删除帧"按钮 ：单击此按钮，可将选中的帧删除。

(8) "绘图纸外观"按钮 ：此按钮呈选中状态时，设置一个连续的显示帧区域，舞台上可同时显示区域内所有帧的内容，且当前帧内容正常显示，其他帧内容彩色半透明显示。

(9) "编辑多个帧"按钮 ：此按钮呈选中状态时，设置一个连续的显示帧区域，舞台上可同时显示区域内所有帧的内容，且选中区域内所有帧后，可同时编辑这些帧。

(10) "插入传统补间"按钮 ：单击此按钮，可创建传统补间动画。

(11) "插入补间动画"按钮 ：单击此按钮，可创建补间动画。

(12) "插入形状补间"按钮 ：单击此按钮，可创建形状补间动画。

(13)"帧居中"按钮  ：单击此按钮，可将当前帧显示到帧控制区窗口中间。

(14)"循环"按钮 ：此按钮呈选中状态时，设置一个连续的播放帧区域，单击"播放"按钮 播放动画时，可循环播放区域内的内容。

(15)"播放"按钮 ：单击此按钮时，可直接在场景内预览动画效果。

(16)"后退一帧"按钮 ：单击此按钮，可使播放头后退一帧。

(17)"前进一帧"按钮 ：单击此按钮，可使播放头前进一帧。

(18)"将时间轴缩放重设为默认级别"按钮 ：单击此按钮，可将时间轴的显示比例设为默认级别的缩放比例。

(19)"调整时间轴视图大小"滑块 ：拖动圆形滑块，可调整时间轴视图大小。

16.3.2 自定义时间轴工具

时间轴上显示哪些工具按钮可自定义调整，具体操作为：单击时间轴右上角的按钮 ，在打开的菜单中选择"自定义时间轴工具"命令，打开"自定义时间轴"面板，如图 16-7 所示，单击面板上的按钮，可使该按钮在时间轴上在显示与隐藏状态之间进行切换。

图 16-7　"自定义时间轴"面板

16.4　场景的使用

制作动画时，若动画内容较长，可将其划分为若干片段，不同片段分放到不同场景制作。播放动画时，会按照多个场景的排列次序依次播放各场景的内容。

16.4.1 创建场景

创建场景有以下两种方法。

(1) 选择"窗口"→"场景"命令，打开"场景"面板，如图 16-8 所示，单击面板左下角的"添加场景"按钮 ，即可创建一个新的场景。

(2) 选择"插入"→"场景"命令，也可创建一个新的场景，如图 16-9 所示。

图 16-8　"场景"面板

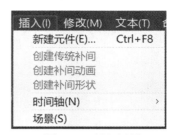

图 16-9　插入场景

16.4.2　选择场景

在多场景动画制作时，要编辑哪个场景，就需要把哪个场景设置为当前场景。

将某场景设置为当前场景有以下两种方法。

(1) 在"场景"面板上单击需要编辑的场景。

(2) 单击舞台左上角的"编辑场景"按钮，在打开的下拉列表中选择要编辑的场景。

16.4.3　调整场景顺序

播放多场景动画时，是按照场景的排列顺序，依次播放各场景中的内容的。若需调整动画内容的播放顺序，只需调整相应场景的顺序即可。

调整场景顺序的方法是：在"场景"面板中，按住鼠标左键，将需调整顺序的场景拖至目标位置，再释放鼠标。

16.4.4　编辑场景

在"场景"面板中，还可对场景进行复制、重命名、删除等编辑操作。

(1) 复制场景：打开"场景"面板，选中需复制的场景，再单击面板左下角的"重置场景"按钮 ▣ 即可。

(2) 重命名场景：打开"场景"面板，双击需重命名的场景，即可对其重命名。

(3) 删除场景：打开"场景"面板，选中需删除的场景，再单击面板左下角的"删除"按钮 ▣ 即可。

16.5　音　频　合　成

音频是优秀动画不可缺少的、非常重要的一部分，合理恰当的音频可以使动画更具吸引力。在 Animate 中制作动画时，可导入多种格式音频文件，还可对导入的音频文件进行相应的编辑操作。

16.5.1　Animate 支持的音频格式

Animate 支持的音频格式主要有以下几种。

1. WAV 格式

WAV 格式是 Animate 兼容最好的音频格式。WAV 格式的音频文件中数据没有经过压缩，可直接保存声音波形的取样数据，音质较好。但 WAV 格式的文件通常文件较大，占用空间较多。

如果一个音频文件不能导入 Animate 中，可将其通过格式转换软件转换为 WAV 格式的文件，再导入 Animate 中。

2. MP3 格式

MP3 格式是一种压缩的音频文件格式，其文件量大约是 WAV 格式文件量的十分之一，体积小，传输方便，音质较好，广泛应用于电脑音乐中。

需要注意的是，不是所有的 MP3 格式的音频文件都可导入 Animate 中，不能导入的，可将其转换为 WAV 格式后再导入 Animate 中。

3. AIFF 格式

AIFF 格式支持 MAC 平台，支持 16bit 44kHz 的立体声。但要使用此格式的音频文件，系统必须安装 QuickTime 4 或更高版本。

4. AU 格式

AU 格式是一种压缩的音频文件格式，只支持 8bit 的声音，是互联网上常用的音频文件格式。但要使用此格式的音频文件，系统需要安装 QuickTime 4 或更高版本。

一般情况下，使用 AIFF 和 AU 格式音频文件的频率不高。另外，在 Animate 中还可以导入 ASF 和 WMV4 格式的音频文件。

16.5.2　添加音频

在 Animate 动画中添加音频需要经过下列步骤。

(1) 打开 Animate 动画文件。

(2) 选择"文件"→"导入"→"导入到库"命令，打开"导入到库"对话框，在对话框中选择要导入的音频文件，单击"打开"按钮，即可将文件导入到"库"面板中。

(3) 新建图层，可重命名图层为"声音"。在图层中需要开始播放声音的帧上插入关键帧。在"库"面板中选择音频文件，按住鼠标左键不放，将其拖曳到舞台中后释放鼠标，在"声音"图层中会出现声音波形，声音添加完成。

(4) 按【Ctrl+Enter】组合键测试声音效果。

一般情况下，建议将每个音频文件放在一个独立的图层中，方便对每个音频文件单独编辑，而不会影响其他内容。但播放动画时，所有声音图层上的声音是混在一起播放的。

16.5.3　编辑音频

在 Animate 动画中，可以对图层上的声音进行编辑，主要在帧"属性"面板上完成。

在声音图层中，选择有声音波形的某一帧，打开帧"属性"面板，如图 16-10 所示，在面板的"声音"组中，可以进行声音的编辑。

1. "名称"选项

在"名称"选项的下拉列表中,可选择"库"面板中的声音文件。若选"无",则将取消图层上的声音。

2. "效果"选项

在"效果"选项的下拉列表中,可以选择声音的播放效果,如图 16-11 所示,其中各选项含义如下。

(1)"无"选项:不对声音文件应用效果,同时删除以前应用于声音的效果。

(2)"左声道"选项:只在左声道播放声音。

(3)"右声道"选项:只在右声道播放声音。

(4)"向右淡出"选项:声音从左声道渐变到右声道。

(5)"向左淡出"选项:声音从右声道渐变到左声道。

(6)"淡入"选项:在声音的持续时间内逐渐增加其音量。

(7)"淡出"选项:在声音的持续时间内逐渐减少其音量。

图 16-10　帧"属性"面板

(8)"自定义"选项:选择此项后会弹出"编辑封套"对话框,如图 16-12 所示,可在对话框中自定义声音的淡入淡出点,对声音进行比较精细的编辑,创建自定义声音效果。或者单击"编辑声音封套"按钮  ,也可打开"编辑封套"对话框,编辑声音效果。

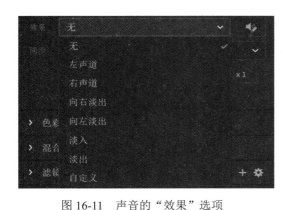

图 16-11　声音的"效果"选项

图 16-12　"编辑封套"对话框

"编辑封套"对话框中各部分功能如下。

① 起点游标和终点游标:用于定义音频的开始位置和终止位置,如图 16-13 所示。

② 音量控制线:用于控制音频音量与声音的长短,如图 16-14 所示。

③ 控制柄:左、右声道编辑区中各有对应控制柄,拖动其可分别调整左、右声道的音调高低,如图 16-14 所示。

图 16-13 起点游标和终点游标

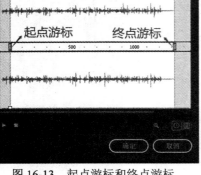

图 16-14 音量控制线和控制柄

默认情况下，只在音量控制线的起始位置有控制柄，需要时，在音量控制线上单击可添加控制柄，最多可添加 8 个控制柄。用鼠标将控制柄拖出声音波形区即可删除控制柄。

④ "放大"按钮 和 "缩小"按钮 ：用于缩放对话框中音频的显示大小。

⑤ "秒"按钮 和 "帧"按钮 ：用于设置改变对话框中时间轴的单位，前者显示的单位为秒，后者显示的单位为帧。

⑥ "播放"按钮 和 "停止"按钮 ：单击"播放"按钮可预听声音效果，单击"停止"按钮可终止预听声音。

3. "同步"选项

"同步"选项用于选择何时播放声音，如图 16-15 所示，其中各选项含义如下。

图 16-15 声音"同步"选项

(1) "事件"选项：若选择该选项，则表示声音为事件声音。事件声音在它的起始关键帧开始显示时播放，在播放前必须全部下载完毕才能开始播放，并独立于时间轴播放整个完整声音，即使所占帧长度已播放完，它也继续播放，播放时，事件声音混在一起。

一般情况下，当用户单击一个按钮播放声音时选择事件声音。如果事件声音正在播放，而声音再次被实例化(用户再次单击按钮)，则第一个声音实例继续播放，另一个声音实例同时开始播放。

(2) "开始"选项：与"事件"选项功能相近，但如果选择的声音实例已经在时间轴的其他地方播放，则新的声音实例不会播放。

(3) "停止"选项：若选择该选项，则当某个事件再次触发该声音文件的播放时，将停止前面的播放而重新开始播放。

(4)"数据流"选项：若选择该选项，则表示声音为音频流。音频流与动画同步，即音频流随动画的播放而播放，随动画的结束而结束。发布 SWF 文件时，音频流混合在一起。一般给帧添加声音时使用此选项。音频流声音的播放长度不会超过它所占帧的长度。

注意：在 Animate 中有两种类型的声音——事件声音和音频流。事件声音必须完全下载后才能开始播放，且除非明确停止，否则它将一直连续播放。音频流则可以在前几帧下载了足够资源后就开始播放。音频流可以和时间轴同步，便于在 Web 站点上播放。

4. "重复"下拉列表

"重复"下拉列表中有 2 个选项，其含义如下。

(1)"重复"选项：用于设定声音播放次数。可以在选项后的数值框中设置循环次数。

(2)"循环"选项：用于设定循环播放声音。一般情况下，不循环播放音频流。如果将音频流设为循环播放，帧就会添加到文件中，文件大小会根据声音循环播放次数而倍增。

优秀传统文化应用

【制作"奔跑吧亲"剪纸动画】

结合第 13 章【制作"马跑"剪纸动画】完成的文件，制作"奔跑吧亲"剪纸动画，效果参考素材中的"奔跑吧亲.swf"文件，其中两帧的内容如图 16-16 所示。

图 16-16　"奔跑吧亲"剪纸动画效果

【应用分析】

本剪纸动画包含两个场景。第一个场景内容为剪纸效果文字动效，即先使用文本工具和绘图工具制作剪纸效果文字，再使用动画技术给其添加合适的动效；第二个场景内容为剪纸马跑动效，可通过导入马跑音效和第 13 章完成的马跑素材实现。

【实现步骤】

1. 新建文件

(1) 双击桌面上的 Animate 2022 快捷图标启动软件。

(2) 选择"文件"→"新建"命令，弹出"新建文档"对话框，在对话框中设置宽为 1000 像素，高为 800 像素，帧速率为 24，平台类型选择"ActionScript 3.0"，然后单击"创建"按钮打开新建文档的窗口界面。

2. 制作剪纸文字

(1) 创建文字。

选择"文本工具"，在属性面板中设置字体为"庞门正道轻松体"，字号为 280 pt，字体颜色为红色，在舞台上单击输入文字"奔跑吧亲"。

选中输入的文字，按【Ctrl+B】组合键将其打散，适当调整各文字间距。

(2) 创建剪纸花朵纹样。

选择"椭圆工具"，在"属性"面板中设置无笔触，填充色为白色，选中"对象绘制模式"按钮，绘制椭圆。选择"任意变形工具"并单击椭圆，将其中心点下移，选择"窗口"→"变形"命令，打开"变形"面板，设置旋转度数为60，再连续多次单击"变形"面板右下角的"重置选区和变形"按钮 ，得到六个花瓣，然后用"椭圆工具"绘制花心。绘制好的小花效果如图16-17所示。

选择绘制的小花，将其转换为名称为"花朵"的影片剪辑元件，并保存在"库"面板上。

图 16-17　剪纸花朵纹样

(3) 生成剪纸文字。

从"库"面板上多次拖动"花朵"元件到舞台上生成多个剪纸纹样，用"任意变形工具"适当调整各花朵的大小和位置，生成如图19-18所示的剪纸效果文字。

图 16-18　剪纸效果文字

依次选中各剪纸文字，分别将其转换为名称为"奔""跑""吧""亲"的影片剪辑元件，并保存在"库"面板上。

3. 制作剪纸文字动效

(1) 选中"奔""跑""吧""亲"四个剪纸字，右击选择"分散到图层"命令，然后使四个文字分布到四个图层上，适当调整图层顺序，使其按文字顺序排列。

(2) 选中所有图层的第20帧，插入关键帧。

(3) 选中第1帧舞台上的所有文字，将其移至舞台右侧，并缩至合适大小，Alpha值设为0%。

(4) 选中所有图层的第1帧到第20帧的中间某一帧，右击选择"创建传统补间"命令，在"属性"面板上设置其补间属性，"逆时针"旋转3圈。

(5) 选中"奔"图层的第25帧到第30帧，将其拖动到第29帧。

(6) 选中"跑"图层的第1帧到第20帧，将其拖动到第11帧。

(7) 选中"吧"图层的第1帧到第20帧，将其拖动到第21帧。

(8) 选中"亲"图层的第1帧到第20帧，将其拖动到第31帧。

(9) 选中所有图层的第60帧，插入帧。此时，时间轴如图16-19所示。

图 16-19　剪纸文字动效的时间轴

4. 制作马跑动效

(1) 选择"窗口"→"场景"命令，打开"场景"面板。

(2) 在"场景"面板左下角单击"添加场景"按钮生成"场景2"。

(3) 选择"文件"→"导入"→"导入到舞台"命令，导入素材中的"马跑.gif"文件。

(4) 选择"文件"→"导入"→"导入到库"命令，将素材中的"马叫声.wav"和"奔跑的马声.mp3"音频文件导入库中。

(5) 新建图层，从"库"面板中将"马叫声.wav"拖入舞台。

(6) 新建图层，从"库"面板中将"奔跑的马声.mp3"拖入舞台。

5．测试动画

按【Ctrl+Enter】组合键，或选择"控制"→"测试"命令，测试动画效果。

6．文件保存

选择"文件"→"保存"命令，在弹出的"另存为"对话框中选择保存位置，输入文件名为"奔跑吧亲.fla"，然后单击"保存"按钮，将文件保存至指定位置。

7．导出动画

选择"文件"→"发布设置"命令，在弹出的"发布设置"对话框的"发布"列表中选择"Flash (.swf)"项，并取消其他选项前的"对钩"，然后单击"发布"按钮，即在文件位置生成一个名称为"奔跑吧亲.swf "的动画文件。

说明：如果电脑上的 swf 动画文件不能正常播放，可将其拖到素材中的"FlashPlayer.exe"上播放。

创 新 实 践

一、临摹

临摹本章实例，制作"奔跑吧亲"剪纸动画。

要求：

(1) 新建文件，舞台大小为 1000 像素×800 像素，帧速率 FPS 为 24。

(2) 在两个场景中分别制作剪纸文字动效和马跑动效。

(3) 文件保存为"奔跑吧亲.fla"，发布为"奔跑吧亲.swf"文件。

二、原创

参考第一题的思路和方法，结合第 13 章完成的"剪纸作品展示.gif"，进一步完善自己的原创动画。

要求：

(1) 在线搜索下载合适的音频文件。

(2) 新建文件，舞台大小和"剪纸作品展示.gif"文件一致。

(3) 场景 1 为制作剪纸文字动效 (文字内容自定)。

(4) 场景 2 为导入"剪纸作品展示.gif"和下载的音频。

(5) 动画发布为 swf 格式文件。

第 17 章 逐帧动画制作

 本章简介

　　逐帧动画是 Animate 最基础的动画，可以实现过渡变化细腻的动画效果。本章主要学习逐帧动画的概念、特点、创建方法，并通过文字打字动效和"送花""机智如我"两个剪纸表情包的制作，详细阐述逐帧动画的特点和制作技巧，加强逐帧动画的灵活应用能力。

 学习目标

知识目标：

(1) 理解逐帧动画的概念和特点。

(2) 掌握逐帧动画的创建方法。

能力目标：

(1) 能够分析逐帧效果动画的实现思路。

(2) 能够灵活应用并制作效果流畅的逐帧动画。

思政目标：

(1) 通过用 Animate 制作动态剪纸表情包，感受剪纸文化魅力。

(2) 激发学习兴趣和主动性，用现代数媒技术传承、创新优秀剪纸文化。

 思维导图

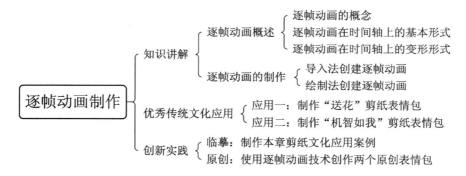

17.1　逐帧动画概述

逐帧动画类似于电影播放，利用人类的视觉暂留原理，以一定速度连续播放有细微差别的图像，使其具有运动的效果。

17.1.1　逐帧动画的概念

逐帧动画以"帧"为基本单位，每一帧对应一个画面，通过连续播放帧形成动画效果。

逐帧动画的优点是：由于一帧一帧进行绘制，每一帧都是独立的，灵活性很大，可以创建出许多补间动画无法实现的效果，很适合表现变化细腻的动画效果，如鸟儿飞翔、动物跑动、头发飘动等。

逐帧动画的缺点也是明显的：由于逐帧动画是通过帧的不断变化产生的，每一帧都需要绘制不同的内容，因此逐帧动画的制作工作量和文件量相对来说都比较大。

逐帧动画在时间轴上的表现形式有两种：基本形式和变形形式。

17.1.2　逐帧动画在时间轴上的基本形式

逐帧动画在时间轴上的基本表现形式是连续出现的关键帧，即每个帧都定义为关键帧，给每个帧创建不同的图像，如图 17-1 所示。

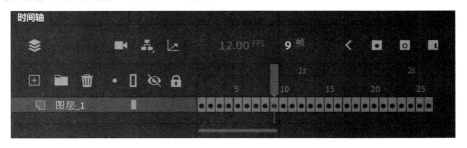

图 17-1　逐帧动画在时间轴上的基本表现形式

17.1.3　逐帧动画在时间轴上的变形形式

如果在保持帧速率不变的情况下，想要调慢逐帧动画的播放速率，可在关键帧之后增加普通帧，以延长关键帧内容的显示时长，从而改变逐帧动画的播放速率。这种情况称为逐帧动画的变形形式，如图 17-2 所示，但它本质上仍然是逐帧动画。

图 17-2　逐帧动画在时间轴上的变形形式

17.2　逐帧动画的制作

逐帧动画是通过关键帧的连续变化形成的，在制作过程中，需要单独创建每一个关键帧中的内容。逐帧动画的创建方法有两种：导入法和绘制法。

17.2.1　导入法创建逐帧动画

导入法创建逐帧动画是指通过导入外部序列静态图片，或连续导入静态图片，或导入 gif 动图文件，或导入 swf 动画文件的方法制作逐帧动画。

这种方法生成的逐帧动画每一帧都是关键帧，在时间轴上的表现形式是逐帧动画的基本形式。

【例 17.1】导入 gif 动图文件，制作逐帧动画。

具体操作步骤如下。

(1) 双击桌面上的 Animate 2022 快捷图标启动软件。

(2) 选择"文件"→"新建"命令，在打开的"新建文档"对话框中，选择"角色动画"，宽和高均设置为 240 像素，帧速率设置为 12，平台类型选择"ActionScript 3.0"，然后单击"创建"按钮，创建一个 An 文档。

(3) 选择"文件"→"导入"→"导入到舞台"命令，打开"导入"对话框，在对话框中选择素材中的"haode.gif"文件，单击"打开"按钮，会自动生成时间轴帧序列，每一帧包含一个图像，如图 17-3 所示。

haode

图 17-3　导入 gif 图片和时间轴上的帧序列

(4) 按【Ctrl+Enter】组合键测试动画效果。

(5) 选择"文件"→"保存"命令，或按【Ctrl+S】组合键，打开"另存为"对话框，在对话框中选择保存位置，输入文件名为"haode.fla"，单击"保存"按钮，文件被保存至指定位置。

17.2.2　绘制法创建逐帧动画

绘制法创建逐帧动画是指利用 Animate 提供的工具，绘制每一个关键帧内容的方法制作逐帧动画。

这种方法生成的逐帧动画，在时间轴上的表现形式多是逐帧动画的变形形式。

【例 17.2】利用逐帧动画，制作文字打字动态效果。

具体操作步骤如下。

(1) 双击打开"小兔子表情包.fla"文件，在文件中完成以下操作。

(2) 在库面板中创建"文字"文件夹。

(3) 在时间轴面板中，选中"图层-1"图层，单击"删除"按钮 🗑 ，删除舞台上的内容。

(4) 选择"文本工具"，在"属性"面板中设置字体为"庞门正道轻松体"，字号大小为 80pt，字体颜色为蓝色。在舞台上单击鼠标左键，输入文字"快乐创作"。

(5) 选择"选择工具"，单击选中文字，按【Ctrl+B】组合键两次，将文字打散。

(6) 使用"选择工具"对文笔画笔进行调整。

(7) 选择"颜料桶工具"，为文字笔画修改颜色，选择"墨水瓶工具"，为文字笔画添加轮廓线条，效果如图 17-4 所示。

图 17-4　文字效果　　　　　　　　　文字打字动效

(8) 依次选中"快""乐""创""作"四个文字，并将其分别转换为"快""乐""创""作"四个影片剪辑元件，放于"库"面板的"文字"文件夹中。

(9) 选中舞台上的"快""乐""创""作"四个文字元件实例，将其转换为"快乐创作"影片剪辑元件，放于"库"面板的"文字"文件夹中。

(10) 选中舞台上的"快乐创作"实例，按【Ctrl+B】组合键将其打散。

(11) 在第 5 帧插入关键帧，删除第 5 帧上的"作"字。

(12) 在第 9 帧插入关键帧，删除第 9 帧上的"创"字。

(13) 在第 13 帧插入关键帧，删除第 13 帧上的"乐"字。

(14) 在第 16 帧插入帧。

(15) 选中 1～16 帧，右击，选择"翻转帧"，此时，时间轴如图 17-5 所示。

图 17-5　文字打字动态效果时间轴表现形式

(16) 右击"图层-1"，在弹出的快捷菜单中选择"将图层转换为元件"，弹出"将图层转换为元件"对话框，名称框输入"文字打字动效"，类型选择"图形"，文件夹选择"文字"，单击"确定"按钮。

(17) 文字打字动态效果制作完成，按【Ctrl+Enter】组合键测试动画效果，按【Ctrl+S】组合键保存动画文件。

优秀传统文化应用

【应用一：制作"送花"剪纸表情包】

运用第 14 章【绘制"花枝"剪纸】绘制的花枝和第 15 章【应用一】绘制好的正面剪纸小兔子，采用逐帧动画技术，制作"送花"剪纸表情包，效果参考素材中的"01 送花.gif"文件，其中一帧效果如图 17-6 所示。

送你花

图 17-6　"送花"剪纸表情包

【应用分析】

本应用主要是利用第 14、15 章绘制好的小兔子正面形象和花枝素材，创建出送花动作中的一些关键姿势，然后让这些关键姿势连续播放，即可实现送花动作效果。

【实现步骤】

1. 打开文件

双击打开文件"小兔子表情包.fla"，在文件中继续操作，完成"送花"表情包的制作。

2. 清空"表情 1"

在时间轴面板中，选中"图层-1"图层，单击"删除"按钮 🗑，删除舞台上的内容。

3. 创建"01 送花"图形元件

在"库"面板上右击"小兔子 正面"元件，在弹出的快捷菜单中选择"直接复制"命令，打开"直接复制元件"对话框，"名称框"输入"01 送花"，"类型"选择"图形"，"文件夹"选择"库跟目录"，单击"确定"按钮。

在库面板中创建"表情包"文件夹，将"01 送花"元件拖入"表情包"文件夹中。

4. 编辑"01 送花"图形元件

(1) 在"库"面板中，按住鼠标左键将"01 送花"元件拖放到舞台上合适位置，得到该元件的一个元件实例。

(2) 双击舞台上的元件实例，进入"01 送花"元件内部。

(3) 单击选择小兔子头部，按【Ctrl+B】组合键将其打散。

(4) 右击小兔子右侧胳膊，在弹出的快捷菜单中选择"分散到图层"命令，出现"胳膊"图层。

(5) 选中小兔子的两个耳朵和头，右击，在弹出的快捷菜单中选择"分散到图层"命令，出现两个"耳朵"图层和一个"头-正面 1"图层。

(6) 将"头-正面 1"图层移至顶层。

(7) 将"图层-1"图层重命名为"身体腿脚"。

(8) 选中所有图层的第 30 帧，右击选择"插入帧"命令。

(9) 选中所有图层的第 6 帧，右击选择"插入关键帧"命令。

(10) 用"任意变形工具"选中小兔子头部，将其中心点下移，如图 17-7(a)所示，再旋转小兔子头部，如图 17-7(b)所示，然后分别旋转两个耳朵，如图 17-7(c)所示。

 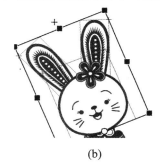 

(a)　　　　　　　　　　(b)　　　　　　　　　　(c)

图 17-7　小兔子摆头动作

(11) 选中第 1 帧的小兔子右侧胳膊，使用"任意变形工具"适当旋转，效果如图 17-8 所示。

(12) 选中第 6 帧的小兔子右侧胳膊，使用"修改"→"变形"→"垂直翻转"命令，再用"任意变形工具"适当旋转，效果如图 17-9 所示。

(13) 在"胳膊"下方新建"花枝"图层，在其第 6 帧插入关键帧，从"库"面板将"花枝 1"元件拖入舞台，并适当调整大小、位置、角度，效果如图 17-10 所示。

图 17-8　　　　　　　　图 17-9　　　　　　　　图 17-10

(14) 分别选中两个耳朵图层第 8 帧、第 10 帧、第 12 帧，分别插入关键帧，并用"任意变形工具"旋转各帧耳朵分别如图 17-11、图 17-12、图 17-13 所示。

| 图 17-11 | 图 17-12 | 图 17-13 |

(15) 新建"文字"图层，在第 13 帧插入关键帧。选择"文本工具"，"属性"面板设置字体为"Nishiki-teki"，字号大小为 25 pt，文字颜色为绿色，输入文字"送你花"，通过回车将文字纵向排列。

(16) 用"选择工具"选中文字"送你花"，按【Ctrl+B】组合键将其打散。

(17) 分别在"文字"图层的第 16 帧、第 19 帧插入关键帧，删除第 13 帧的"你"和"花"两个字，删除第 16 帧的"花"字。

(18) "01 送花"图形元件编辑完成，其元件内的时间轴如图 17-14 所示。

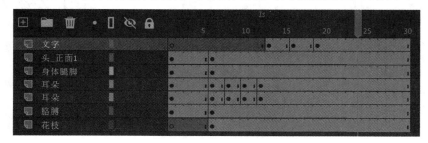

图 17-14　送花图形元件时间轴

5. 保存文件

(1) 单击舞台左上角的"表情 1"，返回表情 1，在时间轴第 30 帧插入帧。

(2) "送花"表情包制作完成，按【Ctrl+Alt+Enter】组合键测试当前场景表情包效果。

(3) 选中舞台上的表情包实例，打开对象"属性"面板，设置"循环"属性组的"帧选择器"的值为 22。

(4) 选择"文件"→"导出"→"导出动画 GIF"命令，在打开的"导出图像"对话框中，各项参数设置如图 17-15 所示，单击"保存"按钮，在打开的"另存为"对话框中，找到保存位置，文件名输入"01"，单击"保存"按钮，"01.gif"动画文件被保存到指定位置。

(5) 选择"文件"→"保存"命令，或按【Ctrl+S】组合键，保存源文件。

图 17-15　导出 gif 动画的参数设置

【应用二：制作"机智如我"剪纸表情包】

运用第 15 章【应用一】绘制好的正面剪纸小兔子素材，采用逐帧动画技术，制作"机智如我"剪纸表情包，效果参考素材中的"02 机智如我.gif"文件，其中一帧效果如图 17-16 所示。

机智如我

图 17-16　"机智如我"表情包

【应用分析】

本应用主要是利用第 15 章绘制好的小兔子正面形象，创建出"机智如我"动作中的一些关键姿势，然后让这些关键姿势连续播放，即可实现表情包动作效果。

【实现步骤】

1. 打开文件

双击打开文件"小兔子表情包.fla"，在文件中继续操作，完成"机智如我"表情包的制作。

2. 创建"表情 2"场景

选择"窗口"→"场景"命令，打开"场景"面板，单击面板左下角的"添加场景"按钮 ，场景面板出现一个新场景，双击新场景名称，将其重命名为"表情 2"。

3. 创建"02 机智如我"图形元件

在"库"面板上右击"小兔子 正面"元件，在弹出的快捷菜单中选择"直接复制"命令，打开"直接复制元件"对话框，"名称框"输入"02 机智如我"，"类型"选择"图形"，"文件夹"选择"表情包"，单击"确定"按钮。

4. 编辑"02 机智如我"图形元件

(1) 在"库"面板中，按住鼠标左键将"02 机智如我"元件拖放到舞台上合适位置，得到该元件的一个元件实例。

(2) 双击舞台上的元件实例，进入"02 机智如我"元件内部。

(3) 单击选择小兔子头部，按【Ctrl+B】组合键将其打散。

(4) 单击选择小兔子头部(不含耳朵)，按【Ctrl+B】组合键将其打散。

(5) 选中小兔子五官，将其转换为"五官"影片剪辑元件，放于"库"面板上的"小兔子局部"文件夹中。

(6) 在舞台上选中小兔子所有部分，右击，在弹出的快捷菜单中选择"分散到图层"命令，构成小兔子的每一个元件实例都会被分散到一个独立的图层，将胳膊图层调整到身体图层的下方，如图 17-17 所示。

(7) 选中所有图层的第 30 帧，单击时间轴上的"插入帧"按钮  插入帧。

(8) 在第 1 帧中，使用"任意变形工具"，调整两个耳朵的旋转中心点到耳朵底部，调整两个胳膊的旋转中心点到胳膊顶部，调整两条腿的旋转中心点到腿的顶部。

(9) 选中所有图层的第 8 帧，右击，选择"插入关键帧"，调整当前帧上五官、花朵和耳朵，调整前的效果如图 17-18 所示，调整后的效果如图 17-19 所示。

图 17-17　分散并调整后的图层

(10) 选中所有图层的第 10 帧，右击，选择"插入关键帧"，选中身体和四肢，用"任意变形工具"调整如图 17-20 所示。再选中小兔子头部，向下移动，并调整五官、花朵和耳朵效果如图 17-21 所示。

图 17-18　　　　　　图 17-19　　　　　　图 17-20　　　　　　图 17-21

(11) 选中所有图层的第 1 帧，按住【Alt】键拖动鼠标将其复制至第 12 帧，然后调整第 12 帧的小兔子的胳膊、腿和耳朵，效果如图 17-22 所示。

(12) 选中两个耳朵图层的第 14 帧，插入关键帧，用"任意变形工具"调整耳朵效果如图 17-23 所示。

(13) 选中两个耳朵图层的第 16 帧，插入关键帧，用"任意变形工具"调整耳朵效果如图 17-24 所示。

(14) 新建"文字"图层，在第 16 帧插入关键帧。选择"文本工具"，"属性"面板设置字体为"Nishiki-teki"，字号大小为 25 pt，文字颜色为红色，输入文字"机智如我…"，通过回车将文字纵向排列，如图 17-25 所示。

图 17-22　　　　　　图 17-23　　　　　　图 17-24　　　　　　图 17-25

(15) 用"选择工具"选中文字"机智如我…"，按【Ctrl+B】组合键将其打散。

(16) 分别在"文字"图层的第 19 帧、第 22 帧和第 25 帧插入关键帧，删除第 16 帧的

"智如我…"文字，删除第 19 帧的 "如我…"文字，删除第 22 帧的 "我…"文字。

(17) 选中除"文字"图层外的所有图层的第 26 帧，右击，在弹出的快捷菜单中选择"插入空白关键帧"命令。

(18) "02 机智如我"图形元件编辑完成，其元件内的时间轴如图 17-26 所示。

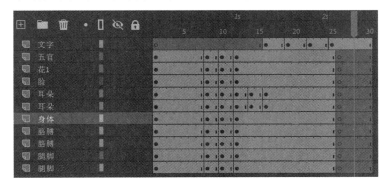

图 17-26　"机智如我"图形元件时间轴

5. 保存文件

(1) 单击舞台左上角的"表情 2"，返回"表情 2"场景，在时间轴第 30 帧插入帧。

(2) "机智如我"表情包制作完成，按【Ctrl+Alt+Enter】组合键测试当前场景表情包效果。

(3) 选中舞台上的表情包实例，打开对象"属性"面板，设置"循环"属性组的"帧选择器"的值为 25。

(4) 选择"文件"→"导出"→"导出动画 GIF"命令，导出"02.gif "动画文件。

(5) 选择"文件"→"保存"命令，或按【Ctrl+S】组合键，保存源文件。

创 新 实 践

一、临摹

打开第 15 章完成的"小兔子表情包.fla"文件，临摹本章实例，制作"文字打字动效"动态图形元件，制作"01 送花""02 机智如我"两个动态剪纸表情包。

要求：

(1) 删除"表情 1"场景的所有内容。

(2) 通过逐帧动画技术创建"文字打字动效"图形元件。

(3) 运用正面剪纸小兔子和花枝素材，通过逐帧动画技术，创建"01 送花"动态表情包图形元件，并将该元件放于表情 1，合理设置时间轴帧数。

(4) 新建"表情 2"场景，运用正面剪纸小兔子，通过逐帧动画技术，创建"02 机智如我"动态表情包图形元件，并将该元件放于"表情 2"场景，合理设置时间轴帧数。

(5) 在库面板中，合理管理制作过程中产生的元件。

(6) 文件保存为"小兔子表情包.fla"，发布为"小兔子表情包.gif "。

"表情 1""表情 2"场景参考样例分别如图 17-6 和图 17-16 所示。

二、原创

打开文件"姓名表情包.fla"文件，模拟第一题的方法和思路，制作"文字打字动效"动态图形元件，制作两个原创动态表情包。

要求：

(1) 删除打开文件的"表情 1"场景的所有内容。

(2) 通过逐帧动画技术，创建"文字打字动效"图形元件，文字为自己表情包专辑名称。

(3) 运用自己设计好的原创角色正面形象和花枝素材，通过逐帧动画技术，创建 2 个原创动态表情包图形元件，并分别放于"表情 1"场景和"表情 2"场景中，合理设置时间轴帧数。

(4) 在库面板中，合理管理制作过程中产生的元件。

(5) 文件保存为"姓名表情包.fla"，发布为"姓名表情包.gif"。

第18章　传统补间动画制作

本章简介

传统补间动画是 Animate 中最常用的动画技术之一，针对元件实例动画对象，可以实现大小、位置、旋转、色彩等多方面的动态过渡变化效果。本章主要介绍传统补间动画的概念、特点、创建方法，并通过一个文字片头动效和"溜溜""晚安"两个剪纸表情包的制作，详细阐述传统补间动画的特点和制作技巧，加强传统补间动画的灵活应用能力。

学习目标

知识目标：

(1) 理解传统补间动画的概念和特点。

(2) 掌握传统补间动画的创建方法。

能力目标：

(1) 能够分析传统补间效果动画的实现思路。

(2) 能够灵活应用并制作效果流畅的传统补间动画。

思政目标：

(1) 通过用 Animate 制作动态剪纸表情包，感受剪纸文化魅力。

(2) 激发学习兴趣和主动性，用现代数媒技术传承、创新优秀剪纸文化。

思维导图

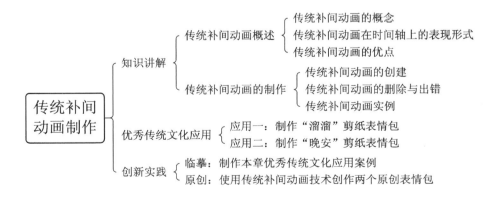

18.1 传统补间动画概述

传统补间动画是最常用的动画技术之一，本节主要讲解传统补间动画的概念及其在时间轴上的表现形式，以及相对于逐帧动画来讲，传统补间动画有哪些优点。

18.1.1 传统补间动画的概念

传统补间动画是指在同一个图层的前后两个关键帧中放置同一个元件实例，然后用户对这两个关键帧上的元件实例的位置、角度、大小、色调和透明度等属性进行设置。之后，Animate 会自动生成中间各帧上的对象，从而形成连贯的动画效果。

传统补间动画还具有一些显著的特点和应用场景。首先，它特别适用于各种元件的放大缩小、移动及透明度改变等动画效果。其次，通过传统补间动画，还可以实现元件的旋转以及挤压变形等复杂动画效果。如图 18-1 所示的小兔子的旋转就是通过传统补间动画实现的。

注意：在创建传统补间动画时，需要确保前后两个关键帧中使用的是同一个元件实例。如果不是同一个元件，那么传统补间动画可能会出错。同时，为了确保动画的顺利制作，还需要将制作的图形转换为元件，如图形、按钮或影片剪辑等元件。

图 18-1　传统补间动画

18.1.2 传统补间动画在时间轴上的表现形式

当传统补间动画创建后，时间轴面板上的起始帧和结束帧之间，会产生一个长箭头，且帧的背景色变为淡紫色，如图 18-2 所示，这是传统补间动画在时间轴上的表现形式。

图 18-2　传统补间动画在时间轴上的表现形式

18.1.3 传统补间动画的优点

相对于逐帧动画来讲，传统补间动画具有以下优点。

1. 制作更简便

传统补间动画只需创建起始帧和结束帧两个关键帧的内容，中间的过渡帧内容由系统自动生成，制作更加简便。

2. 动画更流畅

传统补间动画起始帧和结束帧之间的过渡帧内容由系统自动生成，相对于逐帧动画的每一帧内容都需人为创建，传统补间动画的动画过渡效果更加自然流畅。

3. 文件更轻小

传统补间动画不需要每帧都创建内容，更加节省空间，文件更轻小。

18.2　传统补间动画的制作

本节主要讲解传统补间动画的创建方法、删除方法，以及传统补间动画的出错形式和处理，并通过一个文字片头动效实例强化对传统补间动画的理解。

18.2.1　传统补间动画的创建

传统补间动画的创建过程，一般包含以下几个步骤。

1. 创建起始关键帧

在时间轴面板中，在起始帧位置插入关键帧，在其舞台上放置一个元件实例，根据需要设置元件实例的属性。

2. 创建结束关键帧

在时间轴面板中，在结束帧位置插入关键帧，根据需要设置舞台上元件实例的属性。注意：起始帧和结束帧上的对象通常是同一个元件实例的不同状态。

3. 创建传统补间动画

在时间轴面板中，单击起始帧和结束帧中间的某一帧，选择"插入"→"创建传统补间"命令，或右击该帧选择"创建传统补间"命令，或单击时间轴上的"插入传统补间"按钮 ■ ，均可创建传统补间动画。

4. 设置补间属性

在创建传统补间动画时，经常需要设置补间属性，以便达到调整对象的变化节奏、设置对象旋转等效果。但不是每一个传统补间动画都需要设置其补间属性，是否设置，还需结合具体需求。

补间属性的设置，可通过帧"属性"面板来完成。

在时间轴面板中，单击传统补间动画的开始帧和结束帧之间的某一帧，在右侧功能面板区单击"属性"打开帧"属性"面板，若功能面板区没有"属性"面板，可使用"窗口"→"属性"命令打开帧"属性"面板，如图 18-3 所示。

传统补间帧"属性"面板中的各选项含义如下。

(1) "名称"选项：可以为当前传统补间动画输入一个名称作为标签。

(2) "类型"选项：输入名称后，该选项的下拉列表框被激活，单击 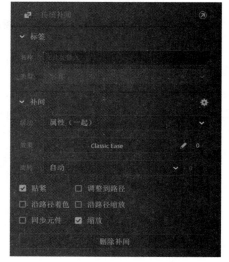 按钮，可在"名称""注释""锚记"3 个选项中进行选择。

(3) "缓动"选项：用来调节传统补间动画对象的变化速率。

默认情况下，传统补间动画在整个动画过程中动画对象匀速变化，动画运动开始时瞬间从 0 升至某一速度，结束时瞬间从该速度降至 0。

"缓动"选项可以实现动画对象加速、减速或按某种节奏进行速率变化的动画效果。

"缓动"选项的下拉列表中有"属性(一起)"和"属性(单独)"两个选项，默认显示"属性(一起)"

图 18-3　传统补间动画的帧"属性"面板

选项，此时，单击"效果"后面的"缓动效果"按钮 ![Classic Ease]　，可打开缓动效果面板，如图 18-4 所示。

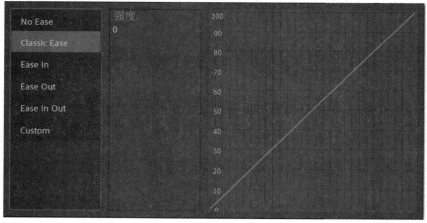

图 18-4　缓动效果面板

缓动效果面板中各选项功能如下。

① "No Ease"：表示无缓动。

② "Classic Ease"：可通过输入-100～+100 之间的缓动值设置缓动效果，负数表示加速，正数表示减速，0 表示匀速。

③ "Ease In"：系统提供的一组加速预设效果，可直接双击应用其中某个效果。

④ "Ease Out"：系统提供的一组减速预设效果，可直接双击应用其中某个效果。

⑤ "Ease In Out"：系统提供的一组先加速后减速的预设效果，可直接双击应用其中某个效果。

⑥ "Custom"：切换到该选项后，双击面板中间的"New…"选项，可打开"自定义缓动"对话框，如图 18-5 所示，可在该对话框中自己定义缓动效果。

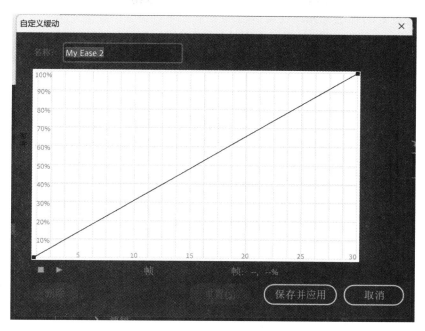

图 18-5　"自定义缓动"对话框

如果在"缓动"选项的下拉列表中选择"属性(单独)"选项，则其下会出现"位置""旋转""缩放""颜色"和"滤镜"五个选项，如图 18-6 所示。

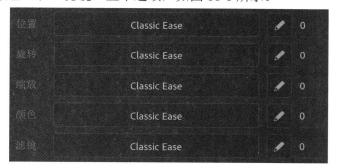

图 18-6　单独属性缓动选项的效果设置选项

此时，可分别设置"位置""旋转""缩放""颜色"和"滤镜"的缓动效果，设置时，可单击"缓动效果"按钮 Classic Ease 设置，或单击"编辑缓动"按钮 设置，或在相应文本框中输入缓动值设置。

(4) "旋转"选项：该选项的下拉列表框中有"无""自动""顺时针""逆时针"四个选项。选择"无"(默认设置)，表示不旋转；选择"自动"，可使元件实例在需要最小动作的方向上旋转一次；选择"顺时针"或"逆时针"，可使元件实例运动时顺时针或逆时针旋转指定的圈数，圈数值可通过其右侧的文本框输入。

(5) "贴紧"选项：该选项主要用于引导动画，选中时，可使对象以其中心点捕捉路径。

(6) "调整到路径"选项：该选项主要用于引导动画，选中时，可使对象的运动方向与引导路径方向一致。

(7) "缩放"选项：选中该选项，可使过渡帧中的元素比例正常。

注意：设置好的传统补间属性可以复制。单击帧"属性"面板上的"补间选项"按钮
⚙ ，选择"复制设置"，再打开需要应用该补间属性的帧"属性"面板，单击"补间选项"
按钮 ⚙ ，选择"粘贴设置"即可。

18.2.2 传统补间动画的删除与出错

创建好传统补间动画后，不需要时，可将其删除，删除的方法有以下三种。

(1) 右击起始帧和结束帧中间的某一帧，在弹出的快捷菜单中选择"删除经典补间动画"
命令。

(2) 使用"插入"→"删除经典补间动画"命令。

(3) 单击帧"属性"面板上的"删除补间"按钮 [删除补间] 。

创建传统补间动画时，如果起始帧或结束帧上的对象不是元件实例，则创建的传统补
间动画会出错，无法达到想要的变化效果，此时时间轴上的表现形式是：帧上的箭头变为
一个点状线，如图 18-7 所示。

图 18-7　传统补间出错时的时间轴表现形式

当传统补间出错时，可右击起始帧和结束帧中间的某一帧，在弹出的快捷菜单中选择
"删除经典补间动画"命令，将其删除，然后再按照要求重新创建。

18.2.3 传统补间动画实例

【例 18.1】运用第 17.2.2 节制作的"快""乐""创""作"文字素材和第 15 章【应用
三】制作的星星素材，采用传统补间动画技术，制作文字片头动效，效果参考素材中的"文
字片头动效 1.gif"文件，其中一帧效果如图 18-8 所示。

图 18-8　文字片头动效 1　　　　　　　文字片头动效 1

具体操作步骤如下。

1. 打开文件

双击打开文件"小兔子表情包.fla"，在文件中继续操作，完成以下步骤。

2. 创建"表情 3"场景

选择"窗口"→"场景"命令，打开"场景"面板，单击面板左下角的"添加场景"按
钮 ⊞ 新建一个场景，双击新场景名称，将其重命名为"表情 3"。

3. 创建"星星闪烁"动效

(1) 从"库"面板中将"星星"元件拖入舞台产生一个星星实例,适当调整其大小和位置。

(2) 分别在第 5 帧和第 10 帧插入关键帧。

(3) 单击第 5 帧,选中舞台上的星星实例,用"任意变形工具"将其适当缩小和旋转,并在对象"属性"面板上的"色彩效果"下拉列表中,选择"Alpha"选项,将其透明度调至 0%。

(4) 分别右击第 1 帧到第 5 帧中间的某一帧和第 5 帧到第 10 帧中间的某一帧,在弹出的快捷菜单中选择"创建传统补间"命令。

(5) 右击"图层-1"图层,在弹出的快捷菜单中选择"将图层转换为元件"命令,在打开的"将图层转换为元件"对话框中,名称输入"星星闪烁",类型选择"图形",文件夹选择"道具",单击"确定"按钮。

(6) 在时间轴面板上,选中"星星闪烁"图层,单击"删除"按钮 🗑 ,删除图层。

4. 创建"星星变色"动效

(1) 从"库"面板中将"星星"元件拖入舞台产生一个星星实例。

(2) 选中舞台上的星星实例,在对象"属性"面板上,单击"滤镜"属性组中的"添加滤镜"按钮,选择"调整颜色"滤镜,在"色相"文本框中输入"-180"。

(3) 在第 35 帧插入关键帧,选中舞台上的星星实例,在对象"属性"面板上,将其调整颜色"滤镜"属性的"色相"值改为"180"。

(4) 右击第 1 帧到第 35 帧中间的某一帧,选择"创建传统补间"命令。

(5) 右击"图层-1"图层,在弹出的快捷菜单中选择"将图层转换为元件"命令,在打开的"将图层转换为元件"对话框中,名称输入"星星变色",类型选择"图形",文件夹选择"道具",单击"确定"按钮。

(6) 在时间轴面板上,选中"星星变色"图层,单击"删除"按钮 🗑 ,删除图层。

5. 创建"星星彩带"动效

(1) 从"库"面板中将"星星变色"元件拖入舞台产生一个星星实例,适当调整其大小和位置。

(2) 按住【Alt+Shift】组合键,用鼠标拖动星星实例,复制一排 8 个星星。

(3) 在第 35 帧插入帧,选中舞台上所有星星实例,右击选择"分散到图层"命令。

(4) 依次选中舞台上的每一个星星实例,分别在其对象"属性"面板设置"循环"属性组的"第一"值为 1,5,10,15,20,25,30,35。

(5) 分别选中所有图层的第 35 帧和第 50 帧,插入关键帧。

(6) 选中第 50 帧舞台上的所有星星实例,"属性"面板设置其 Alpha 属性值为 0%。

(7) 选中所有图层的第 35 帧到第 50 帧中间的某一帧,右击选择"插入传统补间"命令,此时,时间轴如图 18-9 所示。

(8) 选中所有图层,右击,在弹出的快捷菜单中选择"将图层转换为元件"命令,在打开的"将图层转换为元件"对话框中,名称输入"星星彩带",类型选择"图形",文件夹选择"道具",单击"确定"按钮。

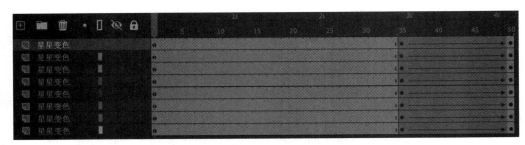

图 18-9　星星彩带动效时间轴形式

(9) 选中"星星彩带"图层，单击"删除"按钮 🗑 ，删除图层。

6. 创建文字弹跳动效

(1) 从"库"面板中将第 17.2.2 节创建的"快乐创作"影片剪辑元件拖入舞台产生一个文字实例，选中舞台上的文字实例，按【Ctrl+B】组合键将其打散。

(2) 选中舞台上所有文字，右击选择"分散到图层"命令，调整图层顺序从上到下为"快""乐""创""作"。

(3) 选中所有图层的第 3 帧，插入关键帧。

(4) 选中第 1 帧舞台上的所有文字，将其移动到舞台上方合适位置，在"属性"面板为其增加"模糊"滤镜，"模糊 x"的值设为 0，"模糊 y"的值设为 54。

(5) 分别选中所有图层的第 5、7、9、11 帧，并分别插入关键帧。

(6) 选中第 5 帧舞台上的所有文字，用"任意变形工具"调整中心点至底部，再将文字向底部压缩，并适当调宽。

(7) 选中第 7 帧舞台上的所有文字，用"任意变形工具"调整中心点至底部，再将文字向顶部拉伸，并适当调窄、向左倾斜。

(8) 选中第 9 帧舞台上的所有文字，用"任意变形工具"调整中心点至底部，再将文字向顶部拉伸，并适当调窄、向右倾斜。

(9) 选中所有图层的第 2 帧到第 10 帧，右击选择"创建传统补间"命令。

(10) 选中"乐"图层的所有帧，将其拖动到从第 5 帧开始。

(11) 选中"创"图层的所有帧，将其拖动到从第 9 帧开始。

(12) 选中"作"图层的所有帧，将其拖动到从第 13 帧开始。

(13) 选中所有图层的第 25 帧，插入关键帧。

(14) 选中所有图层的第 30 帧，插入关键帧。

(15) 选中第 30 帧舞台上的所有文字，将其移至舞台左上角，缩至合适大小，Alpha 值设为 0%。

(16) 选中所有图层的第 25 帧到第 30 帧的中间某一帧，右击选择"创建传统补间"命令，在"属性"面板上设置其补间属性，"逆时针"旋转 3 圈。

(17) 选中"乐"图层的第 25 帧到第 30 帧，将其拖动到第 29 帧。

(18) 选中"创"图层的第 25 帧到第 30 帧，将其拖动到第 33 帧。

(19) 选中"作"图层的第 25 帧到第 30 帧，将其拖动到第 37 帧。

(20) 选中所有图层的第 50 帧，插入帧。此时，时间轴如图 18-10 所示。

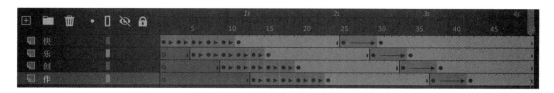

图 18-10　文字弹跳动效的时间轴

(21) 选中所有图层，右击，在弹出的快捷菜单中选择"将图层转换为元件"命令，在打开的"将图层转换为元件"对话框中，名称输入"文字弹跳动效"，类型选择"图形"，文件夹选择"文字"，单击"确定"按钮。

7. 创建文字片头动效

(1) 新建"星星彩带"图层，从"库"面板中将"星星彩带"元件拖入舞台合适位置。

(2) 选中"星星彩带"图层和"文字弹跳动效"图层，右击，在弹出的快捷菜单中选择"将图层转换为元件"命令，在打开的"将图层转换为元件"对话框中，名称输入"文字片头动效 1"，类型选择"图形"，文件夹选择"文字"，单击"确定"按钮。

8. 保存文件

(1) 按【Ctrl+Alt+Enter】组合键测试当前场景动画效果。

(2) 选择"文件"→"导出"→"导出动画 GIF"命令，导出"文字片头动效 1.gif"动画文件。

(3) 选择"文件"→"保存"命令，或按【Ctrl+S】组合键，保存源文件。

>>> 优秀传统文化应用

【应用一：制作"溜溜"剪纸表情包】

运用第 15 章【应用一】绘制好的正面剪纸小兔子素材，采用传统补间动画技术，制作"溜溜"剪纸表情包，效果参考素材中的"03 溜溜.gif "文件，其中一帧效果如图 18-11 所示。

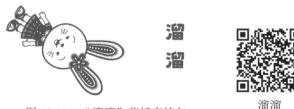

图 18-11　"溜溜"剪纸表情包　　　　　　溜溜

【应用分析】

本应用主要是利用第 15 章绘制好的小兔子正面形象素材，创建出小兔子起始帧和结束帧的关键姿势，然后通过传统补间动画技术实现中间的过渡效果，即可实现溜溜表情包效果。

【实现步骤】

1. 打开文件

双击打开文件"小兔子表情包.fla",在文件中继续操作,完成"溜溜"表情包的制作。

2. 清空"表情3"场景

单击舞台左上角的"编辑场景"按钮,选择"表情3"场景。

在时间轴面板中,选中"文字片头动效1"图层,单击"删除"按钮 🔟 ,删除舞台上的内容。

3. 创建"03 溜溜"表情包动效

(1) 在"库"面板中,按住鼠标左键将"小兔子 正面"元件拖放到舞台上,得到该元件的一个实例,将其适当缩小,移动到舞台左下角,将图层重命名为"小兔子"。

(2) 新建"文字"图层,在第2帧插入关键帧。选择"文本工具","属性"面板设置字体为"Nishiki-teki",字号大小为25 pt,文字颜色为红色,输入文字"溜溜",通过回车将文字纵向排列。

(3) 用"选择工具"选中文字"溜溜",按【Ctrl+B】组合键将其打散。

(4) 在"文字"图层的第5帧插入关键帧,删除第2帧的第2个文字"溜"。

(5) 在"文字"图层的第15帧插入空白关键帧。

(6) 在"小兔子"图层的第30帧插入帧。

(7) 在"小兔子"图层的第6帧和第15帧插入关键帧,选中这两帧中间某一帧,右击选择"创建传统补间"命令。在"属性"面板上设置"顺时针"旋转6圈。

(8) 在"小兔子"图层的第30帧插入关键帧,选中第30帧的小兔子,将其适当缩小,并移动到舞台右上角。选中第15帧到第30帧中间的某一帧,右击选择"创建传统补间"命令,在"属性"面板上设置"顺时针"旋转6圈。

4. 生成"03 溜溜"图形元件

(1) 完成上面步骤后,"表情3"场景的时间轴如图18-12所示。

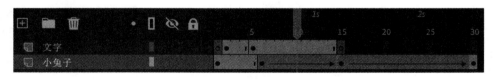

图18-12 "溜溜"表情包时间轴

(2) 选中"文字"图层和"小兔子"图层,右击,在弹出的快捷菜单中选择"将图层转换为元件"命令,在打开的"将图层转换为元件"对话框中,名称输入"03 溜溜",类型选择"图形",文件夹选择"表情包",单击"确定"按钮。

5. 保存文件

(1) 按【Ctrl+Alt+Enter】组合键测试当前场景表情包效果。

(2) 选中舞台上的表情包实例,打开对象"属性"面板,设置"循环"属性组的"帧选择器"的值为8。

(3) 选择"文件"→"导出"→"导出动画GIF"命令,导出"03.gif"动画文件。

(4) 选择"文件"→"保存"命令，或按【Ctrl+S】组合键，保存源文件。

【应用二：制作"晚安"剪纸表情包】

运用第 15 章【应用一】绘制好的正面剪纸小兔子头部和第 15 章【应用三】绘制的月亮、星星素材，采用传统补间动画技术，制作"晚安"剪纸表情包，效果参考素材中的"04　晚安.gif"文件，其中一帧效果如图 18-13 所示。

晚安

图 18-13　　"晚安"表情包

【应用分析】

本应用主要是利用第 15 章绘制好的小兔子头部和月亮、星星素材，再结合场景需要，绘制鼻涕泡素材，将表情包动态效果分解为若干小元素的动作，然后再采用传统补间动画技术，分图层完成每一个小元素的动作，同时注意图层之间的协调，从而制作出"晚安"动态表情包效果。

【实现步骤】

1．打开文件

双击打开文件"小兔子表情包.fla"，在文件中继续操作，完成"晚安"表情包的制作。

2．创建"表情 4"场景

选择"窗口"→"场景"命令，打开"场景"面板，单击面板左下角的"添加场景"按钮 ▣ 新建一个场景，双击新场景名称，将其重命名为"表情 4"。

3．添加星星、月亮

(1) 在"库"面板中，按住鼠标左键将"月亮"元件拖放到舞台左上角，得到该元件的一个实例，适当调整月亮实例的大小和位置。

(2) 在"库"面板中，按住鼠标左键将"星星闪烁"元件拖放到舞台 5 次，得到该元件的 5 个实例，适当调整 5 个星星实例的大小和位置。

(3) 将"图层-1"图层重命名为"星星月亮"，在图层的第 30 帧插入帧。

(4) 依次选中舞台上的每一个星星实例，分别在其对象"属性"面板设置"循环"属性组的"第一"值为 1，3，5，7，9。

4．添加文字"晚安"

(1) 新建"文字"图层。选择"文本工具"，"属性"面板设置字体为"Nishiki-teki"，字号大小为 25 pt，文字颜色为红色，输入文字"晚安"。

(2) 用"选择工具"选中文字"晚安"，按【Ctrl+B】组合键将其打散，适当调整两个文字的间距和位置。

(3) 分别将"晚安"两个文字转换为"晚"和"安"两个影片剪辑元件，放于"库"面板上"文字"文件夹中。

(4) 选中"晚安"两个文字，右击选择"分散到图层"命令，出现"晚"和"安"两个图层。

(5) 分别选中"晚安"两个文字所在图层的第 15 帧和第 30 帧，插入关键帧。

(6) 依次选中第 15 帧的"晚安"两个文字，分别适当旋转一定角度。

(7) 分别在"晚安"两个文字图层的第 1 帧到第 15 帧之间，第 15 帧到第 30 帧之间创建传统补间动画。

(8) 添加的星星、月亮和文字效果如图 18-14 所示。

图 18-14　星星、月亮和文字效果

5. 创建小兔子睡觉头部

(1) 新建图层，在"库"面板中，按住鼠标左键将"头 正面 2"元件拖放到舞台合适位置。

(2) 选中舞台上的小兔子头，按【Ctrl+B】组合键将其打散，再选择不含耳朵的头部，按【Ctrl+B】组合键将其打散。

(3) 删除两个眼睛。

(4) 用"任意变形工具"旋转两个眉毛，使其呈现弯曲的眼睛效果，旋转前后效果对比如图 18-15 所示。

图 18-15　眉毛旋转前后效果对比

(5) 选中小兔子嘴巴，按【Ctrl+B】组合键将其打散，删除嘴巴底部，删除前后效果如图 18-16 所示。

(6) 适当调整小兔子五官位置，得到小兔子睡觉效果的头部，如图 18-17 所示。

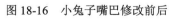

图 18-16　小兔子嘴巴修改前后　　　　图 18-17　小兔子睡觉效果头部

(7) 选中小兔子头部所有元素(不含耳朵)，将其转换为"头 睡觉"影片剪辑元件，放于"库"面板上"小兔子局部"文件夹中。

6. 制作小兔子头部动效

(1) 选中小兔子头部所有元素，右击选择"分散到图层"命令。

(2) 用"任意变形工具"将两个耳朵的旋转中心点调至耳根部。

(3) 新建"鼻涕泡"图层，在该图层第 1 帧，用椭圆工具绘制椭圆，用选择工具调整得到鼻涕泡图形，如图 18-18 所示。

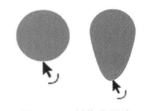

图 18-18　制作鼻涕泡

(4) 选中鼻涕泡，将其转换为"鼻涕泡"影片剪辑元件，放于"库"面板上"道具"文件夹中。用"任意变形工具"将鼻涕泡的旋转中心点调至底部。

(5) 选中头部元素的所有图层的第 15 帧，插入关键帧。选中第 15 帧舞台上的头部所有元素，用"任意变形工具"将其旋转中心点移至底部，如图 18-19(a)所示，再向右适当旋转一定角度，如图 18-19(b)所示，再将两个耳朵和鼻涕泡向左旋转一定角度，如图 18-19(c)所示。

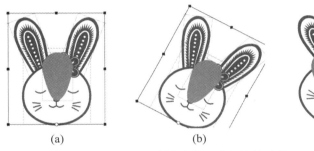

(a)　　　　　　　　　(b)　　　　　　　　　(c)

图 18-19　制作小兔子头部旋转过程

(6) 将第 1 帧的鼻涕泡用"任意变形工具"缩小至合适大小(注意不要翻转)。

(7) 选中头部元素的所有图层的第 1 帧，按住【Alt】键拖动鼠标将其复制到第 25 帧和第 30 帧。

(8) 将第 25 帧的两个耳朵向右适当旋转一定角度。

(9) 在头部元素所有图层的第 1 帧到第 15 帧之间，第 15 帧到第 25 帧之间，第 25 到第 30 帧之间创建传统补间动画，在"属性"面板上设置补间属性，为其添加"缓动"效果：第 1 帧到第 15 帧之间应用"Quad Ease-In"缓动效果，第 15 帧到第 25 帧之间应用"Quad Ease-Out"缓动效果，第 25 帧到第 30 帧之间应用"Quad Ease-Out"缓动效果。

7. 生成"04 晚安"图形元件

(1) 完成上面步骤后，"表情 4"场景的时间轴如图 18-20 所示。

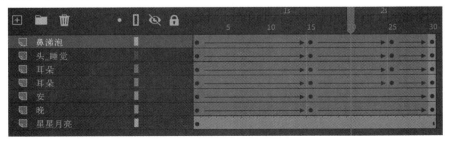

图 18-20　"晚安"表情包时间轴

(2) 选中所有图层，右击，在弹出的快捷菜单中选择"将图层转换为元件"命令，在打开的"将图层转换为元件"对话框中，名称输入"04 晚安"，类型选择"图形"，文件夹选择"表情包"，单击"确定"按钮。

8. 保存文件

(1) 按【Ctrl+Alt+Enter】组合键测试当前场景表情包效果。

(2) 选中舞台上的表情包实例，打开对象"属性"面板，设置"循环"属性组的"帧选择器"的值为 11。

(3) 选择"文件"→"导出"→"导出动画 GIF"命令，导出"04.gif"动画文件。

(4) 选择"文件"→"保存"命令，或按【Ctrl+S】组合键，保存源文件。

创 新 实 践

一、临摹

打开第 17 章完成的"小兔子表情包.fla"文件，临摹本章实例，制作"文字片头动效"动态图形元件，制作"03 溜溜""04 晚安"两个动态剪纸表情包。

要求：

(1) 新建"表情 3"场景，通过传统补间动画技术创建"文字片头动效 1"图形元件。

(2) 运用正面剪纸小兔子素材，通过传统补间动画技术，创建"03 溜溜"动态表情包图形元件，并将该元件放于"表情 3"场景，合理设置时间轴帧数。

(3) 新建"表情 4"场景，运用正面剪纸小兔子头部和星星、月亮素材，通过传统补间动画技术，创建"04 晚安"动态表情包图形元件，并将该元件放于"表情 4"场景，合理设置时间轴帧数。

(4) 在库面板中，合理管理制作过程中产生的元件。

(5) 文件保存为"小兔子表情包.fla"，发布为"小兔子表情包.gif"。

"表情 3""表情 4"场景参考样例分别如图 18-11 和图 18-13 所示。

二、原创

打开文件"姓名表情包.fla"文件，模拟第一题的方法和思路，制作"文字片头动效 1"动态图形元件，制作两个原创动态表情包。

要求：

(1) 通过传统补间动画技术，创建"文字片头动效 1"图形元件，文字为自己表情包专辑名称。

(2) 运用自己设计好的原创角色形象和道具素材，通过传统补间动画技术，创建 2 个原创动态表情包图形元件，并分别放于"表情 3"和"表情 4"场景中，合理设置时间轴帧数。

(3) 在库面板中，合理管理制作过程中产生的元件。

(4) 文件保存为"姓名表情包.fla"，发布为"姓名表情包.gif"。

第 19 章　形状补间动画制作

本章简介

形状补间动画是 Animate 中的基本动画技术之一，针对散件图形动画对象，可以实现形状、大小、位置、色彩等多方面的动态过渡变化效果。本章主要学习形状补间动画的概念、特点、创建方法，并通过一个文字片头动效和"吹泡泡""感动哭了"两个剪纸表情包的制作，详细阐述形状补间动画的特点和制作技巧，加强形状补间动画的灵活应用能力。

学习目标

知识目标：

(1) 理解形状补间动画的概念和特点。

(2) 掌握形状补间动画的创建方法。

能力目标：

(1) 能够分析形状补间效果动画的实现思路。

(2) 能够灵活应用并制作过渡自然的形状补间变形效果。

思政目标：

(1) 通过用 Animate 制作动态剪纸表情包，感受剪纸文化魅力。

(2) 激发学习兴趣和主动性，用现代数媒技术传承、创新优秀剪纸文化。

思维导图

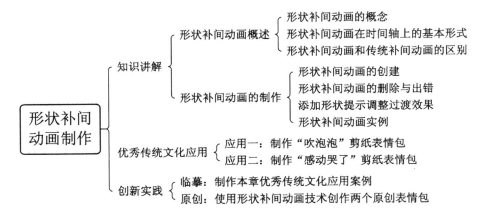

>> 知识讲解

19.1 形状补间动画概述

形状补间动画是常用的基本动画技术之一，本节主要讲解形状补间动画的概念及其在时间轴上的表现形式，以及形状补间动画与传统补间动画的区别。

19.1.1 形状补间动画的概念

形状补间动画实际上是由一个图形逐渐变换成另一个图形的过程，制作时只需创建分别包含变形前图形和变形后图形的两个关键帧，在一个关键帧中绘制一个形状，然后在另一个关键帧中更改该形状或绘制另一个形状，Animate 会根据两个关键帧值和形状的变化自动生成中间平滑变化的过渡动画效果。

形状补间动画可以实现两个图形之间形状、颜色、大小、位置等方面的变化动效。如图 19-1 所示，由左侧的圆变成右侧的四角星时，通过形状补间动画可演示出两个图形间的过渡变化过程，图 19-2 所示为中间变化过程中的某一帧效果。

图 19-1　形状变化　　　　　　　　　　　　图 19-2　中间过渡效果

注意：形状补间动画不能直接用于组、元件实例、文本和位图对象。

对于组、元件实例和文本，需要使用"修改"→"分离"命令，或按【Ctrl+B】组合键，先将其分离，然后才能创建形状补间动画。

对于位图，需要使用"修改"→"位图"→"转换位图为矢量图"命令，先将其转换为矢量图，然后才能创建形状补间动画。

19.1.2 形状补间动画在时间轴上的表现形式

当形状补间动画创建后，时间轴面板上的起始帧和结束帧之间，会产生一个长箭头，且帧的背景色变为橙黄色，如图 19-3 所示，这是形状补间动画在时间轴上的表现形式。

图 19-3　形状补间动画在时间轴上的表现形式

19.1.3　形状补间动画和传统补间动画的区别

形状补间动画和传统补间动画都属于补间动画，都是先创建起始帧和结束帧，然后再创建补间动画，但是二者也有不同的地方，主要区别如表 19-1 所示。

表 19-1　形状补间动画和传统补间动画的区别

类　型	时间轴显示样式	动画对象	动画功能
传统补间动画	淡紫色背景长箭头	实例	实现实例大小、位置、颜色、旋转等方面的变化动效
形状补间动画	橙黄色背景长箭头	图形	实现两个图形之间形状、大小、位置、颜色等方面的变化动效

19.2　形状补间动画的制作

本节主要讲解形状补间动画的创建、删除方法，形状补间动画的出错形式和处理，以及如何添加形状提示调整形状变化的过渡效果，并通过一个文字片头动效实例强化对形状补间动画的理解。

19.2.1　形状补间动画的创建

形状补间动画的创建过程，一般包含以下几个步骤。

1. 创建起始关键帧

在时间轴面板中，在动画起始帧位置创建一个关键帧，在其舞台上绘制开始变形时的图形形状。

2. 创建结束关键帧

在时间轴面板中，在动画结束帧位置创建一个关键帧，在其舞台上创建变形结束时的图形形状。

注意：起始帧和结束帧上的对象可以是两个不同图形，也可以是一个图形的不同状态。

3. 创建形状补间动画

在时间轴面板中，单击起始帧和结束帧中间的某一帧，选择"插入"→"创建补间形状"命令，或右击该帧选择"创建补间形状"命令，或单击时间轴上的"插入形状补间"按钮 ，均可创建形状补间动画。

4. 设置补间属性

设置形状补间属性可以调整动画的变化节奏。但不是每一个形状补间动画都需要设置其补间属性，是否设置，还需结合具体需求。

形状补间属性的设置，可通过帧"属性"面板来完成。

在时间轴面板中，单击形状补间动画的开始帧和结束帧之间的某一帧，在右侧功能面板区单击"属性"打开帧"属性"面板，若功能面板区没有"属性"面板，可使用"窗口"→"属性"命令打开帧"属性"面板，如图 19-4 所示。

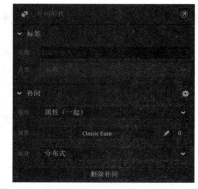

图 19-4　形状补间动画的帧"属性"面板

形状补间帧"属性"面板中的各选项含义如下。

(1)"名称"选项：可以为当前形状补间动画输入一个名称作为标签。

(2)"类型"选项：输入名称后，该选项的下拉列表框被激活，单击 按钮，可在"名称""注释""锚记"3 个选项中进行选择。

(3)"缓动"选项：用来调节形状补间动画对象的变化速率。

默认情况下，形状补间动画在整个动画过程中动画对象匀速变化，即缓动值为 0。当缓动值为-100 到 0 之间时，动画运动速度从慢到快，即朝结束方向加速变化；当缓动值为 0 到 +100 之间时，动画运动速度从快到慢，即朝结束方向减速变化。

单击"效果"后面的"缓动效果"按钮 ，可选择应用系统提供的一些预设缓动效果，具体过程同传统补间属性的设置。

也可单击"效果"后面的"编辑缓动"按钮 ，在打开的"自定义缓动"对话框中自己定义缓动效果。

(4)"混合"选项：该选项的下拉列表中有"分布式"和"角形"两个选项。

当选择"分布式"时，创建的动画中间形状比较平滑和不规则。

当选择"角形"时，创建的动画中间形状会保留明显的角和直线，适合具有锐化转角和直线的混合形状。

注意：设置好的形状补间属性可以复制。单击帧"属性"面板上的"补间选项"按钮 ，选择"复制设置"，再打开需要应用该补间属性的帧"属性"面板，单击"补间选项"按钮 ，选择"粘贴设置"即可。

19.2.2　形状补间动画的删除与出错

创建好形状补间动画后，不需要时可将其删除，删除的方法有以下三种。

(1) 右击起始帧和结束帧中间的某一帧，在弹出的快捷菜单中选择"删除形状补间动画"命令。

(2) 使用"插入"→"删除形状补间动画"命令。

(3) 单击帧"属性"面板上的"删除补间"按钮 。

创建形状补间动画时，如果起始帧或结束帧上的对象不是形状图形，则创建的形状补间动画会出错，无法达到想要的变化效果，此时时间轴上的表现形式是：帧上的箭头变为一个点状线，如图 19-5 所示。

图 19-5　形状补间出错时的时间轴表现形式

当形状补间出错时，可依次检查起始帧和结束帧中的对象，如果不是形状图形，可将其转换为形状图形即可。

19.2.3　添加形状提示调整过渡效果

创建形状补间动画时，对于一些复杂的变形，软件默认的中间过渡变化效果，往往难以表现逼真形象的过渡动画效果，这时可以使用"形状提示"适当调整中间变化。"形状提示"是 Animate 形状补间动画特有的功能，可以通过标识起始形状和结束形状的对应点实现对中间变形的控制。

1. 添加形状提示

创建形状补间动画后，如果想通过添加形状提示控制中间过渡，可参考以下实例步骤。

【例 19.1】完成三角形平滑过渡到四边形的动画效果。

(1) 起始帧绘制一个三角形，结束帧绘制一个四边形。

(2) 右击中间某一帧，选择"创建补间形状"命令。此时，起始帧、中间某一过渡帧和结束帧的图形效果如图 19-6 所示。

图 19-6　添加形状提示前的过渡效果

(3) 选中起始关键帧，使用"修改"→"形状"→"添加形状提示"命令，或按【Ctrl+Shift+H】组合键，起始关键帧和结束关键帧的图形上都会出现一个带字母 a 的红色圆，如图 19-7 所示。

图 19-7　添加一个形状提示后的
起始关键帧和结束关键帧图形

(4) 选中起始关键帧，继续使用第(3)步的方法添加 4 个形状提示，起始关键帧和结束关键帧的图形上都会出现 b、c、d、e 4 个红色圆，分别移动起始关键帧和结束关键帧的 5 个形状提示到如图 19-8 所示的位置，此时，起始关键帧上的红色圆变为黄色，结束关键帧上的红色圆变为绿色，表示形状提示添加成功。

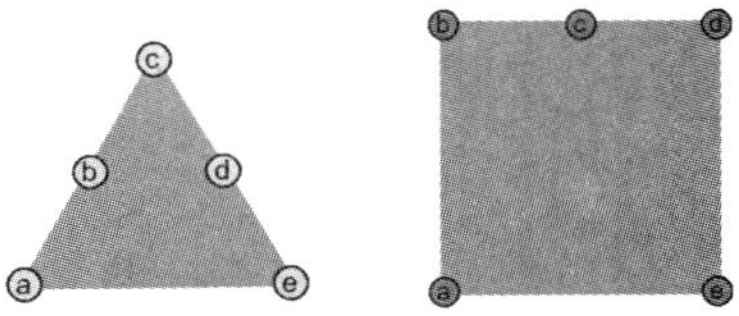

图 19-8　添加成功 5 个形状
提示后的起始关键帧和结束关键帧

(5) 拖动播放头预览动画，看到对象会按照形状提示标识的对应位置进行变形，此时，中间某一过渡帧的图形效果如图 19-9 所示。

注意：

(1) 一个形状补间动画最多可添加 a~z 共 26 个形状提示标识。

(2) "形状提示"标识必须放到形状的边缘才有效。

(3) 可通过使用"视图"→"显示形状提示"命令，显示或隐藏"形状提示"。

图 19-9　添加形状提示
后的过渡变化图形

2. 删除形状提示

制作动画时，不需要的形状提示可以删除，删除的方法有以下两种。

(1) 选中起始关键帧，使用"修改"→"形状"→"删除所有提示"命令。

（2）选中起始关键帧，右击某一"形状提示"标识，弹出如图 19-10 所示的快捷菜单，选择"删除提示"命令，可以删除当前"形状提示"标识，选择"删除所有提示"命令，可以删除本形状补间动画的所有"形状提示"标识。

19.2.4 形状补间动画实例

图 19-10 删除形状提示

【例 19.2】运用素材中的"灯笼.png"图片素材，采用形状补间动画技术，制作文字片头动效，效果参考素材中的"文字片头动效 2.gif"文件，其中一帧效果如图 19-11 所示。

图 19-11 文字片头动效 2

文字片头动效 2

具体操作步骤如下。

1. 打开文件

双击打开文件"小兔子表情包.fla"，在文件中继续操作，完成文字片头动效的制作。

2. 创建"表情 5"场景

选择"窗口"→"场景"命令，打开"场景"面板，单击面板左下角的"添加场景"按钮 ⊞ 新建一个场景，双击新场景名称，将其重命名为"表情 5"。

3. 导入素材图片

（1）选择"文件"→"导入"→"导入到舞台"命令，在打开的"导入"对话框中选择"灯笼.png"素材图片，单击"打开"按钮后该图片导入到舞台，同时"库"面板中出现"灯笼.png"图片项。

（2）单击"库"面板左下角的"新建文件夹"按钮 ▭ ，"库"面板中出现一个新建的文件夹，将其重命名为"素材"。将"库"面板中的"灯笼.png"图片项拖入"素材"文件夹中。

4. 将导入的位图矢量化

（1）选中舞台上导入的灯笼，用"任意变形工具"调整至合适大小和位置。

（2）使用"修改"→"位图"→"转换位图为矢量图"命令，弹出对话框，设置其参数如图 19-12 所示，单击"确定"按钮。

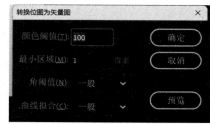

图 19-12 "转换位图为矢量图"对话框

5. 制作灯笼逐渐变为文字动效

（1）选中舞台上的灯笼，按住【Alt】键拖动鼠标复制 3 个灯笼。

（2）选中 4 个灯笼，打开"对齐"面板，单击"水平居中分布"按钮 ▥ ，使 4 个灯笼均匀分布。

（3）右击选中的 4 个灯笼，选择"分散到图层"命令，将其分散到 4 个图层，调整图层顺序，使其从上到下对应舞台上从左到右的灯笼。

（4）选择所有图层的第 6 帧，插入关键帧。

（5）在最上面图层的第 13 帧插入空白关键帧，选择"文本工具"，设置字号大小为 60 pt，选择一种粗笔画字体，输入文字"花好月圆"。

(6) 选择文字"花好月圆"，按【Ctrl+B】组合键将其打散。

(7) 右击选中的"花好月圆"4 个文字，选择"分散到图层"命令，将其分散到 4 个图层，调整图层顺序，使其从上到下对应"花好月圆"4 个文字。

(8) 选中"花好月圆"4 个文字，按【Ctrl+B】组合键将其打散，将 4 个文字帧移动到 4 个灯笼图层对应的第 13 帧，删除 4 个空图层。

(9) 选中所有图层第 6 帧到第 13 帧中间的某一帧，右击，选择"创建补间形状"命令。

(10) 选中所有图层的第 35 帧，插入帧。

(11) 依次移动下面三个图层的第 6~13 帧到如图 19-13 所示的位置。

图 19-13　4 个灯笼变 4 个文字时间轴

6. 生成文字片头动效元件

选中所有图层，右击，在弹出的快捷菜单中选择"将图层转换为元件"命令，在打开的"将图层转换为元件"对话框中，名称输入"文字片头动效 2"，类型选择"图形"，文件夹选择"文字"，单击"确定"按钮。

7. 保存文件

(1) 按【Ctrl+Alt+Enter】组合键测试当前场景动画效果。

(2) 选择"文件"→"导出"→"导出动画 GIF"命令，导出"文字片头动效 2.gif"动画文件。

(3) 选择"文件"→"保存"命令，或按【Ctrl+S】组合键，保存源文件。

优秀传统文化应用

【应用一：制作"吹泡泡"剪纸表情包】

运用第 15 章的【应用二】绘制好的侧面剪纸小兔子素材，采用形状补间动画技术，制作"吹泡泡"剪纸表情包，动态效果参考素材中的"05 吹泡泡.gif"文件，表情包其中一帧效果如图 19-14 所示。

图 19-14　"吹泡泡"表情包

吹泡泡

【应用分析】

本应用主要是结合第 15 章绘制好的小兔子侧面形象素材，通过形状补间动画技术制作出一个泡泡动态变形过程，将其保存为元件，再重复利用元件生成多个泡泡实例，并分别设置其属性，制作出多个色彩、大小、运动轨迹均不同的动态吹泡泡形象效果。

【实现步骤】

1. 打开文件

双击打开文件"小兔子表情包.fla"，在文件中继续操作，完成"吹泡泡"表情包的制作。

2. 清空"表情 5"场景

单击舞台左上角的"编辑场景"按钮，选择"表情 5"场景。

在时间轴面板中，选中"文字片头动效 2"图层，单击"删除"按钮 🗑 ，删除舞台上的内容。

3. 创建"吹泡泡"表情包动效

(1) 在"库"面板中，按住鼠标左键将"小兔子 侧面"元件拖放到舞台上，得到该元件的一个实例，使用"修改"→"变形"→"水平翻转"命令将其水平翻转，并移动到舞台左侧，将图层重命名为"小兔子"。

(2) 用"椭圆工具"和"线条工具"绘制泡泡圈，并将其转换为"泡泡圈"影片剪辑元件，放于"库"面板中"道具"文件夹中。将泡泡圈调整至小兔子手的底层，如图 19-15 所示。

(3) 在"小兔子"图层的第 30 帧插入帧，锁定"小兔子"图层。

(4) 新建图层，在该图层完成一个泡泡的形状变化动效，具体步骤如下。

图 19-15 小兔子手拿泡泡圈效果

第 1 帧，用"椭圆工具"绘制蓝色(#00CCFF)无笔触的椭圆，如图 19-16(a)所示，放置到泡泡圈处。

第 5 帧，插入关键帧，用"选择工具"调整椭圆形状，用"椭圆工具"绘制白色高光区，如图 19-16(b)所示。

第 10 帧，插入空白关键帧，合适位置用"椭圆工具"绘制圆形泡泡，如图 19-16(c)所示。

第 20 帧，插入关键帧，用"选择工具"调整白色高光区，调整泡泡位置，如图 19-16(d)所示。

第 25 帧，插入关键帧，用"选择工具"调大泡泡，将其不透明度调为 0%(完全透明)，删除高光，调整泡泡到舞台右上角，其选中状态如图 19-16(e)所示。

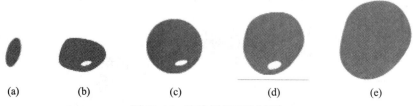

| (a) | (b) | (c) | (d) | (e) |

图 19-16 泡泡形状变化过程

选中第 3 帧到第 23 帧，右击，选择"创建补间形状"，会在该图层的每两个关键帧之间生成形状补间动画。

(5) 右击泡泡所在图层,在弹出的快捷菜单中选择"将图层转换为元件"命令,在打开的"将图层转换为元件"对话框中,名称输入"泡泡",类型选择"图形",文件夹选择"道具",单击"确定"按钮。

(6) 新建图层,在第 4 帧插入关键帧,将"库"面板上的"泡泡"元件拖入舞台合适位置,用"任意变形工具"调整其旋转中心点到泡泡中心,适当旋转并缩小,"属性"面板调整"色彩效果"中的"色调"改变泡泡颜色。重命名图层为"泡泡 2"。

(7) 右击"泡泡 2"图层,选择"复制图层",将新图层重命名为"泡泡 3"。将其第 4 帧移动到第 7 帧,对该图层的泡泡适当旋转、缩放,并改变其颜色。

(8) 同第(7)步操作,再增加 3 个泡泡,并适当调整其大小、颜色和角度。

4. 生成"05 吹泡泡"图形元件

完成前面的步骤后,"表情 5"场景的时间轴如图 19-17 所示。选中所有图层并右击,在弹出的快捷菜单中选择"将图层转换为元件"命令,在打开的"将图层转换为元件"对话框中设置"名称"为"05 吹泡泡","类型"为"图形","文件夹"为"表情包",然后单击"确定"按钮。

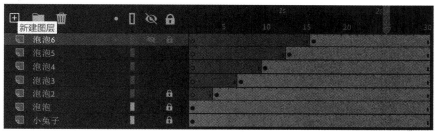

图 19-17　"吹泡泡"表情包时间轴

5. 保存文件

(1) 按【Ctrl+Alt+Enter】组合键测试当前场景表情包效果。

(2) 选中舞台上的表情包实例,打开对象"属性"面板,设置"循环"属性组的"帧选择器"的值为 20。

(3) 选择"文件"→"导出"→"导出动画 GIF"命令,导出"05.gif"动画文件。

(4) 选择"文件"→"保存"命令,或按【Ctrl+S】组合键,保存源文件。

【应用二：制作"感动哭了"剪纸表情包】

运用第 15 章的【应用一】绘制好的剪纸小兔子头部,采用形状补间、传统补间等动画技术,制作"感动哭了"剪纸表情包,动态效果参考素材中的"06 感动哭了.gif"文件,表情包其中一帧效果如图 19-18 所示。

图 19-18　"感动哭了"表情包

感动哭了

【应用分析】

本应用在第 15 章绘制好的剪纸小兔子头部的基础上，进行编辑修改，得到表情包需要的五官造型，再结合表情变化需要，绘制相应眼泪，然后将表情包动态效果分解为若干小元素的动作，采用形状补间、传统补间等动画技术，分图层完成每一个小元素的动作，同时注意图层之间的协调，从而制作出"感动哭了"动态表情包效果。

【实现步骤】

1. 打开文件

双击打开文件"小兔子表情包.fla"，在文件中继续操作，完成"感动哭了"表情包的制作。

2. 创建"表情 6"场景

选择"窗口"→"场景"命令，打开"场景"面板，单击面板左下角的"添加场景"按钮 ▦ 新建一个场景，双击新场景名称，将其重命名为"表情 6"。

3. 创建小兔子哭的头部

(1) 在"库"面板中，按住鼠标左键将"头 睡觉"元件拖放到舞台，再将"耳朵"元件拖放到舞台两次，适当调整头、耳朵的位置和叠放次序，调整耳朵的旋转中心点到耳根部。

(2) 选中舞台上的小兔子头，按【Ctrl+B】组合键将其打散。

(3) 删除两个眼睛。

(4) 绘制小兔子哭的眼睛，过程如下。

选择"线条工具"，"属性"面板选择"对象绘制模式"、红色笔触、笔触大小 1.5，绘制线条，如图 19-19(a)所示。

双击线条，进入"绘制对象"内部，绘制散状线条，为线条封闭区域填充粉色，如图 19-19(b)所示。

删除多余线条，如图 19-19(c)所示。

单击舞台左上角的"表情 6"返回"表情 6"场景。

将绘制的眼睛转换为"眼睛 哭"影片剪辑元件，放于"库"面板上的"小兔子局部"文件夹中。

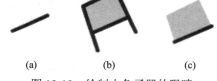

(a)　　　　(b)　　　　(c)

图 19-19　绘制小兔子哭的眼睛

按【Alt】键拖动眼睛复制出另一个眼睛，选择"修改"→"变形"→"水平翻转"命令。

(5) 选中小兔子的鼻子和两个胡子，将其转换为"鼻子胡子"影片剪辑元件，放于"库"面板上的"小兔子局部"文件夹中。

(6) 绘制小兔子哭的嘴巴，过程如下。

选择"椭圆工具"，"属性"面板选择"对象绘制模式"、红色笔触，笔触大小 1.5，无填充，绘制椭圆，如图 19-20(a)所示。

双击椭圆，进入"绘制对象"内部，绘制散状线条，如图 19-20(b)所示。

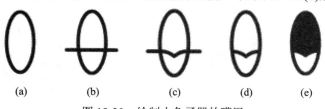

(a)　　　　(b)　　　　(c)　　　　(d)　　　　(e)

图 19-20　绘制小兔子哭的嘴巴

用选择工具调整线条如图 19-20(c)所示。

删除多余线条，如图 19-20(d)所示。

用"颜料桶工具"为椭圆填充红色和白色，如图 19-20(e)所示。

单击舞台左上角的"表情 6"返回"表情 6"场景。

将绘制的嘴巴转换为"嘴巴 哭"影片剪辑元件，放于"库"面板上的"小兔子局部"文件夹中。

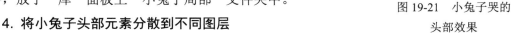

将嘴巴调整至鼻子的底层。

(7) 适当调整小兔子五官位置，得到小兔子哭的头部效果如图 19-21 所示。

(8) 选中小兔子头部所有元素，将其转换为"头 哭"影片剪辑元件，放于"库"面板上"小兔子局部"文件夹中。

图 19-21　小兔子哭的头部效果

4．将小兔子头部元素分散到不同图层

(1) 选中舞台上的小兔子头，按【Ctrl+B】组合键将其打散。

(2) 选中小兔子头部所有元素，右击选择"分散到图层"命令，调整图层顺序，"花 1"图层调至最上方，其次是两个"眼睛-哭"图层。

(3) 选中所有图层的第 20 帧，插入帧。

5．制作小兔子眼泪动效

(1) 在眼睛图层上方新建"眼泪"图层，在该图层第 1 帧，用"椭圆工具"绘制散状蓝色椭圆，如图 19-22 所示。

(2) 选中眼泪，将其转换为"流泪"图形元件，放于"库"面板上"道具"文件夹中。

(3) 双击眼泪进入"流泪"元件内部，在第 8 帧插入关键帧，用"画笔工具"绘制眼泪形状，用"颜料桶工具"为其填充蓝色，再删除线条，眼泪效果如图 19-23 所示。

(4) 选中第 1 帧，使用"修改"→"形状"→"添加形状提示"命令，分别移动起始帧和结尾帧的"a"形状提示标识到眼泪的左上角，起始帧和结束帧的形状提示标识分别变为黄色和绿色。

(5) 使用第(4)步的方法继续添加"b""c"两个形状提示，并分别调整起始帧和结束帧的形状提示标识到如图 19-24 所示的位置。

(6) 单击舞台左上角的"表情 6"返回"表情 6"场景。

图 19-22　眼泪初始形状　　图 19-23　眼泪结束形状　　图 19-24　起始帧和结束帧的形状提示

6．复制小兔子眼泪动效

(1) 右击"眼泪"图层，选择"复制图层"命令。

(2) 将复制图层的眼泪移至另一个眼睛上，进行水平翻转，移至合适位置。

(3) 将两个眼泪图层重命名为"眼泪1""眼泪2"，并移至两个眼睛图层的下方。

(4) 修改"眼睛 哭"元件，将眼睛的粉色填充调整成白色填充。

7. 制作小兔子头部动效

(1) 选中所有图层的第5帧，插入关键帧，将第5帧的小兔子五官位置上移，小花和两个耳朵旋转一定角度，如图19-25所示。

(2) 选择第1帧，小兔子头部效果如图19-26所示，用"任意变形工具"缩小嘴巴，并将其移至鼻子下方，如图19-27所示。

(3) 选中所有图层的第8帧，插入关键帧。

(4) 选中所有图层的第10帧，插入关键帧，将第10帧的小兔子五官位置下移，小花和两个耳朵旋转一定角度，如图19-28所示。

图19-25　第5帧　　图19-26　第1帧初始　　图19-27　第1帧调后　　图19-28　第10帧

(5) 选中所有图层的第8帧，按住【Alt】键拖动将其复制到第11帧。

(6) 选中所有图层的第10帧和第11帧，按住【Alt】键拖动将其复制到第12帧和第13帧。

(7) 选中所有图层的第1帧，按住【Alt】键拖动将其复制到第20帧。

(8) 选中所有图层的第3帧到第18帧，右击，选择"创建传统补间"命令。

(9) 选中嘴巴图层的第14帧，插入关键帧，缩小该帧的嘴巴。

8. 添加文字"感动哭了"

(1) 新建"文字"图层，在第5帧插入关键帧。选择"文本工具"，"属性"面板设置字体为"Nishiki-teki"，字号大小为25 pt，文字颜色为蓝色，输入文字"感动哭了"。

(2) 用"选择工具"选中文字"感动哭了"，按【Ctrl+B】组合键将其打散，适当调整"感动哭了"四个文字的间距和位置。

(3) 分别在第8、11、14帧插入关键帧。

(4) 依次删除第5、8、11帧的"动哭了""哭了""了"文字。

9. 生成"06 感动哭了"图形元件

完成前面的步骤后，"表情6"场景的时间轴如图19-29所示。选中所有图层并右击，

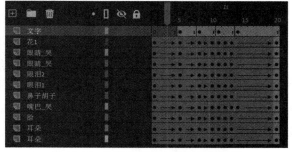

图19-29　"感动哭了"表情包时间轴

在弹出的快捷菜单中选择"将图层转换为元件"命令，在打开的"将图层转换为元件"对话框中设置"名称"为"06 感动哭了"，"类型"为"图形"，"文件夹"为"表情包"，然后单击"确定"按钮。

10. 保存文件

(1) 按【Ctrl+Alt+Enter】测试当前场景表情包效果。

(2) 选中舞台上的表情包实例，打开对象"属性"面板，设置"循环"属性组的"帧选择器"的值为 19。

(3) 选择"文件"→"导出"→"导出动画 GIF"命令，导出"06.gif"动画文件。

(4) 选择"文件"→"保存"命令，或按【Ctrl+S】组合键，保存源文件。

创 新 实 践

一、临摹

打开第 18 章完成的"小兔子表情包.fla"文件，临摹本章实例，制作"文字片头动效"动态图形元件，制作"05 吹泡泡""06 感动哭了"两个动态剪纸表情包。

要求：

(1) 新建"表情 5"场景，通过形状补间动画技术创建"文字片头动效 2"图形元件。

(2) 运用侧面剪纸小兔子素材，通过形状补间动画技术，创建"05 吹泡泡"动态表情包图形元件，并将该元件放于"表情 5"场景，合理设置时间轴帧数。

(3) 新建"表情 6"场景，运用正面剪纸小兔子头部素材，通过形状补间和传统补间动画技术，创建"06 感动哭了"动态表情包图形元件，并将该元件放于"表情 6"场景，合理设置时间轴帧数。

(4) 在库面板中，合理管理制作过程中产生的元件。

(5) 文件保存为"小兔子表情包.fla"，发布为"小兔子表情包.gif"。

"表情 5""表情 6"场景参考样例分别如图 19-14 和图 19-18 所示。

二、原创

打开文件"姓名表情包.fla"文件，模拟第一题的方法和思路，制作"文字片头动效 2"动态图形元件，制作两个原创动态表情包。

要求：

(1) 通过形状补间动画技术，创建"文字片头动效 2"图形元件，文字为自己表情包专辑名称。

(2) 运用自己设计好的原创角色形象和道具素材，通过形状补间和传统补间动画技术，创建 2 个原创动态表情包图形元件，并分别放于"表情 5"和"表情 6"场景中，合理设置时间轴帧数。

(3) 在库面板中，合理管理制作过程中产生的元件。

(4) 文件保存为"姓名表情包.fla"，发布为"姓名表情包.gif"。

第20章 补间动画制作

 本章简介

补间动画是 Animate 中的基本动画技术之一，针对元件实例或文本对象，可以实现位置、缩放、倾斜、旋转、颜色和滤镜属性的动态过渡变化效果，还可以实现曲线运动。本章主要介绍补间动画的概念、特点、创建方法，并通过"开心游""自由自在"两个剪纸表情包的制作，详细阐述补间动画的制作技巧。

 学习目标

知识目标：

(1) 理解补间动画的概念和特点。

(2) 掌握补间动画的创建方法。

能力目标：

(1) 能够分析补间效果动画的实现思路。

(2) 能够灵活应用并制作流畅的补间动画。

思政目标：

(1) 通过用 Animate 绘制剪纸小鱼、制作动态剪纸表情包应用案例，感受剪纸文化的魅力。

(2) 激发学习兴趣和主动性，用现代数媒技术传承、创新优秀剪纸文化。

 思维导图

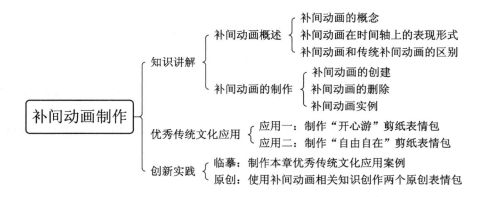

20.1　补间动画概述

补间动画是常用的基本动画技术之一，本节主要讲解补间动画的概念及其在时间轴上的表现形式，以及补间动画与传统补间动画的区别。

20.1.1　补间动画的概念

补间动画可以使元件实例或文本对象连续运动或变形而构成动画。

与传统补间动画和形状补间动画不同，补间动画必须创建补间后，才能添加第 2 个关键帧，即起始帧对象确定，并通过相应命令创建补间动画后，才能添加其他关键帧。

补间动画允许插入 7 种类型的关键帧，如图 20-1 所示，即"位置""缩放""倾斜""旋转""颜色""滤镜"和"全部"，其中，前 6 种关键帧对应 6 种补间动作类型，第 7 种关键帧支持所有补间类型。

注意：在 7 种关键帧中，"颜色"关键帧和"滤镜"关键帧比较特殊，只有为起始关键帧的对象设置了相应的"颜色"属性或"滤镜"属性后，这两种关键帧才可使用。

图 20-1　补间动画可插入的 7 种关键帧类型

补间动画是基于属性关键帧来定义属性的，通过不同的属性关键帧上的属性变化来产生动画效果，同时还可以编辑对象的运动路径。

属性关键帧是在补间范围中为补间目标对象显示定义一个或多个属性值的帧。定义的每个属性都有它自己的属性关键帧。如果在单个帧中设置了多个属性，则其中每个属性的属性关键帧都会驻留在该帧中。可以在"动画编辑器"面板中查看、编辑补间范围的每个属性及其属性关键帧。

关键帧中只能存在一个对象，而且至少要有一个属性关键帧。

针对元件实例或文本对象，补间动画可以实现其大小、位置、倾斜、旋转、颜色和滤镜的动态变化效果，还可以使其进行曲线运动。

创建补间动画时，如果动画对象不满足补间条件，则会出现以下两种情况。

(1) 如果起始帧上的对象不是可补间类型，则会弹出"将所选的内容转换为元件以进行补间"对话框，如图 20-2 所示。

(2) 如果起始帧上有多个对象，则会弹出"将所选的多项内容转换为元件以进行补间"对话框，如图 20-3 所示。

图 20-2　起始帧上的对象不是可补间类型时弹出的对话框　　图 20-3　起始帧上有多个对象时弹出的对话框

在上述两个对话框中，如果单击"确定"按钮，则会将起始帧上的内容转换为一个影片剪辑元件并创建补间动画。

20.1.2　补间动画在时间轴上的表现形式

当补间动画创建后，时间轴面板上只有一个起始关键帧(帧上显示一个黑色圆点)，后面的都是属性关键帧(帧上显示一个黑色菱形)，补间范围内的所有帧背景色变为黄色，如图 20-4 所示，这是补间动画在时间轴上的表现形式。

图 20-4　补间动画在时间轴上的表现形式

20.1.3　补间动画和传统补间动画的区别

补间动画和传统补间动画都属于补间动画，但二者却有很大的区别，主要体现在以下几个方面。

(1) 一个传统补间动画有起始关键帧和结束关键帧两个关键帧；补间动画只有一个起始关键帧，后面的都是属性关键帧。

(2) 传统补间动画先创建起始关键帧和结束关键帧，再创建补间；补间动画必须创建补间后才能添加第 2 个关键帧。

(3) 传统补间动画的起始关键帧和结束关键帧中的对象可以是两个不同实例；补间动画在整个补间范围上只有一个运动对象。

(4) 传统补间动画的运动路径是直线；补间动画的运动路径可以是曲线。

(5) 补间动画和传统补间动画都只允许对特定类型的对象进行补间。若补间对象不符合要求，则补间动画会将其转换为影片剪辑元件，而传统补间动画会将其转换为图形元件。

(6) 补间动画可以直接应用于文本对象，不会将其转换为影片剪辑元件；传统补间动画会将文本对象转换为图形元件。

(7) 对于传统补间动画，缓动可应用于补间内关键帧之间的帧组；对于补间动画，缓动应用于补间动画范围的所有帧。若要仅对补间动画的特定帧应用缓动，则需创建自定义缓动曲线。

(8) 传统补间动画可以在两种不同的色彩效果(如色调和 Alpha)之间创建动画；补间动画可以对每个补间应用一种色彩效果。

(9) 传统补间动画无法为 3D 对象创建动画效果；补间动画可以很好地支持 3D 对象的动画效果。

注意：

(1) 同一图层中可以有多个传统补间动画或多个补间动画，但不能同时出现两种类型补间。

(2) 可以在时间轴中对补间动画范围进行拉伸和调整大小，并将它们视为单个对象。

20.2 补间动画的制作

本节主要讲解补间动画的创建和删除方法，并通过一个文字片头动效实例强化对补间动画的理解。

20.2.1 补间动画的创建

补间动画的创建过程一般包含以下几个步骤。

1. 创建起始关键帧

在时间轴面板的动画开始位置创建一个关键帧，在其舞台上放置一个元件实例或文本对象。

2. 创建补间动画

在时间轴面板中单击起始帧，选择"插入"→"创建补间动画"命令，或右击起始帧选择"创建补间动画"命令，或单击时间轴上的"插入补间动画"按钮 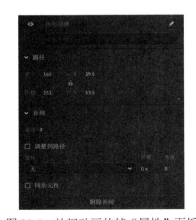，创建补间动画。

3. 创建属性关键帧

选择起始帧后面的某一帧，使用"插入"→"时间轴"→"关键帧"命令，或按【F6】键，或单击时间轴上的"插入关键帧"按钮 ⬛ ，或右击该帧并选择"插入关键帧"→"全部"命令，创建属性关键帧。

创建属性关键帧后，可以根据需要修改属性关键帧处的补间对象的位置、缩放、倾斜、旋转等属性。如果修改了属性关键帧处的位置属性，则该帧与上个关键帧的对象之间会产生直线运动路径，此时，可用"选择工具"或"部分选取工具"编辑修改该路径为曲线路径。

4. 设置补间属性

设置补间属性可以调整动画的变化节奏。但不是每一个补间动画都需要设置其补间属性，是否设置，还需结合具体需求。

补间属性的设置，可通过帧"属性"面板来完成。

在时间轴面板中，单击补间范围内的任一帧，在右侧功能面板区单击"属性"打开帧"属性"面板。若功能面板区没有"属性"面板，可使用"窗口"→"属性"命令打开帧"属性"面板，如图 20-5 所示。

图 20-5 补间动画的帧"属性"面板

补间动画的帧"属性"面板中常用选项的含义如下。

(1)"缓动"选项：用来调节动画对象的变化速率。

默认情况下，补间动画的动画对象在整个动画过程中是匀速变化的，即缓动值为0。当缓动值为 -100 到 0 之间时，动画运动速度从慢到快，即朝结束方向加速变化；当缓动值为 0 到 +100 之间时，动画运动速度从快到慢，即朝结束方向减速变化。

(2)"调整到路径"选项：该选项选中时，可使对象的运动方向与运动路径方向一致。

(3)"旋转"选项：该选项的下拉列表框中有"无""顺时针""逆时针"三个选项。选择"无"(默认设置)，表示不旋转；选择"顺时针"或"逆时针"，可使元件实例运动时顺时针或逆时针旋转指定的次数和角度，次数值和角度值可通过其右侧的文本框输入。

20.2.2 补间动画的删除

创建好补间动画后，不需要时可将其删除。删除补间动画的方法有以下三种。

(1) 右击补间范围内的某一帧，在弹出的快捷菜单中选择"删除补间动画"命令。

(2) 使用"插入"→"删除补间动画"命令。

(3) 单击帧"属性"面板上的"删除补间"按钮 `删除补间` 。

20.2.3 补间动画实例

【例20.1】运用第17.2.2节制作的"快""乐""创""作"文字素材，采用补间动画技术，制作飘落文字片头动效，效果参考素材中的"文字片头动效3.gif"文件，其中一帧效果如图20-6所示。

文字片头动效3

图 20-6 文字片头动效3

具体操作步骤如下。

1. 打开文件

双击打开文件"小兔子表情包.fla"，在文件中继续操作，完成飘落文字片头动效的制作。

2. 创建"表情7"场景

选择"窗口"→"场景"命令，打开"场景"面板，单击面板左下角的"添加场景"按钮 ⊞ 新建一个场景，双击新场景名称，将其重命名为"表情7"。

3. 创建文字飘落动效

(1) 从"库"面板中将"快乐创作"元件拖入舞台上方合适位置。

(2) 选中文字，按【Ctrl+B】组合键将其打散，右击选择"分散到图层"命令，将文字分散到 4 个图层，然后调整图层顺序，使其从上到下分别对应"快""乐""创""作" 4 个文字。

(3) 用"任意变形工具"将"快""创"适当缩小，将"乐""作"适当放大。

(4) 选中 4 个文字，"属性"面板设置其 Alpha 值为 100%。

(5) 选中 4 个图层的第 1 帧，右击选择"创建补间动画"命令。

(6) 选中 4 个图层的第 20 帧，插入关键帧，将 4 个文字拖放到舞台中央位置，并用"任意变形工具"将"快""创"适当放大，将"乐""作"适当缩小。

(7) 选中 4 个图层的第 40 帧，插入关键帧，将 4 个文字拖放到舞台下方位置，并用"任意变形工具"将"快""创"适当缩小，将"乐""作"适当放大。选中"快""乐""创""作" 4 个文字，在"属性"面板设置其 Alpha 值为 0%。

(8) 用"选择工具"将"快""乐""创""作" 4 个文字的运动路径调整为光滑曲线。

(9) 分别将"乐""创""作" 3 个图层的起始帧移动到第 5、10、15 帧。

4．生成文字片头动效元件

完成前面的步骤后，"表情 7"场景的时间轴如图 20-7 所示。选中所有图层并右击，在弹出的快捷菜单中选择"将图层转换为元件"命令，在打开的"将图层转换为元件"对话框中设置"名称"为"文字片头动效 3"，"类型"为"图形"，"文件夹"为"文字"，然后单击"确定"按钮。

图 20-7　文字飘落动效的时间轴显示

5．保存文件

(1) 按【Ctrl+Alt+Enter】组合键测试当前场景动画效果。

(2) 选择"文件"→"导出"→"导出动画 GIF"命令，导出"文字片头动效 3.gif"动画文件。

(3) 选择"文件"→"保存"命令，或按【Ctrl+S】组合键，保存源文件。

优秀传统文化应用

【应用一：制作"开心游"剪纸表情包】

使用 Animate 绘图工具绘制剪纸小鱼，采用补间动画技术，制作"开心游"动态剪纸表情包，动态效果参考素材中的"07 开心游.gif"文件，表情包其中一帧效果如图 20-8 所示。

图 20-8　"开心游"表情包

开心游

【应用分析】

本应用案例首先使用 Animate 绘图工具绘制一条剪纸小鱼，即先通过传统补间动画技术制作出一条原地摆尾的小鱼，再使用补间动画技术制作出一条边摆尾边游动的小鱼，并将其保存为元件；然后重复使用元件生成多条小鱼实例，并分别设置其属性，制作出三条色彩、大小均不断变化的三条游动的小鱼。

【实现步骤】

1. 打开文件

双击打开文件"小兔子表情包.fla"，在文件中继续操作，完成"开心游"表情包的制作。

2. 清空"表情7"场景

单击舞台左上角的"编辑场景"按钮，选择"表情7"场景。

在时间轴面板中选中"文字片头动效3"图层，单击"删除"按钮 🗑 ，删除舞台上的内容。

3. 绘制剪纸小鱼

(1) 打开"库"面板，单击左下角的"新建文件夹"按钮 📁 ，创建"小鱼"文件夹，用于存放绘制小鱼时产生的相关元件。

(2) 绘制小鱼头部。

选择"钢笔工具"，设置笔触为红色，笔触大小为 1.5，选择"对象绘制模式"。

绘制小鱼嘴巴轮廓，如图 20-9(a)所示。

双击绘制的小鱼嘴巴轮廓，进入"绘制对象"内部，取消"对象绘制"，继续绘制小鱼嘴巴，如图 20-9(b)所示。

用钢笔工具绘制头部轮廓、月牙纹样，用椭圆工具绘制眼睛，用颜料桶工具为头部、嘴巴和眼睛填充红色、白色，此时小鱼头部如图 20-9(c)所示。

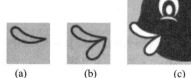

(a)　　　　(b)　　　　(c)

图 20-9　绘制小鱼头部

单击舞台左上角的"表情7"返回"表情7"场景。

选中绘制的小鱼头部，将其转换为"鱼头"影片剪辑元件，并放于"库"面板上的"小鱼"文件夹中。

(3) 绘制小鱼胸鳍。

选择"钢笔工具"，设置笔触为红色，笔触大小为 1.5，选择"对象绘制模式"。

绘制小鱼胸鳍轮廓，如图 20-10(a)所示。

双击绘制的小鱼胸鳍轮廓，进入"绘制对象"内部，取消"对象绘制"，继续绘制小鱼胸鳍，如图 20-10(b)所示。

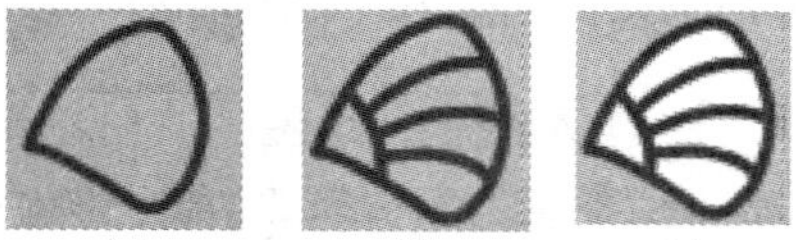

(a)　　　　(b)　　　　(c)

图 20-10　绘制小鱼胸鳍

用颜料桶工具为小鱼胸鳍填充白色，此时小鱼胸鳍如图 20-10(c)所示。

单击舞台左上角的"表情7"返回"表情7"场景。

选中绘制的小鱼胸鳍，将其转换为"鱼胸鳍"影片剪辑元件，并放于"库"面板上的"小鱼"文件夹中。

右击小鱼胸鳍，选择"排列"→"下移一层"命令，将小鱼胸鳍移至小鱼头部的下方。

(4) 绘制小鱼身体。

选择"钢笔工具"，设置笔触为红色，笔触大小为 0.1 pt，选择"对象绘制模式"。

绘制小鱼身体轮廓，如图 20-11(a)所示。

双击绘制的小鱼身体轮廓，进入"绘制对象"内部，选择"基本椭圆工具"，绘制圆，如图 20-11(b)所示，用选择工具拖动鼠标调整圆上的两个控制点，得到如图 20-11(c)所示的扇形圆环。

复制多个扇形圆环，适当调整其旋转角度、大小、位置，作为小鱼鱼鳞纹样。

用颜料桶工具为小鱼身体填充红色，此时小鱼身体如图 20-11(d)所示。

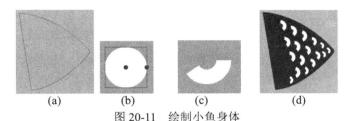

图 20-11　绘制小鱼身体

单击舞台左上角的"表情 7"返回"表情 7"场景。

选中绘制的小鱼身体，将其转换为"鱼身体"影片剪辑元件，并放于"库"面板上的"小鱼"文件夹中。

右击小鱼身体，选择"排列"→"下移一层"命令，将小鱼身体移至小鱼胸鳍的下方。

(5) 绘制小鱼腹鳍、背鳍和尾巴。

用第(3)步绘制小鱼胸鳍的方法，分别绘制小鱼腹鳍、背鳍和尾巴，如图 20-12 所示。

分别选中小鱼腹鳍、背鳍和尾巴，依次将其转换为"鱼腹鳍""鱼背鳍""鱼尾"影片剪辑元件，并放于"库"面板上的"小鱼"文件夹中。

使用"修改"→"排列"→"下移一层"命令，适当排列小鱼各部分叠放次序，如图 20-13 所示。

图 20-12　绘制的小鱼腹鳍、背鳍和尾巴　　　　图 20-13　绘制的剪纸小鱼

(6) 生成小鱼整体元件。

选中绘制好的小鱼所有部分，将其转换为"小鱼全"影片剪辑元件，并放于"库"面板上的"小鱼"文件夹中。

4. 创建"小鱼 摆尾"图形元件

(1) 删除舞台上的小鱼。

(2) 在"库"面板上右击"小鱼全"元件，在弹出的快捷菜单中选择"直接复制"命令，打开"直接复制元件"对话框，在"名称"框输入"小鱼 摆尾"，"类型"选择"图形"，"文件夹"选择"小鱼"，然后单击"确定"按钮。

5. 编辑"小鱼 摆尾"图形元件

(1) 在"库"面板中按住鼠标左键将"小鱼 摆尾"元件拖放到舞台上合适位置，得到该元件的一个元件实例，调整实例至合适大小。

(2) 双击舞台上的元件实例，进入"小鱼 摆尾"元件内部。

(3) 选中小鱼所有部分并右击，在弹出的快捷菜单中选择"分散到图层"命令。

(4) 分别调整小鱼的尾巴、腹鳍、背鳍和胸鳍的旋转中心点至合适位置，并向上适当旋转小鱼尾巴。

(5) 选中所有图层的第 9 帧，插入关键帧。

(6) 选中所有图层的第 5 帧，插入关键帧。适当旋转小鱼的尾巴、腹鳍、背鳍和胸鳍。

(7) 选中所有图层的第 3 帧到第 6 帧，右击选择"创建传统补间"，此时时间轴显示如图 20-14 所示。

图 20-14 "小鱼 摆尾"元件的时间轴显示

(8) 单击舞台左上角的"表情 7"返回"表情 7"场景。

6. 创建小鱼游动动效

(1) 右击小鱼所在图层的第 1 帧，选择"创建补间动画"命令，选中第 1 帧的小鱼，在"属性"面板中选择"色彩效果"中的"高级"选项，其各项值如图 20-15 所示。

(2) 分别在第 20、40、60、80 帧插入关键帧。依次设置第 20、40、60 帧上的小鱼的"色彩效果"属性，其各项值如图 20-15 所示。

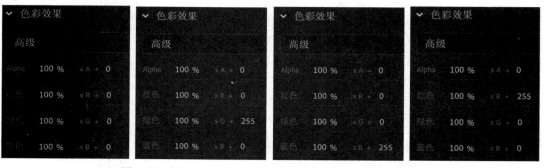

图 20-15 第 1、20、40、60 帧的小鱼的"色彩效果"属性

(3) 依次移动第 20、40、60 帧上的小鱼到合适位置，此时各关键帧间的运动路径如图 20-16 所示。用选择工具调整运动路径为曲线，如图 20-17 所示。

图 20-16　小鱼各关键帧间的运动路径　　　　图 20-17　调整后的关键帧间的运动路径

(4) 适当缩小第 40 帧的小鱼。

(5) 选中补间范围内的某一帧,在"属性"面板中选择"调整到路径"选项,此时时间轴如图 20-18 所示。

图 20-18　小鱼游动时间轴显示

(6) 右击小鱼所在图层,选择"将图层转换为元件"命令,在打开的"将图层转换为元件"对话框中设置"名称"为"小鱼 游动","类型"为"图形","文件夹"为"小鱼",然后单击"确定"按钮。

7. 创建多条游动小鱼

(1) 右击"小鱼 游动"图层,选择"复制图层",将新图层重命名为"小鱼 游动 2",然后选中该图层第 1 帧的小鱼,打开"属性"面板,将"循环"选项组中的"帧选择器"设置为 26。

(2) 右击"小鱼 游动 2"图层,选择"复制图层",将新图层重命名为"小鱼 游动 3",然后选中该图层第 1 帧的小鱼,打开"属性"面板,将"循环"选项组中的"帧选择器"设置为 53。

8. 添加文字"开心游"

(1) 新建图层,选择"文本工具",在"属性"面板中设置字体为"Nishiki-teki",字号大小为 25 pt,文字颜色为红色,输入文字"开心游"。

(2) 用"选择工具"选中文字"开心游",按【Ctrl+B】组合键将其打散,并适当调整这 3 个文字的间距和位置。

(3) 选中"开心游"文字,右击选择"分散到图层"命令,将文字分散到 3 个图层。

(4) 选中"开心游"文字图层的第 1 帧,右击选择"创建补间动画"命令。

(5) 在"开心游"文字图层的第 20 帧插入关键帧,适当放大"开""游",缩小"心"。

(6) 在"开心游"文字图层的第 40 帧插入关键帧,适当缩小"开""游",放大"心"。

(7) 在"开心游"文字图层的第 60 帧插入关键帧,适当放大"开""游",缩小"心"。

(8) 将"开心游"文字图层的第 1 帧复制到第 80 帧。

9. 生成"07 开心游"图形元件

完成前面的步骤后,"表情 7"场景的时间轴如图 20-19 所示。选中所有图层并右击,在弹出的快捷菜单中选择"将图层转换为元件"命令,在打开的"将图层转换为元件"对话框中设置"名称"为"07 开心游","类型"为"图形","文件夹"为"表情包",然后单击"确定"按钮。

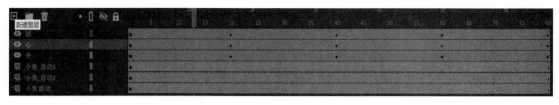

图 20-19　"开心游"表情包时间轴

10. 保存文件

(1) 按【Ctrl+Alt+Enter】组合键测试当前场景表情包效果。

(2) 选中舞台上的表情包实例，打开对象"属性"面板，设置"循环"属性组的"帧选择器"的值为 13。

(3) 选择"文件"→"导出"→"导出动画 GIF"命令，导出"07.gif"动画文件。

(4) 选择"文件"→"保存"命令，或按【Ctrl+S】组合键，保存源文件。

【应用二：　制作"自由自在"剪纸表情包】

运用第 19 章的【应用一】制作的小兔子吹泡泡和本章的【应用一】制作的小鱼素材，采用补间动画技术。制作"自由自在"剪纸表情包，动态效果参考素材中的"08 自由自在.gif"文件。表情包其中一帧效果如图 20-20 所示。

图 20-20　"自由自在"表情包

自由自在

【应用分析】

本应用案例借助第 19 章的【应用一】制作的小兔子吹泡泡和本章的【应用一】制作的小鱼素材，将二者组成一个整体，再对组合的整体应用补间动画技术，使其曲线运动，从而制作出"自由自在"动态表情包效果。

【实现步骤】

1. 打开文件

双击打开文件"小兔子表情包.fla"，在文件中继续操作，完成"自由自在"表情包的制作。

2. 创建"表情 8"场景

选择"窗口"→"场景"命令，打开"场景"面板，单击面板左下角的"添加场景"按钮 ⊞ 新建一个场景，双击新场景名称，将其重命名为"表情 8"。

3. 创建小兔子及小鱼整体曲线运动动效

(1) 在"库"面板中按住鼠标左键将"小鱼 摆尾"元件拖放到舞台，再将"05 吹泡泡"元件拖放到舞台并水平翻转，然后适当调整两个对象的大小、位置和叠放次序。

(2) 在第 30 帧插入帧。

(3) 右击图层，在弹出的快捷菜单中选择"将图层转换为元件"命令，在打开的"将图层转换为元件"对话框中，"名称"为"小鱼与小兔"，"类型"为"图形"，"文件夹"为"小鱼"，然后单击"确定"按钮。

(4) 右击第 1 帧，选择"创建补间动画"命令，调整舞台上对象的旋转中心点到合适位置。

(5) 分别在第 30 帧和第 60 帧插入关键帧，并移动两个帧上的对象到合适位置，此时，3个关键帧间的运动路径如图 20-21 所示。用选择工具调整运动路径为曲线，如图 20-22 所示。

图 20-21　关键帧间的运动路径　　　　图 20-22　调整后的关键帧间的运动路径

(6) 适当旋转起始帧和结束帧上的对象，使其与运动路径的方向一致。

(7) 选中补间范围内的某一帧，在"属性"面板中选择"调整到路径"选项。

4. 添加文字"自由自在"

(1) 新建图层，选择"文本工具"，在"属性"面板中设置字体为"Nishiki-teki"，字号大小为 25 pt，文字颜色为蓝色，输入文字"自由自在"。

(2) 用"选择工具"选中文字"自由自在"，按【Ctrl+B】组合键将其打散，并适当调整4 个文字的间距和位置。

(3) 选中"自由自在"文字，右击选择"分散到图层"命令，将文字分散到 4 个图层。

(4) 选中"自由自在"文字图层的第 1 帧，右击选择"创建补间动画"命令。

(5) 在"自由自在"文字图层的第 30 帧和第 60 帧插入关键帧。

(6) 在"自由自在"文字图层的第 15 帧插入关键帧，适当旋转 4 个文字。

(7) 在"自由自在"文字图层的第 45 帧插入关键帧，适当旋转 4 个文字。

5. 生成"08 自由自在"图形元件

完成前面的步骤后，"表情 8"场景的时间轴如图 20-23 所示。选中所有图层并右击，在弹出的快捷菜单中选择"将图层转换为元件"命令，在打开的"将图层转换为元件"对话框中设置"名称"为"08 自由自在"，"类型"为"图形"，"文件夹"为"表情包"，然后单击"确定"按钮。

图 20-23　"自由自在"表情包时间轴

6. 保存文件

(1) 按【Ctrl+Alt+Enter】组合键测试当前场景表情包效果。

(2) 选中舞台上的表情包实例，打开对象"属性"面板，设置"循环"属性组的"帧选择器"的值为 26。

    (3) 选择"文件"→"导出"→"导出动画 GIF"命令，导出"08.gif"动画文件。

    (4) 选择"文件"→"保存"命令，或按【Ctrl+S】组合键，保存源文件。

创 新 实 践

一、临摹

打开第 19 章完成的"小兔子表情包.fla"文件，临摹本章实例，制作"文字片头动效"动态图形元件，以及"07 开心游""08 自由自在"两个动态剪纸表情包。

要求：

(1) 新建"表情 7"场景，通过补间动画技术创建"文字片头动效 3"图形元件。

(2) 采用 Animate 绘图工具绘制剪纸小鱼，采用补间动画技术，创建"07 开心游"动态表情包图形元件，并将该元件放于"表情 7"场景，合理设置时间轴帧数。

(3) 新建"表情 8"场景，运用小兔子吹泡泡和小鱼摆尾素材，通过补间动画技术，创建"08 自由自在"动态表情包图形元件，并将该元件放于"表情 8"场景，合理设置时间轴帧数。

(4) 在库面板中，合理管理制作过程中产生的元件。

(5) 文件保存为"小兔子表情包.fla"，发布为"小兔子表情包.gif"。

"表情 7""表情 8"场景参考样例分别如图 20-8 和图 20-20 所示。

二、原创

打开文件"姓名表情包.fla"文件，模拟第一题的方法和思路，制作"文字片头动效 3"动态图形元件，以及两个原创动态表情包。

要求：

(1) 通过补间动画技术创建"文字片头动效 3"图形元件，文字为自己表情包专辑名称。

(2) 采用 Animate 绘图工具绘制原创剪纸小鱼，运用绘制的小鱼和自己设计好的原创角色形象和道具素材，通过补间动画技术，创建两个原创动态表情包图形元件，并分别放于"表情 7"和"表情 8"场景中，合理设置时间轴帧数。

(3) 在库面板中合理管理制作过程中产生的元件。

(4) 文件保存为"姓名表情包.fla"，发布为"姓名表情包.gif"。

第21章 / 引导动画制作

本章简介

引导动画是 Animate 的特殊动画技术之一，运用引导动画可以使元件实例对象按照事先设定好的运动路径进行运动。本章主要学习引导动画的概念、特点、创建方法，并通过"蝶恋花""观蝶"两个剪纸表情包的制作，详细阐述引导动画的特点和制作技巧，加强引导动画的灵活应用能力。

学习目标

知识目标：

(1) 理解引导动画的概念和特点。

(2) 掌握引导动画的创建方法。

能力目标：

(1) 能够分析引导效果动画的实现思路。

(2) 能够灵活应用并制作流畅的引导动画。

思政目标：

(1) 通过用 Animate 绘制剪纸蝴蝶、制作动态剪纸表情包，感受剪纸文化魅力。

(2) 激发学习兴趣和主动性，用现代数媒技术传承、创新优秀剪纸文化。

思维导图

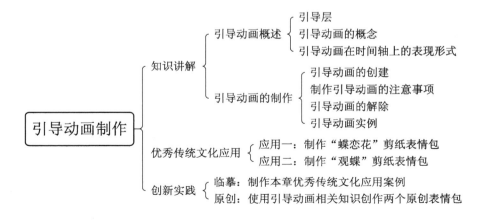

知识讲解

21.1 引导动画概述

引导动画是常用且较为特殊的一种动画技术，本节主要讲解引导层的概念、种类和功能；引导动画的概念，引导动画在时间轴上的表现形式。

21.1.1 引导层

引导层是一种特殊的图层，主要用来辅助绘图或辅助引导动画的制作，动画播放时引导层上的内容不显示。

引导层有静态引导层和动态引导层两种类型。

1. 静态引导层

静态引导层可以放一些文字说明或辅助图形，为其他图层的图形绘制起到参考或定位的作用。

静态引导层可以通过普通图层转换得到，方法有以下两种：

(1) 在时间轴面板中，右击某个普通图层，在弹出的快捷菜单中选择"引导层"命令。

(2) 在时间轴面板中，双击某个普通图层名称前的图层标记 ▦ ，或右击图层选择"属性"命令，在打开的"图层属性"对话框中，"类型"选项组中选择"引导层"单选按钮，单击"确定"按钮。

普通图层转换为静态引导层后，图层名称前的图层标记变为 ◥ 。

静态引导层也可以转换为普通图层，方法有以下两种：

(1) 在时间轴面板中，右击静态引导层，在弹出的快捷菜单中选择"引导层"命令。

(2) 在时间轴面板中，双击静态引导层名称前的图层标记 ◥ ，或右击静态引导层选择"属性"命令，在打开的"图层属性"对话框中，"类型"选项组中选择"一般"单选按钮，单击"确定"按钮。

2. 运动引导层

运动引导层主要用来辅助制作引导动画。在运动引导层中可以绘制对象的运动路径，使被引导层中的对象沿着引导层中的路径运动。

创建运动引导层有以下两种方法。

(1) 用菜单命令创建运动引导层。在时间轴面板中，右击某个普通图层，在弹出的快捷菜单中选择

图 21-1 运动引导层的时间轴显示

"添加传统运动引导层"命令，就会在该图层的上方产生一个空白的运动引导层，而该普通图层向右缩进成为被引导层，其时间轴显示如图 21-1 所示。

(2) 由静态引导层转换为运动引导层。在时间轴面板中，按住鼠标左键将一个普通图层

拖向一个静态引导层，释放鼠标后，静态引导层转换为运动引导层，普通图层转换为被引导层，其转换前的时间轴如图 21-2 所示，转换后的时间轴如图 21-3 所示。

图 21-2　转换前的时间轴　　　　　　　　图 21-3　转换后的时间轴

21.1.2　引导动画的概念

引导动画是指将一个或多个被引导层链接到一个运动引导层，使被引导层中的元件实例沿着引导层中的路径运动的动画。

引导动画可以实现类似于花朵飘落、蝴蝶飞舞等形式的动画效果。

21.1.3　引导动画在时间轴上的表现形式

在 Animate 动画中，一个简单的引导动画由两个图层构成，上面的是引导层，下面的是被引导层，如图 21-4 所示。

图 21-4　简单引导动画的时间轴显示

(1) 引导层：引导层中主要是被引导层中对象的运动路径，通常是钢笔、铅笔、线条、椭圆工具、矩形工具、画笔工具等绘制的线条图形。引导层中绘制的线条通常被称为"引导线"，引导线不能是闭合的路径。

(2) 被引导层：用来存放以引导线为运动路径的对象，对象要求是元件实例。一个引导层可以有多个被引导层。

21.2　引导动画的制作

本节主要讲解引导动画的创建、制作引导动画的注意事项、引导动画的解除，并通过一个花朵飘落实例强化对引导动画的理解。

21.2.1　引导动画的创建

引导动画的创建过程，一般包含以下几个步骤。

1. 创建引导层和被引导层

在时间轴面板中，右击某普通图层，在弹出的快捷菜单中选择"添加传统运动引导层"命令，在该图层的上方会产生一个空白的运动引导层，该图层向右缩进成为被引导层。

2．在引导层添加引导线

使用绘图工具在引导层绘制一条引导线，作为实例对象的运动路径。

3．在被引导层添加元件实例，并附着到引导线上

在被引导层的起始帧添加一个元件实例，将其中心点吸附到引导线的一个端点上。在被引导层的结束帧插入关键帧，将帧上的元件实例的中心点吸附到引导线的另一个端点上。

4．在被引导层创建传统补间动画

在被引导层的起始帧和结束帧之间创建传统补间动画，并在"属性"面板上适当设置补间属性，其补间属性的设置方法，与传统补间动画的补间属性设置基本相同。

5．添加多个被引导层(创建多层引导动画时使用该步骤)

按住鼠标左键，将一个普通图层拖向引导层，使其也向右缩进成为被引导层，重复上面的第 2 步、第 3 步和第 4 步操作，即可创建多层引导动画。

多个被引导层中的对象的运动路径可以是同一条引导线，也可以是不同的多条引导线。

21.2.2　制作引导动画的注意事项

相对逐帧动画、传统补间动画、形状补间动画和补间动画，引导动画有一些特殊事项需要注意，主要体现在以下几方面。

1．包含图层数目

引导动画至少包含 2 个图层，其中引导层只有一个，在上方；被引导层可以有多个，在引导层下方，并向右缩进。

2．图层对象要求

在引导动画中，引导层中的对象必须是线条图形，不能是元件实例或位图。被引导层中的对象必须是元件实例。

3．补间属性设置

被引导层中的对象沿着引导线运动时，在"属性"面板上，有 2 个特有的补间属性需要注意合理运用。

(1) 勾选"贴近"复选框，可以根据对象中心点将补间元素吸附到运动路径。

(2) 勾选"调整到路径"复选框，可以使补间元素的运动方向与引导线的方向一致。

21.2.3　引导动画的解除

如果想解除引导层对被引导层的控制，可将引导层转换为普通图层即可，方法有三种。

(1) 把被引导层拖离引导层。

(2) 右击引导层，在弹出的快捷菜单中，选择"引导层"命令。

(3) 右击引导层，在弹出的快捷菜单中，选择"属性"命令，在打开的"图层属性"对话框中，"类型"选项组中选择"一般"单选按钮，单击"确定"按钮。

21.2.4　引导动画实例

【例 21.1】运用第 14 章【绘制"花枝"剪纸】中制作好的剪纸花素材，采用引导动画技术，制作花朵光影动效，效果参考素材中的"花朵光影.gif"文件，其中一帧效果如图 21-5 所示。

图 21-5　花朵光影效果　　　　　　　花朵光影

具体操作步骤如下。

1. 打开文件

双击打开文件"小兔子表情包.fla"，在文件中继续操作，完成花朵光影的制作。

2. 创建"表情 9"场景

选择"窗口"→"场景"命令，打开"场景"面板，单击面板左下角的"添加场景"按钮 ▣ 新建一个场景，双击新场景名称，将其重命名为"表情 9"。

3. 创建花朵光影动效

(1) 将图层"图层-1"重命名为"花朵"，右击该图层，在弹出的快捷菜单中选择"添加传统运动引导层"命令，在该图层的上方产生一个运动引导层。

(2) 使用"钢笔工具"在引导层中绘制一条引导线，作为花朵飘落的运动路径。

(3) 在引导层的第 30 帧插入帧。

(4) 选择被引导层"花朵"图层的第 1 帧，从"库"面板中将"花 4"元件拖入舞台上方合适位置，适当调整花朵大小，并将花朵中心点吸附到引导线的顶部端点上，如图 21-6 所示。

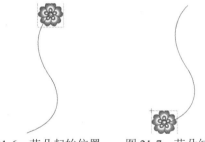

(5) 在被引导层的第 30 帧插入关键帧，将帧上的花朵实例的中心点吸附到引导线的底部端点上，如图 21-7 所示。

图 21-6　花朵起始位置　　图 21-7　花朵结束位置

(6) 右击被引导层的中间某帧，在弹出的快捷菜单中选择"创建传统补间"命令。

(7) 选择被引导层的中间某帧，打开"属性"面板，设置补间属性中的"缓动"值为 -60，使花朵飘落过程有一定的加速度。

(8) 右击被引导层"花朵"图层，在弹出的快捷菜单中选择"复制图层"命令，将新产生的图层重命名为"花朵 2"。

(9) 将"花朵 2"图层的起始帧和结束帧的花朵实例的 Alpha 属性值设为 60%，再将其起始帧移动到第 5 帧位置。

(10) 右击"花朵 2"图层，在弹出的快捷菜单中选择"复制图层"命令，将新产生的图层重命名为"花朵 3"。

(11) 将"花朵 3"图层的起始帧和结束帧的花朵实例的 Alpha 属性值设为 30%，再将其起始帧移动到第 9 帧位置。

(12) 右击"花朵 3"图层，在弹出的快捷菜单中选择"复制图层"命令，将新产生的图层重命名为"花朵 4"。

(13) 将"花朵 4"图层的起始帧和结束帧的花朵实例的 Alpha 属性值设为 6%，再将其起始帧移动到第 13 帧位置。

(14) 调整各花朵图层顺序，使其从上到下依次为"花朵""花朵 2""花朵 3""花 4"。

4. 生成花朵光影元件

完成前面的步骤操作后，"表情 9"场景的时间轴如图 21-8 所示。选中所有图层并右击，在弹出的快捷菜单中选择"将图层转换为元件"命令，在打开的"将图层转换为元件"对话框中设置"名称"为"花朵光影"，"类型"为"图形"，"文件夹"为"道具"，然后单击"确定"按钮。

图 21-8　花朵飘落时间轴显示

5. 保存文件

(1) 按【Ctrl+Alt+Enter】组合键测试当前场景动画效果。

(2) 选择"文件"→"导出"→"导出动画 GIF"命令，导出"花朵光影.gif"动画文件。

(3) 选择"文件"→"保存"命令，或按【Ctrl+S】组合键，保存源文件。

>>> 优秀传统文化应用

【应用一：制作"蝶恋花"剪纸表情包】

使用 Animate 绘图工具绘制剪纸蝴蝶，再结合第 15 章【应用二】绘制的剪纸小兔子和第 14 章【绘制"花枝"剪纸】绘制的花朵素材，采用引导动画技术，制作"蝶恋花"动态剪纸表情包，动态效果参考素材中的"09 蝶恋花.gif"文件，表情包其中一帧效果如图 21-9 所示。

图 21-9　"蝶恋花"表情包

蝶恋花

【应用分析】

本应用首先使用 Animate 绘图工具绘制一只剪纸蝴蝶，通过第 18 章学习的传统补间动画技术制作出一只原地扇动翅膀的蝴蝶，然后使用引导动画技术，制作出一只边扇动翅膀边围绕小兔子手中花朵飞舞的蝴蝶。

【实现步骤】

1. 打开文件

双击打开文件"小兔子表情包.fla"，在文件中继续操作，完成"蝶恋花"表情包的制作。

2. 清空"表情 9"场景

单击舞台左上角的"编辑场景"按钮，选择"表情 9"场景。

在时间轴面板中，选中"花朵光影"图层，单击"删除"按钮 🗑 ，删除舞台上的内容。

3. 绘制剪纸蝴蝶

(1) 打开"库"面板，单击左下角的"新建文件夹"按钮 📁 ，创建"蝴蝶"文件夹，用于存放绘制蝴蝶时产生的相关元件。

(2) 绘制蝴蝶。

用"椭圆工具""线条工具"等工具绘制蝴蝶头身，效果如图 21-10 所示。将其转换为"头身"影片剪辑元件，放于"库"面板上的"蝴蝶"文件夹中。

用"钢笔工具""椭圆工具"等工具绘制蝴蝶翅膀，效果如图 21-11 所示。将其转换为"翅膀"影片剪辑元件，放于"库"面板上的"蝴蝶"文件夹中。

在舞台上添加一个"头身"实例，两个"翅膀"实例，水平翻转其中一个翅膀，将它们组成一只蝴蝶，效果如图 21-12 所示。

图 21-10　蝴蝶头身　　　　图 21-11　蝴蝶翅膀　　　　图 21-12　蝴蝶整体效果

将整只蝴蝶转换为"蝴蝶　静"影片剪辑元件，放于"库"面板上的"蝴蝶"文件夹中。

4. 创建"蝴蝶　扇动翅膀"图形元件

(1) 删除舞台上的蝴蝶。

(2) 在"库"面板上右击"蝴蝶　静"元件，在弹出的快捷菜单中选择"直接复制"命令，打开"直接复制元件"对话框，"名称框"输入"蝴蝶　扇动翅膀"，"类型"选择"图形"，"文件夹"选择"蝴蝶"，单击"确定"按钮。

5. 编辑"蝴蝶　扇动翅膀"图形元件

(1) 在"库"面板中，按住鼠标左键将"蝴蝶　扇动翅膀"元件拖放到舞台上合适位置，得到该元件的一个元件实例。

(2) 双击舞台上的蝴蝶实例，进入"蝴蝶　扇动翅膀"元件内部。

(3) 选中蝴蝶所有部分，右击，在弹出的快捷菜单中选择"分散到图层"命令。

(4) 分别调整两个蝴蝶翅膀的旋转中心点至合适位置。

(5) 选中所有图层的第 5 帧，插入关键帧。

(6) 选中所有图层的第 3 帧，插入关键帧。用"任意变形工具"适当水平缩小当前帧的两个翅膀，缩小前的蝴蝶如图 21-13 所示，缩小后的蝴蝶如图 21-14 所示。选中第 3 帧的蝴蝶，将其整体垂直向上移动适当距离。

(7) 选中所有图层的第 2 帧到第 4 帧，右击选择"创建传统补间"，此时时间轴显示如图 21-15 所示。

(8) 单击舞台左上角的"表情 9"返回"表情 9"场景。

图 21-13　缩小前的蝴蝶　图 21-14　缩小后的蝴蝶　图 21-15　"蝴蝶 扇动翅膀"元件的时间轴显示

6. 创建蝶恋花动效

(1) 从"库"面板中将"小兔子 侧面"元件拖入"表情 9"场景，适当调整大小，并水平翻转。将场景中的蝴蝶移动到小兔子耳朵上，适当调整其颜色、大小、角度和排列次序。

(2) 从"库"面板中将"花枝 1"元件拖入"表情 9"场景，适当调整其大小、角度和排列次序，效果如图 21-16 所示。

(3) 将图层"图层-1"重命名为"兔子花"，在图层的第 30 帧插入帧。

(4) 新建图层，将其重命名为"蝴蝶"。

(5) 右击"蝴蝶"图层，在弹出的快捷菜单中选择"添加传统运动引导层"命令，在该图层的上方产生一个运动引导层。

(6) 使用"画笔工具"在引导层中绘制一条引导线，作为蝴蝶飞舞的运动路径。

(7) 选择被引导层"蝴蝶"图层的第 1 帧，从"库"面板中将"蝴蝶 扇动翅膀"元件拖入舞台，将蝴蝶中心点吸附到引导线的一个端点上，适当调整蝴蝶大小，旋转蝴蝶使其和引导线方向一致，如图 21-17 所示。

(8) 在被引导层的第 25 帧插入关键帧，将帧上的蝴蝶实例的中心点吸附到引导线的另一个端点上，适当旋转蝴蝶使其和引导线方向一致，如图 21-18 所示。

图 21-16　场景中的小兔子蝴蝶和花　图 21-17　蝴蝶起始位置　图 21-18　蝴蝶结束位置

(9) 右击被引导层的第 1 帧到第 25 帧的中间某帧，在弹出的快捷菜单中选择"创建传统补间"命令。

(10) 选择被引导层的第 1 帧到第 25 帧的中间某帧，打开"属性"面板，选择"调整到路径"复选框。

7. 添加文字"蝶恋花"

(1) 在引导层上方新建"文字"图层，在其第 10 帧插入关键帧。

(2) 选择"文本工具"，"属性"面板设置字体为"Nishiki-teki"，字号大小为 25 pt，文字颜色为红色，合适位置输入文字"蝶恋花"。

(3) 用"选择工具"选中文字"蝶恋花"，按【Ctrl+B】组合键将其打散，适当调整三个文字的间距和位置。

(4) 在文字图层的第 15 帧和第 20 帧分别插入关键帧。删除第 10 帧的"恋""花"文字，删除第 15 帧的"花"文字。

8. 生成"09 蝶恋花"图形元件

完成前面的步骤后，"表情 9"场景的时间轴如图 21-19 所示。选中所有图层并右击，在弹出的快捷菜单中选择"将图层转换为元件"命令，在打开的"将图层转换为元件"对话框中设置"名称"为"09 蝶恋花"，"类型"为"图形"，"文件夹"为"表情包"，然后单击"确定"按钮。

图 21-19　"蝶恋花"表情包时间轴

9. 保存文件

(1) 按【Ctrl+Alt+Enter】组合键测试当前场景表情包效果。

(2) 选中舞台上的表情包实例，打开对象"属性"面板，设置"循环"属性组的"帧选择器"的值为 16。

(3) 选择"文件"→"导出"→"导出动画 GIF"命令，导出"09.gif"动画文件。

(4) 选择"文件"→"保存"命令，或按【Ctrl+S】组合键，保存源文件。

【应用二：制作"观蝶"剪纸表情包】

运用第 15 章【应用二】绘制的剪纸小兔子和本章【应用一】制作的蝴蝶素材，采用引导动画技术和传统补间动画技术，制作"观蝶"动态剪纸表情包，动态效果参考素材中的"10 观蝶.gif"文件，表情包其中一帧效果如图 21-20 所示。

图 21-20　"观蝶"表情包

观蝶

【应用分析】

本应用借助第 15 章制作的侧面剪纸小兔子和蝴蝶扇动翅膀素材，对蝴蝶应用多层引导动画技术，使其曲线运动，采用传统补间动画技术，让小兔子头部的旋转与蝴蝶的方向保持一致，从而制作出"观蝶"动态表情包效果。

【实现步骤】

1. 打开文件

双击打开文件"小兔子表情包.fla"，在文件中继续操作，完成"观蝶"表情包的制作。

2. 创建"表情 10"场景

选择"窗口"→"场景"命令，打开"场景"面板，单击面板左下角的"添加场景"按钮 ⊞ 新建一个场景，双击新场景名称，将其重命名为"表情 10"。

3. 创建蝴蝶飞舞动效

(1) 在"库"面板中，按住鼠标左键将"小兔子 侧面"元件拖放到舞台，适当调整其大小和位置。

(2) 选中小兔子，按【Ctrl+B】组合键将其打散。

(3) 右击小兔子头，选择"分散到图层" 命令，将小兔子头所在图层移到上方，另一个图层重命名为"身体"。

(4) 在两个图层的第 30 帧都插入帧。

(5) 新建图层，将其重命名为"蝴蝶"。

(6) 右击"蝴蝶"图层，在弹出的快捷菜单中选择"添加传统运动引导层"命令，在该图层的上方产生一个运动引导层。

(7) 使用"画笔工具"在引导层中绘制一条引导线，作为蝴蝶飞舞的运动路径。

(8) 选择被引导层"蝴蝶"图层的第 1 帧，从"库"面板中将"蝴蝶 扇动翅膀"元件拖入舞台，将蝴蝶中心点吸附到引导线的一个端点上，适当调整蝴蝶大小，旋转蝴蝶使其和引导线方向一致，如图 21-21 所示。

(9) 在被引导层的第 15 帧插入关键帧，将帧上的蝴蝶实例的中心点吸附到引导线的另一个端点上，适当旋转蝴蝶使其和引导线方向一致，如图 21-22 所示。

图 21-21　蝴蝶起始位置

图 21-22　蝴蝶结束位置

(10) 右击被引导层的第 1 帧到第 15 帧的中间某帧，在弹出的快捷菜单中选择"创建传统补间"命令。

(11) 选择被引导层的第 1 帧到第 15 帧的中间某帧，打开"属性"面板，选择"调整到路径"复选框。

4. 创建多蝴蝶被引导动效

(1) 右击被引导层"蝴蝶"图层，在弹出的快捷菜单中选择"复制图层"命令，将新产生的图层重命名为"蝴蝶 2"，将"蝴蝶 2"图层移至"蝴蝶"图层下方。

(2) 将"蝴蝶 2"图层的起始帧和结束帧的蝴蝶实例的 Alpha 属性值分别设为 80%和 0%，再将传统补间的起始帧向后移动 1 帧。

(3) 右击被引导层"蝴蝶 2"图层，在弹出的快捷菜单中选择"复制图层"命令，将新产生的图层重命名为"蝴蝶 3"，将"蝴蝶 3"图层移至"蝴蝶 2"图层下方。

(4) 将"蝴蝶 3"图层的起始帧和结束帧的蝴蝶实例的 Alpha 属性值分别设为 60%和 0%，再将传统补间的起始帧向后移动 1 帧。

(5) 同理，再创建出"蝴蝶 4""蝴蝶 5""蝴蝶 6"三个图层，三个图层中的传统补间的起始帧的蝴蝶实例的 Alpha 属性值分别设置为 40%、20% 和 10% ，结束帧的蝴蝶实例的 Alpha 属性值均为 0%。此时，"表情 10"场景的时间轴如图 21-23 所示。

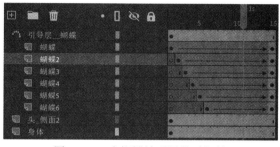

图 21-23　多蝴蝶被引导的时间轴

5. 创建小兔子头跟随蝴蝶旋转动效

(1) 选中小兔子头，用"任意变形工具"将其中心点移至头底部。

(2) 在小兔子头所在图层的第 5 帧插入关键帧，旋转小兔子头，使其眼睛看向蝴蝶。

(3) 在小兔子头所在图层的第 10 帧插入关键帧，旋转小兔子头，使其眼睛看向蝴蝶。

(4) 在小兔子头所在图层的第 15 帧插入关键帧，旋转小兔子头，使其眼睛看向蝴蝶。

(5) 选中小兔子头所在图层的第 3 帧到第 12 帧，右击选择"创建传统补间"。

6. 添加文字"观蝶"

(1) 新建图层，选择"文本工具"，"属性"面板设置字体为"Nishiki-teki"，字号大小为 25 pt，文字颜色为绿色，输入文字"观蝶"。

(2) 用"选择工具"选中文字"观蝶"，按【Ctrl+B】组合键将其打散，适当调整两个文字的间距和位置。

(3) 选中"观蝶"文字，右击选择"分散到图层"命令，文字分散到 2 个图层。

(4) 选中"观蝶"文字图层的第 1 帧，右击选择"创建补间动画"命令。

(5) 在"观蝶"文字图层的第 8 帧和第 15 帧插入关键帧。

(6) 将第 15 帧的"观蝶"文字适当放大。

7. 生成"10 观蝶"图形元件

完成前面的步骤后，"表情 10"场景的时间轴如图 21-24 所示。选中所有图层并右击，在弹出的快捷菜单中选择"将图层转换为元件"命令，在打开的"将图层转换为元件"对话框中设置"名称"为"10 观蝶"，"类型"为"图形"，"文件夹"为"表情包"，然后单击"确定"按钮。

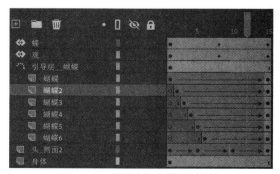

图 21-24　"观蝶"表情包时间轴

8. 保存文件

(1) 按【Ctrl+Alt+Enter】组合键测试当前场景表情包效果。

(2) 选中舞台上的表情包实例，打开对象"属性"面板，设置"循环"属性组的"帧选择器"的值为9。

(3) 选择"文件"→"导出"→"导出动画GIF"命令，导出"10.gif"动画文件。

(4) 选择"文件"→"保存"命令，或按【Ctrl+S】组合键，保存源文件。

创 新 实 践

一、临摹

打开第20章完成的"小兔子表情包.fla"文件，临摹本章实例，制作"花朵光影"动态图形元件，制作"09 蝶恋花""10 观蝶"两个动态剪纸表情包。

要求：

(1) 新建"表情9"场景，通过多层引导动画技术创建"花朵光影"图形元件。

(2) 使用Animate绘图工具绘制剪纸蝴蝶，采用引导动画技术，创建"09 蝶恋花"动态表情包图形元件，并将该元件放于"表情9"场景，合理设置时间轴帧数。

(3) 新建"表情10"场景，运用小兔子和蝴蝶扇动翅膀素材，通过引导动画技术和传统补间动画技术，创建"10 观蝶"动态表情包图形元件，并将该元件放于"表情10"场景，合理设置时间轴帧数。

(4) 在库面板中，合理管理制作过程中产生的元件。

(5) 文件保存为"小兔子表情包.fla"，发布为"小兔子表情包.gif"。

"表情9""表情10"场景参考样例分别如图21-9和图21-20所示。

二、原创

打开文件"姓名表情包.fla"文件，模拟第一题的方法和思路，制作"花朵光影"动态图形元件，制作两个原创动态表情包。

要求：

(1) 通过多层引导动画技术，创建"花朵光影"图形元件，花朵使用自己绘制的原创花朵。

(2) 使用Animate绘图工具绘制原创剪纸蝴蝶，运用绘制的蝴蝶和自己设计好的原创角色形象和道具素材，通过引导动画技术，创建2个原创动态表情包图形元件，并分别放于"表情9"和"表情10"场景中，合理设置时间轴帧数。

(3) 在库面板中，合理管理制作过程中产生的元件。

(4) 文件保存为"姓名表情包.fla"，发布为"姓名表情包.gif"。

第 22 章　遮罩动画制作

本章简介

遮罩动画是 Animate 中的一种重要且特殊的动画类型，可以实现很多效果丰富的动画，如望远镜、卷轴等。本章主要学习遮罩动画的概念、特点、创建方法，并通过一个文字遮罩动效和"追梦""逢考必过""冒个泡"三个剪纸表情包的制作，详细阐述遮罩动画的特点和制作技巧，加强遮罩动画的灵活应用能力。

学习目标

知识目标：

(1) 理解遮罩动画的概念和特点。

(2) 掌握遮罩动画的创建方法。

能力目标：

(1) 能够分析遮罩效果动画的实现思路。

(2) 能够灵活应用并制作流畅的遮罩动画。

思政目标：

(1) 通过用 Animate 制作动态剪纸表情包，感受剪纸文化魅力。

(2) 激发学习兴趣和主动性，用现代数媒技术传承、创新优秀剪纸文化。

思维导图

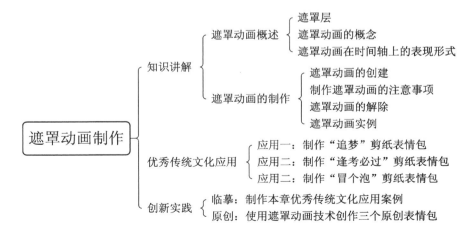

22.1　遮罩动画概述

遮罩动画是常用且较为特殊的一种动画技术，本节主要讲解遮罩层的功能作用和创建方法，遮罩动画的概念，遮罩动画在时间轴上的表现形式。

22.1.1　遮罩层

1. 遮罩层的功能作用

遮罩层是一种特殊的图层，主要用来控制被遮罩层的显示区域。遮罩层中的图形对象可以看作是透明的(它的渐变色、透明度、颜色和线条样式等属性是被忽略的)，可以透过遮罩层中的对象区域看到下方被遮罩层的对象及其属性(包括变形等效果)。遮罩层中图形对象以外的区域将遮盖被遮罩层的内容。

例如，遮罩层内容是两个文字，如图 22-1 所示，被遮罩层是一只蝴蝶，如图 22-2 所示，建立遮罩关系后的显示效果如图 22-3 所示。

图 22-1　遮罩层内容　　　图 22-2　被遮罩层内容　　　图 22-3　遮罩效果

2. 遮罩层的创建方法

遮罩层可由普通图层转换得到，有两种方法。

(1) 在时间轴面板中，右击某个普通图层，在弹出的快捷菜单中选择"遮罩层"命令，则该普通图层转化为遮罩层，其下方的图层自动向右缩进成为被遮罩层。

(2) 在时间轴面板中，双击某个普通图层名称前的图层标记 ▦ ，或右击图层选择"属性"命令，在打开的"图层属性"对话框中，"类型"选项组中选择"遮罩层"单选按钮，单击"确定"按钮，该普通图层变为遮罩层，将另一普通图层拖向该遮罩层，则其向右缩进成为被遮罩层。

转换前的时间轴如图 22-4 所示，转换后的时间轴如图 22-5 所示。

图 22-4　转换前的时间轴　　　　　　图 22-5　转换后的时间轴

22.1.2　遮罩动画的概念

遮罩动画是指将一个或多个被遮罩层链接到一个遮罩层，并将遮罩层，或被遮罩层，或两者同时做成动态效果的动画。

遮罩动画可以实现丰富多彩的动画效果，如探照灯、卷轴、放大镜、百叶窗等效果。

一个遮罩层可以对多个被遮罩层产生遮罩效果。

22.1.3　遮罩动画在时间轴上的表现形式

在 Animate 动画中，一个简单的遮罩动画由两个图层构成，上面的是遮罩层，下面的是被遮罩层，并且，遮罩层或被遮罩层上的对象可以应用逐帧动画、形状补间动画、传统补间动画，或补间动画技术做成动态效果，如图 22-6 所示。

图 22-6　简单遮罩动画的时间轴显示

22.2　遮罩动画的制作

本节主要讲解遮罩动画的创建、制作遮罩动画的注意事项、遮罩动画的解除，并通过一个文字遮罩动效实例强化对遮罩动画的理解。

22.2.1　遮罩动画的创建

遮罩动画的创建过程，一般包含以下几个步骤。

1．创建被遮罩层

在时间轴面板中，创建或选取一个图层，在图层中编辑遮罩效果要显示的内容及其动效。

2．创建遮罩层

在被遮罩层上方新建一个图层，在图层中创建遮罩的显示区域及动效。

3．建立遮罩链接关系

右击上方的要作为遮罩的图层，在弹出的快捷菜单中选择"遮罩层"命令，两图层均自动锁定，遮罩效果显示。

4．添加多个被遮罩层(创建多层遮罩动画时使用该步骤)

按住鼠标左键，将一个普通图层拖向遮罩层，至其向右缩进时释放鼠标，该普通图层即转换为被遮罩层。同理，可添加多个被遮罩层。

22.2.2　制作遮罩动画的注意事项

相对逐帧动画、传统补间动画、形状补间动画和补间动画，遮罩动画有一些特殊事项需要注意，主要体现在以下几方面。

1. 包含图层数目

遮罩动画至少包含 2 个图层，其中遮罩层只有一个，在上方；被遮罩层可以有多个，在遮罩层下方，并向右缩进。

2. 图层对象要求

遮罩层中的对象可以是元件实例、形状、位图、文字等，但不能是声音或线条。如一定要用线条，可对线条使用"修改"→"形状"→"将线条转换为填充"命令处理。

遮罩层中对象的许多属性，如渐变色、透明度、颜色等，对遮罩的效果不起作用。如，不能通过遮罩层对象的透明度变化来实现被遮罩层的透明度变化。

被遮罩层中不能放置动态文本。

3. 与其他图层关系

遮罩层只对被遮罩层产生遮罩效果，对其他图层不会产生遮罩效果。

4. 遮罩效果

要在场景中显示遮罩效果，遮罩层和被遮罩层必须都锁定，如果两者中有一个没锁定，遮罩效果都不会显示。

如果要编辑遮罩层或被遮罩层内容，可以先将其解锁，编辑完成后再锁定。

遮罩层不能用在按钮内部，也不能将一个遮罩应用于另一个遮罩。

22.2.3　遮罩动画的解除

如果想解除遮罩层对被遮罩层的控制，可将遮罩层转换为普通图层即可，有两种方法。

(1) 在时间轴面板中，右击遮罩层，在弹出的快捷菜单中选择"遮罩层"命令。

(2) 在时间轴面板中，双击遮罩层名称前的图层标记 ▣ ，或右击遮罩层选择"属性"命令，在打开的"图层属性"对话框中，"类型"选项组中选择"一般"单选按钮，单击"确定"按钮。

22.2.4　遮罩动画实例

【例 22.1】采用遮罩动画技术，制作文字遮罩动效，效果参考素材中的"文字遮罩动效.gif"文件，其中一帧效果如图 22-7 所示。

文字遮罩动效

图 22-7　文字遮罩动效

具体操作步骤如下。

1. 打开文件

双击打开文件"小兔子表情包.fla"，在文件中继续操作，完成文字遮罩动效的制作。

2. 创建"表情 11"场景

选择"窗口"→"场景"命令，打开"场景"面板，单击面板左下角的"添加场景"按钮 ⊞ 新建一个场景，双击新场景名称，将其重命名为"表情 11"。

3. 创建文字遮罩动效

(1) 在舞台中绘制一个矩形，无笔触，填充为系统预设的渐变色，如图 22-8 所示。

(2) 使用"渐变变形工具"调整渐变方向，使用颜色面板编辑渐变色，最终效果如图 22-9 所示。

(3) 将当前图层重命名为"背景"，在第 30 帧插入帧。

(4) 新建"花"图层，从"库"面板中将"花 1"元件拖到舞台，适当调整花朵大小，在第 30 帧插入关键帧，右击中间某帧选择"创建传统补间"命令，选中中间某帧，"属性"面板设置顺时针旋转 1 圈。

(5) 新建"文字"图层，选择"文本工具"，"属性"面板设置字体为"Nishiki-teki"，字号大小为 120 pt，文字颜色为蓝色，输入文字"梦想"，按【Ctrl+B】组合键两次，将文字打散，此时舞台第 1 帧效果如图 22-10 所示。

(6) 右击"文字"图层，选择"遮罩层"命令，遮罩效果建立，舞台第 1 帧效果如图 22-11 所示。

图 22-8　渐变矩形　　图 22-9　编辑后矩形　　图 22-10　遮罩前　　图 22-11　遮罩后

4. 生成文字遮罩动效元件

完成前面的步骤操作后，"表情 11"场景的时间轴如图 22-12 所示。选中所有图层，右击，在弹出的快捷菜单中选择"将图层转换为元件"命令，在打开的"将图层转换为元件"对话框中设置"名称"为"文字遮罩动效"，"类型"为"图形"，"文件夹"为"文字"，然后单击"确定"按钮。

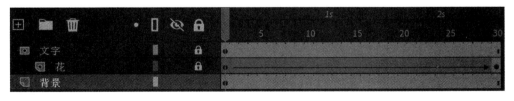

图 22-12　文字遮罩动效时间轴显示

5. 保存文件

(1) 按【Ctrl+Alt+Enter】组合键测试当前场景动画效果。

(2) 选择"文件"→"导出"→"导出动画 GIF"命令，导出"文字遮罩动效.gif"动画文件。

(3) 选择"文件"→"保存"命令，或按【Ctrl+S】组合键，保存源文件。

优秀传统文化应用

【应用一：制作"追梦"剪纸表情包】

结合第 20 章【应用一】中制作的剪纸小鱼和第 21 章【应用一】中制作的剪纸蝴蝶素材，使用 Animate 文本工具，采用遮罩动画技术，制作"追梦"动态剪纸表情包，动态效果参考素材中的"11 追梦.gif"文件，表情包其中一帧效果如图 22-13 所示。

追梦

图 22-13 "追梦"表情包

【应用分析】

本应用首先使用第 20 章【应用一】中制作的剪纸小鱼制作一条游动的小鱼，将其保存为元件，重复应用两次产生两只小鱼前后尾随游动效果，使用 Animate 文本工具创建"追梦"两个文字放于遮罩层中，对两条游动小鱼产生遮罩效果，再加上文字轮廓线和第 21 章【应用一】中制作的蝴蝶作为装饰，从而制作出"追梦"表情包效果。

【实现步骤】

1. 打开文件

双击打开文件"小兔子表情包.fla"，在文件中继续操作，完成"追梦"表情包的制作。

2. 清空"表情 11"场景

单击舞台左上角的"编辑场景"按钮，选择"表情 11"场景。

在时间轴面板中，选中"文字遮罩动效"图层，单击"删除"按钮 ▨ ，删除舞台上的内容。

3. 创建两条首尾相随游动的小鱼

(1) 在"库"面板中，按住鼠标左键将"小鱼 摆尾"元件拖放到舞台右侧。

(2) 在第 30 帧插入关键帧，将帧上的小鱼移动到舞台左侧。

(3) 右击中间某帧，选择"创建传统补间"命令。

(4) 右击图层，在弹出的快捷菜单中选择"将图层转换为元件"命令，在打开的"将图层转换为元件"对话框中，名称输入"小鱼 游动 2"，类型选择"图形"，文件夹选择"小鱼"，单击"确定"按钮。

(5) 右击"小鱼 游动 2"图层，在弹出的快捷菜单中选择"复制图层"命令。

(6) 选中上方图层的小鱼实例，打开"属性"面板，在"循环"选项组中将"帧选择器"的值设置为 15。

4. 创建文字遮罩小鱼动效

(1) 在两个小鱼图层的上方新建"文字"图层，选择"文本工具"，"属性"面板设置字体为"Nishiki-teki"，字号大小为 120 pt，文字颜色为蓝色，输入文字"追梦"，按【Ctrl+B】组合键两次，将文字打散。

(2) 使用"墨水瓶工具"为文字添加绿色轮廓线。

(3) 在"文字"图层上方新建"文字轮廓"图层，将"文字"图层中的文字轮廓选中，按【Ctrl+X】组合键将文字剪切到剪贴板，选中"文字轮廓"图层的第 1 帧，按【Ctrl+Shift+V】组合键，将文字轮廓原位粘贴到"文字轮廓"图层。

(4) 右击"文字"图层，选择"遮罩层"命令。

(5) 按住鼠标左键将"小鱼 游动 2"图层向上拖动，该图层向右缩进时释放鼠标，使该图层也成为"文字"遮罩层的被遮罩层。

(6) 在"文字轮廓"图层上方新建"蝴蝶"图层，从"库"面板将"蝴蝶 扇动翅膀"元件拖到舞台两次，产生两只蝴蝶，适当调整两只蝴蝶的大小、位置、角度和颜色。此时，起始帧的舞台效果如图 22-14 所示。

图 22-14　添加蝴蝶后的舞台显示

5. 生成"11 追梦"图形元件

完成前面的步骤后，"表情 11"场景的时间轴如图 22-15 所示。选中所有图层并右击，在弹出的快捷菜单中选择"将图层转换为元件"命令，在打开的"将图层转换为元件"对话框中设置"名称"为"11 追梦"，"类型"为"图形"，"文件夹"为"表情包"，然后单击"确定"按钮。

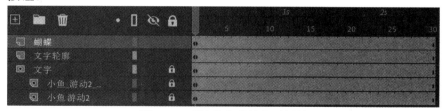

图 22-15　"追梦"表情包时间轴

6. 保存文件

(1) 按【Ctrl+Alt+Enter】组合键测试当前场景表情包效果。

(2) 选中舞台上的表情包实例，打开对象"属性"面板，设置"循环"属性组的"帧选择器"的值为 6。

(3) 选择"文件"→"导出"→"导出动画 GIF"命令，导出"11.gif"动画文件。

(4) 选择"文件"→"保存"命令，或按【Ctrl+S】组合键，保存源文件。

【应用二：制作"逢考必过"剪纸表情包】

运用第 15 章【应用一】中制作的剪纸小兔子素材，采用遮罩动画技术，制作"逢考必过"动态剪纸表情包，动态效果参考素材中的"12 逢考必过.gif"文件，表情包其中一帧效果如图 22-16 所示。

逢考必过

图 22-16　"逢考必过"表情包

【应用分析】

本应用借助第 15 章【应用一】中制作的正面剪纸小兔子素材，用 Animate 绘图工具绘制卷轴相关图形，然后采用遮罩动画技术，实现卷轴逐渐展开效果，从而制作出"逢考必过"动态表情包效果。

【实现步骤】

1. 打开文件

双击打开文件"小兔子表情包.fla"，在文件中继续操作，完成"逢考必过"表情包的制作。

2. 创建"表情 12"场景

选择"窗口"→"场景"命令，打开"场景"面板，单击面板左下角的"添加场景"按钮 ⊞ 新建一个场景，双击新场景名称，将其重命名为"表情 12"。

3. 添加小兔子

(1) 在"库"面板中，按住鼠标左键将"小兔子 正面"元件拖放到舞台右侧。

(2) 选中小兔子，按【Ctrl+B】组合键将其打散。

(3) 删除小兔子左侧胳膊，从"库"面板中将"胳膊 弯曲"元件拖放到舞台左胳膊处，调整其排列次序至底层。

(4) 将小兔子所在图层重命名为"小兔子"。

4. 创建卷轴文字逐渐显示动效

(1) 新建"卷轴文字"图层，使用"矩形工具"绘制笔触大小为 3、笔触颜色为红色、填充为黄色的矩形。选择"文本工具"，"属性"面板设置字体为"Nishiki-teki"，字号大小为 26 pt，文字颜色为深红色，输入文字"逢考必过"，调整文字为纵向，如图 22-17 所示。

(2) 新建"矩形"图层，在其起始帧绘制散状矩形，如图 22-18 所示。

(3) 在所有图层的第 30 帧插入帧。

(4) 在"矩形"图层的第 15 帧插入关键帧，将该帧中的矩形放大遮住卷轴文字，如图 22-19 所示。

图 22-17　卷轴文字　　　图 22-18　遮罩层起始图形　　　图 22-19　遮罩层结束图形

(5) 右击"矩形"图层的第 1 帧到第 15 帧中间某帧，选择"创建补间形状"命令。

(6) 右击"矩形"图层，选择"遮罩层"命令。

5. 绘制卷轴

(1) 新建"卷轴上"图层，使用"矩形工具"在该图层绘制矩形，如图 22-20 所示。

(2) 绘制一个较深颜色矩形放在上个矩形底部，如图 22-21 所示。

图 22-20　矩形　　　　　　　　图 22-21　带阴影的矩形

(3) 绘制一个小矩形，如图 22-22 所示。用"任意变形工具"调整其如图 22-23 所示。然后将其放于卷轴两侧，并调整排列次序，如图 22-24 所示。

图 22-22　矩形　　图 22-23　卷轴头　　　　图 22-24　卷轴效果

(4) 选中整个卷轴，将其转换为"卷轴"影片剪辑元件，放于"库"面板上的"道具"文件夹中。

(5) 将舞台上的卷轴移动到卷轴文字上方合适位置。

6. 创建下卷轴同步文字动效

(1) 新建"卷轴下"图层，从"库"面板拖动"卷轴"元件到上面卷轴的下方，将其垂直翻转，如图 22-25 所示。

(2) 在"卷轴下"图层的第 15 帧插入关键帧，将帧中的卷轴移动到卷轴文字下方，如图 22-26 所示。

(3) 右击"卷轴下"图层的第 1 帧到第 15 帧中间某帧，选择"创建传统补间"命令。

图 22-25　卷轴　　图 22-26　卷轴
动效初始状态　　动效结束状态

7. 绘制其余图形

(1) 选择"小兔子"图层，使用"椭圆工具""线条工具"绘制其余图形。

(2) 调整各部分排列次序，效果如图 22-27 所示。

图 22-27　绘制完成后的
舞台显示

8. 生成"12 逢考必过"图形元件

完成前面步骤后，"表情 12"场景的时间轴如图 22-28 所示。选中所有图层并右击，在弹出的快捷菜单中选择"将图层转换为元件"命令，在打开的"将图层转换为元件"对话框中设置"名称"为"12 逢考必过"，"类型"为"图形"，"文件夹"为"表情包"，然后单击"确定"按钮。

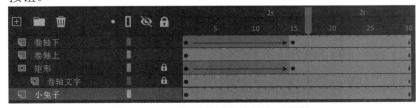

图 22-28　"逢考必过"表情包时间轴

9. 保存文件

(1) 按【Ctrl+Alt+Enter】组合键测试当前场景表情包效果。

(2) 选中舞台上的表情包实例，打开对象"属性"面板，设置"循环"属性组的"帧选择器"的值为 15。

(3) 选择"文件"→"导出"→"导出动画 GIF"命令，导出"12.gif"动画文件。

(4) 选择"文件"→"保存"命令，或按【Ctrl+S】组合键，保存源文件。

【应用三：制作"冒个泡"剪纸表情包】

运用第 15 章【应用一】制作的剪纸小兔子素材，采用遮罩动画技术，制作"冒个泡"动态剪纸表情包，动态效果参考素材中的"13 冒个泡.gif"文件，表情包其中一帧效果如图 22-29 所示。

图 22-29 "冒个泡"表情包

冒个泡

【应用分析】

本应用借助第 15 章【应用一】中制作的正面和侧面剪纸小兔子素材，用 Animate 绘图工具绘制心形边框，然后采用遮罩动画技术，实现在心形区域展示小兔子一连串动作的动画效果，从而制作出"冒个泡"动态表情包效果。

【实现步骤】

1. 打开文件

双击打开文件"小兔子表情包.fla"，在文件中继续操作，完成"冒个泡"表情包的制作。

2. 创建"表情 13"场景

选择"窗口"→"场景"命令，打开"场景"面板，单击面板左下角的"添加场景"按钮 ⊞ 新建一个场景，双击新场景名称，将其重命名为"表情 13"。

3. 绘制心形边框

(1) 选择"椭圆工具"，"属性"面板选择"对象绘制模式"，绘制两个椭圆，效果如图 22-30 所示。

(2) 选中两个椭圆，按【Ctrl+B】组合键将其打散，删除不需要的线条，效果如图 22-31 所示。

(3) 选中绘制的心形，按【Ctrl+C】组合键复制，按【Ctrl+Shift+V】组合键原位粘贴，用"任意变形工具"等比例缩小，再用"颜料桶工具"填充蓝色，效果如图 22-32 所示。

(4) 重命名当前图层为"心形边框"，在其下方新建一个"心形"图层。

(5) 选中中间的心形区域，按【Ctrl+X】组合键剪切，选中"心形"图层，按【Ctrl+Shift+V】组合键原位粘贴。

(6) 隐藏"心形"图层。

(7) 按住【Shift】键，分别双击选中心形边框的内外轮廓线，打开"属性"面板，"笔触样式"选择"点状线"，"笔触大小"设为 5，此时，心形边框效果如图 22-33 所示。

图 22-30　两个椭圆　　图 22-31　心形　　图 22-32　心形填色　　图 22-33　心形边框

(8) 选中心形边框，将其转换为"心形边框"影片剪辑元件，放于"库"面板上的"道具"文件夹中。

(9) 锁定并隐藏"心形边框"图层。

4．创建小兔子动效

(1) 显示"心形"图层，设置心形区域的不透明度为 60%。

(2) 在"心形"图层下方新建"小兔子"图层，在"库"面板中，按住鼠标左键将"头侧面 2"元件拖放到舞台，适当调整其大小和位置，如图 22-34 所示。

(3) 在所有图层的第 30 帧插入帧。

(4) 在"小兔子"图层的第 10 帧插入关键帧，将该帧上的小兔子移动到心形内部，如图 22-35 所示。

图 22-34　侧面小兔子初始位置　　　　图 22-35　侧面小兔子结束位置

(5) 右击"小兔子"图层的第 1 帧到第 10 帧中间某帧，选择"创建传统补间"命令。

(6) 新建"正面小兔子"图层，在其第 11 帧插入关键帧，在"库"面板中，按住鼠标左键将"头 正面 2"元件拖放到舞台，适当调整其大小和位置，使其和侧面小兔子重叠，如图 22-36(a)所示。

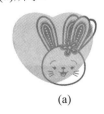　　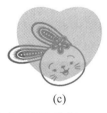　

(a)　　　　　(b)　　　　　(c)　　　　　(d)

图 22-36　小兔子摆头动作

(7) 删除"小兔子"图层的第 11 帧到第 30 帧。

(8) 选中正面小兔子，按【Ctrl+B】组合键将其打散。

(9) 选中两个耳朵，右击选择"分散到图层"命令，使正面小兔子头分散到三个图层。

(10) 将两个耳朵的旋转中心点调整到耳朵底部。

(11) 在正面小兔子头的三个图层的第 15 帧插入关键帧，选中该帧整个头部，将其旋转中心点调到底部，适当向左旋转头部，再向右适当旋转两只耳朵，效果如图 22-36(b)所示。

(12) 在正面小兔子头的三个图层的第 16 帧插入关键帧，向左适当旋转两只耳朵，效果如图 22-36(c)所示。

(13) 在正面小兔子头的三个图层的第 17 帧插入关键帧，向右适当旋转两只耳朵，效果如图 22-36(b)所示。

(14) 在正面小兔子头的三个图层的第 18 帧插入关键帧，向左适当旋转两只耳朵，效果如图 22-36(d)所示。

(15) 在正面小兔子头的三个图层的第 22 帧插入关键帧。

(16) 在正面小兔子头的三个图层的第 24 帧插入关键帧，选中该帧整个头部，将其旋转中心点调到底部，适当向右旋转头部，使其主要部分离开心形区域。

(17) 在正面小兔子头的三个图层的第 25 帧插入空白关键帧。

(18) 选中正面小兔子头的三个图层的第 23 帧，右击选择"创建传统补间"命令。

5. 建立心形遮罩效果

(1) 右击"心形"图层，选择"遮罩层"命令。

(2) 分别将"小兔子"图层和两个"耳朵"图层向上拖动，至其向右缩进时释放鼠标，使三个图层均成为"心形"遮罩层的被遮罩层，并锁定三个图层。

(3) 显示"心形边框"图层。

6. 添加文字"冒个泡"

(1) 在"心形边框"图层上方新建"文字"图层，在其第 4 帧插入关键帧。

(2) 选择"文本工具"，"属性"面板设置字体为"Nishiki-teki"，字号大小为 25 pt，文字颜色为红色，合适位置输入文字"冒个泡"。

(3) 用"选择工具"选中文字"冒个泡"，按【Ctrl+B】组合键将其打散，适当调整这三个文字的间距和位置。

(4) 在"文字"图层的第 7 帧和第 10 帧分别插入关键帧。删除第 4 帧的"个""泡"文字，删除第 7 帧的"泡"文字。

7. 生成"13 冒个泡"图形元件

完成上面步骤后，"表情 13"场景的时间轴如图 22-37 所示。选中所有图层并右击，在弹出的快捷菜单中选择"将图层转换为元件"命令，在打开的"将图层转换为元件"对话框中设置"名称"为"13 冒个泡"，类型为"图形"，"文件夹"为"表情包"，然后单击"确定"按钮。

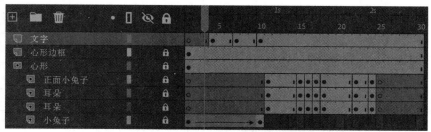

图 22-37 "冒个泡"表情包时间轴

8．保存文件

(1) 按【Ctrl+Alt+Enter】组合键测试当前场景表情包效果。

(2) 选中舞台上的表情包实例，打开对象"属性"面板，设置"循环"属性组的"帧选择器"的值为 15。

(3) 选择"文件"→"导出"→"导出动画 GIF"命令，导出"13.gif"动画文件。

(4) 选择"文件"→"保存"命令，或按【Ctrl+S】组合键，保存源文件。

创 新 实 践

一、临摹

打开第 21 章完成的"小兔子表情包.fla"文件，临摹本章实例，制作"文字遮罩动效"图形元件，制作"11 追梦""12 逢考必过""冒个泡"三个动态剪纸表情包。

要求：

(1) 新建"表情 11"场景，通过遮罩动画技术创建"文字遮罩动效"图形元件。

(2) 使用 Animate 文本工具和剪纸蝴蝶和小鱼，采用遮罩动画技术，创建"11 追梦"动态表情包图形元件，并将该元件放于"表情 11"场景，合理设置时间轴帧数。

(3) 新建"表情 12"场景，结合剪纸小兔子，使用 Animate 绘图工具和文本工具，采用遮罩动画技术，创建"12 逢考必过"动态表情包图形元件，并将该元件放于"表情 12"场景，合理设置时间轴帧数。

(4) 新建"表情 13"场景，结合剪纸小兔子，使用 Animate 绘图工具和文本工具，采用遮罩动画技术，创建"13 冒个泡"动态表情包图形元件，并将该元件放于"表情 13"场景，合理设置时间轴帧数。

(5) 在库面板中，合理管理制作过程中产生的元件。

(6) 文件保存为"小兔子表情包.fla"，发布为"小兔子表情包.gif"。

"表情 11""表情 12"和"表情 13"场景的参考样例分别如图 22-13、图 22-16 和图 22-29 所示。

二、原创

打开文件"姓名表情包.fla"文件，模拟第一题的方法和思路，制作"文字遮罩动效"图形元件，制作三个原创动态表情包。

要求：

(1) 通过遮罩动画技术，创建"文字遮罩动效"图形元件，文字自定。

(2) 使用 Animate 绘图工具和文本工具等，结合自己制作的原创蝴蝶、小鱼和原创角色形象和道具素材，通过遮罩动画技术，创建 3 个原创动态表情包图形元件，并分别放于"表情 11""表情 12"和"表情 13"场景中，合理设置时间轴帧数。

(3) 在库面板中，合理管理制作过程中产生的元件。

(4) 文件保存为"姓名表情包.fla"，发布为"姓名表情包.gif"。

第23章 / 骨骼动画制作

 本章简介

骨骼动画是 Animate 中的一种比较特殊的动画类型，可以使矢量图形和元件实例按复杂而自然的方式运动。本章主要学习骨骼动画的概念、特点、创建方法，并通过 "乘风破浪" "向前" "开心" 三个剪纸表情包的制作，详细阐述骨骼动画的特点和制作技巧，加强骨骼动画的灵活应用能力。

 学习目标

知识目标：

(1) 理解骨骼动画的概念和特点。

(2) 会使用骨骼工具创建骨架，能控制骨骼完成各种姿势的调整。

能力目标：

(1) 能够分析骨骼效果动画的实现思路。

(2) 能够掌握制作骨骼动画的方法和技巧。

思政目标：

(1) 通过用 Animate 制作动态剪纸表情包，感受剪纸文化魅力。

(2) 激发学习兴趣和主动性，用现代数媒技术传承、创新优秀剪纸文化。

 思维导图

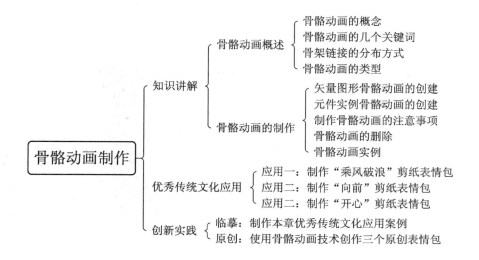

>>> **知 识 讲 解**

23.1　骨骼动画概述

骨骼动画是 Animate 中的一种比较特殊的动画类型，本节主要讲解骨骼动画的概念、骨骼动画的几个关键词、骨架连接的分布方式和骨骼动画的类型。

23.1.1　骨骼动画的概念

骨骼动画是利用反向运动工具模拟人或动物骨骼关节运动的动画。

反向运动(Inverse Kinematics，IK)是一种使用骨骼的有关结构对一个对象或彼此相关的一组对象进行动画处理的方法。反向运动的特点是：父对象的动作会影响子对象，子对象的动作也会影响父对象，即反向运动的动作双向传递。

正向运动(Forward Kinematics，FK)的特点是：父对象的动作会影响子对象，但子对象的动作不会影响父对象，即正向运动的动作向下传递。

骨骼动画技术可以较为轻松地创建人物、动物的动作动画，如胳膊、腿的运动等。

23.1.2　骨骼动画的几个关键词

骨骼动画涉及几个重要的关键词，如图 23-1 所示。

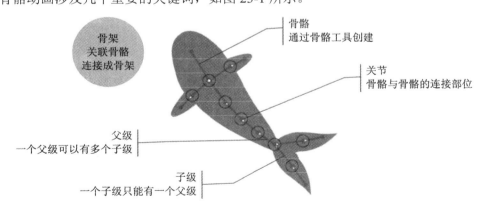

图 23-1　骨骼动画的几个关键词

骨骼：如图 23-1 中小金鱼图像内的每一小节就称为一个骨骼，它是通过骨骼工具创建的。

骨架：相连在一起的所有骨骼构成一个骨架。

根骨骼：骨架中的第一个骨骼称为根骨骼。

关节：骨骼与骨骼的相连部位称为关节。

父级、子级：在骨架中，如果一个骨骼的下面连接有其他骨骼，那么该骨骼就称为它下面其他骨骼的父级，下面其他骨骼就称为该骨骼的子级。显然，一个父级可以有多个子级，但一个子级只能有一个父级。

同级：源于同一骨骼的骨架分支称为同级。

23.1.3 骨架链接的分布方式

骨架链接有两种分布方式，具体如下。

一种是线性分布，也就是在骨架中，每一个父级只有一个子级，一级连接一级，骨架中所有骨骼从上到下构成一个线性结构。例如，图 23-2 所示的这串铃铛的骨架分布就是线性分布。

另一种是分支分布，也就是在骨架中，存在一个父级连接多个子级。例如，图 23-3 所示的这条小金鱼的骨架就是分支分布。

图 23-2　线性分布骨架　　　　　　　图 23-3　分支分布骨架

23.1.4 骨骼动画的类型

骨骼动画有矢量图形骨骼动画和元件实例骨骼动画两种类型。

1. 矢量图形骨骼动画

矢量图形骨骼动画，是指整个骨架都在构成图像的矢量图形内部。如图 23-3 中的这条小金鱼，骨架中的每个骨骼都在构成小金鱼的矢量图形之内，这条小金鱼产生的骨骼动画就是矢量图形骨骼动画。

矢量图形骨骼动画适合有关节的矢量图形的动画制作，如用矢量图形绘制的人和动物的肢体等；更适合不带关节的事物的动画制作，如动物的尾巴、蛇、绳子、有弹性的棍子、颤动的豆腐块等。

矢量图形骨骼动画的优点是：形状会根据骨骼动作自动变形，动画效果生动。

矢量图形骨骼动画的局限性是：只适合应用在颜色或者线条比较简单的物体上，对形状较复杂，线条较多，有阴影的对象不适合。

2. 元件实例骨骼动画

元件实例骨骼动画，是指骨骼连接的所有对象都是元件实例。如图 23-2 中这串铃铛，每一个铃铛都是一个元件实例，五个铃铛由四个骨骼连接，这串铃铛产生的骨骼动画就是元件实例骨骼动画。

元件实例骨骼动画适合有关节的事物的动画制作，如人和动物的肢体、带有关节的机械等。

元件实例骨骼动画的优点是：构图可复杂，色彩可丰富；元件可重复用，可控性强，动画效率高。

元件实例骨骼动画的局限性是：只能实现位置、朝向的改变，不能实现形状的改变，类似皮影戏，动画较为机械化。

23.2　骨骼动画的制作

本节主要讲解矢量图形骨骼动画的创建、元件实例骨骼动画的创建、制作骨骼动画的注意事项、骨骼动画的删除，并通过水草摇曳动画和铃铛摆动动画的制作，强化对骨骼动画的理解。

23.2.1　矢量图形骨骼动画的创建

矢量图形骨骼动画的创建过程，一般包含以下几个步骤。

1. 绘制矢量图形

使用 Animate 绘图工具在舞台绘制矢量图形。

2. 在矢量图形内部添加骨架、编辑骨架

选择"骨骼工具"，在矢量图形内按住鼠标左键拖动，释放鼠标后即产生一个从拖动起始点到结束点的骨骼，继续同样操作，可创建多个骨骼，直至整个骨架完成。

使用"部分选取工具"可单击选中某一骨骼，拖动其端点调整骨骼端点位置。

用"部分选取工具"或"选择工具"单击可选中某一骨骼，然后按【Delete】键可删除该骨骼及其子级。

3. 添加姿势帧、编辑骨骼姿势

对骨架进行动画处理的方式与 Animate 中的其他对象不同。

对于骨架，只需向姿势图层添加关键帧，并在舞台上重新定位、编辑骨架即可。姿势图层中的关键帧称为姿势帧。

添加姿势帧：在时间轴面板中，右击某帧，在弹出的快捷菜单中选择"插入姿势"命令，会在该帧插入一个姿势帧。

编辑骨骼姿势：选中一个姿势帧，用"选择工具"拖动该帧上骨架中的骨骼，即可编辑该帧的骨骼姿势。拖动一个骨骼时，与该骨骼相关联的父级、子级均会同步调整，如果不想影响其父级骨骼姿势，可在拖动时按住【Shift】键。

清除姿势：右击某姿势帧，在弹出的快捷菜单中选择"清除姿势"命令，可清除当前帧的姿势，使其变为普通帧。

复制姿势：单击选中一个关键姿势帧，按住【Alt】键，按住鼠标左键拖动该帧，释放鼠标后，可复制该姿势帧到目标位置。

4. 属性设置

根据对象的运动特点，需要时，通过"属性"面板，可合理设置骨骼的"固定""旋转""X平移""Y平移""弹簧"等属性，也可合理设置动画的"缓动"等属性。

"弹簧"属性是对象的物理特性在动画中的应用。"弹簧"属性会自动记录骨骼前面的运动条件，并在后面自动生成这种动画。使用"弹簧"属性时，需延长普通帧，以使计算机有时间对扩展的内容进行计算。

"缓动"属性可以调整对象运动时的加速或减速。所以，可以根据对象的运动特点，选择在合适的关键帧间设置骨骼动画的"缓动"值。缓动值为 0 表示匀速，在-100 到 0 之间表示加速，在 0 到 100 之间表示减速。

23.2.2 元件实例骨骼动画的创建

元件实例骨骼动画的创建过程，一般包含以下几个步骤。

1．创建元件实例

创建相关元件，并在舞台上添加相关元件实例。

2．在元件间添加骨架、编辑骨架

选择"骨骼工具"，按住鼠标左键从一个元件实例拖向另一个元件实例，释放鼠标后即在两个实例间产生一个骨骼，继续同样操作，可创建多个骨骼，直至整个骨架完成。

使用"任意变形工具"，单击选中一个元件实例，调整其中心点，即可调整相应骨骼的端点位置。

右击骨架中的元件实例，使用"排列"命令，可以调整该元件实例的排列层次。

用"选择工具"单击可选中一个骨骼，然后按【Delete】键可删除该骨骼及其子级。

3．添加姿势帧、编辑骨骼姿势

元件实例骨骼动画的添加姿势帧、编辑骨骼姿势、清除姿势，以及复制姿势的操作，与矢量图形骨骼动画的操作相同。

4．属性设置

元件实例骨骼动画的骨骼属性的设置，以及动画属性的设置，也与矢量图形骨骼动画的设置操作相同。

23.2.3 制作骨骼动画的注意事项

骨骼动画有一些特殊事项需要注意，主要体现在以下几方面。

(1) 一个骨骼动画只能适用于发生在同一个图层的动作。

(2) 骨骼工具是一个较为智能的工具，创建骨骼动画后，若调整对象，会自动创建关键帧和补间过渡，所以，骨骼动画实际上是一种特殊的补间动画，姿势帧相当于补间动画的属性关键帧，如果为了让人物的走动有轻重缓急之分，就可以通过"属性"面板上的"缓动"选项进行设置。

(3) 创建矢量图形骨骼动画时，图形不能只是笔触线条，图形外观也不能太过复杂，否则系统将提示不能为图形添加骨骼系统。

(4) 创建元件实例骨骼动画时，在使用"骨骼工具"创建骨骼链接各部分元件实例时，由于图层的关系或元件实例的上下重叠，可能无法链接到准备的位置，这时，可通过调整

元件实例的排列次序，或使用"任意变形工具"将元件移开一定的距离，等创建好骨骼链接后，再将元件实例移回原来的位置。

（5）创建骨骼后，可以使用多种方法编辑它们。可以重新定位骨骼及其关联的对象，在对象内移动骨骼、更改骨骼的长度、删除骨骼，以及编辑包含骨骼的对象。需要注意的是：只能在 IK 骨架所在的第 1 帧中对骨架进行编辑。在后续帧中重新定位骨架后，无法对骨骼结构进行更改。如果需要编辑骨架，则从时间轴中删除姿势图层中骨架所在的第 1 帧之后的任何附加姿势。

（6）如果只是为了调整骨架姿态以达到所需要的动画效果，则可以在姿势图层的任何帧中进行位置更改，Animate 将会自动把该帧转换为姿势帧。

23.2.4 骨骼动画的删除

如果想删除骨骼动画，有两种方法。

（1）用"选择工具"选中骨架的根级骨骼，按【Delete】键，则整个骨架被删除，骨骼动画即被删除。

（2）在时间轴面板中，右击骨骼动画范围内的某帧，在弹出的快捷菜单中选择"删除骨架"命令，则骨骼动画被删除。

23.2.5 骨骼动画实例

下面通过水草摇曳和铃铛摆动两个实例，分别举例说明矢量图形骨骼动画和元件实例骨骼动画的创建过程。

【例 23.1】制作水草摇曳动画。

采用矢量图形骨骼动画技术，制作水草摇曳动效，效果参考素材中的"水草摇曳.gif"文件，其中一帧的效果如图 23.4 所示。

水草摇曳

图 23-4 水草摇曳动画

具体操作步骤如下。

1. 打开文件

双击打开文件"小兔子表情包.fla"，在文件中继续操作，完成水草摇曳动画的制作。

2. 创建"表情 14"场景

选择"窗口"→"场景"命令，打开"场景"面板，单击面板左下角的"添加场景"按钮 ⊞ 新建一个场景，双击新场景名称，将其重命名为"表情 14"。

3. 创建水草摇曳动效

(1) 使用"画笔工具"和"颜料桶工具",在舞台中绘制水草。

(2) 选中水草,选择"骨骼工具",在水草内部从底部开始拖动鼠标,多次连续拖动后添加多根骨骼,构成一个线性骨架,如图 23-5 所示。

(3) 在第 20 帧右击,选择"插入姿势"命令。

(4) 在第 10 帧右击,选择"插入姿势"命令,使用"选择工具"拖动顶端骨骼,使水草及骨架如图 23-6 所示。

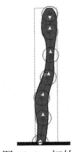

图 23-5 初始 水草骨架　　图 23-6 第 10 帧 水草骨架

4. 生成水草摇曳元件

完成前面的步骤操作后,"表情 14"场景的时间轴如图 23-7 所示。右击骨架图层,在弹出的快捷菜单中选择"将图层转换为元件"命令,在打开的"将图层转换为元件"对话框中设置"名称"为"水草摇曳","类型"为"图形","文件夹"为"道具",然后单击"确定"按钮。

图 23-7 水草摇曳时间轴显示

5. 保存文件

(1) 按【Ctrl+Alt+Enter】组合键测试当前场景动画效果。

(2) 选择"文件"→"导出"→"导出动画 GIF"命令,导出"水草摇曳.gif"动画文件。

(3) 选择"文件"→"保存"命令,或按【Ctrl+S】组合键,保存源文件。

【例 23.2】制作铃铛摆动动画。

采用元件实例骨骼动画技术,制作铃铛摆动动效,效果参考素材中的"铃铛摆动.gif"文件,其中一帧效果如图 23-8 所示。

图 23-8 铃铛摆动动画　　　　铃铛摆动

具体操作步骤如下。

1. 打开文件

双击打开文件"小兔子表情包.fla",在文件中继续操作,完成铃铛摆动动画的制作。

2. 清空"表情 14"

单击舞台左上角的"编辑场景"按钮,选择"表情 14"场景。

在时间轴面板中,选中"水草摇曳"图层,单击"删除"按钮 🗑 ,删除舞台上的内容。

3. 创建铃铛摆动动效

(1) 使用"椭圆工具""颜料桶工具""选择工具"等绘图工具,在舞台中绘制铃铛,效果如图 23-9 所示。

(2) 选中舞台中绘制的铃铛，将其转换为"铃铛"影片剪辑元件，放于"库"面板上的"道具"文件夹中。

(3) 适当调整舞台上的铃铛元件实例的大小，然后按住【Alt】键用鼠标拖动铃铛，复制出两个铃铛实例，使 3 个铃铛实例排列如图 23-10 所示。

(4) 选择"骨骼工具"，按住鼠标从上面一个铃铛开始，依次拖向相邻的铃铛，在 3 个铃铛实例间产生出 2 个骨骼，构成一个线性骨架，使用"任意变形工具"适当调整三个铃铛的中心点，此时骨架如图 23-11 所示。

图 23-9　铃铛　　　　　　　图 23-10　三个铃铛　　　　　图 23-11　铃铛骨架

(5) 在第 1 帧，使用"选择工具"拖动底部的铃铛，使骨骼姿势如图 23-12 所示。

(6) 在第 30 帧右击，选择"插入姿势"命令。

(7) 在第 15 帧右击，选择"插入姿势"命令，使用"选择工具"拖动底部的铃铛，使骨骼姿势如图 23-13 所示。

图 23-12　起始帧骨骼姿势　　　　　　图 23-13　第 15 帧骨骼姿势

(8) 选中第 1 帧到第 15 帧的中间某帧，打开"属性"面板，设置"缓动"值为 -100，类型选择"简单(中)"。

(9) 选中第 15 帧到第 30 帧的中间某帧，打开"属性"面板，设置"缓动"值为 100，类型选择"简单(中)"。

4. 生成铃铛摆动元件

完成前面步骤的操作后，"表情 14"场景的时间轴如图 23-14 所示。右击骨架图层，在弹出的快捷菜单中选择"将图层转换为元件"命令，在打开的"将图层转换为元件"对话框中设置"名称"为"铃铛摆动"，"类型"为"图形"，"文件夹"为"道具"，然后单击"确定"按钮。

图 23-14　铃铛摆动时间轴显示

5. 保存文件

(1) 按【Ctrl+Alt+Enter】组合键测试当前场景动画效果。

(2) 选择"文件"→"导出"→"导出动画 GIF"命令，导出"铃铛摆动.gif"动画文件。

(3) 选择"文件"→"保存"命令，或按【Ctrl+S】组合键，保存源文件。

优秀传统文化应用

【应用一：制作"乘风破浪"剪纸表情包】

结合第 15 章【应用二】制作的剪纸小兔子素材，使用 Animate 绘图工具绘制剪纸水波、小船，采用骨骼动画技术和传统补间动画技术，制作"乘风破浪"动态剪纸表情包，动态效果参考素材中的"14 乘风破浪.gif"文件，表情包其中一帧效果如图 23-15 所示。

图 23-15 "乘风破浪"表情包

乘风破浪

【应用分析】

本应用首先使用 Animate 绘图工具绘制披风，采用矢量图形骨骼动画技术制作出披风随风飘扬动效，然后绘制水波和小船，通过传统补间动画技术，让小兔子、披风和小船作为整体实现颠簸冲浪动效，再让水波实现相向水平移动动效，从而制作出"乘风破浪"动态表情包效果。

【实现步骤】

1. 打开文件

双击打开文件"小兔子表情包.fla"，在文件中继续操作，完成"乘风破浪"表情包的制作。

2. 清空"表情 14"场景

单击舞台左上角的"编辑场景"按钮，选择"表情 14"场景。

在时间轴面板中，选中"文字遮罩动效"图层，单击"删除"按钮🗑，删除舞台上的内容。

3. 创建披风随风飘扬动效

(1) 使用"画笔工具"和"颜料桶工具"绘制披风形状，如图 23-16 所示。

(2) 选中披风，选择"骨骼工具"，在披风内部从左侧开始拖动鼠标，多次连续拖动后添加多根骨骼，构成一个分支骨架，如图 23-17 所示。

(3) 分别在第 5 帧和第 10 帧右击，选择"插入姿势"命令。

(4) 在第 3 帧右击，选择"插入姿势"命令，使用"选择工具"编辑该帧的骨骼姿势，如图 23-18 所示。

(5) 在第 8 帧右击，选择"插入姿势"命令，使用"选择工具"编辑该帧的骨骼姿势，如图 23-19 所示。

图 23-16 披风　　图 23-17 披风骨架　　图 23-18 第 3 帧姿势　　图 23-19 第 8 帧姿势

(6) 右击骨架图层，在弹出的快捷菜单中选择"将图层转换为元件"命令，在打开的"将图层转换为元件"对话框中，名称输入"披风"，类型选择"图形"，文件夹选择"道具"，单击"确定"按钮。

4. 添加小兔子

(1) 新建图层，从"库"面板中将"小兔子 侧面"元件拖放到舞台，适当调整小兔子和披风的大小和位置。

(2) 选中小兔子，按【Ctrl+B】组合键将其打散。

(3) 选中小兔子头，按【Ctrl+B】组合键将其打散。

(4) 选中小兔子的两只耳朵，右击选择"分散到图层"命令。

(5) 选中小兔子除耳朵外的各部分，将其转换为"小兔子 侧面 2"影片剪辑元件，放于"库"面板上的"小兔子全"文件夹中。将相应图层重命名为"小兔子"。

5. 绘制小船

在所有图层下方新建"小船"图层，在该图层使用绘图工具绘制小船，过程如下。

(1) 选择矩形工具，绘制散状矩形，如图 23-20(a)所示。

(2) 使用"任意变形工具"选中矩形，按住【Shift+Ctrl】组合键拖动矩形下方一个角点，使其变为倒梯形，如图 23-20(b)所示。

(3) 复制一条矩形的顶部线条。

(4) 使用"转换锚点工具"转换底部两个角点为平滑点，使用"选择工具"调整顶部线条，如图 23-20(c)所示。

(5) 将复制的顶部线条移回原处，使用"选择工具"调整，如图 23-19(d)所示。

(6) 使用"颜料桶工具"在上面区域填充浅灰色，使用"线条工具"绘制线条，如图 23-20(e)所示。

| (a) | (b) | (c) | (d) | (e) |

图 23-20　绘制小船过程

(7) 选中绘制的小船，将其转换为"小船"影片剪辑元件，放于"库"面板上的"道具"文件夹中。

6. 绘制水波

(1) 在所有图层下方新建"水波"图层，在该图层使用"椭圆工具"绘制水纹，如图 23-21 所示，将其转换为"水纹"影片剪辑元件，放于"库"面板上的"道具"文件夹中。

图 23-21　水纹

(2) 通过复制"水纹"实例，得到水波，如图 23-22 所示，并将其转换为"水波"影片剪辑元件，放于"库"面板上的"道具"文件夹中。

图 23-22　水波

(3) 右击"水波"图层，选择"复制图层"命令，将复制得到的图层重命名为"水波 2"，调整该图层上水波的位置。

7. 创建小兔子冲浪动效

(1) 在所有图层的第 20 帧插入帧。

(2) 在除两个水波图层外的所有图层的第 10 帧和第 20 帧插入关键帧。

(3) 在除两个水波图层外的所有图层的第 5 帧插入关键帧，选中这些图层的所有内容，将其中心点移至小船底部，适当向左旋转，再将两个耳朵适当向右旋转。

(4) 在除两个水波图层外的所有图层的第 15 帧插入关键帧，选中这些图层的所有内容，将其中心点移至小船底部，适当向左旋转，再将两个耳朵适当向右旋转。

(5) 选中除两个水波图层外的所有图层的第 3 帧到第 18 帧，右击选择"创建传统补间"命令。

(6) 选中两个水波图层的第 20 帧，插入关键帧，将该帧上的两个水波实例向右移动一定距离。

(7) 选中两个水波图层的中间某帧，右击选择"创建传统补间"命令。

(8) 将"水波 2"图层移至"小兔子"图层的上方。

8. 添加文字"乘风破浪"

(1) 在上方新建"文字"图层，在其第 2 帧插入关键帧。

(2) 选择"文本工具"，"属性"面板设置字体为"Nishiki-teki"，字号大小为 25 pt，文字颜色为红色，合适位置输入文字"乘风破浪"，通过回车将文字调成纵向排列。

(3) 用"选择工具"选中文字"乘风破浪"，按【Ctrl+B】组合键将其打散，适当调整"乘风破浪"四个文字的间距和位置。

(4) 在"文字"图层的第 6、10、14 帧分别插入关键帧。删除第 2 帧的"风""破""浪"文字，删除第 6 帧的"破""浪"文字，删除第 10 帧的"浪"文字。

9. 创建所有图层的遮罩层

(1) 在"文字"图层上方新建"遮罩"图层，在图层上绘制一个舞台大小的矩形。

(2) 右击"遮罩"图层，选择"遮罩层"命令。

(3) 拖动下方所有图层使其均成为"遮罩"层的被遮罩层，并锁定这些图层。

10. 生成"14 乘风破浪"图形元件

完成前面的步骤后，"表情 14"场景的时间轴如图 23-23 所示。选中所有图层并右击，在弹出的快捷菜单中选择"将图层转换为元件"命令，在打开的"将图层转换为元件"对话框中设置"名称"为"14 乘风破浪"，"类型"为"图形"，"文件夹"为"表情包"，然后单击"确定"按钮。

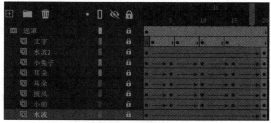

图 23-23 "乘风破浪"表情包时间轴

11. 保存文件

(1) 按【Ctrl+Alt+Enter】组合键测试当前场景表情包效果。

(2) 选中舞台上的表情包实例，打开对象"属性"面板，设置"循环"属性组的"帧选择器"的值为 14。

(3) 选择"文件"→"导出"→"导出动画 GIF"命令，导出"14.gif"动画文件。

(4) 选择"文件"→"保存"命令，或按【Ctrl+S】组合键，保存源文件。

【应用二：制作"向前"剪纸表情包】

运用第 15 章【应用二】制作的剪纸小兔子素材，采用骨骼动画技术，制作"向前"动态剪纸表情包，动态效果参考素材中的"15 向前.gif"文件，表情包其中一帧效果如图 23-24 所示。

向前

图 23-24 "向前"表情包

【应用分析】

本应用借助第 15 章【应用二】制作的侧面剪纸小兔子素材，用 Animate 绘图工具绘制道路图形，然后采用骨骼动画技术，实现小兔子原地走路效果，采用传统补间动画技术，实现道路相向运动效果，从而制作出"向前"动态表情包效果。

【实现步骤】

1. 打开文件

双击打开文件"小兔子表情包.fla"，在文件中继续操作，完成"向前"表情包的制作。

2. 创建"表情 15"

选择"窗口"→"场景"命令，打开"场景"面板，单击面板左下角的"添加场景"按钮 新建一个场景，双击新场景名称，将其重命名为"表情 15"。

3. 创建小兔子正侧面

(1) 在"库"面板中，右击"小兔子 侧面"元件，选择"直接复制"命令，在打开的对话框中名称输入"小兔子 侧面 正"，类型选择"影片剪辑"，文件夹选择"小兔子全"，单击"确定"按钮。

(2) 按住鼠标左键将"小兔子 侧面 正"元件拖放到舞台，双击舞台上的小兔子进入元件内部。

(3) 选中小兔子头，按【Ctrl+B】组合键将其打散。

(4) 删除小兔子左侧胳膊，删除右侧腿。

(5) 选中小兔子身体，按【Ctrl+B】组合键将其打散，然后将其转换为"身体 正侧"影片剪辑元件，放于"库"面板上的"小兔子局部"文件夹中。

(6) 双击舞台上的身体实例，进入"身体 正侧"元件内部，如图23-25所示。

(7) 调整衣领和扣子，如图23-26所示。

(8) 单击舞台左上角的返回按钮 ，返回"小兔子 侧面 正"元件内部。

图 23-25　调整前 　　图 23-26　调整后

(9) 分别复制舞台上的小兔子胳膊和腿，并适当调整各部分排列顺序、位置和角度，使效果如图23-27所示。

(10) 使用"骨骼工具"在小兔子各部分之间搭建骨架，如图23-28所示。

(11) 使用"修改"→"排列"命令调整各部分排列次序，使用"任意变形工具"调整各部分的中心点，调整后的骨架如图23-29所示。

图 23-27　小兔子正侧面 　　图 23-28　初始骨架　　图 23-29　调后骨架

(12) 单击舞台左上角的"表情15"，返回"表情15"场景，删除舞台上的小兔子。

4. 创建小兔子原地走动动效

(1) 在"库"面板中，右击"小兔子 侧面 正"元件，选择"直接复制"命令，在打开的对话框中名称输入"小兔子 侧面 原地走"，类型选择"图形"，文件夹选择"小兔子全"，单击"确定"按钮。

(2) 按住鼠标左键将"小兔子 侧面 原地走"元件从"库"面板拖放到舞台，双击舞台上的小兔子进入"小兔子 侧面 原地走"元件内部。

(3) 在骨架图层的第13帧右击，选择"插入姿势"命令。

(4) 在骨架图层的第7帧右击，选择"插入姿势"命令，调整该帧上的骨架姿势，让其四肢前后交替，效果如图23-30所示。

(5) 分别在骨架图层的第4帧和第10帧右击，选择"插入姿势"命令，调整这两帧上的骨架姿势，效果如图23-31所示，选中该帧上的所有内容，将其整体垂直向上移动一定距离。

图 23-30　第7帧骨架姿势　　图 23-31　第4、10帧骨架姿势

(6) 单击舞台左上角的"表情 15"，返回"表情 15"场景。

5. 创建小兔子走路动效

(1) 将图层"图层-1"重命名为"小兔子"，在第 26 帧插入帧。

(2) 在"小兔子"图层下方新建"路"图层，在该图层绘制道路如图 23-32 所示，将道路保存为"道路"影片剪辑元件，放于"库"面板上的"道具"文件夹中。

图 23-32　道路

(3) 在"道路"图层的第 26 帧，插入关键帧，将该帧上的道路水平向右移动一定距离。

(4) 在"道路"图层的第 1 帧到第 26 帧间创建传统补间动画。

6. 添加文字"向前"

(1) 在"小兔子"图层上方新建"文字"图层，在其第 2 帧插入关键帧。

(2) 选择"文本工具"，"属性"面板设置字体为"Nishiki-teki"，字号大小为 25 pt，文字颜色为红色，合适位置输入文字"向前"，通过回车将文字调成纵向排列。

(3) 用"选择工具"选中文字"向前"，按【Ctrl+B】组合键将其打散，适当调整两个文字的间距和位置。

(4) 在"文字"图层的第 7 帧插入关键帧，第 12 帧插入空白关键帧。删除第 2 帧的"前"文字。选中该图层第 2 帧到第 11 帧，将其复制到第 15 帧到第 26 帧。

7. 创建所有图层的遮罩层

(1) 在"文字"图层上方新建"遮罩"图层，在图层上绘制一个舞台大小的矩形。

(2) 右击"遮罩"图层，选择"遮罩层"命令。

(3) 拖动下方所有图层使其均成为"遮罩"层的被遮罩层，并锁定这些图层。

8. 生成"15 向前"图形元件

完成前面步骤后，"表情 15"场景的时间轴如图 23-33 所示。选中所有图层并右击，在弹出的快捷菜单中选择"将图层转换为元件"命令，在打开的"将图层转换为元件"对话框中设置"名称"为"15 向前"，"类型"为"图形"，"文件夹"为"表情包"，然后单击"确定"按钮。

图 23-33　"向前"表情包时间轴

9. 保存文件

(1) 按【Ctrl+Alt+Enter】组合键测试当前场景表情包效果。

(2) 选中舞台上的表情包实例，打开对象"属性"面板，设置"循环"属性组的"帧选择器"的值为 8。

(3) 选择"文件"→"导出"→"导出动画 GIF"命令，导出"15.gif"动画文件。

(4) 选择"文件"→"保存"命令，或按【Ctrl+S】组合键，保存源文件。

【应用三：制作"开心"剪纸表情包】

运用第 15 章【应用二】制作的剪纸小兔子素材，采用骨骼动画技术，制作"开心"动态剪纸表情包，动态效果参考素材中的"16 开心.gif"文件，表情包其中一帧效果如图 23-34 所示。

开心

图 23-34 "开心"表情包

【应用分析】

本应用案例借助第 15 章【应用二】制作的侧面剪纸小兔子素材，在已搭建的小兔子骨架基础上，采用骨骼动画技术给其编辑不同的骨架姿势，再结合传统补间动画技术，实现小兔子蹦蹦跳跳向前走路的动画效果，从而制作出"开心"动态表情包效果。

【实现步骤】

1. 打开文件

双击打开文件"小兔子表情包.fla"，在文件中继续操作，完成"开心"表情包的制作。

2. 创建"表情 16"场景

选择"窗口"→"场景"命令，打开"场景"面板，单击面板左下角的"添加场景"按钮 ⊞ 新建一个场景，双击新场景名称，将其重命名为"表情 16"。

3. 创建小兔子原地蹦跳动效

(1) 在"库"面板中，右击"小兔子 侧面 正"元件，选择"直接复制"命令，在打开的对话框中名称输入"小兔子 侧面 原地跳"，类型选择"图形"，文件夹选择"小兔子全"，单击"确定"按钮。

(2) 按住鼠标左键将"小兔子 侧面 原地跳"元件从"库"面板拖放到舞台，双击舞台上的小兔子进入"小兔子 侧面 原地跳"元件内部。

(3) 调整第 1 帧的骨架姿势如图 23-35 所示，选中该帧上的所有内容，将其整体垂直向上移动一定距离。

(4) 在骨架图层的第 9 帧右击，选择"插入姿势"命令。

(5) 在骨架图层的第 5 帧右击，选择"插入姿势"命令，调整该帧上的骨架姿势，让其四肢和耳朵均前后交替。

(6) 分别在骨架图层的第 3 帧和第 7 帧右击，选择"插入姿势"命令，调整这两帧上的骨架姿势，效果如图 23-36 所示，选中该帧上的所有内容，将其整体垂直向下移动一定距离。

图 23-35　第 1 帧骨架姿势　　　　　图 23-36　第 3、7 帧骨架姿势

(7) 单击舞台左上角的"表情 16",返回"表情 16"场景。

4. 创建小兔子边走边跳动效

(1) 将图层"图层-1"重命名为"小兔子",把舞台上的小兔子调整位置到舞台右侧。

(2) 在"小兔子"图层的第 18 帧插入关键帧,将该帧上的小兔子水平向左移动一定距离。

(3) 在第 1 帧到第 18 帧间创建传统补间动画。

(4) 在"小兔子"图层的第 19 帧插入关键帧,将该帧上的小兔子进行水平翻转,并使其和第 18 帧上的小兔子位置基本重叠(可打开"绘图纸外观"功能,以参考第 18 帧的小兔子位置)。

(5) 在"小兔子"图层的第 36 帧插入关键帧,将该帧上的小兔子水平向右移动一定距离。

(6) 在第 19 帧到第 36 帧间创建传统补间动画。

5. 添加文字"开心"

(1) 在上方新建"文字"图层。

(2) 选择"文本工具","属性"面板设置字体为"Nishiki-teki",字号大小为 25 pt,文字颜色为红色,合适位置输入文字"开心",通过回车将文字调成纵向排列。

(3) 用"选择工具"选中文字"开心",按【Ctrl+B】组合键将其打散,适当调整两个文字的间距和位置。

(4) 在"文字"图层的第 5、9、13、17 帧分别插入关键帧,第 18 帧插入空白关键帧。选中该图层的第 1 帧到第 18 帧,按住【Alt】键拖动将其复制到第 19 帧开始的位置。打开"编辑多个帧"功能,选中第 19 帧到第 35 帧的所有文字内容,将其向右水平移动到舞台右侧。

6. 生成"16 开心"图形元件

完成前面步骤后,"表情 16"场景的时间轴如图 23-37 所示。选中所有图层并右击,在弹出的快捷菜单中选择"将图层转换为元件"命令,在打开的"将图层转换为元件"对话框中设置"名称"为"16 开心","类型"为"图形","文件夹"为"表情包",然后单击"确定"按钮。

图 23-37　"开心"表情包时间轴

7. 保存文件

(1) 按【Ctrl+Alt+Enter】组合键测试当前场景表情包效果。

(2) 选中舞台上的表情包实例，打开对象"属性"面板，设置"循环"属性组的"帧选择器"的值为 1。

(3) 选择"文件"→"导出"→"导出动画 GIF"命令，导出"16.gif"动画文件。

(4) 选择"文件"→"保存"命令，或按【Ctrl+S】组合键，保存源文件。

创 新 实 践

一、临摹

打开第 22 章完成的"小兔子表情包.fla"文件，临摹本章实例，制作"14 乘风破浪""15 向前""16 开心"三个动态剪纸表情包。

要求：

(1) 新建"表情 14"场景，使用 Animate 绘图工具绘制水波和小船，结合剪纸小兔子素材，采用骨骼动画技术和传统补间动画技术，创建"14 乘风破浪"动态表情包图形元件，并将该元件放于"表情 14"场景，合理设置时间轴帧数。

(2) 新建"表情 15"场景，结合剪纸小兔子，使用 Animate 绘图工具绘制道路，采用骨骼动画技术和传统补间动画技术，创建"15 向前"动态表情包图形元件，并将该元件放于"表情 15"场景，合理设置时间轴帧数。

(3) 新建"表情 16"场景，结合剪纸小兔子，采用骨骼动画技术，创建"16 开心"动态表情包图形元件，并将该元件放于"表情 16"场景，合理设置时间轴帧数。

(4) 在库面板中，合理管理制作过程中产生的元件。

(5) 文件保存为"小兔子表情包.fla"，发布为"小兔子表情包.gif"。

"表情 14""表情 15""表情 16"场景的参考样例分别如图 23-15、图 23-24 和图 23-34 所示。

二、原创

打开文件"姓名表情包.fla"文件，模拟第一题的方法和思路，制作三个原创动态表情包。

要求：

(1) 使用 Animate 绘图工具和文本工具等，结合自己设计好的原创角色形象和道具素材，通过骨骼动画技术，创建 3 个原创动态表情包图形元件，并分别放于"表情 14""表情 15""表情 16"场景中，合理设置时间轴帧数。

(2) 在库面板中，合理管理制作过程中产生的元件。

(3) 文件保存为"姓名表情包.fla"，发布为"姓名表情包.gif"。

第 24 章　微信表情专辑发布

本章简介

本章主要介绍微信表情专辑的发布过程，并以本教材制作的一套动态剪纸表情专辑为实例，举例说明发布前的准备工作和具体的发布流程。

学习目标

知识目标：

(1) 了解微信表情的制作规范。

(2) 掌握微信表情的发布流程。

能力目标：

(1) 能够通过微信表情平台发布一套表情专辑。

(2) 能够分析并解决微信表情包审核过程中出现的问题。

思政目标：

(1) 通过制作、发布动态剪纸表情包，感受剪纸文化魅力。

(2) 激发学习兴趣和主动性，用现代数媒技术传承、创新优秀传统文化。

思维导图

```
                                        ┌ 微信表情的设计原则
                         ┌ 微信表情制作规范 ┤
                         │              └ 微信表情专辑的制作规范
                ┌ 知识讲解 ┤                ┌ 注册账号
                │        │                │
微信表情          │        └ 微信表情专辑发布流程 ┤ 提交表情专辑
专辑发布  ────────┤                        └ 平台审核
                │
                ├ 优秀传统文化应用—制作"甜豆日常"剪纸表情专辑
                │
                │        ┌ 临摹：参考本章优秀传统文化应用案例，制作原创表情专辑相关文件
                └ 创新实践 ┤
                         └ 原创：在微信表情开放平台发布原创表情专辑
```

知 识 讲 解

24.1 微信表情制作规范

本节主要介绍微信表情的设计原则，以及微信表情专辑的制作规范。

24.1.1 微信表情的设计原则

微信表情的设计原则如下：

(1) 表情必须为设计者原创，或者拥有版权。

(2) 表情应充分考虑微信用户聊天场景，适合聊天中使用。

(3) 表情设计不能违反《微信作品审核标准》。

24.1.2 微信表情专辑的制作规范

微信表情开放平台可上传表情专辑、表情单品和特效作品，以下主要介绍表情专辑的制作规范。

提交一套微信表情专辑前，主要需要制作好以下规格的几个文件。

1. 表情主图

表情主图是指在聊天界面中发送的图片，如图 24-1 所示。

表情主图的设计需注意以下几项：

(1) 图片格式：GIF 格式。

(2) 图片尺寸：240 像素×240 像素。

(3) 图片大小：每张不大于 500 KB。

(4) 图片数量：8 张、16 张或 24 张 (自选一个数量级别)。

(5) 同一套表情主图须全部是动态或全部是静态。

图 24-1 表情主图

(6) 动态表情需设置永久循环播放。

(7) 同一套表情中各表情风格须统一。

(8) 同一套表情中各表情图片应有足够的差异。

2. 表情缩略图

表情缩略图是指在聊天页和详情页展示的静态图，与表情主图一一对应，如图 24-2 所示。

表情缩略图的设计需注意以下几项：

(1) 图片格式：PNG。

(2) 图片尺寸：120 像素×120 像素。

(3) 图片大小：每张不大于 200 KB。

(4) 图片数量：需和主图数量一致，一一对应。

(5) 选取能够表现主图的关键帧，如表情含有文字，尽量选取包含文字的帧。

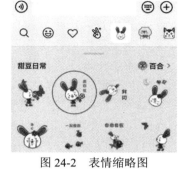

图 24-2　表情缩略图

表情主图与缩略图命名格式要求如下：

(1) 表情主图和表情缩略图必须按照数字编号进行命名。

(2) 表情主图和对应的缩略图数字编号命名需保持一致，均命名为 01、02、03 等，保证表情主图和缩略图一一匹配。

详情页表情缩略图的布局将按照每个表情的数字序号从左至右、从上至下进行排列，设计者应合理安排每个表情的序号。

3．聊天页图标(聊天面板图标)

聊天页图标是指下载成功的表情展示在聊天页表情列表的图标，如图 24-3 所示。

聊天页图标需注意以下几项：

(1) 图片格式：PNG。

(2) 图片尺寸：50 像素×50 像素。

(3) 图片大小：不超过 100 KB。

图 24-3　聊天页图标

(4) 图片数量：1 张。

(5) 选最具辨识度和清晰的图片，画面尽量简洁，避免加入装饰元素，建议使用仅含表情角色的头部正面图像作图标。

(6) 图片中形象不应有白色描边，并避免出现锯齿。

(7) 须设置为透明背景。

(8) 避免使用白色背景。

(9) 不要出现正方形边框，避免表情主体出现生硬的直角边缘。

(10) 合理安排图片布局，每张图片不应有过多留白。

(11) 不同的表情专辑应使用不一样的图片作图标。

4．表情封面图

表情封面图是指每套表情在表情首页展示的代表图片，如图 24-4 所示。

表情封面图的设计需要注意以下几项：

(1) 图片格式：PNG。

(2) 图片尺寸：240 像素×240 像素。

(3) 图片大小：不超过 500 KB。

(4) 图片数量：1 张。

图 24-4　表情封面图

(5) 选取最具辨识度的形象，建议使用表情形象正面的半身像或全身像，避免只使用形象头部图片。

(6) 图片中形象不应有白色描边，并避免出现锯齿。

(7) 须设置为透明背景。

(8) 避免使用白色背景。

(9) 不要出现正方形边框，避免表情主体出现生硬的直角边缘。

(10) 合理安排图片布局，每张图片不应有过多留白。

(11) 画面尽量简洁，避免加入装饰元素。

(12) 除纯文字类型表情外，避免出现文字。

(13) 不同的表情专辑应使用不一样的图片作封面。

5. 详情页横幅

详情页横幅是指点击进入整套表情详情页时上方展示的图片，如图 24-5 所示。

详情页横幅的设计需要注意以下几项：

(1) 图片格式：PNG 或 JPEG(要有背景)。

(2) 图片尺寸：750 像素×400 像素。

(3) 图片大小：不超过 500 KB。

(4) 图片数量：1 张。

(5) 图片中避免出现任何文字信息。

(6) 图片色调要活泼明朗，与微信底色有较大的区分，避免使用白色背景。

(7) 横幅内容须与表情有关，画面丰富，有故事性。

(8) 图中元素不能因被拉伸或压扁等原因导致变形。

(9) 避免使用透明背景。

图 24-5　详情页横幅

6. 赞赏引导图

赞赏引导图指展示在选择赞赏金额页面的图片，用于吸引用户发赞赏，如图 24-6 所示。

赞赏引导图的设计需要注意以下几项：

(1) 图片格式：GIF 或 PNG。

(2) 图片尺寸：750 像素×560 像素。

(3) 图片大小：不超过 100 KB。

(4) 图片数量：1 张。

(5) 图片风格须与表情一致。

(6) 不能出现与表情不相关的内容。

(7) 图片色调要活泼明朗，图片背景须与微信底色有较大的区分。

(8) 精心创作的引导图能够提升用户发赞赏的意愿。

(9) 图中元素不能因被拉伸或压扁等原因导致变形。

(10) 避免使用透明背景。

注意：如果上传表情专辑时没有开通赞赏功能，则不需要制作此图。

图 24-6　赞赏引导图

7. 赞赏致谢图

赞赏致谢图指用户发完赞赏后，展示在答谢页面的图片，如图 24-7 所示。

图 24-7　赞赏致谢图

赞赏致谢图的设计需要注意以下几项：

(1) 图片格式：GIF 或 PNG。

(2) 图片尺寸：750 像素×750 像素。

(3) 图片大小：不超过 200 KB。

(4) 图片数量：1 张。

(5) 图片风格须与表情一致。

(6) 不能出现与表情不相关的内容。

(7) 图片色调要活泼明朗，图片背景须与微信底色有较大的区分。

(8) 精心创作的致谢图能够激发用户的分享意愿，吸引更多用户发赞赏。

(9) 图中元素不能因被拉伸或压扁等原因导致变形。

(10) 避免使用透明背景。

注意：如果上传表情专辑时没有开通赞赏功能，则不需要制作此图。

24.2　微信表情专辑发布流程

按微信表情专辑制作规范完成内容制作后，即可进行微信表情专辑的发布，其主要流程如下。

1. 注册账号

登录微信表情开放平台(https://sticker.weixin.qq.com/)，注册一个账号。

2. 提交表情专辑

(1) 登录微信表情开放平台上注册的账号。

(2) 单击页面上的"提交表情作品"按钮，选择"表情专辑"。

(3) 按页面向导提示逐一完成相关文件的上传与信息填写。

(4) 向导流程完成后，单击"提交"按钮。

3. 平台审核

(1) 表情专辑提交成功后，账号主页出现表情专辑的相关信息，会有审核进度的状态提示，如"待审核""信息审核中""通过审核"，如图 24-8 所示。

(2) 若显示"未通过审核"，平台同时会给出未通过审核的原因，按提示修改表情专辑后，再次提交。

(3) 待审核通过后，在平台进行预约上架，表情专辑即可在微信聊天时使用。

图 24-8　账号主页的微信表情信息

优秀传统文化应用

【制作"甜豆日常"剪纸表情专辑】

制作"甜豆日常"剪纸表情专辑，其共包含 16 个剪纸风格的动态剪纸表情包。

【应用分析】

用 Animate 软件可以完成微信表情专辑发布前所需要准备的所有相关素材文件的制作，主要包括表情主图、表情缩略图、聊天页图标、表情封面图、详情页横幅、赞赏引导图和赞赏致谢图。

【实现步骤】

1. 打开文件

双击打开文件"小兔子表情包.fla"，在文件中继续完成下面操作。

2. 制作表情主图

在 Animate 动画技术讲解过程中已经完成了"甜豆日常"剪纸表情专辑的 16 个动态表情主图的制作，如图 24-9 所示。

3. 制作表情缩略图

(1) 单击舞台左上角的"编辑场景"按钮，选择"表情 1"场景。

(2) 使用"文件"→"导出"→"导出图像"命令，在打开的"导出图像"对话框中设置参数(如图 24-10 所示)，然后单击"保存"按钮，在打开的"另存为"对话框中选择保存位置并设置"文件名"为"01"，"保存类型"为"png"，最后单击"保存"按钮，即可在指定位置生成第一个表情缩略图。

(3) 依次类推，分别切换到"表情2""表情3"……"表情16"场景，用步骤(2)的操作生成"02.png""03.png"……"16.png"表情缩略图，如图24-11所示。

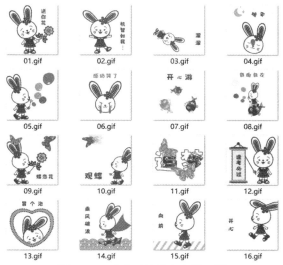

图 24-9　"甜豆日常"表情主图

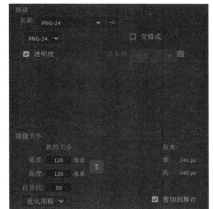

图 24-10　导出表情缩略图参数设置

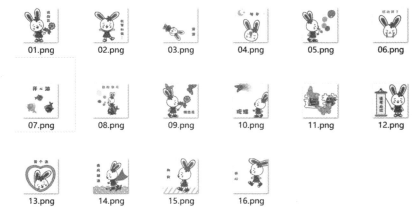

图 24-11　"甜豆日常"表情缩略图

4. 制作聊天页图标

(1) 打开"场景"面板，单击左下角的"添加场景"按钮，创建新场景，将其重命名为"聊天页图标"。

(2) 从"库"面板中将"头 正面2"元件拖放到舞台中，用"任意变形工具"将其缩放至舞台大小。

(3) 使用"文件"→"导出"→"导出图像"命令，在打开的"导出图像"对话框中设置参数(如图24-12所示)，然后单击"保存"按钮，在打开的"另存为"对话框中，选择保存位置，并设置"文件名"为"聊天页图标"，"保存类型"为"png"，最后单击"保存"按钮，即可在指定位置生成聊天页图标，如图24-13所示。

图 24-12　导出聊天页图标参数设置　　　　图 24-13　聊天页图标

5. 制作表情封面图

(1) 打开"场景"面板，单击左下角的"添加场景"按钮，创建新场景，将其重命名为"表情封面图"。

(2) 从"库"面板中将"11 追梦"元件拖放到舞台。

(3) 使用"文件"→"导出"→"导出图像"命令，在打开的"导出图像"对话框中设置参数(如图24-14所示)，然后单击"保存"按钮，在打开的"另存为"对话框中选择保存位置并设置"文件名"为"表情封面图"，"保存类型"为"png"，最后单击"保存"按钮，即可在指定位置生成表情封面图，如图24-15所示。

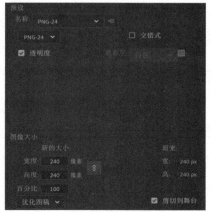

图 24-14　导出表情封面图参数设置　　　　图 24-15　表情封面图

6. 制作详情页横幅

(1) 打开"场景"面板，单击左下角的"添加场景"按钮，创建新场景，将其重命名为"详情页横幅"。

(2) 打开"属性"面板，设置舞台"宽""高"分别为"750""400"。

(3) 结合制作的素材，在舞台中完成详情页横幅的内容制作，如图 24-16 所示。

图 24-16　详情页横幅

(4) 选中舞台所有图层并右击，在弹出的快捷菜单中选择"将图层转换为元件"命令，在打开的"将图层转换为元件"对话框中设置"名称"为"详情页横幅"，"类型"为"影片剪辑"，"文件夹"为"表情包"，然后单击"确定"按钮。

(5) 使用"文件"→"导出"→"导出图像"命令，导出"详情页横幅.png"文件。

7. 制作赞赏引导图

(1) 打开"场景"面板，单击左下角的"添加场景"按钮，创建新场景，将其重命名为"赞赏引导图"。

(2) 打开"属性"面板，设置舞台"宽""高"分别为"750""560"。

(3) 结合制作的素材，在舞台中完成赞赏引导图的内容制作，如图 24-17 所示。

图 24-17　赞赏引导图

(4) 选中舞台所有图层并右击，在弹出的快捷菜单中选择"将图层转换为元件"命令，在打开的"将图层转换为元件"对话框中设置"名称"为"赞赏引导图"，"类型"为"影片剪辑"，"文件夹"为"表情包"，然后单击"确定"按钮。

(5) 使用"文件"→"导出"→"导出图像"命令，导出"赞赏引导图.png"文件。

8. 制作赞赏致谢图

(1) 打开"场景"面板，单击左下角的"添加场景"按钮，创建新场景，将其重命名为"赞赏致谢图"。

(2) 打开"属性"面板，设置舞台"宽""高"分别为"750""750"。

(3) 结合制作的素材，在舞台中完成赞赏致谢图的内容制作，如图 24-18 所示。

图 24-18　赞赏致谢图

(4) 选中舞台所有图层并右击，在弹出的快捷菜单中选择"将图层转换为元件"命令，在打开的"将图层转换为元件"对话框中设置"名称"为"赞赏致谢图"，"类型"为"影片剪辑"，"文件夹"为"表情包"，然后单击"确定"按钮。

(5) 使用"文件"→"导出"→"导出图像"命令，导出"赞赏致谢图.png"文件。

创 新 实 践

一、临摹

参考"甜豆日常"剪纸表情专辑相关文件的制作，完成自己的原创表情专辑相关文件的制作。

要求包括表情主图、表情缩略图、聊天页图标、表情封面图、详情页横幅、赞赏引导图、赞赏致谢图。

二、原创

在微信表情开放平台注册账号，并发布自己的原创表情专辑。

第四部分　数字视频制作

　　数字视频是一种通过数字技术制作而成的视频，使用数字设备进行摄制、后期处理等流程，将画面和声音数字化，最终呈现给观众。数字视频因其高清晰度、高保真度、制作方便、后期处理简单等特点，已经在各个领域得到广泛应用。

　　本部分在数字视频制作基础章节介绍了数字视频基础、视听语言的视觉构成和视听语言的语法等相关内容；在数字视频作品的设计与编辑章节介绍了数字视频作品的设计、数字视频的编辑类型及其特点、数字视频非线性编辑的基本流程，以及剪映软件后期剪辑技术。

　　本部分的素材选取鹳雀楼，将设计制作鹳雀楼宣传片分解到各个章节的讲解中，再结合实践创新环节，学习过程中，边临摹课堂案例——鹳雀楼宣传片，边同步创新自己的原创案例——舜帝陵宣传片，跟着节奏学完本部分内容。

　　通过学习，读者可有以下收获。

　　(1) 能够运用景别、角度、方位、焦距、运动等知识完成数字视频素材的采集处理。能够运用蒙太奇语法完成数字视频镜头组接编辑。

　　(2) 能够运用文字稿本的相关知识完成数字视频作品的文字稿本设计。能够运用分镜头稿本的相关知识完成数字视频作品的分镜头稿本设计。

　　(3) 能够使用非线性编辑软件进行视频编辑。

第 25 章　数字视频制作基础

 本章简介

掌握数字视频制作的基础知识，对于创作出高质量的视频作品至关重要。本章主要围绕数字视频制作的基础知识展开，详细阐述了视频的基本概念、视听语言的视觉构成以及相关的语法规则。通过本章的学习，读者能够系统地掌握数字视频制作的核心要点，进而提升视频创作与编辑的专业技能。

 学习目标

知识目标：

(1) 掌握数字视频与模拟视频的区别，了解视频制式和数字视频生成方式。

(2) 理解视频压缩编码的基本概念，熟悉常见的数字视频格式及其特点。

(3) 掌握视听语言的视觉构成，理解蒙太奇的概念、作用和形式。

能力目标：

(1) 能够独立进行数字视频素材的采集，并处理基础的视频编辑任务。

(2) 能够运用蒙太奇原理，完成数字视频剪辑与组接力。

思政目标：

(1) 培养学生的团队协作和与他人有效沟通的能力。

(2) 鼓励学生运用多媒体技术解决实际问题，提升学生的创新思维。

 思维导图

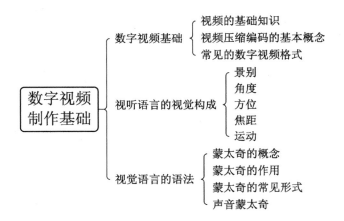

25.1　数字视频基础

数字视频技术作为现代社会信息传播的重要手段，其核心建立在计算机科学技术的基础之上，利用数字电子技术对视频信号进行采集、存储、处理和传输。要深入理解和有效运用数字视频技术进行视频创作活动，首先就要系统地学习和熟练掌握与之相关的基础理论知识和实践原理。

25.1.1　视频的基础知识

1. 模拟视频

模拟视频，是一种使用模拟信号技术记录并传输视频信息的视觉表现形式。它所记录和再现的媒体内容，是通过对一系列连续变化的模拟声音或图像信号进行编码，并实时或定时记录在磁带、光盘或其他存储介质上。在模拟视频系统中，每一个像素的颜色和亮度信息被连续地取样并转化为模拟信号，该信号在时间轴上表示了连续变化的过程。

2. 数字视频

数字视频，是指采用数字技术记录和传输的视频，其核心特征是视频信号以数字形式进行记录、传输和播放。数字视频克服了传统模拟视频在存储和复制过程中容易出现的信号损失、图像失真等问题，能够确保视频质量在长时间存储和大量复制过程中保持稳定，大大提高了视频资料的可靠性和耐用性。

3. 视频的制式

目前，全球公认并广泛采用的视频制式标准主要有两种，分别是 NTSC 制式和 PAL 制式。NTSC 制式和 PAL 制式是两种不同的视频编码方式，它们对于电视信号的传输和显示有着不同的标准和规范。

NTSC 制式，每秒传输 30 帧画面，每帧有 525 条扫描线，每条扫描线包含 240 或 400 个像素点，这意味着总像素数为 1 162 500 或 2 400 000。NTSC 制式的图像格式常见于有线电视、高清电视(HDTV)和其他数字电视应用。

PAL 制式，与 NTSC 制式不同的是，PAL 制式每秒传输 25 帧画面，每帧有 625 条扫描线，每条扫描线包含 240 或 400 个像素点，总像素数同样是 1 162 500 或 2 400 000。PAL 制式的图像格式常见于标清电视、数字电视和网络电视。

4. 数字视频的生成

数字视频的生成方式主要有两种：一是通过传统的模拟视频信号转换而来。在这种情况下，首先需要将模拟视频信号如电视信号、录像带等输入计算机中，并经过模数转换器将其转化为数字格式。这个过程可能会造成一定的信号损失，因为模拟信号与数字信号之间并非完美匹配，会有一定的量化误差产生。完成转换后，生成的数字视频文件可以通过计算机强大的处理能力和编辑软件进行数字化视频编辑。这种方式的优点在于，通过软件如 Adobe Premiere、Final Cut Pro 等进行剪辑、特效添加、调色等操作时，可以实现对视频的精确控制和无限可能的创作空间。二是利用先进的数字摄像机直接拍摄生成。现代数字摄像机具备出色的灵敏度和分辨率，能够捕捉极其细腻的影像细节。拍摄完成后，无须经过转换过程，可以直接将拍摄到的视频数据存储为数字格式。投资者、摄影师、导演及剪辑师借助专业的编辑系统(如 Avid Media Composer、Final Cut Pro X、Premiere Pro 等)和特效设备(如 Stewart 等工作站、Speedtree 动画等)，对拍摄的数字视频素材进行后期制作。

25.1.2 视频压缩编码的基本概念

视频压缩的初衷，是在尽可能保持视频质量的同时，降低视频的数据率。压缩比，这一衡量标准，直观地展示了压缩前后的数据量差距。当这一比值较高时，称之为高压缩，意味着实现了显著的数据缩减。视频，作为一连串的静态画面，其压缩编码算法在某些方面与静态图像相似，但又因其动态特性而独具一格。为了达成高压缩的效果，必须在编码过程中充分考虑视频的这一独特性质。

1. 无损压缩和有损压缩

无损压缩是指在压缩与解压缩过程中，原始数据与压缩后的数据保持完全一致的状态。为实现这一目标，众多无损压缩方法采用了一种名为 RLE 行程编码的算法。这种算法在计算机生成的图像上展现出卓越的效果，尤其是对于那些拥有连续色调的图像。然而，当面对数字视频或自然图像时，由于它们的色调细腻多变，缺乏大块的连续色调，无损压缩的效果往往并不理想。

有损压缩，即指压缩前后的数据不再保持一致。它通过在压缩过程中舍弃部分人眼与耳朵难以察觉的图像或音频细节，从而实现数据量的缩减。几乎所有的高压缩算法都离不开有损压缩的助力，正是这一技术让低数据率成为可能。然而，需要注意的是，压缩比的大小直接关系到数据丢失的多少。压缩比愈高，丢失的数据愈多，解压后的效果也就愈显逊色。更有甚者，部分有损压缩算法在反复压缩过程中，还会引发额外数据的遗失，进一步影响最终的呈现效果

2. 帧内压缩和帧间压缩

帧内压缩，亦称空间压缩，是一种专注于单一帧视频数据的压缩方式，它摒弃了相邻帧之间的冗余信息。此种压缩方法多采用有损压缩算法，但得益于其帧与帧之间的独立性，使得压缩后的视频数据仍然能够以帧为单位进行灵活编辑。然而，帧内压缩的压缩比率通常有限。考虑到运动视频的特殊性质，帧间压缩成为了一个值得尝试的方法。

帧间压缩，亦称时间压缩，巧妙运用时间轴上帧与帧之间的数据差异进行高效压缩。这一过程往往伴随着一定的信息损失，却实现了数据量的显著缩减。帧差值算法，作为帧

间压缩的典范,通过精细捕捉本帧与邻近帧之间的微妙差异,进一步简化了数据的复杂性,为数据传输与存储提供了更为优化的解决方案。

帧间压缩之所以被采用,是因为在众多视频或动画中,连续的前后两帧往往呈现出高度的相关性。这种相关性意味着前后两帧之间的信息变动微乎其微,从而为实施帧间压缩提供了可能性。

3. 对称编码和非对称编码

对称性是压缩编码的一个关键特性。对称意味着在压缩和解压缩过程中所需的计算处理能力和时间相同。此类算法适用于实时压缩和传输视频,如视频会议应用,宜采用此类编码算法。在数字出版和其他多媒体应用中,一般需要将视频预先压缩处理好,以供后期播放,因此可以采用非对称编码。

非对称的特性决定了压缩过程中的处理能力和时间消耗较大,而解压缩时则能够流畅地实时播放,以多变的速度进行压缩与解压缩。通常情况下,压缩视频所需的时间远超过回放(解压缩)该视频的时间。

目前存在多种视频压缩编码方法,其中最具代表性的两种格式为 MPEG 数字视频格式和 AVI 数字视频格式。

25.1.3 常见的数字视频格式

数字视频文件丰富多彩,包括动画与动态影像两大类。动画以人为合成模拟连续画面,展现独特的创意与魅力;而动态影像则通过摄像机的镜头,捕捉真实世界的瞬息万变,呈现出生活的鲜活与真实。常见的数字视频格式包括 MPEG、AVI、MOV、DivX、DV、RA/RM/RP/RI、RMVB、ASF、WMV、FLV、MKV 等,每一种格式都拥有其独特的特点和适用范围,为数字视频的创作与传播提供了广阔的选择空间。

1. MPEG 格式

MPEG(Moving Picture Experts Group,动态图像专家组)是 ISO(International Organization for Standardization,国际标准化组织)与 IEC(International Electrotechnical Commission,国际电工委员会)于 1988 年成立的专门针对运动图像和语音压缩制定国际标准的组织。该组织制定了五个 MPEG 标准,分别为 MPEG-1、MPEG-2、MPEG-4、MPEG-7 和 MPEG-21。每次新标准的制定都推动了数字视频更广泛的应用。

1) MPEG-1 格式与 VCD

自 1992 年 MPEG-1 正式问世以来,其标准名称为"动态图像与伴音的编码——针对每秒约 1.5 兆速率的数字存储媒体"。这里的数字存储媒体指的是常见的数字存储设备,诸如 CD-ROM、硬盘以及可擦写光盘等,也即是大家所熟知的 VCD 制作格式。借助 MPEG-1 的独特算法,长达 120 分钟的电影可以被巧妙地压缩至约 1.2GB 的存储空间。此类数字视频格式的文件扩展名丰富多样,包括 mpg、mlv、mpe、mpeg 以及 VCD 光盘中的 dat 等,为用户提供了更为灵活与便捷的选择。

MPEG-1 采用高效的有损和非对称压缩编码算法,精准地剔除运动图像中的冗余信息。这种压缩方式基于相邻画面间的高度相似性,智能地去除后续图像与先前图像间的重复部

分，实现了卓越的压缩效果。令人瞩目的是，其最大压缩比可达 200：1，为视频存储和传输提供了极大的便利

MPEG-1 技术已经获得了多媒体制作领域的广泛认可，被 VCD 等主流制作厂家采纳并运用。VCD 的推出不仅巧妙地彰显了光盘复制的低成本、高可靠性及稳定性等卓越特性，更使得广大普通用户能够在个人计算机上畅享丰富多彩的影视节目。这一创新不仅推动了计算机技术的持续演进，更在计算机发展史上铸就了一座崭新的里程碑。

2) MPEG-2 格式与 DVD

随着压缩算法技术的不断革新与提升，1994 年，MPEG 隆重推出了 MPEG-2 标准，被誉为"活动图像及其相关声音信息的通用编码"的标杆。相较于 MPEG-1，表 25-1 展现了 MPEG-2 的改进之处。

表 25-1　MPEG-1 与 MPEG-2 的性能指标比较

性能指标	MPEG-1	MPEG-2
图像分辨率	352 像素×240 像素	720 像素×484 像素
数据率	2 Mb/s～3 Mb/s	3 Mb/s～15 Mb/s
解码兼容性	无	与 MPEG-1 兼容
主要应用	VCD	DVD

MPEG-2 标准，作为高清视频图像的黄金准则，广泛应用于 DVD 和 SVCD 的制作与压缩领域。不仅如此，它还在 HDTV(高清晰电视广播)及高端视频编辑、处理中发挥着不可或缺的作用。凭借先进的压缩算法，MPEG-2 可将一部 120 分钟长的电影巧妙地缩减至 4～8GB 的容量。这种数字视频格式的文件扩展名丰富多样，包括 mpg、mpe、mpeg、m2v 以及 DVD 光盘上的 vob 等，为用户提供了极大的灵活性和便利性。

随着 MPEG 算法的演进，其音频压缩技术也日臻完善。MPEG-1 的音频压缩效果已近乎媲美 CD 的音质。随后，MPEG 算法进一步扩展至纯音频数据的压缩领域，催生了诸如 MPEG Audio Layer 1、MPEG Audio Layer 2、MPEG Audio Layer 3 等先进的压缩格式。其中，MPEG Audio Layer 3，即大家所熟知的 MP3 音频压缩算法，以其高达 12：1 的压缩比和近乎 CD 音质的卓越表现，一经推出便迅速赢得了网络用户的广泛青睐。

3) MPEG-4 多媒体交互新标准

自 1995 年 7 月启动研究，历经三年多的精心打磨，MPEG-4 终于在 1998 年 11 月荣获 ISO/IEC 的官方认可，正式确立为标准。这一标准的诞生，旨在为流式媒体的高清视频播放量身定制。凭借卓越的帧重建技术，MPEG-4 能够在极为有限的带宽下，实现数据的高效压缩与传输，力求用最少的数据量呈现出最优质的图像，为观众带来无与伦比的视觉体验。

MPEG-4 技术之卓越，在于其能够精妙地保存近乎 DVD 级别的画质，同时却保持视频文件体积之小巧。此种创新的文件格式，不仅拥有前所未有的比特率可伸缩性、互动性以及版权保护等特殊功能，更在数字视频领域树立了新的里程碑。而它的文件扩展名，诸如 3gp、mp4、avi 和 mpeg-4 等，已然成为数字视频领域的标志性符号。

4) MPEG-7

随着 MPEG-4 的成功应用，面对日益增长的图像和声音信息的管理与高效检索需求，MPEG 在 1998 年 10 月推出了 MPEG-7 标准。被誉为"多媒体内容描述接口"的 MPEG-7，

旨在确立一种统一的标准来描述多媒体内容数据，以满足现代信息时代的快速发展需求。

5) MPEG-21

在信息交流日益频繁的当下，各种协议、标准和技术的融合变得尤为关键。为了打破不同网络间的隔阂，解决知识产权保护的难题，MPEG 于 1999 年 10 月提出了"多媒体框架"的概念，即 MPEG-21。它不仅致力于实现多媒体信息的无缝对接，还为用户打造了一个透明而高效的电子交易与使用环境。

2. AVI 格式

AVI，全称为 Audio Video Interleave，是一种将音频与视频数据交错记录的数字视频文件格式。自 1992 年初 Microsoft 公司推出 AVI 技术及其应用软件 VFW(Video for Windows) 以来，这种独特的交错组织方式让视频数据流的读取更为高效，确保从存储媒介中连续获取流畅的信息。AVI 文件的图像质量好，跨平台使用灵活，然而，其庞大的文件体积以及压缩标准的不统一，使得在不同版本的 Windows 媒体播放器中可能存在兼容性问题。

3. MOV 格式

MOV 格式源自 Apple 公司的创新研发，是一种引领潮流的视频格式。其默认的播放器，正是 Apple 公司旗下的 Quick Time Player，二者的结合使得视频播放更为流畅与便捷。MOV 格式不仅兼容 Apple Mac OS、Microsoft Windows 95/98/2000/XP/7/10 等主流计算机操作系统，更以其卓越的压缩比和清晰的视频质量，赢得了广大用户的青睐。

MOV 格式，作为数字媒体内容的典范存储方式，不仅可以独立承载视频帧或音频采样数据，更能全面描绘媒体作品的细腻纹理。因其兼容并蓄的特质，几乎能诠释所有媒体结构，成为跨系统应用程序间数据交换的桥梁。

4. DivX 格式

DivX 是一种源自 MPEG-4 的视频编码(压缩)标准，亦被称为 DVDrip 格式。该标准巧妙地融合了 MPEG-4 的压缩算法以及 MP3 的先进技术，创造出一种集视频与音频于一体的独特格式。具体来说，它利用 DivX 压缩技术对 DVD 盘片的视频图像进行精致压缩，同时借助 MP3 或 AC3 对音频进行高效处理。最终，视频与音频完美融合，再加上精心制作的外挂字幕文件，形成了一种画质近乎 DVD 但文件大小仅为 DVD 几分之一的独特视频格式。

5. DV 格式

DV，全称为 Digital Video，是由索尼、松下、JVC 等业界巨头联手打造的一种家用数字视频格式。如今，备受欢迎的数码摄像机便采用此格式记录视频数据，实现了高清画质与便捷操作的完美结合。借助计算机的 IEEE1394 端口，DV 能轻松将视频数据传输至计算机，同时也可将编辑完成的视频数据回录至数码摄像机中，实现无缝衔接。这种数字视频格式的文件扩展名通常为 avi，因此也被称为 DV-AVI 格式，为用户提供了更加灵活的视频处理与存储选择。

6. RA/RM/RP/RT 流式文件格式

流式文件格式是一种独特的编码方式，与常见的多媒体压缩文件有着本质的区别。其核心目的在于通过重新编排数据位，实现网络上的实时下载与播放。在将压缩媒体文件转化为流式文件的过程中，为了保障客户端能够接收到有序、连贯的数据包，还需额外附加诸多关键信息，确保播放体验的流畅与稳定。

Real Networks 公司的 Real System 流媒体系统专为 Real Media 打造，其融合了音频与视频流的同步回放技术，实现网络全带宽的多媒体流畅播放。该系统采用可扩展视频技术作为其核心视频编码解码，这一技术能够在网络传输速率低于编码速率时，智能地舍弃非关键信息，确保播放器在最大程度上还原视频质量。这一编码解码技术源于 Intel 的 Indeo Video Interactive 编解码器，经过精心改良，更加适应现代网络播放需求。Real System 涵盖了 RA、RM、RP 和 RT 四种文件格式，这些格式各具特色，适用于制作不同类型的流式媒体文件。其中，广受欢迎的 RA 格式，以其接近 CD 音质的音频表现，为音乐爱好者带来无与伦比的听觉享受。而 RM 格式则专注于传输连续视频数据，为观众带来流畅且生动的视觉体验。RP 格式是一种高效便捷的多媒体传输方式，允许用户通过 Internet 流式传输图片文件到客户端。它能够巧妙地结合音频、文本等多种媒体元素，创建出丰富多样的多媒体文件，适用于各种应用场景。使用 RP 格式，无需专业知识和技能，用户只需掌握基本的文本编辑器操作，就可以轻松创建个性化的多媒体文件。这一格式的出现，极大地简化了多媒体文件的制作和传输过程，为用户带来了更加便捷、高效的体验。RT 格式旨在实现文本从文件或直播源流式传输至客户端。RT 文件既可以是纯文本形式，亦可在文本基础上融入其他媒体元素。由于 RT 文件遵循标志性语言规范，因此通过简单的文本编辑器即可轻松创建。

7. RMVB 格式

RMVB 格式是一种源自 RM 视频格式的创新升级，它颠覆了传统的平均压缩采样方式，在确保平均压缩比的同时，更加智能地调配比特率资源。具体而言，对于静止画面或运动较少的场景，它采用较低的编码速率，从而为后续快速运动的画面腾出更多带宽资源。这种策略不仅确保了静止画面的清晰度，更显著提升了运动图像的画面质量，实现了图像质量与文件大小间的优雅平衡。与 DivX 格式相比，RMVB 视频展现出明显的优势，一部700 MB 左右的 DVD 影片，经过转录后，以 RMVB 格式呈现的大小仅为 400 MB 左右。不仅如此，RMVB 视频还独具特色，支持内置字幕，且无须额外插件支持。要欣赏这种视频格式的文件，用户只需使用 RealOnePlayer 2.0、RealPlayer 8.0 或更高版本的 RealVideo 9.0解码器即可。

8. ASF 流式文件格式

Windows Media 的核心在于其 ASF(Advanced Stream Format)技术。借助 ASF，Windows Media 能够巧妙地将音频、视频、图像以及控制命令脚本等多媒体元素封装成网络数据包，轻松地在网络中传输，进而实现流式多媒体内容的精彩呈现。

ASF 文件以.asf 为后缀，其最大优势为体积小巧，故适合网络传输。经由 Windows Media 工具，用户可将图形、声音与动画数据整合为.asf 格式的文件；也可将其他格式的视频与音频转换为.asf 格式；同时，通过声卡与视频捕获卡连接如麦克风、录像机等外设数据可保存为.asf 格式。使用 WindowsMedia Player 可直接播放.asf 格式的文件。

9. WMV 格式

作为 Microsoft 流媒体技术的得力助手，WMV(Windows Media Video)编码解码器以其卓越的图像质量和适应性脱颖而出。它源于 MPEG-4 技术，却通过独特的专有扩展功能，在指定的数据传输速率下呈现出更为出色的视频表现。在当下网络环境下，WMV 不仅能够流畅传输，更能展现接近 DVD 的卓越画质，令人惊叹。

特别值得一提的是，WMV8 版本不仅在压缩比方面达到了高水平，更融入了先进的变比特率编码(TrueVBR)技术。当用户享受 WMV8 视频内容时，True VBR 将确保即使在高速画面切换的瞬间也不会出现令人不适的马赛克现象，始终保持清晰细腻的画质，为用户带来无与伦比的视觉盛宴。

10. FLV 格式

随着 Flash MX 的面世，FLV(Flash Video)视频格式应运而生，并逐渐崭露头角，如今已成为视频文件领域的翘楚。FLV 格式的文件因其微小体积和迅速加载速度，让在线观看视频文件成为可能，为用户带来无与伦比的观看体验。它的出现，巧妙解决了视频文件导入 Flash 后导致导出 SWF 文件体积庞大，难以在网络环境中流畅使用的问题。因此，众多在线视频网站纷纷选择采用 FLV 格式，如新浪播客、六间房、56 网、优酷网、土豆网、酷6 网等，为用户呈现精彩的视频内容。

11. MKV 格式

MKV 并非传统意义上的压缩格式，而是 Matroska 家族中的媒体文件。Matroska 作为一种多媒体封装格式，亦被称为多媒体容器(Multimedia Container)，其强大之处在于能够将各式各样的视频编码、超过 16 种音频格式以及多语言字幕流完美融合于一个 Matroska Media 文件之中。MKV 的卓越特性表现在其对多种编码的兼容性，无论视频、音频还是字幕流，皆能轻松容纳。更令人称道的是，MKV 保证了在高速变换的画面中，绝无马赛克现象出现，为用户带来清晰无比的视觉享受。

25.2　视听语言的视觉构成

视听语言凝聚了数字视频作品传达和交流信息的精髓，它是特殊的媒介、方式和手段的融合，使数字视频作品能够深刻认识和反映客观世界，传递丰富的思想感情。其视觉构成则涵盖了镜头的景别、角度、方位、焦距、运动、长度、表现形式、构图、光线、色彩等诸多元素，共同构成了视听语言丰富而独特的艺术语言体系。

25.2.1　景别

摄影(像)中，景别指的是因摄影(像)机与被摄主体的距离差异，导致被摄主体在摄影(像)机寻像器中呈现出的不同范围大小。这种差异被细致划分为五个层次：远景、全景、中景、近景以及特写，它们共同构成了摄影(像)中丰富多变的画面表达。

1. 远景镜头

远景镜头分为大远景镜头和远景镜头两种，各具特色。其中，大远景镜头独具魅力，其构图形式使得被摄主体与画面高度之比约为 1 : 4，仿佛被摄主体置身于浩渺无垠的宇宙之中，显得极其渺小。即便被前景对象所遮挡或短暂淹没，大远景镜头下的主体依然不失其表现力。通过巧妙调度主体与环境的色阶、明暗关系，或是运用动静态势的对比，再结合画面构图中的点、线、面关系，虚实对照与透视变化，主体依然能够成为引人注目的视觉焦点。由此可见，被摄主体在画面中所占比例的大小，并非决定其表现力的唯一因素。大远景镜头的魅力在于其能够展现广阔的空间背景，暗示空间环境与主体间的微妙关系，并借助其写景抒情的特质，营造出独特的氛围和情感。如图 25-1 所示的是大远景镜头画面。

远景镜头与大远景镜头在本质上并无区别，二者在展现主体与环境关系时手法相似。然而，细微之处彰显神韵，主体在远景镜头中的呈现比例有所增加，形成一种约 1∶2 的和谐高度比。这种比例变化不仅平衡了主题与画面环境的关系，更使主体的视觉形象得以强化。大远景镜头中的环境独具一格，而远景镜头则更注重环境与人物主体之间的相关性与依存性。在大远景中，人物主体只是画面的一个构成元素，而在远景中，人物则成为画面的主导力量。因此，远景镜头往往聚焦于展现人物动作的方向、行为和活动，凸显其具体的叙事功能。许多影片巧妙地以远景镜头开篇，精心描绘故事发生的具体环境，为观众呈现一个引人入胜的世界。如图 25-2 所示的是远景镜头画面。

图 25-1　大远景

图 25-2　远景

2. 全景镜头

全景镜头分为大全景镜头和全景镜头两种。从主体与画面的大小比例来看，在大全景镜头中，人物主体大约占画面 3/4 的高度，如图 23-5 所示。全景镜头中的人物与画面的高度比大致相等，如图 23-5 所示。从整体视觉效果来看，大全景镜头中人物与景物平分秋色，其中景物主要为人物动作提供具体可及的活动空间，而人物的举动在镜头中占中心地位，相较于远景更为具体、清晰。全景图为人物完整的全身镜头，因此，毫无疑问，人物是画面的绝对中心，而有限的环境空间则完全是一种造型的必要背景和补充。全景镜头着重展示人物完整的形象、人物形体动作及动作范围空间，最重要的是展示人物和空间环境的具体关系。在叙事性作品中，全景镜头极其重要，它常常承担着确定每一场景的拍摄总角度的任务，并决定场景中的场面高度、内容和细节。

图 25-3　大全景

图 25-4　全景

3. 中景镜头

中景的取景范围相较于全景更为细致，它聚焦于人物膝部以上的动作与表情，是展现人物情感与动态的重要镜头。中景因其适中的距离感，深受观众喜爱，它巧妙地平衡了人物与环境的呈现，让观众既能领略到周围的背景氛围，又能深入观察到人物的细微动作与情感交流，如图 25-5 所示。

4. 近景镜头

近景镜头聚焦于人物的头部至胸部，这一精妙的选择不仅揭示了人物的内心世界，还生动地展现了其面部表情的微妙变化。这种细腻的刻画方式，能够突出人物的情绪波动以及幅度适中的动作，使观众能够更深入地理解和感受角色的内心世界，如图 25-6 所示。

图 25-5　中景　　　　　　　　　　　　　图 25-6　近景

5. 特写镜头

特写镜头分为特写镜头和大特写镜头两种。从画面结构形态来看，特写镜头聚焦于人物的肩部至头部，精细捕捉每一个微妙的情感流露。通过肌肉的细微颤动和眼神的深刻变化，人物的内心世界得以完美呈现。这种无声胜有声的表达方式，比任何语言都更具感染力，更能深深触动每一位观众的心弦，如图 25-7 所示。大特写以无比精细的视角捕捉人物或景物的某一局部，瞬间定格成永恒的画面。它在视觉上极具强制性与造型感，所迸发出的表现力和冲击力更加强劲、震撼人心，如图 25-8 所示。

图 25-7　特写　　　　　　　　　　　　　图 25-8　大特写

25.2.2　角度

视听语言，它深深根植于对人类日常感知心理和思维运动的模拟。但要实现从视觉经验到艺术语言的升华，它必须寻找到那独特的"角度"。这种角度，正是产生陌生化感觉的关键，尤其在那些超越平视机位的情境中，显得尤为重要。

1. 平拍镜头

平拍镜头，恰如其分地捕捉了人们日常生活的视角，与人眼的正常视线相契合。这种拍摄方式，将镜头与被摄对象置于同一水平线上，巧妙地模拟了人们日常观察世界的自然状态。因此，被摄对象在镜头下得以真实呈现，毫无扭曲之感，为人们带来了平等、客观、公正、冷静且亲切的观赏体验，如图 25-9 所示。

2. 仰拍镜头

仰拍镜头，是一种将摄像机置于被摄主体下方，以自下而上的视角进行拍摄的独特镜头。这种仰角拍摄方式，让镜头呈现出从低处仰望的视觉效果，赋予了画面一种别样的庄重与崇高感，如图 25-10 所示。

造型方面，仰拍镜头具有双面性。低角度处理时，仰拍镜头能够优化背景，使画面显得简洁。例如，在室外以空旷的蓝天为背景，在室内以明净的天花板为背景，都能让画面更加干净利落。但是，当仰角角度较小，天花板进入镜头时，画面则会产生泰山压顶的压抑之感。因此，在使用仰拍镜头时，需要注意角度的选择，以塑造出合适的氛围和形象。仰拍镜头可以塑造出人物的高大强劲的形象和专横跋扈的象征。

图 25-9　平拍镜头

图 25-10　仰拍镜头

3. 俯拍镜头

俯拍镜头，与仰拍镜头形成鲜明对比，将摄像机的视角提升至人的水平视线之上。

俯拍镜头将地平线提升至画面之巅，或从顶端逐渐隐去，将地平面上的景致平铺直叙，巧妙地展现出地平面景物的层次、数量与地理位置，以及磅礴壮丽的场面，为人们带来深远辽阔的视觉体验。通常而言，俯拍镜头具备精准呈现环境位置、数量分布以及远近距离的特点，使画面更加生动真实，如图 25-11 所示。

在俯瞰视角的镜头之下，环境往往彰显出"左右"人的强大力量，使得人物显得无助而脆弱。正因如此，俯拍镜头常常被用来表达对人物的批判、否定和鄙视。

4. 倾斜镜头

倾斜镜头以别具一格的构图方式，颠覆了传统的横向与纵向水平线的束缚。它巧妙地运用不完整与歪斜的结构形式，为画面注入了独特的韵味和动态张力，呈现出一种别具一格的视觉盛宴，如图 25-12 所示。与前述镜头相比，倾斜镜头凸显了其表意功能，展现出别具一格的风格化特质。

图 25-11　俯拍镜头

图 25-12　倾斜镜头

25.2.3　方位

方位，在摄影术语中，指的是摄像机镜头与被摄主体在同一水平面上的一周 360° 的相对位置关系。它涵盖了通常所说的正面、侧面、背面、平角、仰角、俯角等不同的拍摄角度。如图 2-13 所示，当摄像方向发生变化时，视频画面中的形象特征和意境等也会随之发生明显的改变。

1. 正面镜头

正面镜头指的是摄像机在被摄主体的正前方进行拍摄的镜头，如图 25-14 所示。这种镜头有利于展现被摄对象的正面特征，容易呈现出庄重稳定、严肃静穆的气氛，并且能够清晰地展示被摄对象的横向线条。然而，如果主体在画面中占据面积过大，那么与画框水平边框平行的横线条就容易封锁观众视线，使得画面无法向纵深方向透视，从而显得缺乏立体感和空间感。

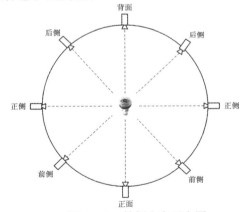

图 25-13　拍摄方向示意图

图 25-14　正面镜头

在拍摄人物时，正面角度能展现人物全貌，揭示其细腻的表情与动作。而运用平角度和近景的拍摄手法，则让画面人物与观众建立起直接的视觉交流，营造出一种身临其境的参与感，使观众感到亲切而亲近。众多节目的主持人和被采访者，都倾向于选择这种拍摄方式，因为它能凸显他们的个性特点，增强与观众的互动。

正面镜头的局限性在于难以展现物体的透视感和立体效果，若画面布局未能精心策划，被摄对象便可能失去层次感，显得平淡无奇，缺乏活力。

2. 侧面镜头

侧面镜头分为正侧镜头与斜侧镜头两种。

正侧镜头是指摄像机在主体正面方向成 90°角的位置(亦即人们常言的正左方与正右方)进行捕捉的镜头，如图 25-15 所示。此种拍摄手法，擅于描绘被摄物体的动感身姿与变幻莫测的外沿轮廓线条。人物及其他运动物体在行进过程中，其侧面线条之变化最为丰富与多样，最能折射出其独特的运动风采。

正侧镜头在展现人与人之间的对话和交流时，能够全面展现双方的神情和相对位置，不会忽略任何一方。例如，在拍摄会谈、会见等双方有交流的内容时，摄影师常常采用这个角度，以兼顾多方，平等对待。然而，正侧面角度的不足在于其不利于展示立体空间。

斜侧镜头是指摄像机在被拍摄主体的非正面、背面和正侧面的任意一个水平方向上(即通常所说的右前方、左前方及右后方、左后方)进行拍摄的镜头。虽然这些镜头的斜侧程度不同，但具有共同的特点。斜侧镜头在摄像中运用得最多，它有助于安排主体的陪体，并有利于调度和取景。

斜侧镜头通过将物体本身的横线在画面上转化为与边框相交的斜线，能够创造显著的形态透视变化，使画面生动活泼，具有更强的纵深感和立体感，有助于展现物体的立体形态和空间深度。例如，在电视采访中，通常采用近景景别构图，采访者位于前景、后侧面角度，被采访者位于中间偏后、前侧面角度。如此可使观众的注意力自然地集中到被采访对象身上。

3. 背面镜头

背面镜头，是一种捕捉生活细节与情感微妙之处的独特拍摄手法。它巧妙地将镜头置于被摄对象的背后，巧妙地捕捉那些鲜为人知的瞬间，带领观众深入探究人物背后的故事，如 25-16 所示。

背面镜头使画面所表现的视向与被摄对象的视向一致，以营造出观众与被摄对象具有共同视线的主观效果。在拍摄人物时，被摄人物所看到的空间和景物，与观众所看到的空间和景物相同，给人以强烈的主观参与感。

图 25-15　侧面镜头

图 25-16　背面镜头

当采用背面镜头拍摄人物时，观众无法直接观察到画面中人物的面部表情，从而营造出一种不确定性，激发观众的好奇心和兴趣。在背面方向拍摄人物时，面部表情不再占据首位，而人物的姿态动作则成为表现心理活动的主要形象语言。

25.2.4　焦距

在摄影艺术中，不同焦距的镜头具有各自独特的光学特性，这些特性为摄影师在刻画人物、描绘环境、烘托气氛、表现运动以及把握节奏等方面提供了有力的造型手段。同时，光镜头的焦距在心理情绪渲染方面也能产生强烈的艺术效果。

1. 标准镜头

标准镜头是一种焦距正常的镜头，它提供的视觉感觉、透视深度和视觉宽度与正常人眼相似。该镜头不会压缩生活空间或夸大其实，是畸变最小的镜头类型。使用标准镜头拍摄出的被摄对象，让观者感受到的真实感就像实际生活中的一样。

2. 长焦距镜头

长焦距镜头的视角较窄，景深较小，所包含的景物范围有限。它能够强化横向运动主体的速度感，适用于远距离拍摄，并将正常生活空间压缩在相应的空间中，形成景物压缩效果。此外，长焦距镜头还可利用焦点的变换来获得特殊的视觉效果。

3. 广角镜头

广角镜头在技术性能与视觉效果上与长焦距镜头完全相反。广角镜头的视角广，涵盖的景物范围广，能够展现宏大的场面和气势。其景深大，拍摄纵深方向的物体时，物与物之间的距离比实际生活中的要远。由于广角镜头夸大了纵深方向物体之间的距离，因此可以使被摄物体本身纵向运动的速度感加强。广角镜头对纵深景物近大远小的夸张表现，可以创造极富感染力的情绪围和视觉影像。使用广角镜头进行运动拍摄，可以减少因运动带来的视觉晃动。因此，广角镜头在新闻采访拍摄中具有广泛的应用价值。

4. 变焦距镜头

作为一款集成了三种镜头的创新产品，变焦距镜头以其便捷性消除了拆卸和更换镜头的繁琐步骤。通过调整焦距，摄影师可以在不改变机位的情况下，轻松实现不同景物的变换，为拍摄推进和拉出镜头提供了极大的便利。此外，变焦距镜头还能结合机位移动与焦距变换，创造出丰富多样的视觉效果，为影视作品增添更多流畅、多变的视觉冲击力。

25.2.5　运动

运动镜头是相对于固定镜头而言的拍摄方式，通过移动摄像机机位、改变拍摄方向和角度以及变化镜头焦距来拍摄。只要摄像机位置、镜头焦距等要素的连续变化，就会产生运动镜头。运动镜头主要包括推镜头、拉镜头、摇镜头、移镜头、跟镜头和升降镜头等。

1. 推镜头

在摄像术中，将镜头向被摄主体推进，或者调整焦距，使画面框架从远至近逐渐接近被摄主体的拍摄方法，称为推摄。使用这种方式拍摄出的运动画面，称为推镜头。

推镜头可通过两种方式实现：一是调整焦距，二是移动摄像机位置。两种方法所产生的效果各不相同，如表 25-2 所示。

表 25-2　变焦距推镜头和移动摄像机位置推镜头之间的差异

推镜头类型	变焦距推镜头	移动摄像机位置镜头
视距	不变	变化
视角	变化	不变
景深	变化	基本不变
镜头落幅	只是起幅画面某一局部的放大，没有新的形象出现	有新的形象出现
观看效果	通过视角的收缩取得景物变化，若人们没有这种视觉经验，很难产生身临其境的感觉	符合人们的观察习惯，易产生的身临其境的感觉

推镜头所拍摄的画面具有以下特点：

(1) 推镜头实现视觉前移的效果。

(2) 推镜头具有明确的主体目标。

(3) 推镜头将主体逐渐放大，周围环境相应缩小。

推镜头具有以下作用和表现力：

(1) 突出主体人物并清晰呈现其重点形象。

(2) 精心描绘细节，着重展现关键情节。

(3) 在一个镜头中呈现整体与局部、客观环境与主体人物的关系。

(4) 在一个镜头内景别的流转变换，仿佛一幅流动的画卷，巧妙运用了连续前进式蒙太奇手法，使叙述如诗如画，韵味无穷。

(5) 推镜头推进速度的快慢能够影响画面节奏，由此产生外化的情绪力量。

(6) 推镜头可通过突出重要的戏剧元素来展现特定的主题和含义。

(7) 推镜头可以通过视觉手段来强调或减弱运动主体的动感。

2．拉镜头

在摄影术中，将镜头逐渐远离被摄主体或变动镜头焦距(从长焦距调至广角焦距)，使画面框架由近至远与主体拉开距离的拍摄方法，称为拉摄。使用这种方法拍摄的运动画面，称为拉镜头。不论是调整变焦距镜头从长焦距拉成广角的拉摄，还是摄像机向后运动，其镜头的运动方向都与推摄正好相反。

拉镜头所拍摄的画面具有如下特点：

(1) 通过使用拉镜头技术，可实现视觉后移的效果。

(2) 拉镜头使拍摄主体逐渐缩小，而周围环境则逐渐变大。

拉镜头具有以下作用和表现力：

(1) 拉镜头有助于展现主体与主体所处环境之间的关系。

(2) 拉镜头画面的取景范围与表现空间逐渐拓展，细腻地呈现出多层次、多维度的构图变化。

(3) 拉镜头通过纵向空间及纵向方位上的画面形象，形成对比、反衬或比喻等效果。

(4) 通过局部细节作为起点，逐渐拉远镜头，使整体形象在观众的期待中慢慢浮现，这种拍摄手法不仅能引发观众的好奇心和想象力，更能增加整体形象的神秘感和引人入胜的魅力。

(5) 随着镜头中景别的流畅转换，完美呈现时空的完整性和连贯性。

(6) 镜头逐渐拉远，内部节奏从紧张逐渐过渡到舒缓，与推镜头的紧凑感相比，拉镜头更能展现情感上的余韵，产生丰富而微妙的感情色彩。

(7) 拉镜头通常用作结束性或结论性的镜头。

(8) 拉镜头可作为转场镜头使用。

3．摇镜头

在摄像机位置保持不变的情况下，通过调整三脚架上的活动底盘(云台)或拍摄者的自身动作，改变摄像机光学镜头轴线的拍摄方法，称为摇摄。使用摇摄的方式拍摄的运动画面，称为摇镜头。

摇镜头所拍摄的画面具有以下特点：

(1) 摇镜头的运用，仿佛是人们自然地转动头部，环视四周，或是轻轻地将视线从一处流转至另一处，营造出鲜活的视觉效果。

(2) 一个完美的摇镜头，是由起幅、摇动和落幅三个紧密相连的部分共同构成的。

(3) 在这个从起幅渐入佳境至落幅的流畅运动中，摇镜头巧妙地引导着观众的视觉焦点，使之不断调整，为画面注入生动与活力。

摇镜头具有以下作用和表现力：

(1) 以广阔的展示空间，拓展视野的广度。

(2) 借助细致入微的小景别画面，融入更丰富的视觉信息。

(3) 阐述同一场景中两个物体间难以言喻的内在联系。

(4) 通过巧妙的摇镜头，将性质、意义相对或相似的两个主体巧妙串联，呈现出暗喻、对比、并列或因果关系的深层含义。

(5) 当展示三个或更多主体及其关系时，镜头或减速或停顿，构成间歇摇的动人节奏。

(6) 在稳定的起幅画面后，运用极快的摇速使画面中的形象化为虚无，形成极具视觉冲击力的甩镜头。

(7) 以追摇的方式，生动展现运动主体的动态美、动势变化、运动轨迹和方向感。

(8) 将一组相同或相似的画面主体通过摇镜头逐一呈现，营造出一种累积的视觉效果。

(9) 摇镜头引出意外之物，巧妙设置悬念，使观众在一个镜头中体验到视觉注意力的起伏变化。

(10) 运用摇镜头展现主观性镜头的独特视角和情感表达。

(11) 借助非水平的倾斜摇、旋转摇，生动展现特定的情绪和氛围。

(12) 摇镜头作为画面转场的有效手段之一，为观众带来流畅而富有创意的观看体验。

4. 移镜头

将摄像机巧妙地固定在某个物体上，随着物体的移动进行拍摄，这种独特的拍摄方式被誉为移摄。使用移摄技巧所捕捉到的运动画面，称为移动镜头，简称移镜头。

移动摄像是一种以人们对生活的感受为基础的艺术形式。在实际生活中，人们并不会总是静止地观察事物。相反，人们会将自己的视线从一个对象转移到另一个对象上；在行走时保持视线与对象的距离不变，或者走近或退远地观察；有时也会在汽车上通过车窗向外眺望。移动摄像旨在反映和还原这些视觉感受，使人们能够重新体验到生活中的美好和感动。

移镜头所拍摄的画面具有以下特点：

(1) 摄像机的运动使画面框架始终处于动态之中。

(2) 摄像机的运动，直接激发了观众在生活中对运动的视觉感受，唤醒了人们在各种交通工具上以及行走时的视觉体验，使观众产生一种身临其境之感。

(3) 移动镜头所呈现的图像空间是连续且完整的。

移镜头所拍摄具有以下作用和表现力点：

(1) 移镜头的灵动游移，巧妙地拓展了画面的视觉疆域，构筑出独具匠心的视觉美学。

(2) 移镜头在处理壮观场景、深远纵深、丰富景物、多层次构图时，展现出一种恢宏磅磅的视觉震撼力。

(3) 流动的摄像技术巧妙地传递了主观情感，那些饱含情感的镜头，带来了更为真实生动的现场体验。

(4) 挣脱了定点拍摄的束缚，移动摄像巧妙地捕捉了多种独特的视角，为观众带来了各种运动状态下的视觉盛宴。

5. 跟镜头

在视频制作中，跟摄是一种常见的拍摄方法，它是指摄像机始终跟随运动的被摄主体一起运动而进行拍摄。使用这种方法所拍摄的运动画面称为跟镜头。

跟镜头主要分为前跟、后跟(背跟)和侧跟三种类型。前跟是从被摄主体的正面拍摄，即摄像机倒退拍摄。背跟和侧跟是摄像机在人物背后或旁侧跟随拍摄的方式。

跟镜头所拍摄的画面具有如下特点：

(1) 镜头的焦点始终锁定在一个跃动的主体之上，无论是人物还是物体，都成为视觉的焦点。

(2) 在拍摄的画面中，被摄对象在画框中的位置宛如定格，保持着稳定的姿态，同时，画面对于主体的展现也呈现出一种沉稳而连贯的景致。

(3) 跟镜头与摄像机步步逼近的推镜头、或是摄像机自身向前疾驰的前移动镜头，在视觉感受上形成了鲜明的对比。

跟镜头具有以下作用和表现力：

(1) 跟镜头巧妙地捕捉运动中的被摄主体，展现其连贯且详尽的动态美。

(2) 与被摄对象并肩前行，跟镜头营造出动态主体稳定、静态背景流转的视觉效果，巧妙地将人物与环境相互融合，为观众揭示背景故事。

(3) 从人物背后悄然跟拍，这种独特的视角使观众与被摄人物的视角产生共鸣，营造出极具主观感受的镜头语言。

(4) 跟镜头以其独特的记录方式，紧密追踪人物、事件和场面，为纪实性节目和新闻节目增添了不可或缺的纪实价值。

6. 升降镜头

摄像机借助升降装置等一边升降一边拍摄的方式，称为升降拍摄。使用这种方法拍摄的运动画面叫升降镜头。

升降拍摄，这种独特的运动摄像方式，在人们的日常生活中并不常见，除了乘坐飞机或观景电梯等特定场合，人们很难体验到与之相似的视觉感受。它的画面造型效果独特，能够给观众带来强烈的视觉冲击，带来新奇、独特的视觉享受。

为了捕捉这种效果，升降拍摄通常需要借助升降车或专用升降机来完成。尽管有时人们也可以尝试肩扛或怀抱摄像机，通过身体的蹲立转换来模拟升降拍摄，但这种方法的升降幅度较小，画面效果并不显著。

升降镜头所拍摄的画面具有以下特点：

(1) 随着升降镜头的缓缓升降，画面的视域仿佛拥有了生命，自如地扩展与收缩，为观众揭示出更为广阔或更为细腻的视觉世界。

(2) 在升降镜头的巧妙运用下，视点不断变换，呈现出多角度、多方位的构图效果，使画面充满了层次感和立体感，令观众仿佛身临其境。

升降镜头具有以下作用和表现力：

(1) 升降镜头的运用，巧妙地凸显了高大物体的各个局部细节，使其更加立体生动。

(2) 在展现纵深空间时，升降镜头巧妙地捕捉了点与面之间的关系，为观众带来了更加丰富的视觉体验。

(3) 升降镜头常用于展现事件或场面的宏大规模、磅礴气势和独特氛围，为观众带来身临其境的感受。

(4) 镜头的升降变换，不仅实现了单个镜头中内容的巧妙转换与调度，还丰富了画面的层次感和动态美。

(5) 升降镜头的运用，能够细腻地表现出画面内容中感情状态的起伏与变化，使观众在欣赏画面美的同时，也感受到情感的力量。

25.3　视听语言的语法

蒙太奇，这一视听语言的精髓与灵魂，犹如语言的"语法"，它巧妙地将影像与声音元素编织在一起，构成了数字视频作品的灵魂与骨架。在其整个创作过程中，蒙太奇都发挥着举足轻重的作用。

25.3.1　蒙太奇的概念

蒙太奇(Montage)这个词源自法国建筑学，原指将多元素材依循总体设计巧妙结合，构筑为和谐统一的整体。其后，这一术语被电影艺术所采纳，成为其独特语言的一部分，引领观众跨越时空，感受影像的魔力。

蒙太奇，这一术语原本专指镜头组接的章法和技巧。然而，随着影视艺术的蓬勃发展，蒙太奇所承载的意义已远远超越了其原始界定。如今，它不仅是镜头组接的精髓所在，更成为了影视作品的核心思维方法、精巧结构手法以及全方位艺术表现手段的总称。蒙太奇，以其独特魅力，赋予了影视作品以灵魂与生命。

25.3.2　蒙太奇的作用

蒙太奇具有叙事作用和表现作用。

1. 叙事作用

通过巧妙地组合多个镜头，能够生动地叙述事件的演变历程，这正是蒙太奇所独具的叙事魅力所在。

2. 表现作用

根据人类心理和事物内在关系的探讨，蒙太奇的表现作用在于打乱正常的时空关系，以平行、交错等多形式组接镜头，从而激发观众的情绪，引起观众的联想、对照、反衬。

25.3.3　蒙太奇的常见形式

在数字视频作品的创作过程中，巧妙地运用蒙太奇手法进行镜头的组接，能够赋予画面更深层次的表现力，打造出引人入胜的视觉效果，下面介绍几种常用的蒙太奇形式。

1. 叙事蒙太奇

叙事蒙太奇，巧妙地将情节与事件交织在一起，以呈现一个引人入胜的故事。它遵循事件发展的时间脉络、逻辑顺序以及因果关系，精心组接每一个镜头，使得整个故事线索流畅而连贯。这种手法不仅让观众更好地理解故事的发展，更能在心中留下深刻的印象。叙事蒙太奇包括以下 3 种常见形式：

(1) 连续式蒙太奇。连续式蒙太奇是影视节目常用的叙事手法，以事件时间顺序、动作连续性和逻辑因果关系为基础进行镜头剪辑。

(2) 平行式蒙太奇。平行式蒙太奇是一种交替叙述两条或两条以上情节线索的手法，将不同地点同时发生的事件交错地展现出来。这种叙事方式可令多个事件相互衬托、补充，产生更加丰富的表现力。

(3) 颠倒式蒙太奇。颠倒式蒙太奇是一种打乱时间顺序的结构方式，它能够将自然的时空关系转变为主观的时空关系，从而改变各镜头间的逻辑关系。这种手法可以表现为整个作品的倒叙结构，也可表现为闪回或过去与现实的混合。在许多侦探片和悬疑片中，叙述案件时不断通过回忆、复述等形式将案件的起因、过程逐步展现在观众眼前。

2. 表现蒙太奇

蒙太奇手法巧妙地融合了不同时间、地点和内容的画面，以满足艺术表达的需求，创造出独特的新意义。这种手法超越了事件的连贯性和时间的连续性，专注于画面间的内在关联，呈现出独特的艺术魅力。表现蒙太奇主要包括以下 4 种常见的形式：

(1) 积累式蒙太奇。巧妙地并列组合多个内容相互关联或内在相似的镜头，营造一种独特的氛围，让情节更加突出，情感更加深沉。这种独特的组合方式，不仅让观众沉浸在丰富而多彩的视觉盛宴中，更引领他们深入体验故事背后的深层内涵。

(2) 对比式蒙太奇。镜头与场景的组接，不仅依赖技术层面的巧妙处理，更在内容、情绪与造型上寻求尖锐对立与强烈对比的碰撞。这种对比，不仅能够巧妙地连接各个镜头，更能形成相互衬托、比较与强化的艺术效果，为观众呈现出一幅幅层次丰富、情感饱满的视听盛宴。

(3) 重复式蒙太奇。运用重复的镜头手法，即在同一机位、同一角度、同一背景、同一主体下捕捉画面，可以在作品中突显深刻的主题和寓意，不断加深观众的共鸣，达到更加出色的艺术表达效果。

(4) 比喻式(或称象征式、隐喻式)蒙太奇。借助具体形象或动作来描绘抽象概念，是艺术的一种独特表现方式。犹如鲜花盛开，绽放出爱情的芬芳与幸福的预兆；鸽子展翅飞翔，舞动着和平的旋律。比喻式蒙太奇巧妙地将宏大的概括力与极致的简洁性融为一体，赋予作品深刻的情感色彩和强烈的情绪感染力。然而，在运用这一独特手法时，需持谨慎之态，确保比喻与叙述如丝般顺滑地交织在一起，避免显露出任何生硬或牵强的痕迹。

25.3.4　声音蒙太奇

数字视频作品中，声音与画面有机结合，可以丰富画面含义，渲染气氛。声音的各成分在作品结构中发挥重要作用，像画面蒙太奇一样，声音也有丰富的组合关系。以声音最小段落为时空单位，进行声音与画面、声音与声音的组合，称为声音蒙太奇。

1. 声音与画面的关系

声音与画面具有声画同步、声画对位、声画对立的关系。

(1) 声画同步。声画同步是指声音与画面中的发声体发音形象同步发展变化保持一致。画面为主，声画需配合才有意义和发挥作用。观众看到的口形和听到的声音需同步，声源需在画中。为了赋予画面转换以独特的节奏感，可以精心选择在语言与音乐的停顿或节拍之处作为画面的切换点。这种将画面与声音节奏相协调的处理方式，不仅是对声画同步的深入运用，更是为作品增添了别样的艺术韵味。

(2) 声画对位。声画对位，巧妙地将声音与画面中的视觉形象进行非同步的有机结合。它的特点在于，声音并非简单地模仿画面中人物或物体的自然声响，而是经过精心选编，与画面表现的内容相得益彰。这种声画结构形式，虽然各自独立，却又相互呼应，通过声音与画面的巧妙配合，能够激发观众的无限联想，赋予作品更深层次的寓意和内涵，超越了声音和画面本身所能传达的界限。

(3) 声画对立。这是一种独特而富有张力的剪辑手法，将声音与画面巧妙地非同步结合。与声画对位相比，其独特之处在于声音与画面在情绪、气氛、节奏或内容等方面呈现出鲜明的对立。这种声画结构方式，赋予了声音更为突出的独立作用，在与画面的对立中孕育出深刻的寓意，从而更加鲜明地突显出主题思想的内涵。

2. 声音与声音的关系

声音与声音具有相互补充、相互替代、相互对列的关系。

(1) 相互补充。一种声音在表现力不足的情况下，可增加一种或多种声音，多种声音混合运用互相加强、补充，共同表现出同一内容。这样可以再现现实生活中复杂多样的声音空间，让观众获得真实可信的空间感。

(2) 相互替代。当某种声音不能完美展现其内在潜力时，可以巧妙地借助另一种声音来填补这一空缺。例如，有时用大自然的音响去替代人物的内心独白，以此更加细腻地展现人物的内心世界；又或者，用美妙的音乐来取代自然音响，为特定的环境氛围增添一层别样的色彩。通过这样的声音替代，能够更加生动地传达出想要表达的情感和意境。

(3) 相互对列。与镜头对列相类似，通过将情绪、气氛、节奏和内容相互对立的声音对列表现形式，使得声音与画面的相互对列加强，从而产生更为强烈的对比效果。

第 26 章 数字视频作品的设计与编辑

 本章简介

数字视频作品的设计是作品成功的基石，它确保视频内容有创意、有吸引力，并能有效地传达信息。数字视频编辑是提升视频质量、增强观看体验的关键环节。本章主要介绍数字视频作品的设计、数字视频编辑的类型及特点、数字视频非线性编辑的基本流程，以及非线性编辑软件剪映专业版（电脑版）的工作界面、基础工具、进阶工具以及高阶工具。

 学习目标

知识目标：

(1) 了解数字视频作品设计的整个流程。

(2) 掌握文字稿本的撰写规范，熟悉分镜头稿本的制作方法。

(3) 掌握数字视频编辑的基本流程，熟悉非线性编辑软件的使用。

(4) 了解为视频添加特效、字幕和音频等元素的基本方法。

能力目标：

(1) 能够根据项目需求，独立完成数字视频作品的文字稿本设计。

(2) 运用分镜头知识，合理划分并设计视频作品的各个镜头。

(3) 能够熟练使用非线性编辑软件完成视频剪辑任务。

(4) 能够为视频添加适当的特效、字幕和音频等。

思政目标：

(1) 培养学生的耐心和细心，以及追求精益求精的工作态度。

(2) 鼓励学生发挥创意，创作出有吸引力的数字视频作品。

 思维导图

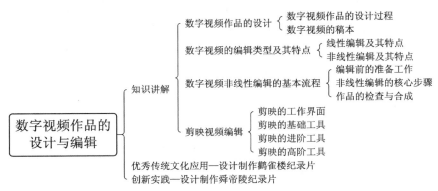

> **知 识 讲 解**

26.1　数字视频作品的设计

26.1.1　数字视频的设计过程

数字视频作品的设计旨在根据作品主题的表现，确定过程、方法和方案，从而制定出作品的拍摄方案和风格，其一般过程为确定主题、安排结构、设计创意等。

1. 确定主题

确定主题，就是巧妙地构思视频所要传达的核心信息，让每一帧画面都叙述着一个引人入胜的故事，或描绘着一段细腻动人的场景变化。这个过程至关重要，视频设计不是简单的素材堆砌，而是要让各种素材在逻辑上相互串联，共同构建起信息的传递桥梁。举例来说，若为自己或亲友、客户制作电子结婚纪念册，主题便聚焦于幸福的婚姻时刻。在这样的主题下，需要营造出浓厚的喜庆氛围，并将那些饱含纪念意义的珍贵瞬间精心珍藏于电子纪念册之中。又或者，若要创作一部展现大学生友情的 DV 剧，主题将引导选择和编写与友情紧密相连的故事情节，任何与主题无关的内容都应毫不犹豫地摒弃。

无论是数字视频作品的何种类型，明确主题都至关重要。它就像指南针，为作品的创作提供明确的方向，确保创作不偏离主道。

2. 安排结构

在确定作品主题和收集到相关素材后，下一步关键在于将这些素材巧妙地组织起来，形成有机整体，以充分展现主题。这就是作品的结构问题。

结构如同骨架，支撑着整体。正如建筑房屋，好的房屋结构能使砖、石、木料等材料构成坚固、完美的房子；反之，即使材料再好，若结构不佳，则可能导致房屋歪斜甚至无法建成，只能成为废料一堆。同样地，一部优秀的作品也需要具备优秀的结构形式。在着手编写文字稿本之前，需要对未来作品进行整体构思，并考虑以下问题：

(1) 作品如何进行整体布局？

(2) 作品开头和结尾应如何处理，首尾如何呼应？

(3) 中间内容按照何种层次展开？

(4) 作品分为几个段落，段落间如何衔接？

(5) 作品高潮安排在哪里，如何表现？

只有预先进行认真、周密的设计，才能使作品形成完整的整体，充分体现创作意图。

3. 设计创意

在确定主题和结构之后，下一步是设计实现视频的具体方案。即根据每段内容要表达的具体信息，进行主要画面、主要声音和主要字幕的配合设计。此过程即将主题"翻译"为视频画面的过程。

26.1.2　数字视频作品的稿本

在拍摄数字视频作品的前期阶段，精心编写稿本显得至关重要的。稿本不仅是前期拍摄的蓝图，更是后期制作不可或缺的文字依据。因此，稿本在数字视频作品的制作中，无疑是基础与起点。

在构思稿本之前，一个完整的提纲是不可或缺的。提纲的作用在于梳理创作思路，明确作品的核心内容、主题思想、艺术风格及整体结构。通过精心设计的提纲，能够更好地掌控作品的脉络与方向。

数字视频作品的稿本主要分为两种类型：文字稿本与分镜头稿本。这两种稿本各具特色，共同构成了数字视频作品的骨架与灵魂。

1. 文字稿本

1) 文字稿本的格式

数字视频作品的文字稿本格式因作品种类的不同而各具特色，主要可以分为提纲式、声画式、剧本式。

(1) 提纲式。提纲式文字稿本通常用于以记录为主的创作中。实际上，它并不算作真正的文字稿本，只能说是个拍摄提纲，旨在制定详细的拍摄计划，包括选定特定拍摄对象、场景、采访主题、线索安排以及结构规划等。此外，这种稿本可能仅仅是出于对某个题材的浓厚兴趣(例如，某个人物或事件的戏剧性、命运感、典型性等特性)，并对其价值进行相对主观的评估。它缺乏具体的拍摄大纲和执行计划，通常采用边拍边看的方式，在拍摄过程中发掘线索、调整结构并确立主题。

(2) 声画式。声画式稿本适用于类似电视专题片的数字视频作品，包含详尽的画面与解说词两部分。在编写时，画面与解说词通常被分为左右两栏。每组相对应的画面配有专门的解说词，对于纪录片的创作，可以在开始时将提纲式文字稿本稍加完善，以形成声画式文字稿本。

(3) 剧本式。剧本式文字稿本的格式犹如话剧剧本一般，但与话剧剧本不同的是，它特别强调视觉造型性。在剧本创作过程中，需要把握好以下4个要点：

① 人物。人物是剧本的灵魂，塑造出一个典型或引起观众共鸣的人物形象是一部作品成功与否的关键。无论人物来自现实生活、魔幻虚拟或动物造型，都应体现作者的审美取向和价值评判。人物也分为主要人物和次要人物，主要人物即故事中的主人公，是矛盾冲突的主体，也是作品主题思想的重要体现者，其行为和思想贯穿整个故事。简单地说，故事中的大部分事情都发生在主人公身上，或与主人公有密切关系。

要塑造一个生动的人物形象，创作者需要对生活进行细致的观察和对人物的理解。人物的动作和语言常被用来表现性格或心理。

② 对白。对白应简洁明了且意味深长。中国有古话："言为心声""言有尽而意无穷"之说。此时"言"包括说话者已传达信息及言语之外信息。读者可透过上下文关系、表情和肢体语言等获得。

著名作家海明威认为，作品展现在读者面前的只是冰山的八分之一，还有剩下的八分之七隐藏在海面之下。而一部作品真正能够让读者和观众回味无穷的，恰恰是这隐藏起来的八分之七。

③ 场景。任何故事的发生都离不开特定的环境，即使是荒诞的、跨越时空的故事，其中的主人公也总是在一个特定的环境中进行行为、思考和言说。环境决定了主人公的成长和生活背景，也为观众了解主人公提供了一个客观的视角。在故事脚本中，故事发生的环境被称为场景。

④ 动作说明。视频作品以画面和动作为核心传达信息。剧本中的动作描述两个主要功能：一是确立故事中角色行动方式，并利用肢体语言表达人物情绪；二是为下一工作环节，即分镜头脚本做铺垫工作。

2) 怎样写好文字稿本——视觉造型性

文字所描绘的画面，最终都将在屏幕上呈现，故而在描绘时，画面内容需得具体且富有视觉冲击力。具体，即是以真实、细腻的形象描绘，激发读者的联想与共鸣。

无论是小说中的情节描绘，还是诗歌中的意境渲染，它们虽不能直接在视觉上呈现，但都能通过读者的想象，形成独特而深刻的视觉印象。这种印象因个人的文化素养和艺术感知而异，独一无二。

文字稿本画面写作的核心，便是将这些文字所描绘的画面以视觉、造型的形式展现在屏幕上。电影大师普多夫金曾对此有过精辟的论述："编剧需时刻铭记，笔下的每一个字句都将在银幕上以某种视觉、造型的形式出现。因此，字句的选择并非关键，关键在于这些描写能否在外形上得到完美呈现，形成具有视觉冲击力的画面。"

在画面写作中，应避免空洞的逻辑叙述、抽象的概念讲解或文字性的抒情。这样的文字不能为导演提供具有视觉冲击力、可加工的画面素材。例如，"一个旅行者在沙漠中迷失方向，疲惫而干渴。"其中，"疲惫"和"干渴"是内在的心理感受，缺乏具体的外部动作和形态，因此难以在画面上呈现。

2. 分镜头稿本

分镜头稿本，不仅是对文字稿本的巧妙分切与深度再创作，更是整个作品的灵魂与制作蓝图。

1) 分镜头及其依据

分镜头的工作，是将文字稿本中的画面意境巧妙地拆解成多个独立而连贯的镜头，精准地诠释文字稿本所蕴含的内涵与情感。例如，在文字剧本中，描绘的画面为："一个小男孩在马路上捡到了一分钱硬币，并将其交给了民警叔叔。"在分镜头时，可以将其分为以下几个镜头：

镜头 1：全景，小男孩在路上欢快地跳跃着，奔跑着，仿佛整个世界都在他的脚下旋转。然而，突然之间，他停下了脚步，低下头去，好像在寻找着什么，或是被某物深深吸引。

镜头 2：近景，小男孩垂着眼帘，专注地凝视着地面。

镜头 3：特写，在繁忙的马路上，静静地躺着一枚微不足道的一分钱硬币。

镜头 4：中景，小男孩稚嫩的小手轻轻弯曲，并蹲下身子，细心拾起地面上的硬币。

镜头 5：全景，小男孩迈着轻盈的步伐，欢快地向远方奔跑，留下一串纯真无瑕的笑声。

镜头 6：近景，小男孩童稚的小手紧紧握住那枚闪耀着希望的硬币，他带着纯真的微笑，将这份信任与尊重轻轻地交付到了民警叔叔的手中。

作为导演，应重视并做好分镜头的工作，充分运用分镜头这一艺术手法，使数字视频作品具有更强的表现力。在分镜头时，导演的主要依据有以下两种：

(1) 视觉心理的规律。观众在观看画面时，内心会自然产生探究被拍摄对象更清晰、更深刻的渴望。这种心理需求引导着镜头运用不同的景别和拍摄技巧，来满足观众对于视觉感知的追求。镜头可以从远处拉近，让观众感受到被拍摄对象的细致之处；也可以从近处拉远，展现整个场景的全貌。有时，镜头从高处俯瞰，带来一种鸟瞰全景的震撼；而有时，则从低处仰视，形成一种仰望高处的敬畏。镜头可以随着目标移动，带给观众身临其境的参与感；也可以固定一处，细细品味某一瞬间的精彩。这些视觉心理规律的运用，不仅让观众看得更清楚，更能让画面呈现出更丰富的层次和深度。

(2) 依据蒙太奇组接的原则。通过运用蒙太奇手法，巧妙地将各个镜头组合在一起，形成镜头组，是分镜头创作中不可或缺的重要步骤。

2) 分镜头稿本的性质与作用

分镜头稿本是指将文字稿本分解为可拍摄的镜头，并将每个镜头的详细内容记录在专用表格上的脚本。它包括将文字稿本的画面内容转化为具体、形象且可拍摄的画面镜头，排列和组合这些镜头以形成镜头组，并说明镜头组接的技巧；相应镜头组或段落的音乐与音响效果。

将文字稿本加工成分镜头稿本，不是对文字稿本的图解和翻译，而是在文字稿本的基础上进行画面语言的再创造。尽管分镜头稿本也以文字形式书写，但能够在脑海中"放映"出来，并产生可见的效果。

分镜头稿本的作用如同建筑大厦的蓝图，旨在为作品的摄制提供依据。全体摄制人员根据分镜头稿本分工合作，协同完成摄、录、制等各项工作。

3) 分镜头稿本的格式

分镜头稿本通常采用精心设计的表格形式，如表26-1所示，以呈现其独特的内容结构。这个表格不仅条理清晰，还包含了镜号、机号、景别、技巧、时间、画面、音响、音乐及备注等多个关键要素。通过这些要素，可以详细了解每个镜头的细节，从而更好地呈现出剧本的精髓和创意。

表 26-1 分镜头稿本的格式

镜号	机号	景别	技巧	时间	画面	音响	音乐	备注

镜号：即镜头的序列编号，它按照作品中镜头的出场顺序，以数字的形式进行标注。这个编号不仅是镜头的身份标识，还确保了作品在剪辑过程中的连贯性和一致性。在拍摄过程中，镜头的拍摄顺序可能会根据实际情况进行调整，但在剪辑阶段，必须严格遵循这一序列编号进行编辑，以确保故事的流畅性和观众的观影体验。

机号：在拍摄现场，常常可以看到2~3台摄像机同时工作，而机号便是用以标识每个镜头具体由哪一台摄像机捕捉。当两个连续的镜头是由两台或更多摄像机分别拍摄时，特技机便在现场发挥作用，将这两个镜头巧妙地编辑在一起，为观众带来连贯的观影体验。

然而，若整个拍摄过程仅采用一台摄像机，并在后期进行编辑和录制，那么原先的机号标识就失去了其实际意义。

景别：镜头的视角变幻无穷，无论是广阔的远景、宏伟的全景、生动的中景、细腻的近景，还是深入骨髓的特写，每一种都代表了观众与拍摄对象之间的独特距离。它们让观众有机会从多个角度欣赏和感知世界，仿佛身临其境，与画面中的每一个细节紧密相连。

技巧：在影视制作中，镜头的运动技巧包括推、拉、摇、移、跟、升降等。画面组合技巧包括分割画面和键控画面等，而镜头之间的组接技巧则包括切换、淡入淡出、叠化、圈入圈出等。在分镜头稿本中，通常需要标明镜头之间的组接技巧。

时间：指镜头画面的时间，表示该镜头的长短，通常以秒为单位。

画面：用文字描述所拍摄的具体画面。为了阐述方便，推、拉、摇、移、跟等拍摄技巧也与具体画面结合在一起加以说明。画面组合技巧，如画面由分割的两部分合成，或在画面上键控出某种图像等，有时也包括在内。

音响：精准标注每个镜头所需的效果声，以展现极致的视听体验。

音乐：准确标注音乐的内容和起始、结束位置。

备注：本栏目的使用方便了导演的记事，导演有时会将拍摄外景地点和一些特别要求记录于此。

注意：在作品为纪录片或专题片类型的情况下，若需要配上解说，则应增加"解说"栏。该栏目与画面应当紧密结合。

26.2　数字视频的编辑类型及其特点

数字视频的编辑分为线性编辑和非线性编辑。本节主要介绍这两种类型及其特点。

26.2.1　线性编辑及其特点

1. 线性编辑的概念

线性编辑是一种传统的视频编辑方式，它按照信息记录顺序，从磁带中重放视频数据来进行编辑，一旦编辑完成，就不能再修改。在寻找素材时，录像机要进行线性搜索，反复地前卷、后卷寻找素材，不但浪费时间，而且对磁头、磁带会造成磨损。线性编辑在过去是主流的视频编辑方式，但随着计算机技术的发展，其已逐渐被非线性编辑所取代。

2. 线性编辑的特点

线性编辑具有以下特点：

(1) 顺序性。线性编辑必须按照时间顺序进行，编辑人员从头到尾依次进行编辑。

(2) 依赖物理媒介。传统的线性编辑通常使用磁带作为存储媒介，编辑过程中需要频繁地倒带、快进以寻找和定位素材，操作繁琐且耗时。

(3) 编辑过程不可逆。一旦编辑完成并录制到磁带上，就不能轻易修改。

(4) 设备依赖性。线性编辑需要使用专业的编辑机、录像机等硬件设备，这些设备的成本和维护费用都相对较高。

(5) 时间消耗大。由于需要按顺序查找和编辑素材，且不能轻易修改，因此比较耗时。

(6) 技术门槛较高。线性编辑需要编辑人员具备较高的专业技能和经验。

26.2.2 非线性编辑及其特点

1. 非线性编辑的概念

非线性编辑是一种数字化的视频编辑方式，它借助计算机和相关软件进行编辑，几乎所有的工作都在计算机内完成。这种方式突破了传统线性编辑的时间顺序限制，允许编辑人员以非线性的方式灵活处理视频素材。

2. 非线性编辑的特点

非线性编辑具有以下特点：

(1) 灵活性。非线性编辑不受时间顺序的限制，编辑人员可以随意组合和重新组织视频片段和音频，这为编辑人员提供了更大的创作自由度。

(2) 高效率。由于素材存储在计算机硬盘中，非线性编辑可以实现对素材的即时访问和编辑，无须像线性编辑那样耗费时间寻找和定位素材，大大提高了编辑效率。

(3) 高质量。在非线性编辑过程中，信号质量始终保持不变。编辑人员可以多次编辑和处理同一段素材，而不会像线性编辑那样因多次复制而降低信号质量。

(4) 丰富的特效和功能。非线性编辑软件通常包含大量的特效、转场、字幕等功能，这些功能使得编辑人员能够轻松实现各种复杂的视频效果，提升视频的观赏性和吸引力。

(5) 易于修改和更新。在非线性编辑系统中，修改和更新视频变得非常简单。编辑人员可以随时回到之前的编辑点进行修改，或者添加新的素材和效果。

(6) 用户友好性。非线性编辑器的界面通常更为友好和直观，易于上手和操作。

26.3　数字视频非线性编辑的基本流程

本节主要介绍非线性编辑的基本流程，以展现一种更高效、灵活且适应性强的视频编辑方式。

26.3.1 编辑前的准备工作

编辑前的准备工作是确保编辑过程顺利且高效的关键步骤。以下是非线性编辑前需要做的准备工作。

1. 收集与整理素材

根据项目需求，收集相关的视频、音频、图像等素材。

对收集到的素材进行归类和整理，确保它们的组织有序，易于查找和使用。

2. 准备硬件和软件

确保计算机硬件配置能够满足非线性编辑软件的要求，包括足够的内存、高速的处理器和大容量的存储空间。

安装和配置适合的非线性编辑软件，熟悉软件的基本操作和常用工具。

3. 制订编辑计划

明确编辑的目标和风格，以及项目的最终输出格式和要求。

制订一个详细的编辑计划，包括镜头的选择、特效的应用、音频的处理等。

4. 备份原始素材

在进行编辑之前，务必备份所有原始素材，以防在编辑过程中发生数据丢失或损坏。

5. 了解版权问题

对于使用的所有素材，确保已经获得了合法的授权或许可。

了解并遵守相关的版权法规，避免侵权风险。

6. 创建项目文件夹和文件管理

在计算机上创建一个专门的项目文件夹，用于存储与项目相关的所有文件和素材。

建立良好的文件管理习惯，确保文件命名规范、分类明确。

7. 进行技术测试与设备检查

对所有将要使用的设备进行技术测试，确保它们处于良好的工作状态。

检查计算机的操作系统、驱动程序和编辑软件是否已更新到最新版本。

做好这些准备工作，可以大大提高非线性编辑的效率和质量，减少编辑过程中可能遇到的问题。

26.3.2　非线性编辑的核心步骤

非线性编辑的核心步骤主要包括以下几个方面。

1. 素材导入与组织

将视频、音频和图像等素材导入编辑系统，并进行有序的分类和管理。

2. 剪辑与拼接

剪辑与拼接是视频编辑的核心环节。编辑人员根据剧本或创意构思，精确地选择和排列素材片段。这包括删除冗余部分、保留精彩瞬间，并通过无缝拼接不同素材，讲述一个连贯且吸引人的故事。此外，这一环节还可能涉及对素材的速度、方向或顺序进行微调，以达到最佳的叙事效果。

3. 特效与转场应用

特效与转场为视频增添视觉上的层次感和动态效果。编辑人员利用各种视觉特效来强调关键信息、营造氛围或创造独特的视觉风格。同时，通过在素材之间应用流畅的转场效果，如淡入淡出、溶解、划像等，可以使得不同场景之间的过渡更加自然和吸引人。这一环节极大地丰富了视频的视觉表现力和动态感。

4. 音频调整与处理

音频是视频中不可或缺的一部分。编辑人员调整视频的音频部分，以确保声音清晰、平衡且富有层次感。通过精心的音频处理，可以显著提升视频的观看体验。

5. 字幕制作与叠加

字幕制作与叠加用于创建和编辑视频中的文字信息，包括添加标题、说明性文字或对话字幕等。通过字幕，编辑人员可以提供额外的信息、解释或强调视频中的某些内容。此外，字幕的样式、位置、动画效果等也是需要关注的内容。合理的字幕设计能够增强视频的易读性和观赏性。

6. 预览与微调

在视频编辑的后期阶段，预览与微调发挥着至关重要的作用。通过预览整个视频项目，编辑人员可以检查剪辑的连贯性、音视频的同步性以及特效的呈现效果等。如果发现不满意或需要改进的地方，编辑人员会进行细致的微调，如调整剪辑点、优化特效参数或重新选择背景音乐等。这一环节确保了视频质量的最终提升和完善。

26.3.3 作品的检查与合成

完成非线性编辑后，需要对作品进行仔细的检查。这包括：检查视频的连贯性，确保每个镜头之间的过渡自然流畅，没有突兀的跳跃或断裂；检查音频是否清晰无杂音，特效是否与视频内容相契合等。

在检查无误后，即可进行作品的合成和导出。根据项目的输出要求，选择合适的视频格式和编码设置，确保导出的视频质量符合要求且能够在目标平台上正常播放。最后，还可以对导出的视频进行再次预览和确认，确保一切完美无误。

26.4　剪映视频编辑

常用的数字视频编辑软件有 Premiere、After Effects、Edius、Vegas、绘声绘影、剪映等。其中，剪映是一款非线性视频编辑软件，由抖音公司开发设计，具有全面的剪辑功能，支持变速、多样滤镜和美颜效果，曲库资源丰富，广泛应用于广告设计和数字视频制作。本节以剪映软件为例，介绍数字视频编辑的流程。

26.4.1 剪映的工作界面

剪映是具有交互式界面的软件，其工作界面中有多个工作组组件。用户可以通过菜单和面板相互配合使用这些组件，直观完成视频编辑。

这里以剪映专业版 Jianying_4_4_0_10337 为例，介绍其工作界面。读者可以通过官方渠道下载剪映最新版本。用户可以通过注册账号来使用本软件，也可以通过登录抖音账号来使用本软件。

剪映预览界面如图 26-1 所示。登录账号后，通过图 26-1 剪辑栏中的"开始创作"按钮即可打开如图 26-2 所示的剪映专业版剪辑界面。该剪辑界面分为四个区域，分别为素材面板、播放器面板、时间线面板和功能面板。

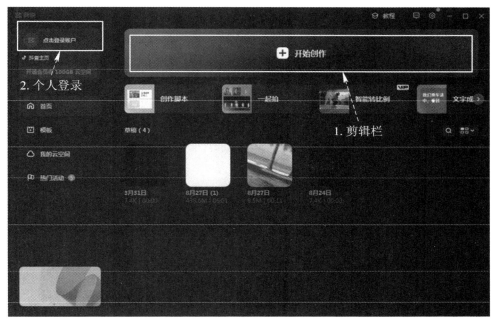

图 26-1　剪映预览界面

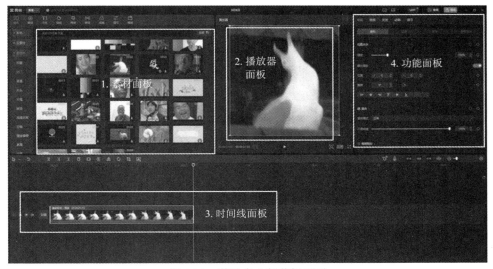

图 26-2　剪映专业版剪辑界面

1. 素材面板

素材面板区域主要放置本地素材及软件自带的线上海量素材，如图 26-3 所示。

图 26-3 素材面板

2. 播放器面板

播放器面板又称为预览窗口，在此面板区域可以播放所选择的素材内容。播放器既可以预览播放素材面板导入的素材效果，也可以预览播放素材库的素材效果，如图26-4所示。

图 26-4 播放器面板

3. 时间线面板

时间线面板区域可以完成素材基础的编辑操作。拖动素材面板中的素材，将其导入时间线面板后，即可对素材进行剪辑。拖动左右白色剪裁框可裁剪素材。拖动素材可以调整素材的位置及轨道。目前轨道有主视频轨道、画中画轨道、文本轨道、贴纸轨道、特效轨道、滤镜轨道、调节轨道等。除主视频轨道外，其他类型的轨道都可以同时添加多个。同一类型轨道内的不同轨道间的片段可以上下移动，不同类型轨道也用不同颜色表示，如图 26-5 所示。

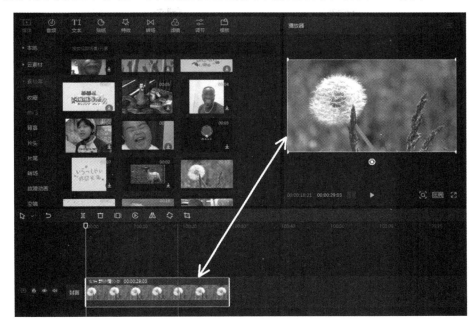

图 26-5　时间线面板

4. 功能面板

在时间线面板中点亮素材后，可以激活功能面板，通过功能面板对素材进行放大、缩小、移动和旋转以及调整透明度等操作，如图 26-6 和图 26-7 所示。

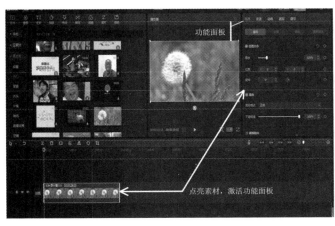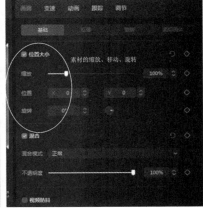

图 26-6　功能面板的激活操作　　　　图 26-7　功能面板的素材操作

除了以上四个面板区外，菜单栏也是最常见的板块。菜单栏主要有媒体、音频、文本、贴纸、特效、转场、滤镜、调节、模板 9 大部分，如图 26-8 所示。其前 8 大部分的作用及使用方法将在 26.4.3 节中介绍。模板是系统提供的，具有丰富的资源，用户根据自己的需求可以找到合适的模板来使用，只需要替换相应的素材即可。

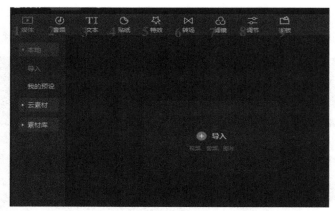

图 26-8　菜单栏

26.4.2　剪映的基础工具

1. 分割工具

分割工具可以把一整段完整的视频或音频分割成若干小段视频或音频，分割后的每一小段视频或者音频形成一个片段。针对每一片段，可以独立地进行操作，其他片段不受影响。分割工具可以用于视频轨道、画中画轨道、音频轨道、贴纸轨道、文本轨道、特效轨道、滤镜轨道的分割。

以视频为例，选中视频或视频片段，左右滑动视频轨道到白线处，选择分割的位置，点击"分割工具"，如图 26-9 所示。

图 26-9　分割工具的使用

2. 复制与删除工具

复制与删除工具能够实现复制与删除视频(音频)素材，可用于视频轨道、画中画轨道、音频轨道、贴纸轨道、文本轨道、特效轨道或滤镜轨道。

选中要复制或删除的素材，选择"菜单"→"编辑"→"复制""剪切"或"删除"即可复制或删除此素材，如图 26-10 所示。

图 26-10　复制与删除工具的使用

3. 变速工具

变速工具用于调整视频的播放速度,可以实现加速或减速播放。变速工具目前支持 0.1 倍速到 100 倍速之间的慢放和快放以及蒙太奇、英雄时刻、子弹时间、跳接、闪进、闪出等变速模式。

选中要变速的素材,选择功能面板中的"变速"选项卡,如图 26-11 所示。

图 26-11　变速工具的使用

变速工具有"常规变速"和"曲线变速"两种,如图 26-12 所示。

图 26-12　变速工具种类

（1）常规变速：支持 0.1 倍速到 100 倍速之间的慢放和快放，同时可以选择声音是否变调。打开"声音变调"按钮之后，在倍速播放的同时，声音也会变调，变速之后视频时长会相应改变，如图 26-13 所示。

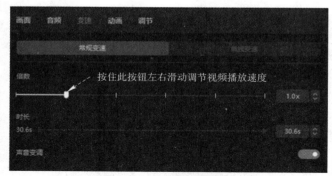

图 26-13　常规变速界面

（2）曲线变速：一种非线性的变速，具有良好的可控性和自然性。曲线变速是基于一个曲线轨迹，根据轨迹上的控制点确定每一帧视频的播放速度，从而实现视频变速效果的。这种操作能够做到缓慢进入、突然加速或减速，以及渐入渐出等效果。曲线变速模式有自定义、蒙太奇、英雄时刻、子弹时间、跳接、闪进、闪出等模式。添加曲线变速后，在编辑器中会出现一条曲线轨迹。用户可以通过拖动曲线变速控制点修改曲线的形状和走势，实现变速效果的自然过渡，如图 26-14 所示。

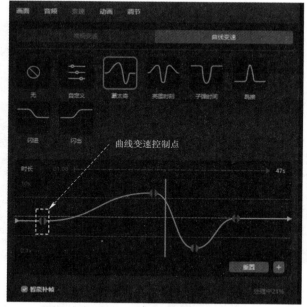

图 26-14　曲线变速界面

4. 倒放工具

倒放工具可以实现视频音频或视频音频片段从后往前播放。用倒放功能可以做时光倒流的效果。倒放功能仅适用于视频和音频素材。

选中视频音频素材或视频音频素材片段，单击"倒放"工具，如图 26-15 所示。

图 26-15　倒放工具的使用

5. 音效工具

音效工具可以调整素材音量大小，设置音效淡入、淡出时长，通过音频降噪功能还可以处理素材音频的噪声影响。

选中素材或素材片段，选择功能面板中的"音频"选项卡，设置相关音效，如图 26-16 和图 26-17 所示。

图 26-16　音频工具的使用

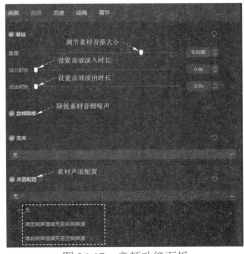

图 26-17　音频功能面板

6. 变声工具

变声工具可实现视频中的人声变调效果。变调效果有多种，如男生、女生、机器人、怪物、大叔等，如图 26-18 所示。

选中素材，在功能面板中单击"音频"选项卡，再选择"变声"。

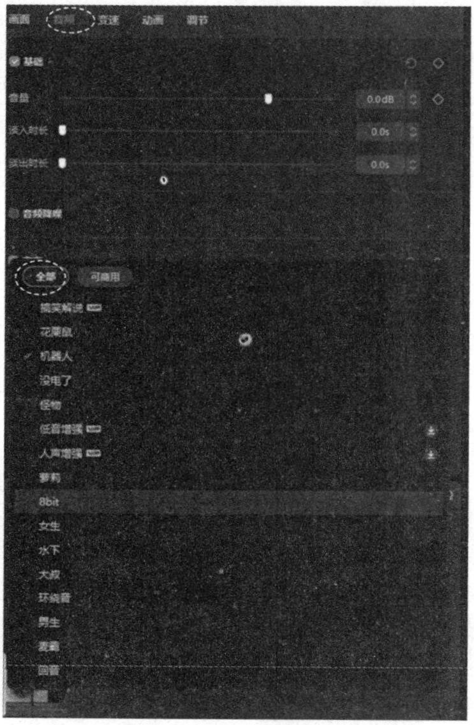

图 26-18 变声面板

7. 美颜美体工具

美颜美体工具用于调整人物的外观。其中，美颜功能用来去除人物皮肤上的瑕疵，使人物的皮肤看起来更加清晰和光滑；美体功能用来调整人物身体比例，使人物看起来更加苗条和健康。

选中素材，在功能面板中单击"画面"选项卡，再选择"美颜美体"，通过美颜、美型、手动瘦脸、美妆、美体等完成设置，如图 26-19～图 26-23 所示。

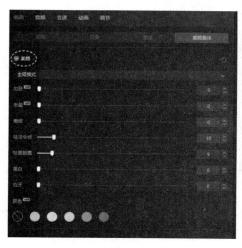

图 26-19 美颜面板

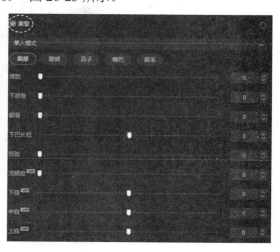

图 26-20 美型面板

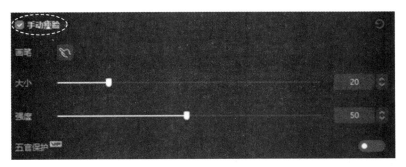

图 26-21　手动瘦脸面板

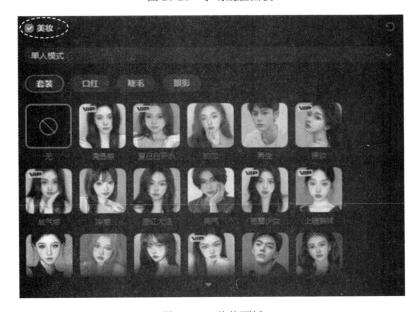

图 26-22　美妆面板

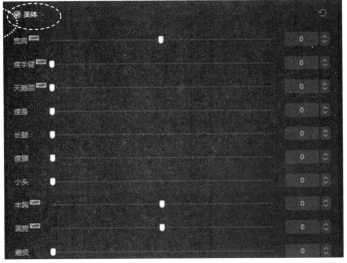

图 26-23　美体面板

8. 镜像工具

镜像是一种视觉效果，它将镜头中的图像左右翻转，使得原本在左边的物体出现在右边，原本在右边的物体出现在左边。使用镜像工具可以创造一些有趣的画面效果，也可以纠正一些拍摄时的错误。

选中素材或素材片段，选择"镜像"工具，如图 26-24 所示。镜像效果如图 26-25 所示。

图 26-24　镜像工具的使用

图 26-25　镜像效果对比图

9. 定格工具

定格是一种视频编辑技术，将视频变成一系列的静态画面。定格工具可将视频中的每一帧截取下来，变成一张照片，然后将这些照片组合起来，形成一个新的视频。定格可以让人们看到事物的细节，感受到时间的变化，有时还可以通过加入音乐或文字来表达情感。

选中素材或素材片段，选择"定格"工具，如图 26-26 所示。

图 26-26　定格工具的使用

26.4.3　剪映的进阶工具

1. 媒体工具

媒体工具可以导入视频、图片、音乐等素材，能够将素材上传至空间，也能够引用软件提供的各类素材。

单击"媒体"菜单项可以打开媒体工具，如图 26-27 所示。

媒体工具界面包含本地、云素材、素材库等选项。

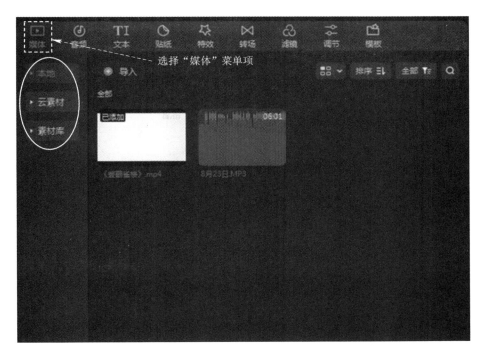

图 26-27　媒体工具界面

(1) 导入素材。通过媒体工具界面的"本地"选项可以添加视频、图片、音频等素材。

选择"媒体"菜单项中的"本地"选项，选择"导入"按钮，打开"请选择媒体资源"对话框，选择相应素材，然后单击"打开"按钮，完成素材导入，如图 26-28～图 26-30 所示。

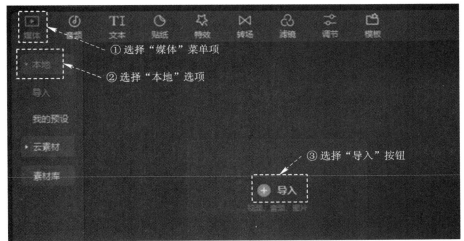

图 26-28　导入素材

(2) 引用素材。通过媒体工具界面的"素材库"选项可以引用软件提供的相应素材。素材库中的素材分为背景、片头、片尾、转场、故障动画等类别。通过"下载素材"按钮和"添加"按钮(图 26-31 中的"+"号)或直接拖曳可以将素材添加到相应轨道。

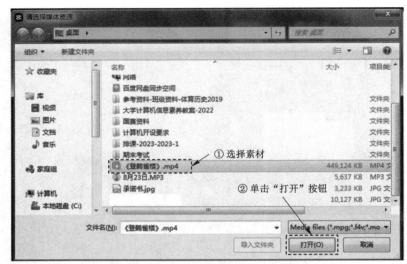

图 26-29　"请选择媒体资源"对话框

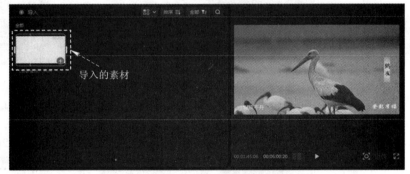

图 26-30　素材导入效果图

图 26-31　引用素材界面

(3) 上传素材。通过媒体工具界面的"云素材"选项可以将素材上传至云空间。

2. 音频工具

音频工具可以给视频添加音乐，会单独生成一条音频轨道，能够选择推荐音乐、收藏音乐和导入音乐，推荐音乐在剪映当前版本中通过使用搜索框进行搜索。

单击"音频"菜单项可以打开音频工具，如图 26-32 所示。

音频工具界面包含音乐素材、音效素材、音频提取、抖音收藏、链接下载等选项，提供导入音乐、收藏音乐、推荐音乐功能。

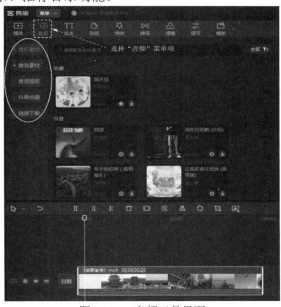

图 26-32　音频工具界面

(1) 导入音乐。通过音频工具界面的"音乐素材"选项可以为视频素材添加音乐，会自动生成音乐轨道，类别包含抖音、纯音乐、卡点、旅行、浪漫、轻快、搞怪、儿歌等。

选择"音频"菜单项中的"音乐素材"选项，需要下载素材，通过单击素材右下方的"+"号或直接拖曳可以添加到相应轨道，如图 26-33、26-34 所示。

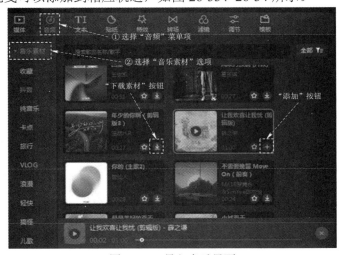

图 26-33　导入音乐界面

图 26-34　导入音乐效果图

(2) 添加音效。通过音频工具界面的"音效素材"选项可以为视频素材添加音效效果，类别有笑声、综艺、机械、人声、转场、游戏、魔法等，需要下载素材，通过单击素材右下方的"+"号或直接拖曳可以添加到相应轨道，如图 26-35 所示。

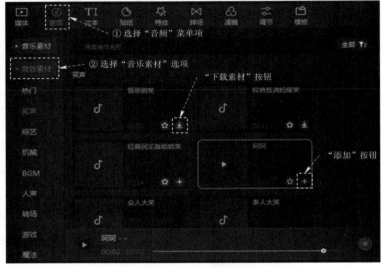

图 26-35　添加音效界面

(3) 提取音频。通过音频工具界面的"音频提取"选项可以提取视频素材中的音频。

选择"音频"菜单项中的"音频提取"选项，单击"导入"按钮，打开"请选择媒体资源"对话框，选择相应素材，单击"打开"按钮，完成音频提取，如图 26-36 所示。

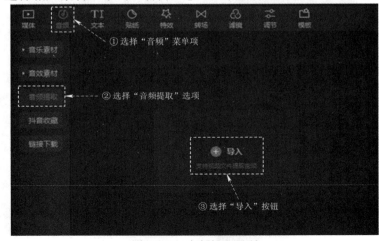

图 26-36　音频提取界面

3. 文本工具

使用文本工具可以为作品添加文本，生成字幕轨道，并可以设置文本的样式、大小、位置、动画等。

单击"文本"菜单项可以打开文本工具，如图 26-37 所示。

文本工具界面包含新建文本、花字、文字模板、智能字幕、识别歌词、本地字幕等选项，能够完成文字添加，设置文本的样式、大小、位置、动画效果等。

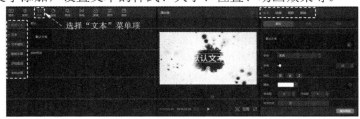

图 26-37　文本工具界面

(1) 新建文本。通过文本工具界面的"新建文本"选项可以为作品添加文字。

在时间线面板滑动时间轴定位需要添加文字的位置，选择"文本"菜单项中的"新建文本"选项，在素材面板中选择默认文本右下角的"+"按钮，在播放器面板修改成自己需要的内容，通过功能面板修改字体格式，完成文本添加，如图 26-38～图 26-40 所示。

图 26-38　新建文本界面(一)

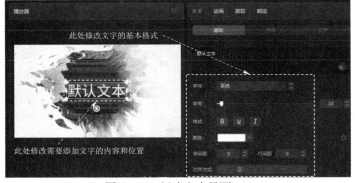

图 26-39　新建文本界面(二)

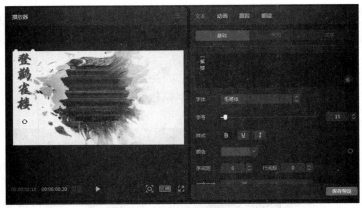

图 26-40　新建文本效果

(2) 花字选项。花字是系统自带的文字模板，已经设计好字体格式和字体样式，使用时需要下载，通过添加并需要修改文字内容即可，包含发光、彩色渐变、黄色、黑白、蓝色、粉色和红色等类别，如图 26-41 所示。

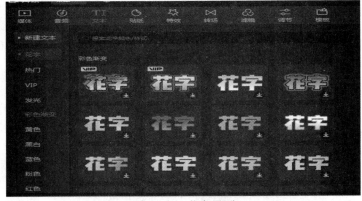

图 26-41　花字界面

(3) 文字模板选项。文字模板是系统提供的文字模板，按照视频类别设计好的字体格式和字体样式，使用时需要下载，通过添加并需要修改文字内容即可。文字模板中包含好物种草、带货、综艺情绪、七夕、夏日、旅行、3D、运动、科技感、美食等类别，如图 26-42 所示。

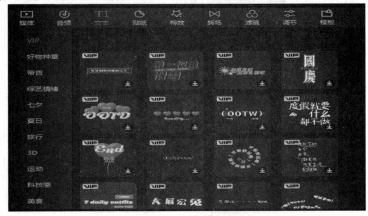

图 26-42　文字模板界面

(4) 智能字幕选项。智能字幕能够识别主视频轨道或音频轨道中的人声音频，自动生成字幕轨道，且与音频轨道同步，智能字幕中包含识别字幕和文稿匹配两类，如图 26-43 所示。

图 26-43　智能字幕界面

识别字幕可以识别主视频轨道中或音频轨道中人声音频，自动生成文字字幕轨道。一个字母轨道中会出现多个字幕片段，但与音频同步。

在时间线面板中选中需要生成字幕的视频或音频，在素材面板中选择识别字幕中的"开始识别"按钮，如图 26-44 所示，完成字母识别添加，效果如图 26-45 所示。

图 26-44　识别字幕界面

图 26-45　识别字幕效果

文稿匹配能够利用提前设计好的文稿为视频自动生成字幕，一个字母轨道中会出现多个字幕片段。导入的文稿单次字符数不能超过 5000 字。一句一换行，没有标点符号，句号、叹号、问号会自动分句，逗号不会自动分句，避免导入无标点或换行的文本。

在时间线面板中选中需要文稿匹配的视频或音频，在素材面板中选择文稿匹配中的"开始匹配"按钮，如图 26-46 所示，在打开的"输入文稿"对话框中导入事先准备好的文稿单击"开始匹配"按钮，完成文稿匹配，如图 26-47 所示。

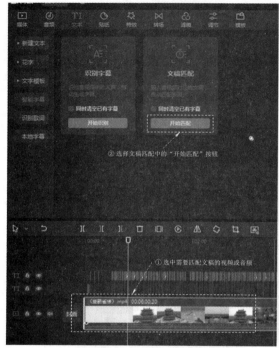

图 26-46　文稿匹配界面　　　　　　　　　图 26-47　"输入文稿"对话框

(5) 识别歌词工具。识别歌词工具能够识别音频中的人声，自动生成字幕文本，目前仅支持汉语。

在时间线面板中选中需要添加文字的视频或音频，单击"文本"菜单项打开文本工具，选择"识别歌词"选项，在素材面板中选择"开始识别"按钮，在功能面板修改字体样式、大小位置，可以统一修改，也能够每一个字幕片段修改，如图 26-48 所示。

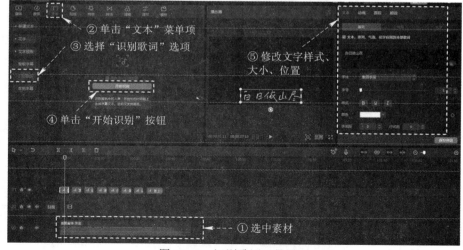

图 26-48　识别歌词工具界面

4. 贴纸工具

贴纸是一种可以添加到视频中的图像，可以让视频更加生动、有趣，贴纸还可以用于表达情感，或起到引导关注的作用。

单击"贴纸"菜单项可以打开贴纸工具，在素材面板左侧单击"贴纸素材"，在素材面板右侧按照类别展示各种展示素材，类别有美拉德、秋日、旅行、爱心、遮挡、露营、指示、情绪、闪闪、互动、种草等。在时间线面板滑动时间轴定位需要添加贴纸的位置，选择"贴纸"菜单项中的"贴纸素材"选项，在素材面板右侧选中需要添加的贴纸素材下载并单击其右下角的"+"按钮，完成贴纸添加，如图 26-49 所示。

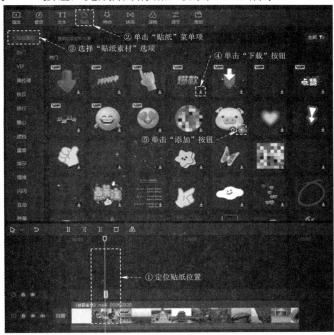

图 26-49　贴纸工具界面

在播放器面板的预览界面通过贴纸上的方框可以改变贴纸的位置、大小及旋转，也可以在功能面板单击"贴纸"菜单项，通过修改属性完成贴纸位置、大小及旋转的设置，完成贴纸格式设置，如图 26-50 所示。

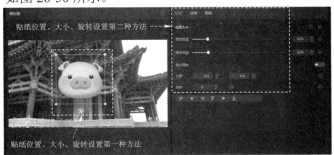

图 26-50　贴纸格式设置界面

5. 特效工具

特效能够为视频加入大量动态有趣的背景元素，以提升整体视频的画面感觉和氛围，在微短视频中，往往大量地应用到特效工具。

单击"特效"菜单项可以打开特效工具，在素材面板左侧显示两类特效效果，分别为画面特效和人物特效，画面特效包含基础、氛围、动感、DV、复古、扭曲、Bling 等类别，人物特效包含情绪、头饰、身体、克隆、挡脸、装饰、环绕等类别。

在时间线面板滑动时间轴选择需要添加特效的素材，在素材面板左侧选择特效效果选项，在素材面板右侧选中需要添加的特效效果素材下载并单击其右下角的"+"按钮，完成特效添加，如图 26-51 所示。

图 26-51　物资工具界面

6. 转场工具

一段完整的视频是由很多段视频以及很多场景组成。比如拍摄从餐厅到公司的 VLOG 视频，这里边会有很多片段，而片段之间又是不同的场景。段落与段落、场景与场景之间的过渡或转换，就叫作转场。

单击"转场"菜单项可以打开转场工具，在素材面板左侧显示转场效果选项，转场效果选项中包含了叠化、运镜、模糊、幻灯片、光效、拍摄、扭曲、故障、自然、MG 动画、互动 emoji、综艺等类别动画效果。

在时间线面板滑动时间轴定位在两段素材中间，在素材面板左侧选择转场效果选项，在其中选择某一类别，在素材面板右侧选中需要添加的转场效果下载并单击其右下角的"+"按钮，完成转场添加，在功能面板处设置转场参数，如图 26-52 所示。

图 26-52　转场工具界面

7. 滤镜工具

滤镜是安装在相机镜头前用于过滤自然光的附加镜头，主要是用来实现图像的各种特殊效果。滤镜应用于整段视频，不能修改参数，在一段视频中可以添加多个滤镜。

单击"滤镜"菜单项可以打开滤镜工具，在素材面板左侧显示滤镜库选项，滤镜库选项中包含了美食、夜景、风格化、相机模拟、复古胶片、影视级、人像、基础、露营、室内、黑白等类别滤镜效果。

在时间线面板滑动时间轴选择需要添加滤镜的素材，在素材面板左侧选择滤镜库选项，在其中选择某一类别，在素材面板右侧选中需要添加的滤镜效果下载并单击其右下角的"+"按钮，完成滤镜添加，如图 26-53 所示。

图 26-53　滤镜工具界面

8. 调节工具

调节工具可以对选中的视频片段进行调色，通过对视频的色彩、亮度、对比度等进行调整，从而达到更好的视觉效果。

选中需要调整视频效果的素材，在功能面板选中"调节"菜单项，打开调节工具；调节工具中包含基础、HSL、曲线、色轮四个选项，选择"基础"选项，通过调整色彩(色温、色调、饱和度)、明度(亮度、对比度、高光、阴影、光感)、效果(锐化、颗粒、褪色、暗角)等参数完成视频效果调整，如图 26-54 所示。

调节工具界面所列选项的意义和作用如下。

色温是光线中包含颜色成分的一种计量单位，自然光(太阳光)在不同时间段色温是不同的。

色调是指整体画面的色彩成分，偏重于哪种色彩，比如说冷色调、暖色调。

饱和度用来调整画面颜色的鲜艳程度。

亮度用来调整画面的明暗。

对比度用来增加画面明暗的对比强度。

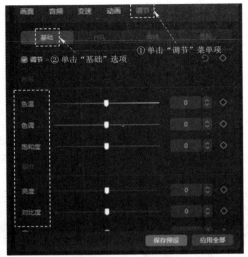

图 26-54　调节工具界面

高光可以调整画面中高光部分的亮度，用来处理过度曝光。

阴影可以调整画面中阴影部分的亮度，用来处理曝光不足。

光感用于调整整个视频或图像的明亮度、对比度、色彩等参数，以创造出柔和、明亮或低调的光感效果。

锐化可以快速聚焦模糊边缘，提高画面中某一部位的清晰度或者焦距程度，但是过度锐化效果反而不好。

颗粒给画面添加颗粒感，适用于一些复古类的视频。

褪色可以理解为一张放了很久的照片，由于时间的原因褪掉了一层颜色，褪色使画面变得比较灰，比较适用于复古风格的视频。

暗角向右拖动可以给视频周围添加一圈较暗的阴影，向左拖动可以给视频添加一圈较亮的白色遮罩。

HSL 就是可以单独控制画面中的某一个颜色，一种有 8 种颜色可以选择。

曲线包括亮度曲线和红绿蓝曲线，亮度曲线，向上拖动则画面变亮，向下拖动则画面变暗。

色轮是一种非常方便的视频后期调色工具。使用色轮调色功能，用户可轻松地调整视频的颜色、亮度和饱和度。它的操作十分简单，用户只需要移动色轮的滑块，就可调整视频的色调、饱和度和亮度。

9. 动画工具

动画工具能够为视频片段或字幕添加动画效果，使其更加顺利地进入或淡出，其中动画有入场、出场和组合三种。入场定义片段出现时的效果，出场定义片段消失时的效果，循环(组合)定义片段显示过程中的效果；在同一个片段上，入场、出场、组合动画只能应用一个动画。

选中需要增加动画效果的素材，在功能面板选中"动画"菜单项，打开动画工具，包含入场、出场、组合三个选项，选择这三个选项中的某一项，在选项下方选中需要添加的动画效果下载并单击，完成动画添加，如图 26-55 所示。

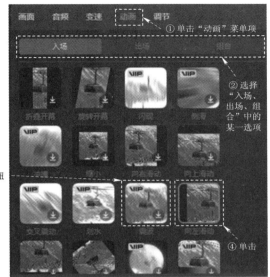

图 26-55　动画工具界面

10. 蒙版工具

蒙版好比一块透明玻璃，玻璃上半部分没有被遮住，玻璃下半部分被黑色布块遮住，把这块透明玻璃放到一个完整物体上，透过玻璃只能看到物体的上半部分，物体下半部分被遮住看不到。系统有六种预设蒙版，其中蒙版类型上灰色部分表示可见，黑色部分表示不可见。

在时间线面板上选中需要添加蒙版的素材，菜单栏中选中"媒体"菜单项，功能面板上单击"画面"菜单项，选择下方的"蒙版"选项，选择蒙版类型并修改相应的参数，如图26-56 所示。

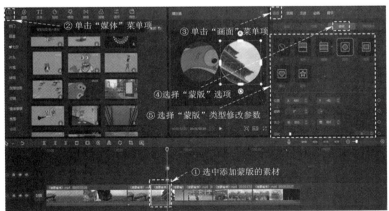

图 26-56　蒙版工具界面

26.4.4　剪映的高阶工具

1. 关键帧工具

帧是单幅影像画面中最小的单位，关键帧是指物体运动或变化中的关键动作所处的那一帧，定义了两个关键帧之后，关键帧与关键帧之间的动作会由软件自动生成，中间部分也被称为过渡帧，这样就可以用关键帧在剪映上实现动画效果。

在设置画面的位置改变、缩放、添加蒙版等效果时会使用关键帧，在设置音频的音量大小时也会涉及到关键帧的使用，在添加文字设置文字颜色变化也会使用关键帧。

(1) 以缩放视频为例，了解关键帧使用，以达到推拉镜头效果。

在时间线面板上选中需要添加缩放效果的素材，滑动时间轴定位视频缩放开始位置，在功能面板选择"画面"菜单项，选择"基础"选项，设置"缩放"参数设置，右侧添加关键帧，滑动时间轴定位视频缩放结束位置，设置"缩放参数"，右侧添加关键帧，完成缩放镜头设置，如图 26-57 所示。

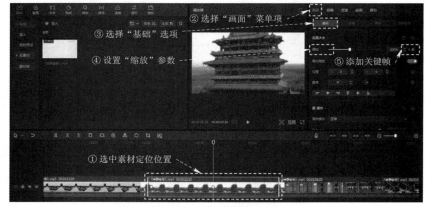

图 26-57　视频缩放界面

(2) 以视频位置改变为例，强化关键帧使用，实现摇移镜头效果。

在时间线面板上选中需要添加位置改变效果的素材，滑动时间轴定位视频位置变化起始位置，在功能面板选择"画面"菜单项，选择"基础"选项，设置"位置"参数设置，右侧添加关键帧，滑动时间轴定位视频位置变化结束位置，设置"位置"参数，右侧添加关键帧，完成摇移镜头设置，如图 26-58 所示。

图 26-58　视频位置改变界面

2. 曲线变速工具

观察预设的变速模板，曲线变速由三部分组成，一根白色实线，三根灰色虚线，可以把模板理解为一个坐标轴，其中横轴代表视频持续时间，纵轴代表变速速率，上虚线表示 10 倍速，下虚线表示 0.1 倍速，白色实线则是由时间和速率构成的一系列的点连接成的曲线，这样就能理解时间和视频速率之间的关系了。白色实线在中间灰色虚线上方，说明这个时间段视频的速率很高，是快速状态，白色实线在中间灰色虚线上时，说明视频是正常倍速，白色实线在中间灰色虚线下方时，说明这个时段视频速率低，是慢速状态。可以实现预设好的曲线变速效果，也可以实现自定义曲线变速效果，如图 26-59 所示。

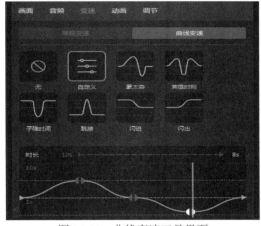

图 26-59　曲线变速工具界面

在时间线面板上选中需要曲线变速的视频素材，在功能面板上选择"变速"菜单项，选择"曲线变速"选项，选择曲线变速模式，上下移动锚点可以改变该时段视频速率，如图 26-60 所示。

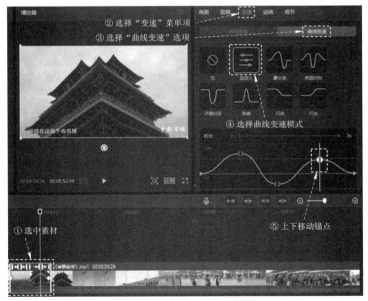

图 26-60　曲线变速设置界面

3. 抠图工具

在剪映中可以进行简单抠图，相似颜色的一块视频区域可以扣掉。

在时间线面板上选中需要抠图的视频素材，在功能面板上选择"画面"菜单项，选择"抠像"选项，包含色度抠图、自定义抠像、智能抠像三种，如图 26-61 所示。

图 26-61　抠图工具界面

(1) 色度抠图。选中"色度抠图"，单击"取色器"选取要扣掉的颜色(视频背景色)，调整"强度"和"阴影"参数，如图 26-62 所示，抠图效果如图 26-63 所示。

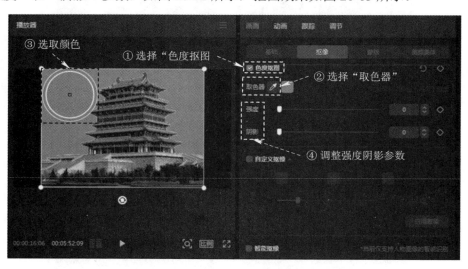

图 26-62　色度抠图界面

图 26-63　色度抠图效果

(2) 自定义抠像。选中"自定义抠像"，使用"智能画笔"工具选取需要保留的图像部分，使用"智能橡皮"工具和"橡皮擦"工具取消多选取的图像内容，最后点击"应用效果"按钮，如图 26-64 所示，效果如图 26-65 所示。

图 26-64　自定义抠像界面

图 26-65　自定义抠像效果

(3) 智能抠像。智能抠像适合处理具有明确、独立元素的影像，选中"智能抠像"即可完成抠像，如图 26-66 所示，效果如图 26-67 所示。

图 26-66　智能抠像界面

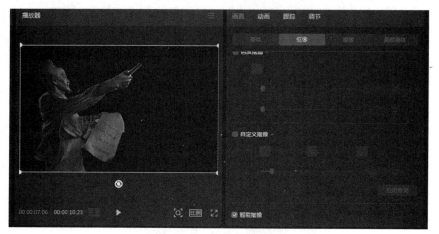

图 26-67　智能抠像效果

4. 混合模式工具

混合模式工具主要作用于画中画轨道，可以使不同图层间的视频产生叠加效果。混合模式有正常、滤色、变亮、颜色减淡、变暗、正片叠底、颜色加深、线性加深、强光、叠加、柔光等模式。滤色、变亮、颜色减淡模式的主要作用是去掉视频里暗的部分，留下亮的部分；变暗、正片叠底、颜色加深、线性加深模式的主要作用是留下视频暗的部分，去掉亮的部分；强光、叠加、柔光模式会让视频中亮的部分更亮，暗的部分更暗，对比感会更强。

在时间线面板上选中需要设置混合模式的视频素材，在功能面板上选择"画面"菜单项，选择"基础"选项，选中"混合"选项，选择"混合模式"类型，调整"不透明度"，如图 26-68 所示，效果如图 26-69 所示。

图 26-68　混合模式工具界面

图 26-69　混合模式设置效果

优秀传统文化应用

【设计制作鹳雀楼纪录片】

根据以下素材，设计制作鹳雀楼纪录片。

鹳雀楼与岳阳楼、滕王阁、黄鹤楼统称为中国四大名楼。鹳雀楼始建于北周时期(公元 557～581 年)，毁于元初(公元 1222 年)战火，于 1997 年开始重建，2002 年主楼竣工。鹳雀楼景区是国家 AAAA 级旅游景区，位于永济市蒲州古城西向的黄河东岸、蒲州古城城南。鹳雀楼园内共有四个游览区：名楼游览区，包括影壁、鹳影湖、唐韵广场和鹳雀楼；黄河风情游览区，位于主楼区的西面，有蒲州风情园、黄河风情馆、柳园等；山水游览区，位于主楼南面，有苍山自然风光园、吉祥如意湖、鹳雀苑等；康乐游览区，包括蒲津游乐园、唐风马球场等。新建鹳雀楼系仿唐形制，四檐三层，总高 73.9 米，总建筑面积 33 206 平方米，充分体现了唐代风韵和"欲穷千里目，更上一层楼"的意境。鹳雀楼内部陈设着重以河东文化和黄河文化为主题，时代跨越中华上下五千年，采用浮雕、壁画、微缩景观等形式说明黄河是人类文明最早的发祥地之一，华夏民族的先祖在这里写下了辉煌历史。其中以硬木彩塑制作的《中都蒲坂繁盛图》再现了盛唐时期蒲州城的繁荣景象，生动有致，精美逼真。以欧塑形式表现的宇文护《筑楼戍边》及王之涣《旗亭画壁》的故事，高贵典雅。还有以浮雕、壁画、雕塑等形式表现在中华历史中具有代表的舜帝、禹帝、关公、柳宗元、司马光等人物故事和传说。同时，还有反映河东人民勤劳智慧和丰富的民间工艺的制盐、冶铁、养蚕、剪纸、年画、社火等，这些都充分再现了悠久的华夏文明。

【应用分析】

完成设计制作鹳雀楼的纪录片首先需要进行数字视频的文字稿本和分镜头稿本设计，然后准备摄影素材到实地进行拍摄，最后运用剪映软件进行后期剪辑处理。

【实现步骤】

1. 文字稿本设计

(1) 鹳雀楼的简介。

(2) 鹳雀楼景区介绍。

(3) 鹳雀楼外观介绍。

(4) 鹳雀楼内部承载和介绍。

一层主题为千古绝唱和大唐蒲州盛景，二层主题为源远流长(华夏根祖文化)，三层主题为亘古文明，四层主题为黄土风韵，五层主题为旷世盛荣，六层主题为极目千里。

2. 分镜头稿本设计

运用分镜头剧本设计相关知识完成鹳雀楼分镜头剧本设计。

镜号	机号	景别	技巧	时间	画面	解说	音响	音乐	备注

(1) 鹳雀楼简介采用远景、全景等景别方式，运用航拍、推拉镜头、升降镜头等拍摄技巧结合引用黄鹤楼、岳阳楼、滕王阁相关资料完成鹳雀楼介绍设计，可以由《登鹳雀楼》诗引出。

(2) 鹳雀楼景区介绍采用远景、全景、中景等景别方式，运用航拍、推拉镜头、摇移镜头等拍摄技巧完成对影壁、鹳影湖、唐韵广场和鹳雀楼四个景区的设计。

(3) 鹳雀楼外观介绍采用远景、全景、近景、特写等景别方式，运用航拍、推拉镜头、升降镜头等拍摄技巧从台基和楼身方面进行设计。

(4) 鹳雀楼承载文化介绍采用全景、近景等景别方式，运用推拉镜头、摇移镜头等拍摄技巧围绕千古绝唱、大唐蒲州盛景、源远流长(华夏根祖文化)、亘古文明、黄土风韵、旷世盛荣、极目千里等主题对中都蒲坂繁盛图、筑楼戍边、旗亭画壁等浮雕壁画、舜帝、禹帝、关公、柳宗元、司马光等人物故事和传说以及制盐、冶铁、养蚕、剪纸、年画、社火等民间工艺进行设计。

3. 视频素材采集处理

按照分镜头设计准备拍摄设备进行视频素材拍摄，找寻合适场所录制解说词，准备背景音乐相关资料。

4. 后期剪辑处理

(1) 将拍摄的素材、下载的背景音乐、录制的解说词导入到剪映软件中。

(2) 对拍摄的素材按照分镜头剧本采用蒙太奇语法进行编排剪辑。

(3) 对剪辑好的视频素材进行调色、添加特效、滤镜以及转场效果。

(4) 添加背景音乐及解说，对背景音乐添加特效效果。

(5) 对数字视频作品添加片头、片尾及解说文字字幕并增加特效。

(6) 检查合成并导出视频作品。

≫ 创 新 实 践

请根据以下素材设计制作舜帝陵纪录片。

舜帝陵景区坐落于运城市盐湖区北 10 千米处的鸣条岗西端，2006 年 5 月被国务院公布为全国重点文物保护单位，也是全国首批旅游文化示范地。景区占地 1778 亩，分舜帝公园、盐湖区博物馆、舜帝陵庙三大部分。景区内山门、皇城、陵庙、殿宇历史悠久，规模宏大；关公祠、鼗首祠香火鼎盛，雷泽湖、妫汭河古意苍穆，龙柏、夫妻柏、子孙柏历经千年，盐湖博物馆典藏丰富，植物园、百果园、牡丹园、月季园收尽四季风光。这里是古中国文明的见证，是华夏儿女寻根祭祖的圣地。

舜，姓姚，名重华，号有虞氏，位列"三皇五帝"之一，是轩辕皇帝的第九代世孙，据《孟子》记载，舜帝生于诸冯(今山西省永济市)、都于蒲板(今山西省永济市)、卒于鸣条(今山西省运城市盐湖区北十公里的鸣条岗西端)。舜帝年轻时以孝齐家，他孝感动天的故事被奉为二十四孝之首。在位期间他体恤民情，以德治国，先后完善法制，修正仪礼，治理洪水，发展生产，形成了一个政治清明、社会安定、五谷丰登、人民康乐的和谐时代。古人就以"尧天舜日"来歌颂他与尧的丰功伟绩。司马迁曾经在《史记》记载"天下明德，皆自虞帝始"，所以舜帝被称为"德圣""孝祖"。

参考文献

[1] 张妙，朱海燕. Photoshop CS6 图像制作案例教程(微课版). 北京：人民邮电出版社，2017.

[2] 张姣，李洪发，董庆帅. Photoshop CS6 平面设计教程. 北京：人民邮电出版社，2017.

[3] 李金明，李金蓉. 中文版 Photoshop 2020 完全自学教程. 北京：人民邮电出版社，2020.

[4] 黑马程序员. Flash CC 动画制作任务教程. 北京：中国铁道出版社，2017.

[5] 韩雪，于冬梅. 多媒体技术及应用 (微课版). 2 版. 北京：清华大学出版社，2022.

[6] 李春雨，石磊. 多媒体技术及应用. 2 版. 北京：清华大学出版社，2017.

[7] 卢锋. 数字视频设计与制作技术. 4 版. 北京：清华大学出版社，2020.

[8] 新境界. 剪映短视频剪辑从入门到精通(手机版+电脑版). 北京：中国水利水电出版社，2022.

[9] 卢官明，秦雷，卢峻禾. 数字视频技术. 2 版. 北京：机械工业出版社，2021.

[10] 张凡等. Photoshop CS4 中文版应用教程. 2 版. 北京：中国铁道出版社，2010.

[11] 张宏彬，刘继华，李桂芹. Photoshop CS6(中文版)项目与应用. 北京：北京交通大学出版社，2014.

[12] 杨艳，孙敏. Photoshop CC 平面设计核心技能一本通(移动学习版). 北京：人民邮电出版社，2022.

[13] 许耿，胡勇，贾宗维. Photoshop CS6 平面设计基础教程(移动学习版). 北京：人民邮电出版社，2023.

[14] 刘孟辉. 中文版 Flash CS6 课堂实录. 北京：清华大学出版社，2014.

[15] 宋一兵，马震. 中文版 Flash CS6 动画制作(慕课版). 北京：人民邮电出版社，2018.

[16] 贾玉珍，王绪宛. Flash CS6 中文版基础教程. 北京：人民邮电出版社，2013.

[17] 张雪丽，刘韬，杨福盛. Photoshop CS6 项目化教程. 北京：中国传媒大学出版社，2015.

[18] 关文涛. 选择的艺术：Photoshop 图像处理深度剖析. 4 版. 北京：人民邮电出版社，2018.